21 世纪全国应用型本科计算机案例型规划教材

多媒体技术应用案例教程

主　编　李　建　张银丽
副主编　杨爱云　周　苑
　　　　李　莉
主　审　郭　欣

北京大学出版社
PEKING UNIVERSITY PRESS

内 容 简 介

本书以应用型本科教育宗旨为出发点，根据高校多媒体技术与应用课程教学的要求，结合计算机软件资格与水平考试——《多媒体应用设计师考试大纲》编写。本书吸收了多媒体教学研究的最新成果，难易适中，既注重介绍多媒体技术的基本理论和方法，又具体讲解多媒体软件的应用。

全书共分 8 章，主要内容包括多媒体技术概述、多媒体环境的建立、音频数据的获取与编辑、数字图像处理、动画原理及制作、数字视频的采集与制作、多媒体制作工具 Authorware、多媒体应用程序设计。

本书按照教材体系编写，深入浅出，利用案例串联各知识点，突出应用性，强化读者对多媒体技术的实际应用能力，是一本学习和掌握多媒体技术、学习多媒体制作工具的实用教材。本书可作为高等院校多媒体技术应用课程的入门教材，同时也适用于学习多媒体制作技术的自学者。

图书在版编目(CIP)数据

多媒体技术应用案例教程/李建，张银丽主编. —北京：北京大学出版社，2009.1

(21 世纪全国应用型本科计算机案例型规划教材)

ISBN 978-7-301-14259-2

Ⅰ. 多…　Ⅱ. ①李…　②张…　Ⅲ. 多媒体技术—高等学校—教材　Ⅳ. TP37

中国版本图书馆 CIP 数据核字(2008)第 142912 号

书　　名：**多媒体技术应用案例教程**

著作责任者：李　建　张银丽　主编

策 划 编 辑：李　虎　孙哲伟

责 任 编 辑：郑　双

标 准 书 号：ISBN 978-7-301-14259-2/TP・0970

出　版　者：北京大学出版社

地　　址：北京市海淀区成府路 205 号　100871

网　　址：http://www.pup.cn　http://www.pup6.cn

电　　话：邮购部 62752015　发行部 62750672　编辑部 62750667　出版部 62754962

电 子 邮 箱：pup_6@163.com

印　刷　者：**北京飞达印刷有限责任公司**

发　行　者：北京大学出版社

经　销　者：新华书店

787mm×1092mm　16 开本　19.25 印张　441 千字

2009 年 1 月第 1 版　2011 年 12 月第 2 次印刷

定　　价：30.00 元

21世纪全国应用型本科计算机案例型规划教材

专家编审委员会

(按姓名拼音顺序)

信息技术的案例型教材建设

(代丛书序)

刘瑞挺

北京大学出版社第六事业部在 2005 年组织编写了《21 世纪全国应用型本科计算机系列实用规划教材》，至今已出版了 50 多种。这些教材出版后，在全国高校引起热烈反响，可谓初战告捷。这使北京大学出版社的计算机教材市场规模迅速扩大，编辑队伍茁壮成长，经济效益明显增强，与各类高校师生的关系更加密切。

2008 年 1 月北京大学出版社第六事业部在北京召开了“21 世纪全国应用型本科计算机案例型教材建设和教学研讨会”。这次会议为编写案例型教材做了深入的探讨和具体的部署，制定了详细的编写目的、丛书特色、内容要求和风格规范。在内容上强调面向应用、能力驱动、精选案例、严把质量；在风格上力求文字精练、脉络清晰、图表明快、版式新颖。这次会议吹响了提高教材质量第二战役的进军号。

案例型教材真能提高教学的质量吗？

是的。著名法国哲学家、数学家勒内·笛卡儿(Rene Descartes，1596—1650)说得好：“由一个例子的考察，我们可以抽出一条规律。(From the consideration of an example we can form a rule.)”事实上，他发明的直角坐标系，正是通过生活实例而得到的灵感。据说是在 1619 年夏天，笛卡儿因病住进医院。中午他躺在病床上，苦苦思索一个数学问题时，忽然看到天花板上有一只苍蝇飞来飞去。当时天花板是用木条做成正方形的格子。笛卡儿发现，要说出这只苍蝇在天花板上的位置，只需说出苍蝇在天花板上的第几行和第几列。当苍蝇落在第四行、第五列的那个正方形时，可以用(4，5)来表示这个位置……由此他联想到可用类似的办法来描述一个点在平面上的位置。他高兴地跳下床，喊着“我找到了，找到了”，然而不小心把国际象棋撒了一地。当他的目光落到棋盘上时，又兴奋地一拍大腿：“对，对，就是这个图”。笛卡儿锲而不舍的毅力，苦思冥想的钻研，使他开创了解析几何的新纪元。千百年来，代数与几何，井水不犯河水。17 世纪后，数学突飞猛进的发展，在很大程度上归功于笛卡儿坐标系和解析几何学的创立。

这个故事，听起来与阿基米德在浴池洗澡而发现浮力原理，牛顿在苹果树下遇到苹果落到头上而发现万有引力定律，确有异曲同工之妙。这就证明，一个好的例子往往能激发灵感，由特殊到一般，联想出普遍的规律，即所谓的“一叶知秋”、“见微知著”的意思。

回顾计算机发明的历史，每一台机器、每一颗芯片、每一种操作系统、每一类编程语言、每一个算法、每一套软件、每一款外部设备，无不像闪光的珍珠串在一起。每个案例都闪烁着智慧的火花，是创新思想不竭的源泉。在计算机科学技术领域，这样的案例就像大海岸边的贝壳，俯拾皆是。

事实上，案例研究(Case Study)是现代科学广泛使用的一种方法。Case 包含的意义很广：包括 Example 例子，Instance 事例、示例，Actual State 实际状况，Circumstance 情况、事件、境遇，甚至 Project 项目、工程等。

我们知道在计算机的科学术语中，很多是直接来自日常生活的。例如 Computer 一词早在 1646 年就出现于古代英文字典中，但当时它的意义不是“计算机”而是“计算工人”，即专门从事简单计算的工人。同理，Printer 当时也是“印刷工人”而不是“打印机”。正是由于这些“计算工人”和“印刷工人”常出现计算错误和印刷错误，才激发查尔斯·巴贝奇(Charles Babbage，1791—1871)设计了差分机和分析机，这是最早的专用计算机和通用计算机。这位英国剑桥大学数学教授、机械设计专家、经济学家和哲学家是国际公认的“计算机之父”。

20 世纪 40 年代，人们还用 Calculator 表示计算机器。到电子计算机出现后，才用 Computer 表示计算机。此外，硬件(Hardware)和软件(Software)来自销售人员。总线(Bus)就是公共汽车或大巴，故障和排除故障源自格瑞斯·霍普(Grace Hopper，1906—1992)发现的“飞蛾子”(Bug)和“抓蛾子”或“抓虫子”(Debug)。其他如鼠标、菜单……不胜枚举。至于哲学家进餐问题，理发师睡觉问题更是操作系统文化中脍炙人口的经典。

以计算机为核心的信息技术，从一开始就与应用紧密结合。例如，ENIAC 用于弹道曲线的计算，ARPANET 用于资源共享以及核战争时的可靠通信。即使是非常抽象的图灵机模型，也受到二战时图灵博士破译纳粹密码工作的影响。

在信息技术中，既有许多成功的案例，也有不少失败的案例；既有先成功而后失败的案例，也有先失败而后成功的案例。好好研究它们的成功经验和失败教训，对于编写案例型教材有重要的意义。

我国正在实现中华民族的伟大复兴，教育是民族振兴的基石。改革开放 30 年来，我国高等教育在数量上、规模上已有相当的发展。当前的重要任务是提高培养人才的质量，必须从学科知识的灌输转变为素质与能力的培养。应当指出，大学课堂在高新技术的武装下，利用 PPT 进行的“高速灌输”、“翻页宣科”有愈演愈烈的趋势，我们不能容忍用“技术”绑架教学，而是让教学工作乘信息技术的东风自由地飞翔。

本系列教材的编写，以学生就业所需的专业知识和操作技能为着眼点，在适度的基础知识与理论体系覆盖下，突出应用型、技能型教学的实用性和可操作性，强化案例教学。本套教材将会有机融入大量最新的示例、实例以及操作性较强的案例，力求提高教材的趣味性和实用性，打破传统教材自身知识框架的封闭性，强化实际操作的训练，使本系列教材做到“教师易教，学生乐学，技能实用”。有了广阔的应用背景，再造计算机案例型教材就有了基础。

我相信北京大学出版社在全国各地高校教师的积极支持下，精心设计，严格把关，一定能够建设出一批符合计算机应用型人才培养模式的、以案例型为创新点和兴奋点的精品教材，并且通过一体化设计、实现多种媒体有机结合的立体化教材，为各门计算机课程配齐电子教案、学习指导、习题解答、课程设计等辅导资料。让我们用锲而不舍的毅力，勤奋好学的钻研，向着共同的目标努力吧！

刘瑞挺教授　本系列教材编写指导委员会主任、全国高等院校计算机基础教育研究会副会长、中国计算机学会普及工作委员会顾问、教育部考试中心全国计算机应用技术证书考试委员会副主任、全国计算机等级考试顾问。曾任教育部理科计算机科学教学指导委员会委员、中国计算机学会教育培训委员会副主任。PC Magazine《个人电脑》总编辑、CHIP《新电脑》总顾问、清华大学《计算机教育》总策划。

前　　言

多媒体技术是计算机领域实用性最强、应用最广泛的技术之一。随着计算机技术和信息技术的迅猛发展，多媒体的应用几乎渗透到整个社会的各个领域和各个阶层。从小型会议中所使用的简单多媒体演示软件，到教学和教育培训中所使用的多媒体教学系统，再到办公室以及企业中使用的复杂的多媒体应用系统，多媒体技术的应用改变了人们的生活和工作方式，极大地提高了学习和工作效率。

随着教育部“高等教育面向21世纪教育内容与课程体系改革”计划的实施，教育部对高等院校教材也提出了更高的要求。为了响应教育部号召，体现教育改革成果，适应信息技术的发展，推广与普及多媒体技术，我们编写了这本《多媒体技术应用案例教程》。

本书由从事高等院校计算机教育的一线教师编写，符合相应的教学大纲，并参考了计算机软件资格与水平考试——《多媒体应用设计师考试大纲》的相关要求。他们集多年的教学经验与科研成果于一体，结合案例，侧重应用，突出实践，强调理论与实践相结合。教材深入浅出地阐述了理论知识，利用图表、案例进行形象化表达，并适当补充相关知识，引导读者扩展视野，开拓思路。教材内容的选取注重帮助读者建立完整的知识架构，关注计算机技术的发展，补充了许多最新技术。

全书共8章，第1章介绍了多媒体技术的基本概念和基础知识；第2章介绍了多媒体系统的基本构成及主流的多媒体设备、多媒体软件的分类和用途；第3章介绍了音频数据的编辑及Cool Edit的使用；第4章介绍了图形图像的相关知识与Photoshop图像处理；第5章介绍了动画的基本原理及制作软件 Flash CS3；第6章介绍了视频编辑的基本理论和Premiere Pro的应用；第7章介绍了多媒体制作工具Authorware；第8章介绍了多媒体应用程序开发工具Visual Basic。

本书由李建、张银丽担任主编，杨爱云、周苑、李莉担任副主编，郭欣担任主审。

本书定位于国内普通高等院校本科的学生，教材内容充分考虑学生的知识水平、理解能力和教学要求，遵循由浅入深、循序渐进的原则，适合学生自学和教师教学。同时，本书提供了丰富的学习资源，包括教学网站、电子教案和多媒体制作素材等，便于教师、学生使用。教学网站请访问：http://jpkc.haue.edu.cn/dmt/，需要电子课件等相关资料的老师请联系出版社或作者的邮箱：oklj@tom.com。

本书在编写过程中参考了若干专家的著作，并得到了许多兄弟院校的协助和支持，在此一并表示衷心的感谢。

本书在编写过程中，尽管经过多次修改和认真的审校，但由于作者水平所限，不足之处在所难免，恳请广大读者给予批评指正。

编　者

2008年6月

目　　录

第1章

多媒体技术概述

教学目标

- 了解多媒体的基本概念
- 了解多媒体技术的定义、特性、产生与发展过程
- 掌握多媒体技术研究的主要内容
- 理解并掌握多媒体技术的研究热点
- 了解多媒体技术的发展趋势

本章知识结构图

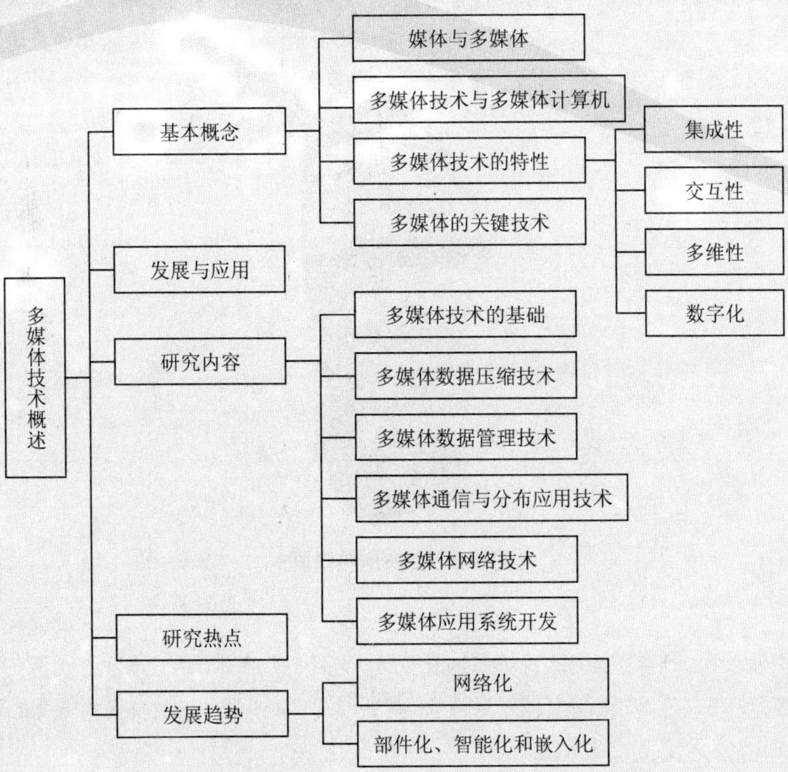

导入案例

多媒体技术是当今信息技术领域发展最快、最活跃的技术，它正潜移默化地改变着人们的生活。

案例一：

教师在课堂中利用多媒体课件进行教学，如图 1.1 所示。通过课件传递信息比较直观、明了，可以从视听方面刺激学生的感官，提高学生的学习兴趣，增强学生观察问题、理解问题和分析问题的能力，从而提高教学质量和教学效率。

图 1.1　多媒体教学

案例二：

在图书馆、博物馆、银行等公共场所，通常会看到一些多媒体信息查询系统，用户只需通过简单的操作或以触控式荧幕的方式就可以了解到相关的信息，如图 1.2 所示。触摸屏信息查询的应用非常广泛，包括办公、工业控制、军事指挥、电子游戏、教学、房地产预售的信息查询等。

图 1.2　多媒体触摸屏

案例三：

在家里，娱乐的中心设备通常是大屏幕高清晰度平板电视、多声道音响设备和游戏摇杆等。通过一个简单易用的遥控器，用户可以轻松地完成畅玩游戏、聆听音乐、浏览照片和欣赏高清晰度电影等家庭数字娱乐活动，如图 1.3 所示。

图 1.3　多媒体家庭娱乐

多媒体技术形成于 20 世纪 80 年代，是计算机、广播电视和通信这三大原来各自独立的领域相互渗透、相互融合，进而迅速发展的一门新兴技术。多媒体技术出现后，很快在世界范围内、在家庭教育和娱乐方面得到广泛的应用，并由此引发了小型激光视盘(VCD 和 DVD)的诞生，促进了数字电视和高清晰度电视(HDTV)的迅速发展。

1.1　多媒体的基本概念

1.1.1　媒体与多媒体

媒体一词源于英文 Medium，是指人们用于传播和表示各种信息的手段。媒体包括两个方面的含义：一方面是指存储信息的实体，如磁盘、光盘、磁带等，称为媒质；另一方面是指传递信息的载体，如数字、文字、声音、图像等，称为媒介。

按照国际电信联盟(ITU)的定义，媒体通常分为以下 5 类。

1. 感觉媒体

感觉媒体是指直接作用于人的感觉器官，从而使人产生直接感觉的媒体。感觉媒体包括人类的语言、音乐和自然界的各种声音、活动图像、图形、曲线、动画及文本等。

2. 表示媒体

表示媒体是指为了传送感觉媒体而人为研究出来的媒体。表示媒体包括各种语音编码、音乐编码、图像编码、文本编码、活动图像编码和静止图像编码等。

3. 显示媒体

显示媒体是指用于通信中电信号和感觉媒体之间转换所用的媒体。显示媒体有两种：输入显示媒体(包括键盘、鼠标、摄像机、扫描仪、光笔和话筒等)和输出显示媒体(包括显示器、扬声器和打印机等)，如图 1.4 所示。

图 1.4　显示媒体

4. 存储媒体

存储媒体是指用于存储表示媒体的物理介质。存储媒体有软盘、硬盘、U 盘、光盘、磁带等，如图 1.5 所示。

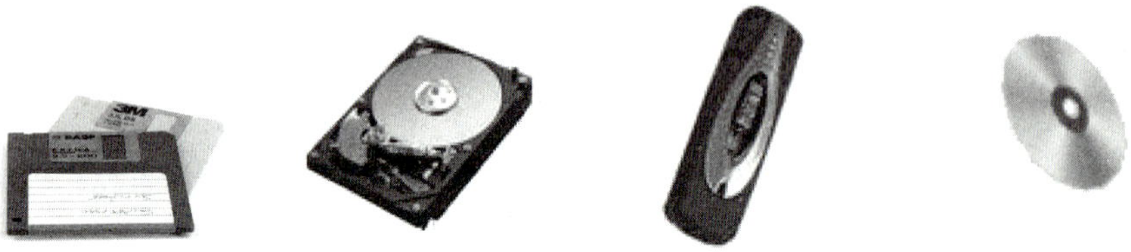

图 1.5　存储媒体

5. 传输媒体

传输媒体是指用于传输表示媒体的物理介质。传输媒体的种类很多，如电话线、双绞线、同轴电缆、光纤、无线电和红外线等，如图 1.6 所示。

图 1.6　传输媒体

多媒体的英文单词是 Multimedia，它由 media 和 multi 两部分组成。从字面上看，多媒体可以理解为多种媒体的综合。一般来说，多媒体的“多”是其多种媒体表现、多种感官作用、多种设备、多学科交汇、多领域应用；“媒”是指人与客观事物的中介；“体”是言其综合、集成一体化。目前，多媒体大多只利用了人的视觉和听觉，虚拟现实中也只用到了触觉，而味觉、嗅觉尚未集成进来，对于视觉也主要在可见光部分。随着技术的进步，多媒体的涵义和范围还将扩展。

广义上的“多媒体”可以视为“多媒体技术”的同义词，这里的多媒体不是指多种媒体本身，而是指处理和应用它的一整套技术。人们可以将多媒体定义为：多媒体是利用计算机把文本、声音、图形、图像、动画和视频等多种媒体进行综合处理，使多种信息建立逻辑连接，集成为一个交互性的系统。

1.1.2 多媒体技术与多媒体计算机

多媒体技术和计算机技术是密不可分的，简而言之，多媒体技术就是计算机综合处理声、文、图像多种媒体信息的技术。

多媒体技术涉及面相当广泛，主要包括如下几方面。

(1) 音频技术：音频采样、压缩、合成及处理、语音识别等。

(2) 视频技术：视频数字化及处理。

(3) 图像技术：图像处理、图像、图形动态生成。

(4) 图像压缩技术：图像压缩、动态视频压缩。

(5) 通信技术：语音、视频、图像的传输。

(6) 标准化：多媒体标准化。

多媒体技术的发展已经有多年的历史了，到目前为止，声音、视频、图像压缩方面的基础技术已逐步成熟，并形成了产品进入市场，现在热门的技术(如模式识别、MPEG 压缩技术、虚拟现实技术)正在逐步走向成熟，相信不久也会进入市场。

多媒体计算机(Multimedia Personal Computer，MPC)是指具有多媒体功能、符合多媒体计算机规范的计算机。1990 年 11 月，在 Microsoft 公司的主持下，Microsoft、IBM、Philips、NEC 等大的多媒体计算机厂商召开了多媒体开发者会议，成立了多媒体计算机市场协会(Multimedia PC Marketing Council，INC)，进行多媒体标准的制定和管理。该组织根据当时计算机的发展水平，制定了多媒体计算机的基本标准 MPC1，对多媒体计算机硬件规定了必需的技术规格。1995 年 6 月，该组织更名为“多媒体 PC 工作组”(Multimedia PC Working Group)，公布了新的多媒体计算机标准，即 MPC3。

MPC3 规定的多媒体计算机配置示意图如图 1.7 所示。

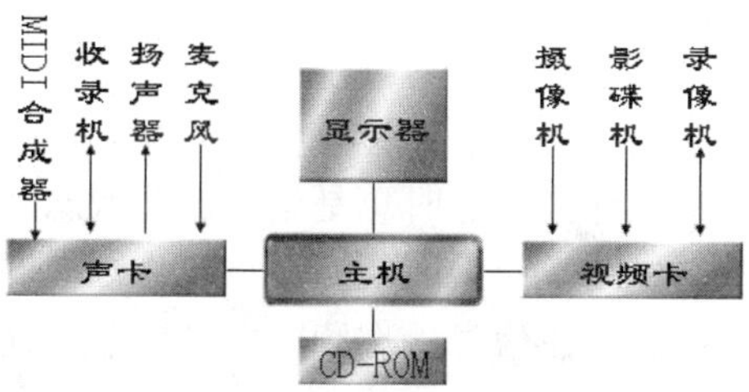

图 1.7 多媒体计算机配置示意图

MPC3 的基本要求如下。

(1) 微处理器：Pentium 75MHz 或更高主频的微处理器。

(2) 内存：8MB 以上内存。

(3) 磁盘：1.44MB 软驱，540MB 以上的硬盘。

(4) 图形性能：可进行颜色空间的转换和缩放，视频图像子系统在视频允许时可进行直接帧存取，以 15 位/像素、352×240 分辨率、30 帧/秒播放视频，不要求缩放和裁剪。

(5) 视频播放：编码和解码都应在 15 位/像素、352×240 分辨率、30 帧/秒(或 352×288 分辨率、25 帧/秒)，播放视频时支持同步的声频/视频流，不丢帧。

(6) 声卡：支持16位声卡、波表合成技术、MIDI播放。

(7) CD-ROM：4倍速光驱，平均访问时间为250ms，符合CD-XA规格，具备多段式能力。

MPC标准规定了多媒体计算机的最低配置，同时对主机的CPU性能、内存容量、外存容量及屏幕显示能力等做了相应的规定。

MPC是随着Pentium CPU的出现而出现的，是随着Pentium MMX(Multi Media eXtension)指令集中包含的57条多媒体处理指令而发展起来的。MPC是未来高性能多媒体应用的最佳机种，可用来作为电子图书、地图等的工作平台。未来的Windows操作系统将具备TV/PC多任务功能，使MPC既可作为PC使用，又可作为TV的Control Box，甚至可自行通过PC附加多媒体信息到电视节目上。

1.1.3 多媒体技术的特性

报刊、杂志、无线电和电视等属于大众信息传媒。与上述传统媒体相比，多媒体具有下列4个基本特性。

1. 集成性

传统的信息处理设备具有封闭、独立和不完整性，而多媒体技术综合利用了多种设备(如计算机、照相机、录像机、扫描仪、光盘刻录机、网络等)对各种信息进行表现和集成。

2. 多维性

传统的信息传播媒体只能传播文字、声音、图像等一种或两种媒体信息，给人的感官刺激是单一的，而多媒体综合利用了视频处理技术、音频处理技术、图形处理技术、图像处理技术、网络通信技术，扩大了人类处理信息的自由度，它带给人的感官刺激是多维的。

3. 交互性

人们在与传统的信息传播媒体打交道时总是处于被动状态，而多媒体是以计算机为中心的，它具有很强的交互性。借助于键盘、鼠标、声音、触摸屏等，人们可以通过计算机程序控制各种媒体的播放。因此，在信息处理和应用过程中，人具有很大的主动性，这样可以增强人对信息的理解力和注意力，延长信息在人脑中的保留时间，并从根本上改变以往人类所处的被动状态。

4. 数字化

与传统的信息传播媒体相比，多媒体系统对各种媒体信息的处理、存储过程是全数字化的。数字技术的优越性使多媒体系统可以高质量地实现图像与声音的再现、编辑和特技处理，使真实的图像和声音、三维动画以及特技处理实现完美的结合。

总之，多媒体技术是一种基于计算机技术的综合技术，它包括信号处理技术、音频和视频技术、计算机硬件和软件技术、通信技术、图像压缩技术、人工智能和模式识别技术等，是处于发展过程中的一门跨学科的综合性高新技术。

1.1.4　多媒体的关键技术

实现多媒体计算机的关键技术如下。

1. 视频、音频等媒体压缩/解压缩技术

研制多媒体计算机需要解决的关键问题之一是使计算机能实时地综合处理声、文、图信息。然而，由于数字化的图像、声音等多媒体数据量非常大，而且视频、音频信号还要求快速的传输处理，致使一般计算机产品特别是个人计算机系列上开展多媒体应用难以实现，因此，视频、音频数字信号的编码和压缩算法成为一个重要的研究课题。

编码理论研究已有 40 多年的历史，技术已日趋成熟，在研究和选用编码时，主要有两个问题：一是该编码方法能用计算机软件或集成电路芯片快速实现；二是一定要符合压缩/解压缩编码的国际标准。

2. 多媒体专用芯片技术

要实现音频、视频信号的快速压缩、解压缩和播放处理，需要大量的快速计算，而实现图像许多特殊效果、图像生成、绘制等处理以及音频信号的处理等，也都需要较快的运算处理速度，因此，只有采用专用芯片，才能取得满意的效果。多媒体专用芯片依附于大规模集成电路(VLSI)技术，它是多媒体硬件系统体系结构的关键技术。

多媒体计算机的专用芯片可分为两类：一类是固定功能的芯片；另一类是可编程数字信号处理器 DSP 芯片。除专用处理器芯片外，多媒体系统还需要其他集成电路芯片支持，如数/模(D/A)和模/数(A/D)转换器，音频、视频芯片，彩色空间变换器及时钟信号产生器等。

3. 媒体输入/输出技术

媒体输入/输出技术包括媒体变换技术、识别技术、媒体理解技术和综合技术。目前，前两种技术相对比较成熟，应用较为广泛，后两种技术还不成熟，只能用于特定场合。

输入/输出技术进一步发展的趋势是：①人工智能输入/输出技术；②外围设备控制技术；③多媒体网络传输技术。

4. 多媒体存储设备与技术

多媒体的音频、视频、图像等信息虽经过压缩处理，但仍需相当大的存储空间。只有大容量只读光盘存储器 CD-ROM 问世后，才真正解决了多媒体信息的存储空间问题。

大容量活动存储器发展极快，1995 年推出了超大容量的 ZIP 软盘系统；1996 年又推出了 DVD(Digital Video Disc)的新一代光盘标准，它使得基于计算机的数字视盘驱动器能从单个盘面上读取 4.7～17GB 的数据量。另外，作为数据备份的存储设备也有了发展，常用的备份设备有磁带、磁盘和活动式硬盘等。随着存储技术的发展，活动式的激光(Magneto-Optical，MO)驱动器也将成为备份设备的主流。MO 驱动器有 5.25 英寸和 3.5 英寸两种规格，其优点是数据的写入和再生可以反复进行，速度比磁带快。

由于存储在 PC 服务器上的数据量越来越大，使得 PC 服务器的硬盘容量需求提高很快。为了避免磁盘损坏而造成数据丢失，人们采用了相应的磁盘管理技术，磁盘阵列(Disk Array)就是在这种情况下诞生的一种数据存储技术。这些大容量存储设备为多媒体应用提供了便利条件。

5. 多媒体系统软件技术

多媒体系统软件技术主要包括多媒体操作系统、多媒体编辑系统、多媒体数据库管理技术、多媒体信息的混合与重叠技术等，这里主要介绍多媒体操作系统和多媒体数据库技术。

1) 多媒体操作系统

要求该操作系统要像处理文本、图形文件一样方便灵活地处理动态音频和视频，在控制功能上，要扩展到对录像机、音响、MIDI 等声像设备以及 CD-ROM 光盘存储技术等。多媒体操作系统要能处理多任务、易于扩充；要求数据存取与数据格式无关，提供统一友好的界面。

2) 多媒体数据库技术

由于多媒体信息是结构型的，传统的关系数据库已不适用于多媒体的信息管理，需要从以下几个方面研究数据库：多媒体数据模型、数据压缩和解压缩的格式、多媒体数据管理及存取方法、用户界面。

1.2 多媒体技术的发展与应用

1.2.1 多媒体技术的发展过程

科学技术的进步和社会的需求是促进多媒体发展的基本动力，其发展主要经历了以下几个阶段。

1. 启蒙发展阶段

在多媒体技术的发展过程中，1984 年 Apple 公司推出的 Macintosh 被认为是多媒体计算机的开始。Macintosh 使用 Bitmap(位图)和 Icon(图标)作为用户界面。在此基础上，Apple 公司又于 1987 年使用了 HyperCard(超级卡)，使 Macintosh 成为当时极为流行的多媒体计算机，直到今日，Macintosh 在多媒体计算机界仍占有很重要的地位。

美国 Commodore 公司 1985 年推出 Amiga 计算机也是多媒体计算机的早期产品。

1986 年 Philips(飞利浦)和 Sony(索尼)两家公司联合推出了交互式光盘系统(Compact Disc Interactive，CD-I)，将文字、图像、声音存储于 650MB 的只读光盘介质上，用户能以交互的方式同时播放光盘中的文字、图像、声音等内容。

1987 年 3 月，美国 RCA 公司展示了交互式数字影像系统(Digital Video Interactive，DVI)。这是一个使用 PC 技术、光盘技术来存储和检索活动景象、静止图像、声音和其他数据的系统。之后，Intel 公司买下了 DVI 技术，Intel 公司于 1989 年 3 月宣布将把 DVI 开发成普及的大众化商品，并将 DVI 芯片用于 IBM PS/2 主板上。在 1991 年的美国计算机展览会上，DVI 系统获“Comdex91”最佳奖。

小贴士

Macintosh(麦金塔计算机，简称 Mac，是苹果计算机中一系列的个人计算机。Macintosh 是由 Macintosh 计划发起人 Jef Raskin 根据他最爱的苹果品种 Macintosh 命名的。麦金塔计算机于 1984 年 1 月 24 日发表，首次将图形用户界面广泛应用到个人计算机中。

2. 标准化阶段

20 世纪 90 年代被称为“多媒体时代”。自 20 世纪 90 年代以来，多媒体技术逐渐成熟，多媒体技术从以研究开发为重心转移到以应用为重心。标准化问题是多媒体技术实用化的关键。

1990 年 11 月，MPC 成为多媒体技术的国际标准。

1991 年，第六届国际多媒体技术和 CD-ROM 大会标志着多媒体技术进入了新的发展阶段，大会宣布的 CD-ROMXA 标准是对原有 CD-ROM 标准在音频方面的扩充。

1993 年发布的二级 MPC 标准包括全活动的视频图像，使用 16 位的音频信号采样。随后，多媒体的数据压缩标准也相继制定。静态图像压缩标准(Joint Photographic Experts Group，JPEG)成为 ISO/IEC 的 10918 号标准。

1994 年 11 月，动态视频压缩标准(Motion Picture Experts Group，MPEG)-1 成为国际标准。MPEG-1 被广泛地应用在 VCD 的制作中。

1995 年 7 月，MPEG-2 成为国际标准。MPEG-2 应用在 DVD 的制作、HDTV(高清晰电视广播)和一些高要求的视频编辑、处理方面。

1999 年初，MPEG-4 成为国际标准。MPEG-4 是一种新的压缩算法，使用这种算法的 ASF 格式可以把一部 120 分钟长的电影压缩到 300MB 左右的视频流，可供在网上观看。

> 小贴士
>
> MPEG-3 是一种被放弃的压缩技术，至于大家熟悉的 MP3 其实是 MPEG-1 Layer 3 的音频数据压缩技术。

3. 蓬勃发展阶段

多媒体各种标准的制定和应用极大地推动了多媒体产业的发展，很多多媒体标准和实现方法(如 JPEG、MPEG 等)已被做到芯片级，并作为成熟的商品投入市场。与此同时，涉及多媒体领域的各种软件系统及工具也如雨后春笋般层出不穷。

该阶段的代表之一是进一步发展多媒体芯片和处理器。1997 年 1 月，美国 Intel 公司推出了具有 MMX 技术的奔腾处理器(Pentium Processor with MMX)，使它成为多媒体计算机的一个标准。奔腾处理器使多媒体的运行速度成倍增加，并已开始取代一些普通的功能卡板。

除具有 MMX 技术的奔腾处理器外，还有 AGP 规格、MPEG-2、AC-97、PC-98、2D/3D 绘图加速器、Java Code(Processor Chip)等最新技术。

该阶段的另一代表是 AC-97 杜比数字环绕音响的推出。AC-97(Audio Codec 97)由声霸卡(Sound Blaster)的创始者 Creative 公司，及此领域的 Analog Device、NS、Yamaha、Intel 主导生产。AC-97 在硬件解决方案中，由 Controller(声音产生器)及 Codec IC 两片 IC 构成。

随着网络计算机(Internet PC、NC)及新一代消费性电子产品，如电视机顶盒(Set-Top Box)、DVD、视频电话(Video Phone)、视频会议(Video Conference)等观念的兴起，强调应用于影像及通信处理上最佳的数字信号处理器(DSP)，经过另一番的结构包装，可由软件驱动组态的方式进入咨询及消费性的多媒体处理器市场。

多媒体处理器结合了 DSP 在数字信号处理上的优势，并可发挥其在通信方面的优势。除了最初应用于网络 PC 的构想外，日本 Sharp 将其多媒体微处理器 Data-Driven Media Processor(DDMP)应用于打印机、复印机、传真机及扫描器四合一的多功能打印机 Camcoder 中。Fujitsu 也将其 MMA(Multi Media Assist)系列应用于汽车导航系统中，并将推出第二代甚至第三代。

与此同时，MPEG 压缩标准得到了推广和应用。人们已开始把活动影视图像的 MPEG 压缩标准推广于数字卫星广播、高清晰电视、数字录像机以及网络环境下的电视点播(VOD)、DVD 等各方面。

现在多媒体技术及应用正在向更深层次发展。下一代用户界面，基于内容的多媒体信息检索，保证服务质量的多媒体全光纤通信网，基于高速互联网的新一代分布式多媒体信息系统等，多媒体技术和它的应用正在迅速发展，新的技术、新的应用、新的系统不断涌现。从多媒体应用方面看，有以下几个发展趋势。

(1) 从单个 PC 用户环境转向多用户环境和个性化用户环境。

(2) 从集中式、局部环境转向分布式、远程环境。

(3) 从专用平台和系统有关的解决方案转向开放性、可移植的解决方案。

(4) 多媒体通信从单向通信转向双向通信。

(5) 从被动的、简单的交互方式转向主动的、高级的交互方式。

(6) 从改造原有的应用转向建立新的应用。

(7) 多媒体技术越来越多地应用于生产，协同工作、生产过程可视化等将换来生产率的提高。

(8) 多媒体技术也将越来越多地应用于生活和消费，新的多媒体消费产品和应用将不断涌现。

1.2.2 多媒体技术的应用领域

多媒体是一种实用性很强的技术，它一出现就引起许多相关行业的关注。多媒体技术的典型应用包括以下几个方面。

1. 教育与培训

以多媒体计算机为核心的现代教育技术使教学手段丰富多彩，使计算机辅助教学如虎添翼。实践已证明，多媒体教学系统有如下效果：①学习效果好；②说服力强；③教学信息的集成使教学内容丰富，信息量大；④感官整体交互，学习效率高；⑤各种媒体与计算机结合可以使人类的感官与想象力相互配合，从而产生前所未有的思维空间与创造资源。

2. 桌面出版物(Desktop Publishing)与办公自动化

桌面出版物主要包括印刷品、表格、布告、广告、宣传品、海报、市场图表、蓝图及商品图等。多媒体技术为办公室增加了控制信息的能力和充分表达思想的机会，许多应用程序都是为提高工作人员的工作效率而设计的，从而产生了许多新型的办公自动化系统。由于采用了先进的数字影像和多媒体计算机技术，把文件扫描仪、图文传真机、文件资料微缩系统和通信网络等现代化办公设备综合管理起来，构成全新的办公自动化系统，成为新的发展方向。

3. 多媒体电子出版物

电子出版物的内容可分为电子图书、辞书手册、文档资料、报刊杂志、教育培训、娱乐游戏、宣传广告、信息咨询、简报等，许多作品是多种类型的混合。电子出版物的出版形式有电子网络出版和电子书刊两大类。电子网络出版是以数据库和通信网络为基础的新出版形式，在计算机管理和控制下，向读者提供网络联机服务、传真出版、电子报刊、电子邮件、教学及影视等多种服务。电子书刊的载体有软磁盘(FD)、只读光盘(CD-ROM)、交互式光盘(CD-I)、图文光盘(CD-G)、照片光盘(Photo-D)、集成电路卡(IC)和新闻出版者认定的其他载体。

4. 多媒体通信

多媒体计算机、电视、网络将形成一个极大的多媒体通信环境，它不仅改变了信息传递的面貌，带来通信技术的大变革，而且将计算机的交互性、通信的分布性和多媒体的现实性相结合，构成继电报、电话、传真之后的第四代通信手段，向社会提供全新的信息服务。

多媒体通信包括信息点播(Information Demand)和计算机协同工作(Computer Supported Cooperative Work，CSCW)。信息点播有桌上多媒体通信系统和交互电视 ITV。通过桌上多媒体通信系统，人们可以远距离点播所需信息。交互式电视和传统电视的不同之处在于：用户在电视机前可对电视台节目库中的信息按需选取。计算机协同工作(CSCW)是指在计算机支持的环境中，一个群体协同工作以完成一项共同的任务，其应用有工业产品的协同设计制造、远程会诊、不同地域位置的同行们进行学术交流、师生间的协同式学习等。

5. 多媒体声光艺术品的创作

专业的声光艺术作品包括影片剪辑、文本编排、音响、画面特殊效果的制作等。电视工作者可以利用多媒体系统制作电视节目；美术工作者可以制作卡通和动画；音乐工作者通过 MIDI 的数字乐器合成接口可以进行声音输入，并剪接、编辑、制作出许多特殊效果。

1.3　多媒体技术研究的主要内容

人们可以认为多媒体是一个技术时代，需要研究的内容几乎遍及所有与信息相关的领域。多媒体的研究一般分为两个主要方面：一是多媒体技术，主要关心技术层面的内容；二是多媒体系统，主要关心多媒体系统的构成与实现。另外，还有专门研究多媒体创作与表现的，它们更多的属于艺术而不属于技术的范畴。本节将主要强调多媒体技术范畴内的内容。

1.3.1　多媒体技术的基础

在多媒体计算机系统中，各种媒体信息都以数字的形式存放到计算机中，并对其进行处理。由于多媒体信息种类繁多，包括文本、声音、图形、图像、动画和视频等，它们的表示形式在现实中也都各不相同，因此，必须把这些多媒体的信息数字化，才能按一定结构存储，使各种信息之间建立逻辑关系。利用计算机对这些信息进行处理可以实现多媒体信息的一体化，进而通过有线或无线网络进行传输。因此，多媒体技术的首要前提是多媒体信息的数字化。

1. 文字

文字是人们在现实世界中进行通信交流的主要形式，也是人与计算机之间进行信息交换的主要媒体。在计算机中，文字用二进制的编码表示，即用不同的二进制编码来代表不同的文字。

在计算机中，西文可直接通过键盘输入，在计算机内部由 ASCII 码表示。ASCII 是美国信息交换标准代码(American Standard Code for Information Interchange)的英文缩写。它是一个由 7 个二进制位组成的字符编码系统，包括大小写字母、标点符号、控制字符等共 128 个字符。目前，ASCII 码已在计算机领域中得到了最广泛的应用。

汉字不能直接通过键盘输入。要使用键盘输入汉字，就必须考虑相应的输入编码方法、汉字在计算机内部的内码表示方法、汉字的输出编码方法。

1) 汉字输入编码

当前采用的编码方式主要有数字编码、音码、形码及音形码 4 类，其中，音码和形码最常用，如微软拼音输入法、五笔字型输入法等。

2) 汉字内码

汉字内码是用于汉字信息的存储、交换、检索等操作的机内代码。当前的汉字编码有 2 字节、3 字节甚至是 4 字节的，其中，汉字国标 GB 2312-80(国字标准信息交换码)是 2 字节码，用两个 7 位二进制数编码表示一个汉字。

在计算机内部，汉字编码和西文编码是共存的。为了能够相互区别，国标码将两个字节的最高位都规定为“1”，而 ASCII 码所用字节的最高位为“0”，然后由软件(或硬件)根据字节最高位来判断。

3) 汉字字模码

字模码是用点阵表示汉字的字形代码。简易汉字为 16×16 点阵，提高型汉字为 24×24 点阵、32×32 点阵，甚至更高。16×16 点阵的每个汉字要占用 32 个字节，而 32×32 点阵的每个汉字要占用 128 个字节。

目前的文字输入方法还有：通过手写输入设备直接向计算机输入文字，通过光学符号识别(OCR)技术自动识别文字进行输入，通过语音进行输入等。

2. 数字音频

“音频”也称“音频信号”或“声音”，其频率范围在 20Hz～30KHz 之间，主要包括波形声音、语音和音乐 3 种类型。波形声音是声音的最一般形态，包含了所有的声音形式；语音是一种包含有丰富语言内涵的波形声音；音乐是符号化了的声音，和语音相比，它的形式更为规范。

1) 数字音频

数字音频是指用一系列数字表示的音频信号，是对声音波形的表示。波形描述了声音在空气中的振动，波形最高点(或最低点)与基线的距离为振幅；波形中两个连续的波峰间的距离称为周期；每秒钟内出现的周期数称为波形的频率。在捕捉声音时，以一定的时间间隔对波形进行采样，产生一系列的振幅值，将这一系列的振幅值用数字表示，就产生波形文件。

2) MIDI

MIDI 是乐器数字接口(Musical Instrument Digital Interface)的英文缩写。MIDI 信息实际

上是一段音乐的描述，当 MIDI 信息通过一个音乐或声音合成器进行播放时，该合成器对一系列的 MIDI 信息进行解释，然后产生相应的一段音乐或声音。

MIDI 是 20 世纪 80 年代提出来的，是数字音乐的国际标准。它定义了计算机音乐程序、合成器及其他电子设备交换信息和电子信号的方式，所以可以解决不同电子乐器之间不兼容的问题。另外，标准的多媒体 PC 平台能够通过内部合成器或连接到计算机 MIDI 端口的外部合成器播放 MIDI 文件，利用 MIDI 文件演奏音乐所需的存储量最少。

3. 图形与图像

1) 图形

图形是由点、线、面以及三维空间所表示的几何图。在几何学中，几何元素通常用矢量表示，所以图形也称为矢量图形。矢量图形是以一组指令集合来表示的，这些指令用来描述构成一幅图所包含的直线、矩形、圆、圆弧、曲线等的形状、位置、颜色等各种属性和参数。在显示图形时，需要相应的软件读取和解释这些指令，将其转换为屏幕上所显示的形状和颜色。

2) 图像

图像是一个矩阵，其元素代表空间中的一个点，称之为像素，每个像素的颜色和亮度用二进制数来表示，这种图像也称为位图。位图图像适合表现比较细致、层次和色彩比较丰富、包含大量细节的图像。

图形和图像技术既存在着区别，又互相关联。把两者结合起来可以进行立体成像，也可以进行真实感的图形设计，将几何模型和数据转变成计算机图像。

4. 动画和数字视频

动态图像包括动画和视频信息，是连续渐变的静态图像或图形序列沿时间轴顺次更换显示，从而构成运动视感的媒体。当序列中每帧图像都是由人工或计算机产生的图像时，常称之为动画；当序列中每帧图像都是通过实时摄取自然景像或活动对象时，常称为影像视频，或简称为视频。动态图像演示常常与声音媒体配合进行，二者的共同基础是时间连续性。

1) 动画

动画是利用人的视觉暂留特性，快速播放一系列连续运动变化的图形图像，也包括画面的缩放、旋转、变换、淡入淡出等特殊效果。

2) 数字视频

数字视频具有时序性与丰富的信息内涵，常用于交待事物的发展过程。数字视频非常类似于大家熟悉的电影和电视，有声有色，在多媒体中充当起重要的角色。

计算机动画和视频的主要差别类似于图形与图像的区别，即帧画面的产生方式有所不同。计算机动画是用计算机表现真实对象与模拟对象随时间变化的行为和动作，是利用计算机图形技术绘制出的连续画面，是计算机图形学的一个重要的分支；而数字视频主要是指模拟信号源(如电视、电影等)经过数字化后的图像和同步声音的混合体。目前，在多媒体应用中，有将计算机动画和数字视频混同的趋势。

多媒体技术的另一个基础是数据压缩。数字化了的视频、音频信号的数据量是非常大的，如果不进行处理，则计算机系统几乎无法对它进行存取和交换。例如，将未经压缩的活动图像直接记录在 CD 光盘上，一张 650MB 的 CD 光盘只能记录 40 秒的信号，一部 90 分钟的影片需要用 1 500 张光盘来保存。另一方面，视频、图像、声音这些媒体确实又具有很大的压缩潜力，数据的冗余度很大。因此，在允许一定限度失真的前提下，能够对媒体数据进行很大程度的压缩。

评价一种数据压缩技术的性能好坏主要有 3 个关键的指标：压缩比、图像质量、压缩和解压缩的速度。除此之外，还要考虑压缩算法所需要的软件和硬件。

第一个指标是压缩比，压缩性能常常用压缩比来定义，也就是压缩过程中输入数据量和输出数据量之比，希望压缩比尽量大。

第二个指标是图像质量，这与压缩的类型有关。压缩方法可以分为无损压缩和有损压缩。无损压缩是指压缩以及解压过程中没有损失原始图像信息，所以对无损压缩不必担心图像的质量；有损压缩则要对原始图像做一些改变，这样压缩前后图像不完全相同，但人眼难以察觉。

第三个指标是压缩和解压缩的速度，希望压缩和解压缩速度要快。在静态图像中，压缩速度没有解压缩速度要求严格，处理速度只需比用户能够忍受的等待时间快一些即可，但对于动态视频的压缩和解压缩，其速度问题是至关重要的。动态视频为保证帧间动作变化的连贯要求，必须有较高的帧速。

此外，还要考虑软件和硬件的开销。有些数据的压缩和解压缩可以在标准的 PC 硬件上用软件实现，有些则因为算法太复杂或质量要求太高而必须采用专门的硬件，这就需要在占用 PC 上的计算资源或另外使用专门硬件的问题上做出选择。

1.3.2　多媒体数据压缩技术

多媒体数据的压缩主要是指对视频数据和音频数据的压缩。数据压缩是有条件的，主要表现在以下两个方面。

一是数据冗余度。音频信号和视频信号等原始数据通常存在很多用处不大的空间，空间越多，数据的冗余度也越大。通过数据的压缩可以把这些不用的空间去掉。

二是人类不敏感因素。一般而言，人类对某些频率的音频信号不敏感，有无这些频率的音频在听觉上影响不大，在数据压缩时，就可去掉这些不敏感的成分，以减少数据量。例如，根据人眼对物体的轮廓比对物体内部细节更为敏感的特点，可以利用物体(而不是像素)的集合来表达图像。

压缩处理一般由两个过程组成：一是编码过程，即将原始数据经过编码进行压缩，以便存储与传输；二是解码过程，此过程对编码数据进行解码，还原为可以使用的数据。

1. 压缩编码的历史

1948 年，Oliver 提出 PCM(脉冲码调制编码)。

1952 年，Huffman 提出根据字符出现的概率来构造平均长度最短的异字头码字，有时称为最佳编码。

1977 年，Lempel 和 Ziv 提出基于字典的编码。

20 世纪 80 年代初，第一代压缩编码已成熟，并进入实用阶段。

20 世纪 80 年代中期，开始了第二代压缩编码的研究。

1989 年，制成数据压缩集成电路。

2. 数据压缩方法

根据解码后数据与原始数据是否完全一致，目前的压缩编码方法可以分为两类：一类是冗余压缩法，也称为无损压缩法或熵编码；另一类是熵压缩法，也称有损压缩法。有损压缩法压缩了熵，会减少信息量。熵定义为平均信息量，损失的信息是不可再恢复的。这种压缩法是不可逆的，但冗余压缩是可逆的。

3. 通用压缩编码标准

目前，被国际社会广泛认可和应用的通用压缩编码标准大致有如下 4 种：H.261、JPEG、MPEG 和 DVI。

(1) H.261：由 CCITT(国际电报电话咨询委员会)通过的用于音频、视频服务的视频编码解码器，它的全称为“p×64Kbit/s 视听业务的视频编解码器”。它采用的算法结合了可减少时间冗余的帧间预测和可减少空间冗余的 DCT 变换的混合编码方法，其输出码率是 p×64Kbit/s。p 取值较小时，只能传清晰度不太高的图像，适合于面对面的电视电话；p 取值较大时(如 $p>6$)，可以传输清晰度较好的会议电视图像。

(2) JPEG：全称是 Joint Photograghic Experts Group(联合照片专家组)，是一种基于 DCT 的静止图像压缩和解压缩算法，它由 ISO(国际标准化组织)和 CCITT(国际电报电话咨询委员会)共同制定，并在 1992 年后被广泛采纳后成为国际标准。它把冗长的图像信号和其他类型的静止图像去掉，甚至可以减小到原图像的百分之一(压缩比 100∶1)。

(3) MPEG：是 Moving Pictures Experts Group 的英文缩写，是目前所采用的最有效的计算机视频影像、声音数据压缩标准。MPEG 标准包括视频、音频和系统(音频和视频同步)3 部分。MPEG 压缩的基本方法为：在单位时间内首先采集并保存第一帧图像的信息，此后在对单帧进行有效压缩的基础上，只存储其余帧图像中相对第一帧图像发生变化的部分，以达到图像数据压缩的目的。它包括时间上的压缩和空间上的压缩两个方面。

① 时间上的压缩(即帧间压缩)：MPEG 视频压缩算法减少时间冗余量的方法主要是以 16×16 的块作为运动补偿单元的运动补偿技术，即对比视频影像的前、后两张画面，如果两者完全一样或接近一样，便可去除其中一帧画面。去除的判断阈值视所要求的质量而定。较好的 MPEG 算法可在 2～3 帧画面间做一次对比运算，而一般较差的算法只能在 12～30 帧画面间做一次对比运算。对比运算做得越频繁，压缩效率越高，但运算量也越大，因此要求有更高性能的硬件设备。

② 空间上的压缩(即帧内压缩)：在视频影像的同一帧画面中，往往有许多完全重复的部分或几乎相同的部分，这就可以只记录一次其相同或相近的部分，而去除其余部分，以达到节省存储空间的目的。MPEG 标准通常采用变换编码、矢量量化编码以及混合用变化编码、视图加权标量量化、游程编码等技术来降低空间冗余度。

(4) DVI：DVI 是 Digital Visual Interface(数字视频交互)的缩写，是一个非常重要的数字视频新标准，它是 1999 年由 Silicon Image、Intel(英特尔)、Compaq(康柏)、IBM、HP(惠普)、NEC、Fujitsu(富士通)等公司共同组成 DDWG(Digital Display Working Group，数字显示工作组)推出的接口标准。其视频图像压缩算法的性能与 MPEG 相当，压缩后的图像数据率约为 1.5Mbit/s。为了扩大 DVI 技术的应用，Intel 公司最近又推出了 DVI 算法的软件解码算法，称为 Indeo 技术，它能够将视频图像文件压缩到未压缩前的 1/5～1/10。例如，Indeo

能将一个 50MB 的文件减小到 9MB。

> **小贴士**
>
> 离散余弦变换(DCT)是 N.Ahmed 等人在 1974 年提出的正交变换方法，它常被认为是对语音和图像信号进行变换的最佳方法。由于近年来数字信号处理芯片(DSP)的发展，加上专用集成电路设计上的优势，这就牢固地确立了离散余弦变换(DCT)在目前图像编码中的重要地位，成为 H.261、JPEG、MPEG 等国际上公用的编码标准的重要环节。

1.3.3 多媒体数据管理技术

多媒体的数据量巨大，种类繁多，每种媒体之间的差别十分明显，但又具有种种信息上的关联，这些都给数据与信息的管理带来了新的问题。多媒体数据的管理就是对多媒体数据的存储、编辑、检索、演播等操作。目前对多媒体数据的管理主要有以下几种方法。

1. 文件系统管理方式

为了方便用户浏览多媒体数据，出现了很多的图形、图像浏览工具软件。文件系统方式存储简单，当多媒体数据较少时，浏览查询还能接受，但演播的数据格式受到限制，最主要的是当多媒体数据的数量和种类相当多时，查询和演播就不方便了。所以，文件系统方式一般只适用于小的项目管理或较特殊的数据对象，所表示的对象及相互之间的逻辑关系比较简单，如管理单一媒体信息，像图片、动画等。文件系统的树形目录的层次结构也能反映数据之间的部分逻辑关系，因此，用文件系统管理多媒体数据前应根据具体情况建立合理的目录结构。

2. 扩充关系数据库的方式

用关系数据库存储多媒体资料的方法一般有以下 3 种。

(1) 用专用字段存放多媒体文件。

(2) 多媒体数据分段存放在不同的字段中，播放时再重新构建。

(3) 文件系统与数据库相结合，多媒体数据以文件系统存放，即若关系中元组的某个属性是非格式化数据，则以存放非格式化数据的媒体类型、应用程序名、媒体属性、关键词等代替，这是一种比较简单的实现方式。

3. 面向对象数据库的方式

面向对象的方法最适合于描述复杂对象，通过引入封装、继承、对象、类等概念，可以有效地描述各种对象及其内部结构和联系。面向对象的数据库方法是将面向对象程序的设计语言与数据库技术有机地结合起来，是开发的多媒体数据库系统的主要方向。

1.3.4 多媒体通信与分布应用技术

多媒体通信是通过现有的各种通信网来传输、转存和接收多媒体信息的通信方式，它几乎覆盖了信息技术领域的所有范畴，包括数据、音频和视频的综合处理和应用技术，其关键技术是多媒体信息的高效传输和交互处理。

多媒体通信系统是多媒体计算机技术与通信技术相结合的产物，可以提供一种满足应用需要的多媒体数据端到端交付和产生机制。但仅仅有通信网络还远远不够，只有把多媒体的集成性、交互性与通信结合起来，才能发挥更大的作用，这就需要分布处理的能力。分布处理就是将所有介入到分布处理过程中的对象、处理及通信都统一地控制起来，对合作活动进行有效的协调，使所有任务都能正常完成。分布式多媒体系统是多媒体信息处理系统与多媒体通信系统的有机结合，分布式系统的设计问题和多媒体系统的设计问题在很大程度上是互补的。例如，分布式调度研究主要集中在负载均衡和负载共享上，而多媒体系统则更多地考虑实时调度和服务质量的保证。

把多媒体引入到分布式处理领域后，将有许多建立在通信传输之上的分布处理与应用问题需要研究。例如，如何使各项多媒体应用能在分布环境下运行？如何提供远程多媒体信息服务？如何通过分布环境解决多点多人合作问题？为了解决这些问题，分布式多媒体系统增加了诸如全局名字空间、客户/服务器计算、全局时钟和分布对象管理等方面的能力，使多媒体的资源能在更大范围内共享。

根据信息传输方式，可以把基于多媒体的分布式典型应用系统分为以下两类。

(1) 基于对称信息传输模式的分布多媒体系统，又叫全双工的对称模式，它是分布式多媒体系统中经常采用的一种方式。典型的应用系统有分布式多媒体数据库系统、多媒体会议系统、计算机支持的协同编辑系统、计算机支持的协同设计系统等，这类系统的特点是信息结点之间的传输是对称的。

(2) 基于非对称信息传输模式的分布式多媒体系统。这是多媒体通信和分布式多媒体系统带来的一个较新的概念。典型的应用系统包括交互式电视系统、视频点播系统、数字图书馆、远程教育系统、远程医疗系统等。视频点播系统如图 1.8 所示。

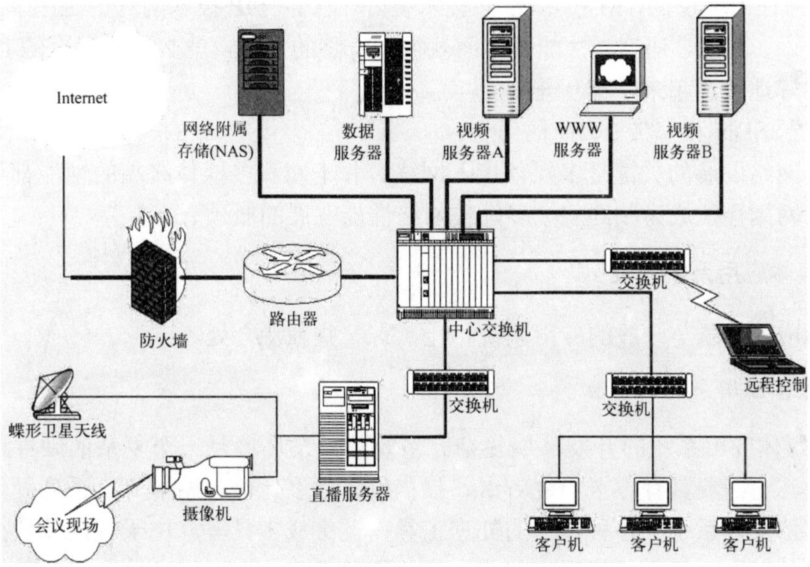

图 1.8　视频点播系统拓扑图

1.3.5　多媒体网络技术

随着计算机网络技术及通信技术的高速发展，出现了许多高速网络，如 B-ISDN(宽带综合业务数字网)、ATM 网、SONET 网(同轴光纤网络)、FDDI-Ⅱ(光纤分布式数据接口)、等时以太网(ISO Ethernet)及快速以太网(Fast Ethernet)等，这些都使多媒体信息的网络传输成为可能。多媒体网络是一个端到端的、能够提供多性能服务的网络，它由多媒体终端、多媒体接入网络、多媒体传输骨干网络及能够满足多媒体网络化应用的网络软件等 4 个部分组成。

多媒体网络在日常工作与生活中的新应用很多，比较典型的有如下几个应用。

1. 交互式远程教学

这种方式相当于创建了一个虚拟教室，它能提供实时的交互功能，还能提供电子白板之类的多媒体教学工具，更利于老师和学生的双向交流。

2. 远程医疗

它首先要能对病历进行多媒体的文档管理，其次还能通过多媒体网络共享医学、专家和先进的医疗设备。远程医疗对网络的性能要求很高，例如，一个儿童的 CT 脑切片的信息容量是 50MB，用通常的网络来传输需要 5～20 分钟的时间，如果使用高速多媒体网络，也许只要几秒钟。

3. 交互式视频服务

其中，比较常见的是视频点播和信息点播。例如，想通过多媒体网络在美国麻省理工学院图书馆查阅有关人体解剖学的某一个图像，就可以通过信息点播来实现。

多媒体网络的发展趋势主要有以下两方面。

(1) 宽带网的发展与现有 IP 网络相结合。

例如，从理论上说，ATM 技术比 IP 技术要好，但由于 IP 技术的势力范围非常大，ATM 网络要在技术、档次、速度、性能等方面获得进一步的发展，就必须和现有的 IP 网络的多媒体应用很好地结合起来，相互兼容。

(2) 宽带 ISDN 和窄带 ISDN 的结合。

多媒体网络发展的关键是多媒体接入网络，骨干网和多媒体终端的性能都可以做得很高，而接入网则往往成为制约整个多媒体网络性能发展的瓶颈。

1.3.6 多媒体应用系统开发

多媒体应用系统与一般的应用系统相比，有一些独特之处。

1. 多媒体应用系统的特点

(1) 多媒体应用系统的开发环境复杂。多媒体开发环境是一个复杂的硬件设备和软件环境的集成，它需要具有声卡、视频卡、扫描仪、数字化仪、网卡等一系列硬件设备，还需要有多媒体操作系统、各种媒体的处理工具以及集成工具等。由于多媒体数据量较大，各种媒体的处理方式又不尽相同，因此，往往需要搭建一个网络环境，使各种媒体的加工处理分布在不同的终端上。

(2) 所涉及的数据类型繁多。在多媒体应用系统中，处理的数据对象往往包括文本、图形、图像、声音、视频和动画等，在这些数据对象之间有可能存在着一定的关联，而一般的应用系统只包含数值和文本。

(3) 系统要求具有良好的交互性。多媒体应用系统通过丰富的媒体形式表达一定的内容，它需要提供方便灵活的用户交互方式，以便使用户可以根据自己的意愿控制系统的执行。例如，当一段乐曲或视频节目正在播放时，用户可以随时通过交互界面暂停播放。

(4) 开发过程需要各种技术人才。一般的应用系统只需要应用方和计算机开发人员就可以完成开发任务，而多媒体应用系统涉及到各种媒体的创作人员，如动画大师、视频剪辑专家、作曲家、录音师和美工人员等。

2. 多媒体应用系统的人员组成

多媒体应用系统的特殊性，使得参与开发的人员成分很复杂。一个完整的多媒体项目的开发小组需要包含下面几类人员。

(1) 项目经理：是项目的核心，他负责整个项目的开发和实施，以及其他的日常工作，如做预算、安排进度、召开创作会议、把握开发组内的动态等。项目经理起着把大家团结在一起的凝聚作用。

(2) 多媒体设计师：包括整体画面设计师、图形设计师、动画师、图像处理专家和接口设计师等。

(3) 写作专家：写作专家比一般作家所做的工作更多，他们要创造角色、情节以及阐述观点，写建议书，写配音稿、屏幕文字说明等。

(4) 视频专家：在多媒体项目中，视频专家是具有高超技艺的专业人员，他通常可以胜任从创意到最后完成制作的整个阶段的所有任务。在过去，视频的制作非常昂贵。自 20 世纪 90 年代初推出 QuickTime 和 Video for Windows 以来，在 Macintosh 和 PC 上采集和编辑视频变得越来越容易。大量的视频素材采用计算机环境进行处理，这就要求现代的多媒体视频专家不仅要掌握拍摄视频的基本技巧，还要熟悉计算机的使用方法及大量编辑数字视频的软件工具。

(5) 音频专家：一个多媒体应用系统是否能够得到广大用户的肯定，音频的质量至关重要。音频专家是使多媒体节目变得活跃起来的重要人物，他们设计并制作音乐、配音和音响效果。

(6) 多媒体程序员：多媒体程序员或软件工程师的任务是用创作系统或程序设计语言把一个项目中的所有素材集成为一个无缝的整体，包括媒体的显示、外围设备的控制、定时的设置和管理、记录的保存等。

3. 多媒体应用系统的开发过程

多媒体应用系统的开发过程大致可以分为 6 个阶段，如图 1.9 所示。

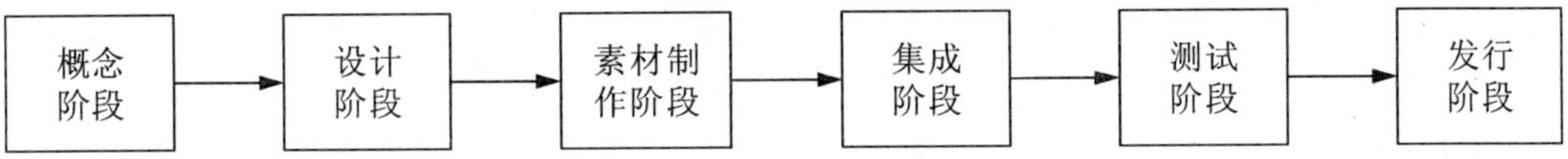

图 1.9　多媒体应用系统的开发过程

(1) 概念阶段：主要任务是明确将要开发的系统是做什么的，即要确定主题和使用对象。

(2) 设计阶段：主要任务是确定将要开发的系统如何做，即确定所包含的详细内容和表现手法。

(3) 素材制作阶段：主要任务是采集、编辑应用系统中所需要的全部媒体素材，包括图形、图像、音频、视频。

(4) 集成阶段：主要任务是构造应用系统的整体框架，把准备的全部素材集成起来并加入一些交互方式。

(5) 测试阶段：主要任务是运行并检测应用系统，以确信它能够按照创作者的意图运行。

(6) 发行阶段：主要任务是最后制作发行版本，编写用户使用手册，最终将产品发行到用户手中。

1.4 多媒体技术的研究热点

从多媒体研究的发展来看，目前已经走过了多媒体认识的启蒙阶段。在这一阶段，许多人尤其是大量的潜在用户了解了多媒体的主要涵义，对多媒体的概念和应用有了初步的理解和考虑，这对今后更大规模地发展奠定了用户基础。通过这个启蒙阶段，规范化的多媒体研究体系和重要的领域已经初步形成，需要研究的热点问题也已初露端倪。

1.4.1 多媒体数据编码

在多媒体中，编码技术一直是其关键技术之一，它涉及信息的压缩、特征抽取、合成、同步等方面的问题。

1. 媒体压缩编码

JPEG、MPEG-1、H.261 等已为人们所熟识，并且形成了国际标准，但关于压缩技术的研究却一直没有停止，人们在算法及实现技术上仍在做大量的研究，以期获得更高的质量和压缩比，并且在实现上更加简单和便宜。小波(Wavelt)和分形算法已成为重点研究方向并已取得一定的成果，层次化矢量量化(Hierachiacl Vector Quantization，HVQ)压缩方法也有一定的研究。其他方法(如基于模型的特征编码、基于自适应网格图像序列的编码、超低比较率的编码等)也都为多媒体信息编码的研究注入了新的活力。国际标准的扩展型(如MPEG-2、MPEG-4 等)开始针对原先存在的某些局限(如适应存储不适应传输、适应低质量而不能满足广播级质量要求等)进行了改进，也引了人们的注意。

2. 媒体译码的软件化

因为现有的大多数视频编译器都是用硬件实现的，虽然速度很快，但价格比较昂贵。作为编码的一个很重要的趋势就是研究基于纯软件的实时译码方式。纯软件的译码方式可以使得一般的用户不用特殊设备就可以得到较高水平的媒体表现，尤其是视频的服务。这种方式要求编码方法应具有较高的非对称性，而且应能够应付通信及表现对实时性的要求。

3. 合成与同步

多种媒体的合成可以使得一些原来并不存在的场景产生出来，如虚拟会议影像、超现实的影片制作等，尤其是电影的制作，使得特技变得容易，对布景和道具的破坏损失降低，使影片制作成本大大下降。同步与合成是相辅相成的，同步更多地应用于实时媒体之间的表现方面。自动同步、自动特征匹配同步、同步的形式化描述的研究在表现和分布化方面考虑得较多。

1.4.2　多媒体数据安全

随着信息时代的到来，特别是 Internet 的普及，信息的安全保护问题日益突出。当前的信息安全技术基本上都以密码学理论为基础，无论是采用传统的密钥系统还是公钥系统，其保护方式都是控制文件的存取，即将文件加密成密文，使非法用户不能解读。随着计算机处理能力的快速提高，这种通过不断增加密钥长度来提高系统密级的方法变得越来越不安全。

另一方面，多媒体技术已被广泛应用，需要进行加密、认证和版权保护的声像数据也越来越多。数字化的声像数据从本质上说就是数字信号，如果对这类数据也采用密码加密方式，则其本身的信号属性就被忽略了。最近几年，许多研究人员放弃了传统密码学的技术路线，尝试用各种信号处理方法对声像数据进行隐藏加密。

2003 年 4 月 1 日，美国《洛杉矶时报》头版刊发了摄影记者布莱恩·沃尔斯基从前线发回的一张新闻照片：一名英军士兵右手持枪对着一群伊拉克平民，左手伸向人群的方向，似在高声叫喊，与其形成对峙的是一位怀抱儿童的伊拉克男子，他正欲站起，神色惊恐，似在辩解。这张足以冲击普利策新闻奖的照片，后来被发现是计算机合成的假货。类似的数码照片事件可谓层出不穷。为了解决这个问题，研究人员在探索从源头解决数码照片真伪认证的技术，数字水印技术就是一种有效的方法。与人们熟知的纸币防伪水印的道理一样，数字水印方法通过在数码图像中嵌入人眼无法感知的认证标志，即脆弱水印，然后通过检测水印是否被破坏来达到验证图像完整性的目的。被称为脆弱水印的认证标志，在图像作品经过修改后，甚至最轻微的修改，都会变得无效。

一般地，数字水印应具有如下特性：安全性(嵌入在宿主数据中的水印是不可删除的，且能够提供完全的版权证据)、鲁棒性(水印对有意或无意的图像操作与失真具有一定的抵抗力)、不可觉察性(水印对人的感觉器官应是不可觉察的，或者说是透明的)、保真性(加入水印后并不会损害原来的媒体内容价值)。

数字水印技术主要用于以下几个方面：第一，版权保护，即数字作品的所有者可用密钥产生一个水印，并将其嵌入原始数据，然后公开发布他的水印版本作品；第二，添加指纹，为避免未经授权的复制制作和发行，出品人可以将不同用户的 ID 或序列号作为不同的水印(指纹)嵌入作品的合法副本中用以确定其来源；第三，标题与注释，即将作品的标题、注释等内容以水印形式嵌入该作品中，多用于网络图像内容的保护；第四，篡改提示，将原始图像分成多个独立块，再将每个块加入不同的水印，同时可通过检测每个数据块中的水印信号来确定作品的完整性，多用于法庭、医学、新闻及商业；第五，使用控制，例如，CD 数据盘中秘密的数字水印信息可以有条件地控制什么样的人可以访问该 CD 盘中的内容。

数字水印的基础研究主要集中在鲁棒水印算法、水印容量等方面。数字水印技术的提出就是为了解决信息化道路上的障碍问题，是多媒体信息安全保障的有力技术手段。如何将这些算法结合到具体的应用体系中，取得一定的安全保障，成为当前研究的热点问题。目前，数字水印技术理论基础依然非常薄弱，大多数水印算法还是经验性的。

1.4.3 人机交互技术

人机交互(Human Computer Interaction)是研究人、计算机以及它们之间相互影响的技术。人机交互发展的趋势体现了对人的因素的不断重视，使人机交互更接近于自然的形式。

1. 多媒体用户界面

多媒体技术被认为是在智能用户界面和自然交互技术取得突破之前的一种过渡技术。在多媒体用户界面出现之前，用户界面已经经过了从文本向图形的过渡，此时用户界面中只有两种媒体：文本和图形(图像)，都是静态的媒体。多媒体技术引入了动画、音频、视频等动态媒体，特别是引入了音频媒体，从而大大丰富了计算机表现信息的形式，拓宽了计算机输出的带宽，提高了用户接收信息的效率。

2. 多通道用户界面

多媒体用户界面大大丰富了计算机信息的表现形式，使用户可以交替或同时利用多个感觉通道。然而多媒体用户界面的人机交互形式仍迫使用户使用常规的输入设备(键盘、鼠标和触摸屏)进行输入，即输入仍是单通道的，输入输出表现出极大的不平衡。

20 世纪 80 年代后期以来，多通道用户界面(Multimodal User Interface)成为人机交互技术研究的崭新领域，在国际上受到高度重视。多通道用户界面的研究正是为了消除当前图形用户界面 WIMP/GUI、多媒体用户界面通信带宽不平衡的瓶颈，综合采用视线、语音、手势等新的交互通道、设备和交互技术，使用户利用多个通道以自然、并行、协作的方式进行人机对话，通过整合来自多个通道的精确的和不精确的输入来捕捉用户的交互意图，提高人机交互的自然性和高效性。多通道用户界面目前开展的研究课题有以下几方面。

(1) 文字和语音识别输入以及语音合成技术。这部分技术目前已逐步成熟并走向实用化，并开始集成于各种应用系统。如口呼语音电话拨号、手机或计算机上的电子邮件语音合成读出等。

(2) 基于人体生物特征的多模态身份验证技术。生物特征身份识别技术是通过计算机将人体所固有的生理或行为特征收集并进行处理的，由此进行个人身份鉴定的技术。目前，研究和使用的生物特征包括脸部、虹膜、视网膜、指纹、掌纹、手形等与生俱来的生理特征和语音、签名、步态等后天习惯使然的行为特征。

图 1.10　E 面通

上海银晨科技的 E 面通——嵌入式人脸识别器如图 1.10 所示。

生物特征身份识别是一个典型的模式识别问题，分为两个步骤：首先是系统注册阶段，即建立模板数据库的过程，将待识别所有用户的生物特征经传感器采集并进行特征提取，形成用户模板存储在模板数据库中；其次是系统识别阶段，将新采集来的生物特征进行特征提取后与模板数据库中的模板进行比对，以检验用户身份。如果只是进行身份验证，则只需提取模板数据库中对应该用户的模板进行比对即可决定真伪。

(3) 虚拟秘书或播音员。这实际上是一个由计算机生成的“虚拟讲话者”。心理学研究表明，人们习惯与拟人化的对象用语音进行交互，因此，对一个自然的人机接口来说，虚拟秘书或播音员是必需的。更为重要的是，在一个分布式信息系统中，应用虚拟播音员技术还可使传输的数据大大压缩。

3. 虚拟现实技术

虚拟现实(Virtual Reality，VR)是多媒体技术的最高境界，也是当今计算机科学中最尖端的课题，是计算机硬件技术、软件技术、传感技术、人工智能及心理学等技术的综合。它利用数字媒体系统生成一个具有逼真的视觉、听觉、触觉及嗅觉的模拟现实环境，受众可以用人的自然技能对这一虚拟的现实进行交互体验，仿佛在真实现实中的体验一样。以下是虚拟现实技术应用的两个场景。

场景一：

在喧闹都市的办公室中忙碌了一天的人们，多么希望自己能一步跨入一个热带天堂，幻想一片一望无边的海滩，挽起裤腿站在水边，任凭海浪轻抚脚面，椰林随风清唱，海鸥自由翱翔，太阳在天际徐徐落下，余晖把海面染红。这种想象能使许多人忘却疲劳，他们在心中创造了一个使自己心旷神怡的幻境。现在，基于虚拟现实技术的“休息机”可以为人们提供这种跨越空间的手段。

场景二：

在建筑工程投标时，把设计的方案用虚拟现实技术表现出来，便可把业主带入未来的建筑物里参观，如门的高度、窗户朝向、采光多少、屋内装饰等，都可以感同身受。它同样可用于旅游景点以及功能众多、用途多样的商品推销中，因为用虚拟现实技术展现这类商品的魅力比单用文字或图片宣传更加有吸引力。

虚拟现实之所以能让用户从主观上有一种进入虚拟世界的感觉，而不是从外部去观察它，主要是采用了一些特殊的输入输出设备，如数据头盔、数据手套等。

现在，虚拟现实技术不仅创造出虚拟场景，而且还创造出虚拟主持人、虚拟歌星、虚拟演员。如日本电视台推出的歌星 DiKi，不仅歌声迷人，而且风度翩翩，引得无数歌迷纷纷倾倒，许多追星族欲亲睹其芳容，迫使电视台只好说明她不过是虚拟的歌星。还有电脑游戏《古墓丽影》中的女主角劳拉入选全球知名人物，预示着虚拟演员时代即将来临。

虚拟现实技术的实现需要相应的硬件和软件的支持。现在对虚拟现实环境的操作已达到了一定的水平，但它毕竟同人类现实世界中的行动有一定的差别，还不能十分灵活、清晰地表达人类的活动和思维，因此，这方面还有大量的工作要做。

4. 普适计算环境

普适计算(Pervasive Computing)的思想是由 Xerox 的首席执行官 Mark Weiser 于 1991 年提出的，被认为是一种能包含各种设备(计算机、汽车、娱乐设备和信息设备等)的计算模式。在普适计算时代，计算机主要不是以单独的计算设备的形态出现，而是采用将嵌入式处理器、存储器、通信模块和传感器集成在一起，以信息设备(Information Appliances)的形式出现。从 20 世纪 90 年代后期开始，普适计算受到广泛关注，在国际上已发展成为一个研究热点。

场景一：

在一个智能教室环境下，如果投影设备的显示效果不是很理想，教师可以通过自己的 PDA 向学生的 PDA 发送电子课件。当教师走近学生讨论组时，其 PDA 会动态地加入该组，下载该组的讨论材料。这便是 Arizona State University 的智能教室环境，其普适环境由投影机、教师 PDA、学生 PDA 组成，该系统通过可重新配置的上、下文敏感中间件突出对环境的感知和动态自组网络通信的支持。

场景二：

一个普适医疗服务系统可以提供一种任何时间、任何地点的医疗服务访问。一辆配备有无线定位系统的急救车可准确定位突发事故现场，利用无线网络获取实时的交通信息。在事故现场，通过便携式和移动式设备监测病人的脉搏、血压、呼吸等数据，通过无线网络访问分布式的医疗服务系统，下载有关病历数据等必要信息。除了基于定位系统的应急响应机制外，该系统的功能还包括基于移动设备和无线网络的远程医疗诊断、远程病人监护以及远程访问具有患者病历信息的医疗数据库。

普适计算的涵义十分广泛，所涉及的技术包括移动通信技术、小型计算设备制造技术、小型计算设备上的操作系统技术及软件技术等。普适计算是指无所不在的、随时随地可以进行计算的一种方式，主要针对移动设备，例如，信息家电或某种嵌入式设备，如掌上计算机、BP 机、车载智能设备、笔记本计算机、手表、智能卡、智能手机(具有掌上计算机的一部分功能)、机顶盒、POS 销售机、屏幕电话(除了普通话机的功能外，还可以浏览因特网)等新一代智能设备。普适计算提供了经由网络使用各种各样的普适计算设备，访问后台数据、应用和服务的功能。无论使用何种普适计算设备，用户都能轻易访问信息，得到服务。普适计算降低了设备使用的复杂性，帮助提高在外办公人员的效率和人们的日常生活水平。

普适计算不是对目前桌面计算模式孕育的现有理论和技术的简单线性扩展，它需要多种技术的支撑。

(1) 对物理世界的感知技术的发展。

普适计算的一个重要目标就是将物理世界和信息世界相互关联，通过各种网络应用“透明”地为人们提供各种个性化的信息和娱乐服务。

(2) 嵌入式应用操作系统和软件开发的支持。

随着 Internet 技术的成熟、带宽的提高，网上提供的信息内容日趋丰富、应用项目多种多样，如手机、PDA 及电冰箱等嵌入式电子设备的功能不再单一，电气结构也更为复杂。

(3) 设备实现小尺寸、微功耗和低成本。

普适计算环境的一个重要目标是实现计算本身对用户的“透明”，在未来的普适计算环境中，人们周围将有大量的计算设备，这些设备功能多样、形态各异，将有机地融入人们在日常生活中所使用的各种用具中，甚至贴身的穿戴。

(4) 精巧的多媒体人机界面。

普适计算环境的一个特点就是“透明”的服务。采用各种精巧的人机界面技术是普适计算真正为人们所乐于接受的一个重要原因。这些人机界面包括以 GUI 屏幕为中心的多媒体界面、手写文字输入、语音拨号上网、收发电子邮件以及彩色图形、图像等。

1.4.4 多媒体数据管理

近年来，随着多媒体数据的引入，数据的管理方法又开始酝酿新的变革。要做到多媒体信息的有效管理，必须做到以下几点：第一，要有对多媒体进行空间布局和逻辑安排的灵活有效的工具；第二，要能对各种媒体信息建立起内容一级的联系，并把这种联系在用户接口上充分体现出来；第三，要有较完备的信息管理操纵的手段，最好用户能在基于内容一级进行检索；第四，多媒体数据的量应不受或少受计算机内存及外存的限制，例如，超媒体的结点数或多媒体数据库的元组数至少应能在千个以上。

从多媒体信息管理的研究来看，目前的工作主要集中在以下几个方面。

1. 多媒体数据库

根据多媒体数据的特点，多媒体数据库除要求处理结构化的数据外，还要求处理大量非结构化数据。多媒体数据库的研究除了数据存储管理、数据共享、并发控制、事物处理等内容之外，还需要具有以下几点功能。

(1) 支持文本、图形、图像、动画、声音、视频等媒体形式的字段类型及用户定义的特殊类型。

(2) 支持定长数据和非定长数据的集成管理。

(3) 支持复杂数据对象的表示和处理，要求有表示和处理数据对象间复杂关系的能力，有保证复杂数据对象完整性和一致性的机制。

(4) 对多媒体数据的处理需要有较高的实时性，以保证具有时序性的信息单元之间在时间或空间上的衔接。

(5) 多媒体数据库具有巨额数据量，一方面需要有光盘等大容量的硬件设备的支持，另一方面要求考虑多媒体数据的压缩与解压缩。

(6) 支持多媒体操作的用户界面，如选择浏览图像、视听声音、观看视频文件等。多媒体数据库广泛用于办公自动化信息系统、商业销售系统、地理信息系统、计算机辅助设计和计算机辅助制造系统、期刊出版系统、医疗信息系统以及军事应用系统中。

多媒体数据的体系结构更趋向于分布、合作的方式，所以客户/服务器是一种很适合的结构形式。多媒体数据库的数据模型采用面向对象的方法，有利于封装不同媒体之间的差异，有利于数据库的操作和操纵；多媒体的用户接口需要协助用户表达他们的查询请求，并把这些请求转变为系统的动作。

多媒体数据库、面向对象的数据库以及智能化多媒体数据库的发展越来越迅速，它们将进一步发展或取代传统的数据库，形成对多媒体数据进行有效管理的新技术。

2. 基于内容的检索

目前大多数多媒体的应用还很少使用到不同媒体间的语义信息，相当多的人把多媒体只看作一种界面工具，而没有在各种媒体的内容上建立起联系，并依据这些联系组织、处理和使用这些信息。从另一个方面来看，多媒体的语义复杂性也是带来其语义瓶颈的重要原因。因此，必须要有相应的方法和工具，对多媒体的数据按不同的形式和来源获取、增加与任务相关的语义，以方便对多媒体信息内容的检索。

基于内容(Content-Based)的检索就是从媒体数据中提取出特定的信息线索，然后根据这些线索从大量存储在数据库中的媒体中进行查找，检索出具有相似特征的媒体数据。例如，用户想买一辆红色汽车，那么他选定了红色和汽车轮廓，数据库系统就能返回所有红色汽车的信息，从而帮助用户快速找到目标。

基于内容的检索技术一般用于多媒体数据库系统中，如指纹数据库系统、头像数据库系统或其他应用系统。从基于内容检索的角度出发，系统由组织媒体输入的插入子系统，对媒体作特征提取的媒体处理子系统，存储插入时获得的特征和相应媒体数据的数据库，以及支持对该媒体的查询子系统组成，同时需要相应的知识辅助支持特定领域的内容处理。

多媒体信息检索技术的应用使多媒体信息检索系统、多媒体数据库、可视信息系统、多媒体信息自动获取和索引系统等应用逐渐变为现实。基于内容的图像检索、文本检索系统已成为近年来多媒体信息检索领域中最为活跃的研究课题。

3. 超文本和超媒体

在当今信息社会，信息不断地迅猛增加，而且种类也不断增长，如何对海量的多媒体信息进行有效的组织和管理，并像人类思维那样通过“联想”来明确不同信息块之间连接关系的相似性，已成为重要问题。超文本和超媒体技术的出现使这一问题得到了较好的解决，目前它已成为 Internet 上信息检索的核心技术。

超文本可以简单地定义为收集、存储和浏览离散信息，以及建立和表示信息之间关系的技术。一般把已组成网的信息称为超文本，而把对其进行管理使用的系统称为超文本系统。随着多媒体技术的发展，超文本中的媒体信息除了文字以外，还可以是声音、图形、图像、视频等多媒体信息，从而引入了“超媒体”这一概念，超媒体=多媒体+超文本。

超文本和超媒体以其独特的表现方式，在许多方面得到了广泛的应用。

1) 办公自动化

Apple 公司的 Hypercard 软件展示了把 Hypercard 用于办公室的日常工作的一个方面，它以卡片的形式提供了形象的电话簿、备忘录、日历、价格表与文献摘要等，是应用多媒体管理技术的一个实例。

2) 大型文献资料信息库

利用超文本与超媒体技术独特优点，将其广泛应用于大型文献资料信息库的建设，目前已经研制出来的中英文字典系统就是按照超文本与超媒体的方式组织和构造的，它收录了 25 万条目，计 4 181 万字，186 万个记号。采用这种方式存储的 30 卷百科全书，查询时间只需几秒钟。

3) 综合数据库应用

在各类工程应用中，要求用图纸、图形、文字、动画或视频表达概念和设计，一般数据库系统是无法表达的，而超文本与超媒体技术为这类工程提供了强有力的信息管理工具，不少系统已将它应用于联机文档的设计和软件项目的管理中。

4) 友好的用户界面

超文本与超媒体不仅是一项信息管理技术，也是一项界面技术。图形用户接口(GUI)使用户桌面由字符命令菜单方式转为图形菜单方式，而超文本技术在 GUI 的基础上再上了一个新台阶，即多媒体用户口接口(MGUI)，使数字和图形、图像、动画、音频、视频等信息均能展现在用户的面前。

例如，在一个超媒体旅游系统中，从中国地图上标的旅游景点中单击【南宁】链接，就可以进入南宁旅游图。在所展示的旅游点中，单击【伊岭岩】链接，就可以得到一张伊岭岩的精美彩色图片，读到一段伊岭岩概况的介绍文字，同时听到导游小姐亲切的声音。

超媒体系统仍然是多媒体信息管理中十分有效的工具，许多超媒体技术已融于许多其他的系统之中。目前研究的热点有基于内容的超媒体(CBH)、智能化超媒体、支持多人合作的超媒体系统以及可以实现自动信息发现的超媒体体系等。早期超媒体的链是由人工加上去的，但现在的研究是要使超媒体能够自动地根据内容建立起这些链接，并能在多机、多网、各种不同的超媒体系统间实现，如实现多媒体的 WWW。总之，内容和结构的处理成为问题的关键。

4. 带有时间和空间感的多媒体信息结构

一般的信息管理只是一类信息的组合或挑选，但多媒体信息都可以向用户提供有时间感和空间感的信息，这是一般的信息系统所做不到的。用这种技术可以建立一座博物馆，所有的景物如同真实的一样，用户可以自由地在其中漫步和观察，也可以通过某个操作跨越时空去与古人(如作者)对话，或参考有关资料。这种形式并非虚拟现实中的场景，而是由离散的信息组织起来的全景化虚拟世界数据库(Virtual World Database)，有人称之为三维全景图，也有人称之为半现实。时间感、空间感也可以给用户带来身临其境的感觉，完整性和沉浸性是其主要特性，基于内容的空间超媒体技术是主要支撑技术之一。

1.4.5　网络多媒体

多媒体通信对网络环境要求较高，这些要求必然涉及一些关键性的网络性能参数，它们是网络的传输速率、吞吐量、差错率及传输延迟等。在这些性能参数中，除了传输速率对多媒体信息产生重要影响外，其他参数对评价网络当前运行状况和多媒体通信质量也很重要。

1. QoS

QoS(Quality of Service，服务质量)是指网络提供更高优先服务的一种能力，包括专用带宽、抖动控制和延迟(用于实时和交互式流量情形)、丢包率的改进以及不同 WAN、LAN 和 MAN 技术下的指定网络流量等，同时确保为每种流量提供的优先权不会阻碍其他流量的进程。

QoS 是网络的一种安全机制，是用来解决网络延迟和阻塞等问题的一种技术。在正常情况下，如果网络只用于特定的无时间限制的应用系统，则并不需要 QoS，如 Web 应用或 E-mail 设置等，但对关键应用和多媒体应用十分必要。当网络过载或拥塞时，QoS 能确保重要业务量不受延迟或丢弃，同时保证网络的高效运行。

由于不同的应用对网络性能的要求不同，对网络所提供的服务质量期望值也不同。这种期望值可以用一种统一的 QoS 概念来描述。从支持 QoS 的角度来说，多媒体网络系统必须提供 QoS 参数定义和相应的管理机制。

基于策略(Policy)的 QoS 管理技术是近年来提出的一种智能化的网络管理方法，其目的在于提高网络管理系统的自动化、智能化和集成化能力，也是对现有网络管理系统的进一步扩充。该技术已引起业界的关注，一些网络设备厂商，如 Cisco、3COM、Nortel 以及 Cabletrom 等公司都在积极开发策略管理技术。为了实现策略管理的规范化，IETF 已开始着手制定有关的标准，并已推出了标准草案。

2. 组播

目前，在 Internet 上产生了许多新的应用，其中不少是高带宽的多媒体应用，如网络视频会议（可视化 IP 电话会议系统）、网络音频/视频广播、多媒体远程教育、远程会诊，这就带来了带宽的急剧消耗和网络拥挤问题。为了缓解网络瓶颈，人们提出了各种方案，如增加互联带宽、改变网络流量结构、IP 组播技术等。其中，IP 组播技术有其独特的优越性，在组播网络中，即使用户数量成倍增长，主干带宽也不需要随之增加。

组播是指在网络中将数据包以尽力传送(best-effort)的方式发送到网络中的某个确定结点子集，以实现网络中点到多点的高效数据传送。组播从 1988 年提出到现在已经经历了 20 年的发展，许多国际组织对组播的技术研究和业务开展进行了大量的工作。尽管目前端到端的全球组播业务还未大规模地开展起来，但是具备组播能力的网络数目正在增加。一些主要的 ISP(网络服务提供商)已运行域间组播路由协议进行组播路由的交换，形成组播对等体。在 IP 网络中多媒体业务日渐增多的情况下，组播有着巨大的市场潜力，其业务也将逐渐得到推广和普及。

组播技术涵盖了从地址方案、成员管理、路由和安全等各个方面，其中，组播地址的分配方式、域间组播路由以及组播安全等仍是研究的热点。

3. CSCW

CSCW 是指计算机支持的协同工作，也称为计算机支持的合作工作(Computer Supported Collaborative Work)，可以定义为：在基于计算机支持的共享环境中，一个群体协同工作去完成某一项共同的任务。CSCW(协同工作)是一个跨学科的、新兴的研究领域，它发展的脚步受多方面的影响，但最直接、最关键的因素是计算机技术。

为了实现 CSCW 的目标，研究和设计人员努力创建一种环境和工具，这就产生了一类新的系统形式和工具，它相对独立于支撑硬件和软件，被称为群件(Groupware)。目前市场上较常见的群件产品有：Lotus 公司的 Domino，Microsoft 公司的 Exchange，Novell 公司 Gropwise 和 Sun 公司的 Showme 等。这些产品多数用于办公自动化，已取得不少应用效果，可以应用到远程医疗诊断系统、远程教育系统、远程协同编著系统、远程协同设计制造系统以及军事应用中的指挥和协同训练系统等。

目前，在国际上，CSCW 学术活动非常活跃，美国和欧洲都相继创办了 CSCW 系列会，我国和法国也共同创办并定期召开协同设计研讨会。CSCW 研究工作虽处在起步阶段，但 CSCW 的出现，使计算机应用跃上了一个新台阶，已取得一些学术成果。许多 CSCW 原型已经建成，有些企业内部已有专用的 CSCW 系统。

4. 实时传输控制

流媒体是指在 Internet/Intranet 中使用流式传输技术的连续媒体，流媒体实现的关键技术就是流式传输。实现流式传输有两种方法：实时流式传输(Realtime Streaming)和顺序流式传输(Progressive Streaming)。一般来说，如果视频为实时广播，或使用流式传输媒体服务器，或应用如 RTSP 的实时协议，即为实时流式传输。实时流式传输总是实时传送，特别适合现场事件，也支持随机访问，用户可快进或后退以观看前面或后面的内容。理论上，实时流一经播放就不可停止，但实际上可能发生周期暂停。

与 HTTP 流式传输不同，实时流式传输需要特定的服务器，如 QuickTime Streaming Server、RealServer 与 Windows Media Server。这些服务器允许对媒体发送进行更多级别的控制，因而系统设置、管理比标准 HTTP 服务器更复杂。实时流式传输还需要特殊网络协议，如 RTSP(Realtime Streaming Protocol)或 MMS (Microsoft Media Server)。这些协议在有防火墙时有时会出现问题，导致用户不能看到一些地点的实时内容。

实时传输技术主要采用实时传输协议(RTP)。RTP 是提供端到端的包括音频在内的实时数据传送的协议，它包括数据和控制两部分，后者叫 RTCP。RTP 提供了时间标签和控制不同数据流同步特性的机制，可以让接收端重组发送端的数据包，可以提供接收端到多点发送组的服务质量反馈。

5. 自适应传输

不同媒体的特征是不同的。对实时多媒体进行传输，如视频和音频，延时要求小，但允许一些错误。另外，如 Web 接入和下载文件，需要可靠性，允许一定的延时。目前，许多流媒体服务属于非实时多媒体传输，这就要求流媒体服务器具有一定的机制来适应网络状况和用户设备。

为克服网络状况不确定所造成的影响，视频服务器必须自适应地调整发送策略来保证视频服务的质量和实时性。目前自适应传输主要采用的方法有：将多媒体文件中的视频码流转换为一个特定码率和图像尺寸的码流；或者把同一段视频内容编码生成多个具有不同码率和图像尺寸的码流，然后自适应选择一个最合适的码流传输给用户。生成的码流还需要进一步打包成为特定网络传输协议的数据包用于网络传输。由于现在许多网络并不能保证传输的数据能够及时并完全正确地被用户收到，传输的数据包可能需要加前向纠错编码(FEC)来保护。经过这些处理后，多媒体数据就可以通过网络传输给用户。目前常用的传输协议有 RTP/RTCP、HTTP 和 MMS。

实时自适应网络带宽的流媒体传送技术利用了自适应控制、模糊控制、反馈与前馈控制等先进控制技术，是一项可大幅提高流媒体宽带传送过程中关键服务质量瓶颈的技术。

1.4.6 多媒体应用系统

多媒体是一种实用性很强的技术，它一出现就引起许多相关行业的关注。多媒体技术的发展和应用日新月异，产品更新换代的周期很快。

1. 会议系统

视频会议系统是一种新型的通信手段，它可以是点对点的通信，也可以是多点对多点的通信。它在同一传输线路上承载了多种媒体信息，实现多点实时交互通信，同时也可以将不同地点与会人员的活动情况、会议内容及各种文件以可视新闻的形式展现在各个分会场，这是一种快速高效、日益增长、应用广泛的新的通信业务。

例如，以医学领域为背景的 MediaBase 工程由渥太华大学设计并实现，可为各种医生共同对病人进行会医提供了可行的手段。以军事为背景的多媒体军事会议系统可以把一个指挥系统的若干指挥所连接起来，构成一个地点分散但又如面对面的会议环境。日本 NEC 开发的“办公室鱼人”系统，可以使许多用户通过局部网络和 ISDN 网实现视频、手写图形及数据的共享传输和合作应用，大大提高了办公效率。国内的研究大多数集中在视频图像如何传输方面，也有一些单位在会议控制及应用方面做了不少工作，如东北大学、清华大学、国防科技大学、上海交通大学等单位。目前的研究集中在多点控制、电话线信息传输、合作应用与数据库结构等方面，国防科技大学多媒体信息系统实验室正在研究会议系统与超媒体结合，形成虚拟信息空间的有关问题。

2. VOD(Video On Demand)和交互电视(ITV)系统

电信部门和广播电视部门都在致力于即将出现的交互视频服务的开发。从提供视频服务方面来看，电信部门和广电部门既是合作者又是竞争对手，这种竞争局面造成了交互视频服务的两种系统名称的产生。从广播电视角度看，把交互视频服务看成是一种电视系统，称为交互电视(Interactive Television，ITV)，用户的终端是电视机。从电信角度看，把交互视频服务看成是一种业务，称为视频点播(Video On Demand，VOD)，用户终端既可以是电视机加机顶盒，也可以是一台个人计算机。不论是交互电视还是视频点播，它们都是为用户提供交互视频服务的。虽然它们一个强调用户端，另一个强调系统服务器，但这两种名称经常混用。

视频点播/交互电视系统是一种分布式的多媒体系统，它是一种媒体服务器和网络交换机的多层次结构，在此系统中，多媒体数据要经过压缩、存储、检索，并通过网络传送到目的地，然后解压缩，并在接收设备上同步演播。

在 VOD 应用技术的支持和推动下，以网络在线视频、在线音乐、网上直播为主要项目的网上休闲娱乐、新闻传播等服务得到了迅猛发展，各大电视台、广播媒体和娱乐业公司纷纷推出其网上节目。目前虽然由于网络带宽的限制，视频传输的效果还远不能达到人们所预期的满意程度，但还是受到了越来越多用户的青睐。

VOD 和交互电视(ITV)系统的应用，在某种意义上说是视频信息技术领域的一场革命，具有巨大的潜在市场，具体应用在电影点播、远程购物、游戏、卡拉 OK 服务、点播新闻、远程教学、家庭银行服务等方面。

3. 地理信息系统

地理信息系统(Geographic Information System，GIS)是采集、存储、管理、检索、分析和描述整个或部分地球表面与空间地理分布数据的空间信息系统。它是一种能把图形管理系统和数据管理系统有机地结合起来的信息技术，既管理对象的位置，又管理对象的其他属性，而且位置和其他属性是自动关联的。它最基本的功能是将分散收集到的各种空间、非空间信息输入到计算机中，建立起有相互联系的数据库。当外界情况发生变化时，只要更改局部的数据，就可维持数据库的有效性和现实性。目前，GIS 带动的产业急剧膨胀，已经深入到市政工程、企业决策、资源管理、交通运输、医疗保健、邮电通信、公安急救、市场销售、金融保险、石油化工、水利电力、环境保护、旅游、科研、教育等各个方面。

GIS 技术依托的主要工具和平台是计算机及其相关设备。进入 20 世纪 90 年代以来，随着计算机技术的发展，计算机微处理器的处理速度越来越快，性能价格比更高，其存储器能实现将大型文件映射至内存的能力，并且能存储海量数据。此外，随着多媒体技术、空间技术、虚拟实景、数字测绘技术、数据仓库技术、计算机图形技术三维图形芯片、大容量光盘技术及宽频光纤通信技术的突破性进展，特别是消除数据通信瓶颈的卫星互联网的建立，以及能够提供接近实时对地观测图像的高分辨、高光谱、短周期遥感卫星的大量发射，这些为 GIS 技术的广泛、深入应用展示了更加光明的前景。

虚拟现实是目前 GIS 研究领域的另一重要方向。美国 MultiGen 公司生产的 MultiGen 软件能够利用地理信息中心的数字地形海拔数据(DTED)、数字文化特征数据(DFAD)和与之配套的航空或卫星照片，快速、高效地构造任何地区的地形地貌和文化特征。目前，GIS 在总体上呈现网络化、开放性、虚拟现实、集成化、空间多维性等发展趋势。

4. 远程监控系统

远程多媒体监控系统是一种远程图像、语音自动传输监控装置，由监控点的终端机和控制中心的主控微机两大部分组成。

数字视频监控系统采用数字处理、编解码和网络技术，能较好地克服模拟系统的局限性，其优点首先表现为可在网络中传输视频、音频及控制数据，不受距离限制，信号不易受干扰，可以大幅提高图像品质和稳定性；其次，利用计算机网络联网无需重复布线；再次，数字化存储成为可能，经过压缩的视频数据可存储在磁盘阵列中或保存在光盘中，查询方便快捷。监控系统已广泛应用于工业生产、交通安全、银行保安、酒店管理等领域。如应用到实时报警系统中，能够及时发现异常情况，迅速报警，同时将报警信息存储到数据库中以备查询，并交互地综合图、文、声、动画多种媒体信息，使报警的表现形式更为生动、直观，人机界面更为友好。

实现视频监控的数字化要解决两个关键的技术问题：一是视频数据的压缩和解压缩；二是视频数据的实时同步传输技术。作为视频传输这样的特例，对时间十分敏感，必须确保数据的实时性和同步性。

1.5　多媒体技术的发展趋势

总的来看，多媒体技术正向两个方向发展：一是网络化发展趋势，与宽带网络通信等技术相互结合，使多媒体技术进入科研设计、企业管理、办公自动化、远程教育、远程医疗、检索咨询，文化娱乐、自动测控等领域；二是多媒体终端的部件化、智能化和嵌入化，以提高计算机系统本身的多媒体性能，开发智能化家电。

1. 多媒体技术的网络化发展趋势

技术的创新和发展将使服务器、路由器、转换器等网络设备的性能越来越高，包括用户端 CPU、内存、图形卡等在内的硬件能力空前扩展。人们将受益于无限的计算和充裕的带宽，它使网络应用者改变以往被动地接收处理信息的状态，并以更加积极主动的姿态去参与眼前的网络虚拟世界。

多媒体技术的发展使多媒体计算机形成更完善的计算机支撑的协同工作环境，消除了空间距离的障碍，也消除了时间距离的障碍，为人类提供更完善的信息服务。

交互的、动态的多媒体技术能够在网络环境下创建出更加生动逼真的二维与三维场景。人们还可以借助摄像等设备把办公室和娱乐工具集合在终端多媒体计算机上，可在世界任一角落与千里之外的同行在实时视频会议上进行市场讨论、产品设计，欣赏高质量的图像画面。新一代用户界面(UI)与智能人工(Intelligent Agent)等网络化、人性化、个性化的多媒体软件的应用，还可使不同国籍、不同文化背景和不同文化程度的人们通过人机对话消除他们之间的隔阂，自由地沟通与了解。

世界正迈进数字化、网络化、全球一体化的信息时代。信息技术将渗透着人类社会的方方面面，其中，网络技术和多媒体技术是促进信息社会全面实现的关键技术。MPEG 曾成功地发起并制定了 MPEG-1、MPEG-2 标准，现在 MPEG 组织也已完成了 MPEG-4 标准的 1、2、3、4 版本的标准，2001 年 9 月完成了 MPEG-7 标准的制定工作，同时在 2001 年 12 月完成 MPEG-21 的制定工作。

多媒体交互技术的发展使多媒体技术在模式识别、全息图像、自然语言理解(语音识别与合成)和新的传感技术(手写输入、数据手套、电子气味合成器)等基础上，利用人的多种感觉通道和动作通道(如语音、书写、表情、姿势、视线、动作和嗅觉等)，通过数据手套和跟踪手语信息提取特定人的面部特征，合成面部动作和表情，以并行和非精确的方式与计算机系统进行交互，可以提高人机交互的自然性和高效性，实现以三维的逼真输出为标志的虚拟现实。

蓝牙技术的开发应用，使多媒体网络技术无线电，数字信息家电，个人区域网络，无线宽带局域网，新一代无线、互联网通信协议与标准，对等网络与新一代互联网络的多媒体软件开发，综合原有的各种多媒体业务，将会使计算机无线网络异军突起，牵起网络时代的新浪潮，使得计算无所不在，各种信息随手可得。

2. 多媒体终端的部件化、智能化和嵌入化发展趋势

目前多媒体计算机硬件体系结构，多媒体计算机的视频、音频接口软件不断改进，尤其是采用了硬件体系结构设计和软件、算法相结合的方案，使多媒体计算机的性能指标进一步提高，但要满足多媒体网络化环境的要求，还需对软件做进一步的开发和研究，使多媒体终端设备具有更高的部件化和智能化，对多媒体终端增加如文字的识别和输入、汉语语音的识别和输入、自然语言理解和机器翻译、图形的识别和理解、机器人视觉和计算机视觉等智能。

过去 CPU 芯片的设计较多地考虑计算功能，主要用于数学运算及数值处理，随着多媒体技术和网络通信技术的发展，需要 CPU 芯片本身具有更高的综合处理声、文、图信息及通信的功能，因此可以将媒体信息实时处理和压缩编码算法做到 CPU 芯片中。

从目前的发展趋势看，可以把这种芯片分成两类：一类是以多媒体和通信功能为主，融合 CPU 芯片原有的计算功能，它的设计目标是在多媒体专用设备、家电及宽带通信设备上，可以取代这些设备中的 CPU 及大量 ASIC 和其他芯片；另一类是以通用 CPU 计算功能为主，融合多媒体和通信功能，它们的设计目标是与现有的计算机系列兼容，同时具有多媒体和通信功能，主要用在多媒体计算机中。

近年来，随着多媒体技术的发展，TV 与 PC 技术的竞争与融合越来越引人注目，传统的电视主要用在娱乐上，而 PC 重在获取信息上。随着电视技术的发展，电视浏览收看功能、交互式节目指南、电视上网等功能应运而生。而 PC 技术在媒体节目处理方面也有了很大的突破，视音频流功能的加强，搜索引擎、网上看电视等技术相应出现，比较来看，收发 E-mail、聊天和视频会议终端功能更是 PC 与电视技术的融合点，而数字机顶盒技术

适应了 TV 与 PC 融合的发展趋势，延伸出“信息家电平台”的概念，使多媒体终端集家庭购物、家庭办公、家庭医疗、交互教学、交互游戏、视频邮件和视频点播等全方位应用为一身，代表了当今嵌入化多媒体终端的发展方向。

嵌入式多媒体系统可应用在人们生活与工作的各个方面，在工业控制和商业管理领域，如智能工控设备、POS/ATM 机、IC 卡等；在家庭领域，如数字机顶盒、数字式电视、WebTV、网络冰箱、网络空调等消费类电子产品。此外，嵌入式多媒体系统还在医疗类电子设备、多媒体手机、掌上计算机、车载导航器、娱乐、军事方面等领域有着巨大的应用前景。

小　结

本章是全书的理论基础，简要介绍了有关多媒体技术的基本概念和基础知识。

多媒体技术是基于计算机科学的综合高新技术，可以利用计算机综合处理文本、声音、图形、图像和视频等信息，具有集成性、实时性和交互性。

多媒体信息的处理和应用需要一系列相关技术的支持。多媒体是一种实用性很强的技术，它的应用几乎覆盖了计算机应用的绝大多数领域，而且还开拓了涉及人类生活、娱乐、学习等方面的新领域，使人机交互界面更接近人们自然的信息交流方式。

习　题

1. 选择题

(1) 下列关于多媒体技术的描述中，错误的是____。

A. 多媒体技术是将各种媒体以数字化的方式集中在一起

B. 多媒体技术可对多种媒体信息进行获取、加工处理、存储和展示

C. 多媒体技术是能用来观看数字电影的技术

D. 多媒体技术与计算机技术是密不可分的

(2) 下列图形图像文件格式中，可实现动画的是____。

A. WMF 格式　B. GIF 格式　C. BMP 格式　D. JPG 格式

(3) 下列功能中，不属于 MPC 的图形、图像处理能力的基本要求的是____。

A. 可产生丰富、形象、逼真的图形

B. 实现三维动画

C. 可以逼真、生动地显示彩色静止图像

D. 实现一定程度的二维动画

(4) 汉字国标 GB 2312-80(国字标准信息交换码)的编码是____字节的。

A. 1　B. 2　C. 3　D. 4

(5) 下列说法中，不正确的是____。

A. 电子出版物存储容量大，一张光盘可存储几百本书

B. 电子出版物可以集成文本、图形、图像、动画、视频和音频等多媒体信息

C. 电子出版物不能长期保存

D. 电子出版物检索快

(6) 多媒体技术的基础是____。

A. 多媒体信息的数字化　　B. 数据压缩

C. 多媒体数据管理技术　　D. A 和 B

(7) 多媒体中的编码技术不包括____。

A. 媒体压缩编码　　B. 媒体译码的软件化

C. 媒体安全　　D. 合成与同步

(8) 通用压缩编码标准中，数字视频交互是指____。

A. H.261　　B. JPEG　　C. MPEG　　D. DVI

(9) 多通道用户界面目前开展的研究课题包括____。

A. 文字和语音识别输入以及语音合成技术

B. 基于人体生物特征的多模态身份验证技术

C. 虚拟秘书或播音员

D. 以上全是

(10) 以下不是多媒体技术典型应用的是____。

A. 教育和培训　　B. 娱乐和游戏

C. 视频会议系统　　D.计算机支持协同工作

2. 简答题

(1) 什么是媒体？它是如何分类的？

(2) 什么是多媒体技术？它具有哪些关键特性？

(3) 多媒体技术研究的主要内容是什么？

(4) 多媒体技术研究的应用领域有哪些？

(5) 什么是组播？它的特点是什么？

(6) 什么是数字水印技术？它主要应用于哪些方面？

(7) 多媒体技术的两个发展趋势是什么？

第 2 章

多媒体环境的建立

教学目标

- 了解多媒体系统的基本构成
- 了解多媒体信息存储的特点
- 了解市面流行的多媒体存储设备
- 掌握光盘的类型、技术指标及工作原理
- 掌握音频卡、视频卡的工作原理及性能指标
- 了解市面流行的主流 I/O 设备
- 掌握多媒体处理器、多媒体总线
- 了解主流多媒体软件的用途

本章知识结构图

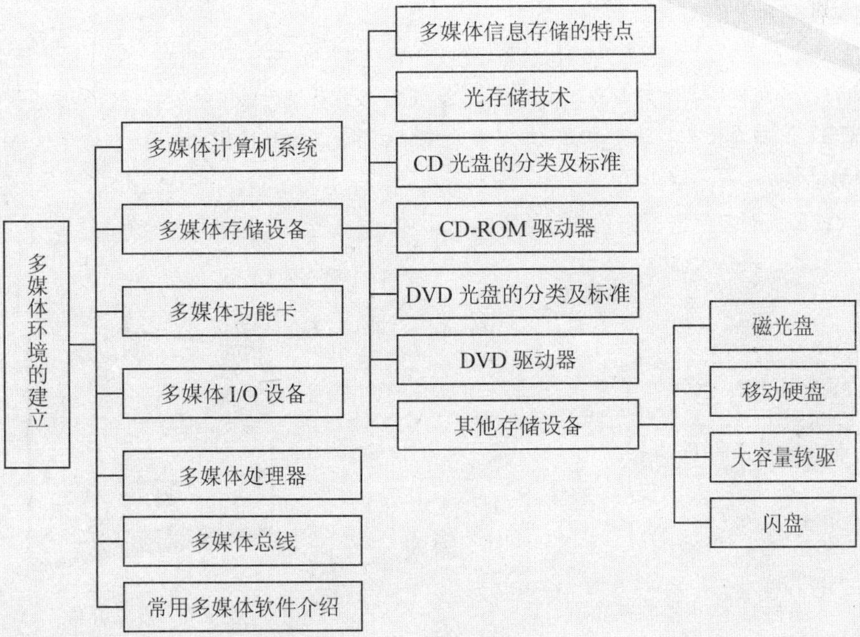

导入案例

多媒体电子教室以多媒体计算机为核心，由多媒体投影机、展示台、中央控制系统、投影屏幕、视频输入设备、音响设备等多种现代教学设备组成，各设备作用如下。

1. 多媒体计算机

多媒体计算机是演示系统的核心，大多数教学软件都要由它运行，而且它在很大程度上决定演示效果的好坏。

2. 多媒体投影机

多媒体投影机是整个多媒体演示教室中最重要也是最昂贵的设备，它连接着计算机系统、所有视频输出系统及数字展台，承担着视频、数字信号输出成像的重任，如图 2.1 所示。

3. 视频、数字展示台

它可以进行实物、照片、书本资料的投影，是一种非常实用的设备。它不单独使用，只能输出视频、数字信号，由多媒体投影机来投影，如图 2.2 所示。

图 2.1　多媒体投影机

图 2.2　视频、数字展示台

4. 中央控制系统

由于多媒体演示教室中使用了多种数据、视频音频设备，要完全用好这些设备，对上课的教师来说有一定的难度。中央控制系统用系统集成的方法，把整个多媒体演示教室的设备操作集成在一个平台上，所有设备的操作均可在这个平台上完成，使用者无需对单个设备进行操作，如图 2.3 所示。

5. 投影屏幕

用于和投影机配套使用，良好的投影屏幕对投影机投射的影像效果有很大的提升作用，如图 2.4 所示。

图 2.3　中央控制系统

图 2.4　投影屏幕

6. 视频输入系统

它包括录像机、VCD 机、DVD 机等，其视频信号由多媒体投影机投影到屏幕上。

7. 音响系统

包括麦克风(有线或无线)、功放、音箱等，用以输出音频信号，其配置可根据教室空间大小和人数的多少来决定。

多媒体电子教室的应用，使教师能够借助于先进的电子教学设备，轻松而直观地进行教学，学生接受和理解知识的效果也远远高于传统教学方式。多媒体系统应用的前提是要建立一个良好的多媒体环境。

2.1　多媒体计算机系统

早期的多媒体计算机系统必须进行专门设计和制造，如 1985 年美国 Commodore 公司设计制造的 Amiga 多媒体计算机系统，1986 年荷兰 Philips 公司与日本 Sony 公司共同设计制造的 CD-I 多媒体系统，1992 年美国 Intel 公司和 IBM 公司设计制造的 DVI 多媒体系统等，这些经典的多媒体系统最终都没有成为市场主流产品。目前几乎所有微型计算机都具备了多媒体功能，不需要单独进行设计和制造。

多媒体系统的基本构成如图 2.5 所示。

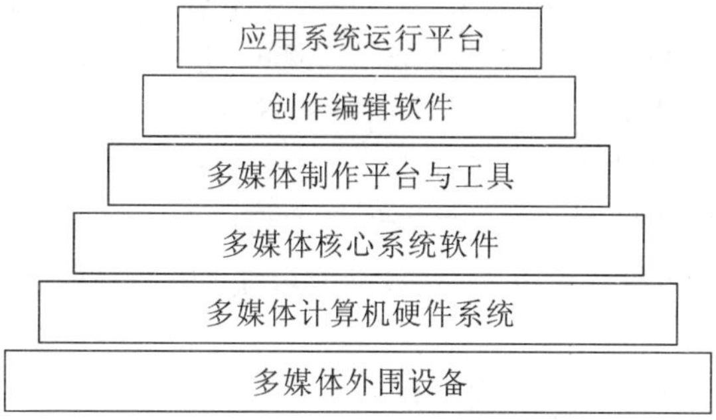

图 2.5　多媒体系统的基本构成

在多媒体系统中，第一层为多媒体外围设备，包括各种媒体、视听输入输出设备及网络。

第二层为多媒体计算机硬件主要配置与各种外围设备的控制接口卡，其中包括多媒体实时压缩和解压缩专用的电路卡。

第三层为多媒体驱动程序、操作系统。该层软件为系统软件的核心，除与硬件设备打交道(驱动、控制这些设备)外，还要提供输入输出控制界面程序，即 I/O 接口程序；而操作系统则提供对多媒体计算机的硬件、软件控制与管理。

第四层是媒体制作平台和媒体制作工具软件，支持应用开发人员创作多媒体应用软件。设计者利用该层提供的接口和工具采集、制作媒体数据。常用的有图像设计与编辑系统，二维、三维动画制作系统，声音采集与编辑系统，视频采集与编辑系统以及多媒体公用程序与数字剪辑艺术系统等。

第五层为多媒体编辑与创作系统。该层是多媒体应用系统编辑制作的环境，根据所用工具的类型，有的是脚本语言及解释系统，有的是基于图标导向的编辑系统，还有的是基于时间导向的编辑系统。通常除编辑功能外，还具有控制外围设备播放多媒体的功能。设计者可以利用这层的开发工具和编辑系统来创作各种教育、娱乐、商业等应用的多媒体节目。

第六层为多媒体应用系统的运行平台，即多媒体播放系统。该层可以在计算机上播放硬盘上的节目，也可以单独播放多媒体的产品。

在以上 6 层中，第一、二层构成多媒体硬件系统，其余 4 层是软件系统。软件系统又包括系统软件(如操作系统)和应用软件。

1. 多媒体硬件设备

与普通计算机相比，多媒体计算机的硬件结构与普通计算机不同，多媒体计算机除了需要有较高的硬件配置外，通常还需要音频、视频处理设备，光盘驱动器和各种多媒体输入设备等。

计算机厂商为了满足用户对多媒体功能的需求，采用两种方式提供多媒体所需的硬件设备。一是把各种多媒体部件都集成在计算机主板上，如显卡、声卡等，大部分微型计算机都将其集成在主板上。二是有很多厂商生产各种多媒体硬件的接口卡和设备，这些具有多媒体功能的接口卡可以很方便地插入到计算机的标准总线(如 PCI)或直接连接到标准接口(如 USB)中。例如，可以在微型计算机 PCI 总线中插入电视卡，安装相关的驱动程序后，计算机就具有了接收有线电视的多媒体功能。常见的多媒体接口卡有语音卡、电视卡、视频数据卡、非线性编辑卡等。

多媒体硬件设备的技术要求有以下 3 点。

(1) 要求主机处理性能强大。由于多媒体数据量巨大，而且必须对音频和视频文件进行压缩和解压缩操作，因此要求 CPU 的处理能力较强，最好采用高频率、超线程、多内核、低发热的 CPU 产品。

(2) 要求主机接口齐全。由于多媒体设备繁多，技术规格不一，因此多媒体计算机必须有足够多的接口，这样，多媒体设备的信号才可以进行输入输出。目前较为流行的多媒体设备接口主要是 USB(通用串行总线)接口。

(3) 各种多媒体设备齐全。多媒体计算机必须配置可存放大量数据的硬盘、DVD 等存储设备。大屏幕高分辨率的显示器，可以使图像和视频节目的显示更加丰富多彩。

2. 多媒体软件

构建一个多媒体系统，硬件是基础，软件是灵魂。多媒体软件的主要任务是将硬件有机地组织在一起，使用户能够方便地使用多媒体信息。多媒体软件按功能可分为多媒体系统软件和多媒体应用软件。

1) 多媒体系统软件

多媒体系统软件主要包括 Windows 98/2000/XP/NT 多媒体操作系统、各种相应的多媒体驱动程序和多媒体开发工具等 3 种。

多媒体开发工具是多媒体开发人员用于获取、编辑和处理多媒体信息，编制多媒体应用程序的一系列工具软件的统称。它可以对文本、图形、图像、动画、音频和视频等多媒体信息进行控制和管理，并把它们按要求连接成完整的多媒体应用软件。多媒体开发工具大致可分为多媒体素材制作工具、多媒体著作工具和多媒体编程语言3类。

多媒体素材制作工具是为多媒体应用软件进行数据准备的软件，其中包括文字特效制作软件 Word(艺术字)、COOL 3D；图形图像处理与制作软件 CorelDRAW、Photoshop、FreeHand；音频编辑与制作软件 Wave Studio、Cakewalk、Sound Forge；二维和三维动画制作软件 Animator Studio、3D Studio MAX 等；视频和图像采集编辑软件，包括 ArcSoft 公司的 ShowBiz、Ulead 公司的 Video Studio 5.0 DVD、Adobe 公司的 Premiere 等；制作地图软件 MapInfo Professional 等。

多媒体著作工具又称多媒体创作工具，它是利用编程语言调用多媒体硬件开发工具或函数库来实现的，并能被用户方便地编制程序，组合各种媒体，最终生成多媒体应用程序的工具软件。常用的多媒体创作工具有 PowerPoint、Authorware、ToolBook 等。

多媒体编程语言可用来直接开发多媒体应用软件，对开发人员的编程能力要求较高，但它有较大的灵活性，适用于开发各种类型的多媒体应用软件。常用的多媒体编程语言有 Visual Basic、Visual C++、Delphi 等。

2) 多媒体应用软件

多媒体应用软件又称多媒体应用系统或多媒体产品，它是由各种应用领域的专家或开发人员利用多媒体编程语言或多媒体创作工具编制的最终多媒体产品，是直接面向用户的，如影音播放软件、各种多媒体教学软件、声像俱全的电子图书、网络电视软件等。

下面将详细介绍多媒体系统中的硬件和软件。

2.2　多媒体存储设备

2.2.1　多媒体信息存储的特点

1. 多媒体信息存在和表现的形式

多媒体信息的存在和表现有多种形式，包括正文、向量图形(图元组成的图形)、位图图像、数字化声音和高保真音响、数字化视频。

2. 多媒体信息量大

由于多种形式的信息同时存在，计算机需要处理的信息量很大，尤其对动态的声音视频图像更为明显。这些信息即使经过压缩，所需的存储空间仍然十分可观，传统使用的计算机存储设备(如软磁盘、磁带等)无法满足这种大信息量的要求。20 世纪 70 年代研制出的光盘是满足上述要求较为理想的存储设备，其中只读式紧凑光盘(Compact Disc-Read Only Memory，CD-ROM) 及其改进的 DVD 光盘是广泛使用的多媒体信息载体。

2.2.2　光存储技术

光存储技术的产品化形式是由光盘驱动器和光盘片组成的光盘驱动系统。1980 年，日本的 KDD 公司推出了世界上第一台光存储系统。从那时起，世界各先进工业国就致力于光存储系统的开发和研究工作。

光存储的基本特点是用激光引导测距系统的精密光学结构取代硬盘驱动器的精密机械结构。光盘驱动器的读写头是用半导体激光器和光路系统组成的光学头，记录介质采用磁光材料。驱动器采用一系列透镜和反射镜，将微细的激光束引导至一个旋转光盘上的微小区域。由于激光束的对准精度高，所以写入数据的密度要比硬盘高得多。

光存储系统工作时，光学读写头与介质的距离比起硬盘磁头与盘片的距离要远得多，光学头与介质无接触，所以读写头很少因撞击而损坏。虽然长时间使用后透镜会变脏，但灰尘不容易直接损坏机件，而且可以清洗。磁盘存储器使用 5 年以后失效是常见的事情，而磁光型介质估计至少可使用 30 年、读/写 1 000 万次，只读光盘的寿命更长，预计为 100 年。

人们一般通过以下几个技术指标来衡量一个光盘系统的性能。

1. 存储容量

它是指能存储在光盘中的信息容量，这是最常用、最重要的性能指标之一。一般来说，采用的格式化标准不同，存储容量也不尽相同，如常用的 650MB 容量等。当用户向光盘中存入信息时，信息必须小于这个规定的容量。

2. 平均存取时间

它是指在光盘上找到需要读写的信息的位置所需要的时间，即指从计算机向光盘驱动器发出命令，到光盘驱动器可以接受读写命令为止的时间。一般取光头沿半径移动全程 1/3 长度所需要的时间为平均寻道时间，盘片旋转一周的一半时间为平均等待时间，两者加上读写光头的稳定时间就是平均存取时间。快速的搜寻时间是关键，1995 年公布的 MPC3 标准规定 CD-ROM 的平均搜寻时间不得大于 0.25s。

3. 数据传输率

它是指每秒能读取的数据量。在 CD-ROM 中，单速的数据传输率为每秒读取 150KB 的数据量。不同的标准规定有不同的数据传输率，在 MPC3 的标准中要求数据传输率最少要达到 4 倍速，不得小于 600KB/s。

2.2.3 CD 光盘的分类及标准

光盘的外表看起来一样，实际却有很大的不同。因为它们所依据的格式规定文件具有不同颜色的封皮，所以习惯用红皮书、黄皮书、绿皮书、白皮书、橙皮书标准来说明光盘的品种。

1. CD-DA

CD-DA(CD-Digital Audio)又叫激光数字唱盘，用来存储数字音频信息，如音乐歌曲等。早期的 Philips 公司、Sony 公司希望用 CD 来保存数字高保真音乐，制定的标准称为 Compact Disc-Digital Audio 标准，简称 CD-DA 标准(CD-Audio Book)。符合这个标准的光盘都标有“Digital Audio”的标识。正式标准定义在 1982 红皮书(Red Book)中，定义了 CD 的尺寸、物理特性、编码方式、错误校正等。

2. CD-ROM

CD-ROM(CD-Read Only Memory)又称为只读光盘存储器，它的信息存放标准是 1988

年发布的 ISO 9660 黄皮书(Yellow Book)。在 CD-ROM 标准中定义了两种格式：CD-ROM Mode 1 和 CD-ROM Mode 2。其中 CD-ROM Mode 1 用来存放计算机数据，CD-ROM Mode 2 用来存放压缩的声音、图像和视频信息。

3. CD-I

CD-I(CD Interactive)是由 Philips 公司和 Sony 公司定义的 Compact Disc-Interactive 标准，即绿皮书(Green Book)。绿皮书标准在 CD-ROM 的基础上增加了交互音频、视频、文字和数据的表达格式，允许计算机数据、压缩的声音数据和图像数据交错放在同一条 CD-I 光道上。CD-I 光盘需要通过 CD-I 播放机来播放。

4. CD-ROM/XA

在 CD-ROM/XA(CD-ROM Extended Architecture)中综合了 CD-ROM 和 CD-I 的特点，是在 CD-ROM 的基础上扩充了对数字音频信号的编码，可以将声音、图像、文字和数据同时交错存放在光盘的同一个光道上。通过软件方法可以将 CD-ROM/XA 光盘在普通 CD-ROM 驱动器上播放。

5. Photo CD

Photo CD 是 Kodak 公司和 Philips 公司依据 CD-ROM/XA 标准开发的新产品，用来存放彩色照片。

6. CD-Bridge

CD-Bridge 规格定义了一种把附加信息加到 CD-ROM/XA 光道上的方法，目的是让这种光盘能够在 CD-I 播放机上播放。

7. VCD

VCD(Video-CD)又叫影视光盘，是由 JVC、Philips、Matsushita 和 Sony 联合定义的数字视频光盘技术规格，它于 1993 年问世，盘上的声音和视频图像都是以数字的形式表示的。1994 年 7 月发布了 Video CD Specification Version 2.0，并命名为 White Book(白皮书)。该标准描述的是一个使用 CD 格式和 MPEG-1 标准的数字视频存储格式。Video CD 标准在 CD-Bridge 规格和 ISO 9660 文件结构基础上定义了完整的文件系统，这样就使 VCD 节目能够在 CD-ROM、CD-I 和 VCD 播放机上播放。

8. CD-R

CD-R(Compact Disc-Recordable)光盘是一种用户可以按需要将信息写入的光盘。根据写入的情况，CD-R 光盘可以分为以下两类。

1) CD-MO(Compact Disc Magneto-Optical)

在这种光盘中采用了光存储和磁存储两种存储技术，所以又叫做磁光盘。磁光盘中的信息可以根据用户需要多次擦除和写入。

2) CD-WO(Compact Disc Write Once)

CD-WO 是一种用户可以一次写入的光盘。在这种光盘中，写入的信息在写入后不能擦除，写入的信息可以通过普通 CD-ROM 读出。

以上两种光盘采用了 1992 年发布的橙皮书(Orange Book)标准。

2.2.4 CD-ROM 驱动器

光盘是通过表面的凹凸来记录信息的，无论 CD 盘片上存放的是音频、数据还是视频信息，它们在光盘上记录的最终信息还是 0 和 1 的组合。这些 0、1 与盘片上的凹区和凸区形成对应关系。所有的凹区有相同的深度和宽度，但长度却不同。盘片上的螺旋轨道大约围绕中心 20 000 圈(存放满数据量的数据)。当光驱内的激光照在光盘上时，如果是照在凸区上，将会有 70%～80%被反射，这样光头就可以顺利地读到反射的信号。如果照在凹区上，则造成激光散射，CD 读取头无法接收到反射信号。利用这两种情况就可以解释为不同的数字信号。

评价 CD-ROM 驱动器的主要性能指标如下。

(1) 数据传输率：双速、四速、八速光驱的数据传输率分别为 300KB/s、600KB/s 和 1.2MB/s。

(2) 存取时间：200～400ms。

(3) 接口方式：采用 SCSI(Small Computer System Interface，小型计算机系统专用接口)、IDE 接口(Integrated Device Electronics，集成设备电路)和 AT 总线接口(工业标准结构 ISA 总线)。接口可以集成在音频板、视频板或主机板上，也可以是一块单独的板。

(4) 数据缓存：早期为 64KB，目前常用的为 256KB。

2.2.5 DVD 光盘的分类及标准

DVD 的全称是 Digital Video Disc。DVD 光盘与 CD 光盘的直径、厚度相同，但存储密度要远远高于 CD 光盘。一张单面单层的 DVD 光盘的存储容量达 4.7GB，可以存储 135 分钟采用 MPEG-2 标准压缩的视频节目。DVD 光盘最多可以支持双层双面，存储容量高达 17GB。与 CD 光盘类似，DVD 光盘根据读写功能的不同也分为 3 种：DVD-ROM、DVD-R 和 DVD-RW。DVD 光盘信息的读取必须通过 DVD 驱动器进行。随着 DVD 驱动器价格的降低，DVD 光盘将取代 CD 光盘。

在 DVD 技术和产品开发方面，国际上有两个财团一直在相互竞争主导权。一个是由 Sony 公司为首的财团，另一个是以 Toshiba 为首的财团，他们都在试图开发自己专有的高密度光盘格式。在多方共同努力之下，10 个消费电子产品公司组成了一个联盟，这个联盟叫做 DVD 联盟(DVD Consortium)，并在每一种 DVD 格式的技术规范方面达成了共识。该联盟也很积极地鼓励娱乐和计算机工业参与，以便得到消费电子工业和计算机工业的广泛支持。

DVD 规范将用来保证由不同生产厂商生产的 DVD 设备和不同出版商发行的节目能够相互兼容和播放。

DVD 可分为以下几类。

(1) DVD-ROM：是数据型光盘，其容量是 CD-ROM 容量的 7 倍，数据传输率则是 CD-ROM 的 9 倍。它在数据存取、多媒体、计算机游戏方面有广泛的应用。

(2) DVD Video：又称 DVD 影碟，是 DVD 的视频格式，用于观看电影和其他可视娱乐。如果采用双面且每面又双层，总容量可达 17GB。

(3) DVD-R：全名为 DVD Recordable，每面容量是 4.7GB，只能写一次。

(4) DVD-RAM：这使 DVD 可以用做虚拟硬盘，能随机存取。原始是 2.6GB 的驱动器，容量可以增至每面 4.7GB，可以重写 10 万次。

(5) DVD-RW：全名为 DVD Rewritable，是可复写型 DVD-R。类似 DVD-RAM，但采用顺序读写存取，更像电唱机而不是硬盘。每面的读写容量是 4.7GB，可以重写 1000 次。

(6) DVD Audio：是 DVD 的音频格式。

2.2.6　DVD 驱动器

在 DVD 推出没多久，专门在计算机上使用的 DVD-ROM 就问世了，它也像 CD-ROM 那样分为单倍速、2×、4×等。DVD 驱动器如图 2.6 所示。

图 2.6　DVD 驱动器

DVD-ROM 不仅能读取 CD-ROM 格式的光盘，还能读取 DVD 格式的光盘。现在市场上 DVD-ROM 已经取代了 CD-ROM 的地位。评价 DVD 驱动器的主要性能指标如下。

(1) 倍速。一般 DVD 光驱为 4 倍速、5 倍速，指的读取 DVD 盘片时的数据传输率。DVD 光驱在读取 CD 盘片时，其倍速可迅速达到 24 倍速以上的速度。例如，一款索尼 5 倍速 DVD 光驱，在读取 DVD 盘片时，其使用的是 5 倍速，而在读取 CD 盘片时，其使用的是 32 倍速。

(2) 多格式支持。指该 DVD 光驱能支持和兼容读取多少种碟片的问题。一般来说，一款合格的 DVD 光驱除了要兼容 DVD-ROM、VD-Video、VD-R、D-ROM 等常见的格式外，对于 CD-R/RW、CD-I、Video-CD、CD-G 等都要能很好地支持。

(3) 接口方式。DVD 光驱的接口主要有 IDE 接口和 SCSI 接口两种。目前的 DVD 光驱有些采用的是 SCSI 接口，采用这种接口具有更好的稳定性和数据传输率，且其 CPU 的占用率也较采用 IDE 接口的低很多。

(4) 数据缓存。同 CD 光驱、硬盘一样，DVD 光驱数据缓存容量的大小也直接影响其整体性能，缓存容量越大，它的 Cache 的命中率就越高。现在主流的 DVD 光驱一般采用了 512KB 缓存，2MB 超大缓存 DVD 光驱已经上市。

2.2.7　其他存储设备

今后 10 年，磁盘存储和光盘存储仍为高密度信息存储的主要手段。多媒体存储设备还有如下几种。

1. 磁光盘

磁光(Magneto Optical，MO)盘是用激光和磁进行数据记录和重现再生的一种存储介质。

MO 盘片用树脂做基盘，其上集积了保护层(氮化硅)、记录层(铽、铁钴合金)和反射层(铝合金)，激光和磁场分别位于盘片的两面。数据记录时使用激光和磁场，读取时仅用激光，数据记录在记录层中，形成记录的磁粒子(小磁铁)相对于记录面成垂直排列(垂直磁记录方式)，而在磁盘、硬盘等中磁粒子都是与记录面并行排列的。由于磁粒子非常细长，垂直排列可以获得较高的记录密度。这也是磁光记录的记录密度高于磁记录的原因。

MO 的尺寸规格与磁盘一致，主要为 5.24 英寸和 3.5 英寸两种。MO 盘的容量已由最初的 120MB 逐步增至 230MB、540MB 和 640MB。1998 年以后，3.5 英寸磁光盘以 1.3GB 为主。

这几年磁光盘存储在消费领域中另一引人注目的发展为 MD(MiniDisc)光盘，它是 3.5 英寸的磁光盘应用在音频存储上，一个存储面可以播放 74 分钟数字立体声音乐。虽然它于 1992 年由 Sony 公司开发出来，但由于播放机的价格较贵(400～500 美元)，没有很快推广。1999 年以来，由于价格下降了 1/2，首先在日本向市场推开，1999 年销售 500 万台光盘机，超过 1 亿 MD 光盘片。MD 可以代替手提式(如 Walkman)磁带录音机，也可以用在数码相机上，高密度的 MD 将有广阔的应用前景。

目前即将实现商品化和正在开发研究的磁光盘技术及产品有以下几类。

1) GigaMO(千兆容量磁光盘)

GigaMO 是日本富士通和索尼共同开发的 3.5 英寸 1.3GB MO 规格。GigaMO 所用的光束直径更小，这是因为其采用了被称为 MSR(Magnetically induced Super-Resolution，磁致超分辨率)的聚焦技术。借助 MSR，可以在不必对光学系统做重大改动，并继续采用稀土-过渡元素合金作记录介质的条件下，使道密度和位密度大大增加。

第一个 GigaMO 产品于 1999 年推出，直径为 90mm 盘片的容量为 1.3GB，道间距为 0.9μm，比特位长 0.29/μm，线性密度是 5268bit/mm，存储密度是 $2.5GB/in^2$。

2) AS-MO(先进存储磁光盘)

1997 年 Fujitsu、Hitachi、Imation、Olympus、Philips、Sanyo、Sharp、Sony 等 14 家大光盘厂商举行了一次“先进存储技术会”，对 120mm 6GB 磁光盘可能涉及的关键技术进行了讨论，由此形成的光盘称为先进存储磁光盘(Advantage Storage Magnetic Optical，AS-MO)。

在 AS-MO 中拟采用 3 项主要新技术：激光泵磁场调制技术(LP-MFM)；具有 0.6μm 道间距的中心孔检测磁超分辨技术(CAD-MSR)；PRML(Partial Response Equalization with Maxium Likelihood Detection)信号处理技术。这些先进技术的结合，可以实现 0.2μm bit 长度的读写。在激光波长为 635nm、道间距为 0.6μm 条件下，存储密度达 $4.7GB/in^2$，单盘存储容量可达 6～7GB。这个容量相当于第一代 130mm 磁光盘的 10 倍，比 DVD-ROM 高 1.5 倍。

3) TB-MO(兆兆容量磁光盘)

1999 年 1 月由 Fujitsu、Hitachi 等 14 家世界大光盘公司共同创立了兆兆容量光存储联合体(Tera Byte Optical Memory Consortium，TBOC)，并于 1999 年 12 月在中国香港召开了第一次 TBOC 工作会议，其主要目的是促进和支持高密度(大于 $1TB/in^2$)光盘技术的研究和开发，由此形成的磁光盘称为 TB-MO。

TB-MO 中采用的新技术是近场记录技术(Near Field Recording，NFR)。NFR 技术主要

克服了激光点尺寸对光存储密度带来的物理限制，它是硬盘技术和磁光盘技术的结合，使用了特殊的光传输方法，在相同尺寸下，其存储容量比现有 HDD 或 MO 提高 10 倍以上。

2. 移动硬盘

移动硬盘又称磁记录可移动存储器(Removable Mass Storage，RMS)，是硬磁盘的一种延伸产物，也可被看做是一种可卸出(磁)盘片的硬盘。其结构与硬盘非常相似，磁头在盘片上浮动并进行数据读写。

图 2.7 移动硬盘

一般移动硬盘同样采用 Winchester 硬盘技术，所以具有固定硬盘的基本技术特征。移动硬盘由笔记本硬盘和配套硬盘盒构成，大多采用 USB 2.0 接口与主机相连，即插即用。移动硬盘的容量很大，适合存放大容量的多媒体文件、数据库和软件等，移动硬盘体积很小，重量轻，携带非常方便。图 2.7 为忆捷 H200(250GB)移动硬盘。

3. 大容量软驱

大容量软驱是在原有磁盘的基础上发展起来的。目前主要有 Zip、Supper 软盘(原名 LS-120)以及 HiFD 等。这 3 种大容量软驱的发展目标都是取代现行的 3.5 英寸软盘，争取在巨大的软盘市场上占据主导地位。

Zip 磁盘的容量比 1.44MB 软盘大了 70 倍。Zip 驱动器由于采用了硬盘磁头技术，因而实现了 2945 转/分的转速，平均寻道时间为 29ms。Zip 的速度尽管较快，但使用 Zip 驱动器遇到的最大问题是：Zip 驱动器不能读取现有上亿张的 1.44MB 软盘。

LS-120 软盘驱动器采用了光学定位技术，这种光学式定位称为 Laser Servo(激光伺服)，该驱动器每条磁道的扇区数不再相同。由于磁头灵敏度的提高，扇区划分可以不再迁就读写头，越外围的磁道，可划分更多的扇区。LS-120 的最内圈磁道有 51 个扇区，而最外围的高达 92 个扇区。在盘面材质上，LS-120 盘片采用一种“高密度金属粒涂料”作为数据的存储介质。

LS-120 磁盘的外形尺寸虽然与传统的 1.44MB 磁盘完全相同，但其容量却是 1.44MB 磁盘的 80 多倍。LS-120 软盘驱动器在设计上特别考虑了向下兼容的问题，它的读写磁头设有两个铁芯，一个用于读写 120MB 的 LS-120 软盘，另一个用于读写 1.44MB 和 720KB 的标准普通软盘。LS-120 软磁盘已被美国 Micro 标准委员会认可，并将其推荐为未来大容量软盘新标准的换代产品。

4. 闪盘

闪盘(Flash Memory)又称 U 盘，是一种小体积的移动存储装置。闪盘采用闪存为存储介质，通过 USB(通用串行总线)接口与主机相连，即插即用，断电后存储的数据不会丢失。闪盘主要由 3 个部分组成：作为存储介质的 Flash Memory 芯片、控制闪存芯片读写和 USB 接口的控制芯片、其他外围电路。闪盘的容量最高可达到 2GB，相当于 1000 多张软盘的容量，而闪盘的体积只有打火机大小。目前大部分闪盘都采用 USB 2.0 接口，读写速度比软盘快几十甚至上百倍，其抗震性能极强，寿命长达十年之久。如图 2.8 所示为闪盘。

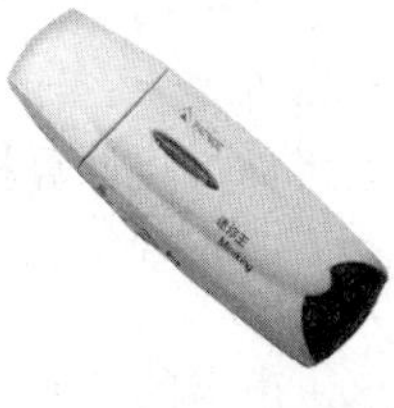
图 2.8 闪盘

为了满足人们对存储器大容量、高速度及低价格的要求，计算机中的存储系统采用寄存器-高速缓存-主存-辅存-大容量辅存这样的体系结构。

2.3　多媒体功能卡

2.3.1　音频卡

音频卡是处理各种类型数字化声音信息的硬件，多以插件的形式安装在微型计算机的扩展槽上，也有的与主板集成在一起。音频卡又称声卡，如图 2.9 所示。

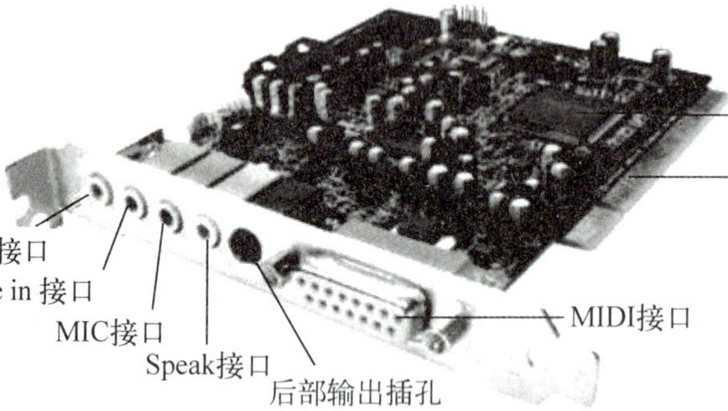

图 2.9　音频卡

1. 声卡的基本构成

声卡由以下几部分构成。

(1) 声音处理芯片：声卡中用来对声音信号进行处理的芯片，包括对声音信号的回放、采样和录制等，它是声卡中最重要的元件。

(2) 金手指：是声卡与主板连接的“通道”，以实现供电和数据传输功能。

(3) MIDI 接口：用于连接 MIDI 接口的音频或游戏设备。

(4) S/PDIF 接口：用于连接外部的音频设备，从该接口输出的是纯数字声音信号。

(5) Line in 接口：用于从外部声源将声音信号输入到声卡中。

(6) MIC 接口：用于将麦克风的声音信号输入到声卡中。

(7) Speak 接口：用于将声音信号输出到音箱中。

(8) 后部输出接口：可连接有源音箱或外部放大器，以实现音频输出。

2. 声卡的工作原理

从结构上分，声卡可分为模数转换电路和数模转换电路两部分，模数转换电路负责将麦克风等声音输入设备采到的模拟声音信号转换为计算机能处理的数字信号；而数模转换电路负责将计算机使用的数字声音信号转换为喇叭等设备能使用的模拟信号。

3. 声卡的分类

声卡的分类可以采用多种方式划分：如依据数据采样位数确定，可以划分为 8 位声卡、16 位声卡、32 位声卡，位数越多，音质越好，目前 16/32 位声卡占主流，8 位声卡被淘汰；

如采用总线方式，可以划分为 ISA 声卡、PCI 声卡等；如按照与计算机的连接方式，可以划分为独立声卡和集成声卡，独立声卡在抗干扰能力、声音处理效果和功能种类等方面优于集成声卡。

4. 声卡的技术指标

声卡作为 MPC 的重要设备，选择时需要考虑的技术指标如下。

(1) 声道数，包括单声道、双声道和多声道等。

(2) 采用的总线形式，包括 ISA、PCI 总线等。自 1998 年以来，声卡接口已经从 ISA 转向了 PCI。PCI 声卡以其迅捷的传输速率，较低的 CPU 占用率和较好的 3D 音效、出色的 MIDI 表现，赢得了市场的欢迎。

(3) MIDI 合成方式，分为从简单的用几个单音(正弦波)来模拟乐器声音的 FM 合成方式、软件波表合成方式，到由具有复杂频谱的接近真实乐器声音的硬件波表合成方式。

(4) 支持音效，3D 立体声增强电路，可以输出比较宽大、清晰的音场；第一代 3D 音效可以利用多声道(双声道效果差些)系统进行 360°的全方向、有距离的音源定位；第二代 3D 音效引入了环境效果，可以有更完整的环绕、包围感觉，甚至会有音源高度的感觉。

2.3.2　视频卡

多媒体计算机中，用于处理活动图像的适配器称为视频卡。视频卡主要与视频设备相连，一般用于将摄像机等输出的视频模拟信号转换为数字信号的计算机插卡。如图 2.10 所示为带有总线控制接口的即插即用 32 位视频卡。

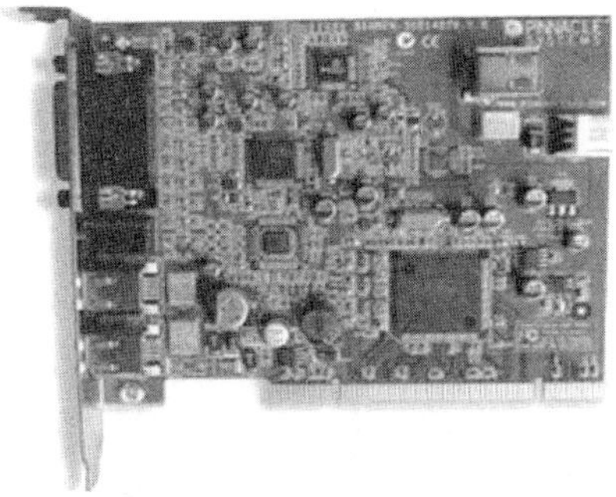

图 2.10　视频卡

1. 视频卡的功能

视频卡的基本功能是将 CPU 传送过来的数字化视频数据转化成显示器可以接收的格式，再送到显示屏上形成视频；其扩展功能是将模拟视频信号转换为数字化视频数据，并以压缩格式保存为数字化视频文件。扩展功能不是所有视频卡都具有的功能，通常是比较高档的视频卡才具有，高档次的视频卡还具有采集、编辑、特技处理等功能。

2. 视频卡的工作原理

(1) 从数字化视频信号向模拟视频信号转换并显示。

数字化视频信号从形成到显示大致要经历 3 个过程：CPU 运算、总线的传输、图形卡的处理和输出。其中最后一步图形卡的处理和输出就是视频卡的工作。

(2) 将模拟视频信号转换为数字化视频数据并保存。

将模拟视频信号转换为数字化视频数据大致要经历 4 个过程：采集、量化、编码、保存。其中前面 3 步是视频卡的工作。视频卡通过视频输入端口接收模拟视频信号，经过对该信号进行采集、量化成数字信号，然后编码成数字视频序列。目前，大多数视频卡都具备了硬件压缩的功能，即传送到主机的数字视频序列已经是被压缩后的编码格式。

3. 视频卡的分类

按照与计算机的连接方式不同，视频卡可以划分成内置式和外置式；按照应用功能划分，视频卡可以划分成视频叠加卡、视频捕获卡、电视编码卡、电视选台卡、压缩/解压卡等。

视频叠加卡的作用是将计算机的 VGA 信号与视频信号叠加，然后把叠加后的信号在显示器上显示。视频叠加卡用于对连续图像进行处理，产生特技效果。

视频捕获卡的作用是从视频信号中捕获一幅画面，然后存储起来供以后使用。这种卡用于从电视节目、录像带中提取一幅静止的画面，存储起来供编辑或演示使用。

电视编码卡的作用是将计算机 VGA 信号转换成视频信号。这种卡一般用于把计算机的屏幕内容送到电视机或录像设备。

电视选台卡相当于电视机的高频头，起选台的作用。电视选台卡和视频叠加卡配合使用，就可以在计算机上观看电视节目。现在又将这两种卡合二为一，称为电视卡。

压缩/解压卡用于将连续图像的数据压缩和解压。

4. 视频卡的技术指标

1) 接口

视频卡的接口包括视频与 PC 的接口和与模拟视频设备的接口。目前，PC 视频卡通常采用 32 位的 PCI 总线接口，它插到 PC 主板的扩展槽中，以实现视频卡与 PC 的通信与数据传输。视频卡至少要具有一个复合视频接口(Video In)，以便与模拟视频设备相连。高性能的视频卡一般具有一个复合视频接口和一个 S-Video 接口，支持 PAL 和 NTSC 两种电视制式。

2) 压缩功能

大多数视频采集卡都具备硬件压缩功能。一般的 PC 视频采集卡采用帧内压缩的算法把数字化的视频存储成 AVI 文件，高档一些的视频采集卡直接把采集到的数字视频数据实时压缩成 MPEG-1 格式的文件。

3) 录像质量

用户可以从 3 个方面来衡量录像质量：一是图像尺寸，有全屏、半屏、1/4 屏和 1/8 屏等；二是视频卡最多支持的颜色数，颜色数越多越好，一般 32×2^{10} 种颜色已完全可以满足绝大多数需要；三是丢帧，丢帧越少越好。

2.3.3 显卡

显卡即图形加速卡，它工作在 CPU 和显示器之间，控制计算机的图形输出。通常，显卡是以附加卡的形式安装在计算机主板的扩展槽中，品牌机多集成在主板上。如图 2.11 所示为 nVIDIA 的 GeForce4 MX440 显卡。

图 2.11 nVIDIA 的 GeForce4 MX 440 显卡

1. 显卡的功能

显卡的主要作用是对图形函数进行加速。显卡拥有自己的图形函数加速器和显存，专门用来执行图形加速任务，可以减少 CPU 必须处理的图形函数。这样，CPU 就可以执行其他更多的任务，从而提高了计算机的整体性能，多媒体功能也就更容易实现。

2. 显卡的基本原理

在显卡开始工作(图形渲染建模)前，通常是把所需要的材质和纹理数据传送到显存中。开始工作时(进行建模渲染)，这些数据通过 AGP 总线进行传输，显示芯片将通过 AGP 总线提取存储在显存中的数据。除了建模渲染数据外，还有大量的顶点数据和工作指令流需要进行交换，这些数据通过 RAMDAC(Random Access Memory Digital-to-Analog Converter，视频数模转换器)转换为模拟信号，输出到显示端，最终就是人们看见的图像。

3. 显卡的主要参数

1) 显示芯片

显示芯片又称图形处理器(GPU)，它在显卡中的作用就如同 CPU 在计算机中的作用一样。目前，生产显示芯片的厂商有 Intel、ATI、nVIDIA、VIA(S3)、SIS、Matrox、3D Labs 等。其中，Intel、VIA(S3)、SIS 主要生产集成芯片；ATI、nVIDIA 是目前市场上的主流，以生产独立芯片为主，如 nVIDIA 公司的显示芯片有 TNT 2、GeForce 2、GeForce MX 以及 GeForce 4；Matrox、3D Labs 生产的芯片主要面向专业图形市场。

2) 显存

显存(也称帧缓存)是图形加速卡的重要组成部分，通常用来存储显示芯片(组)所处理的数据信息。要评估一块显存的性能，主要从显存类型、显存位宽、封装、工作频率等方面来分析。

(1) 显存类型：目前市场上所采用的显存类型主要有 SDRAM、DDR SDRAM、DDR SGRAM 这 3 种。

SDRAM 目前主要应用在低端显卡上，频率一般不超过 200MHz。在价格和性能上，它比 DDR 都没有什么优势，因此逐渐被 DDR 取代。

DDR SDRAM 是 Double Data Rate SDRAM 的缩写(双倍数据速率)，它能提供较高的工作频率，带来优异的数据处理性能。

DDR SGRAM 是显卡厂商特别针对绘图者的需求，为了加强图形的存取处理以及绘图控制效率，从同步动态随机存取内存(SDRAM)所改良而得的产品。SGRAM 允许以方块(Blocks)为单位个别修改或者存取内存中的资料，它能够与中央处理器(CPU)同步工作，可以减少内存读取次数，增加绘图控制器的效率。尽管它稳定性不错，而且性能表现也很好，但它的超频性能很差。

目前市场上的主流是 DDR2 和 DDR3，ATI 有部分显卡是 GDDR4。

(2) 位宽：显存位宽是显存在一个时钟周期内所能传送数据的位数。位数越大，则瞬间所能传输的数据量越大，这是显存的重要参数之一。目前市场上的显存位宽有 64 位、128 位、256 位和 512 位几种，显存位宽越高，性能越好，价格也就越高，因此 512 位宽的显存更多应用于高端显卡。主流显卡基本都采用 128 和 256 位显存。

(3) 显存封装方式：显存封装形式主要有 TSOP(Thin Small Out-Line Package，薄型小尺寸封装)、QFP(Quad Flat Package，小型方块平面封装)和 MBGA(Micro Ball Grid Array，微型球闸阵列封装)3 种。目前的主流显卡基本上是用 TSOP 和 mBGA 封装，其中又以 TSOP 封装居多。

(4) 显存容量：现在主流显卡基本上具备的是 64MB 或者 128MB 的容量，少数高端显卡具备了 256MB 的容量。显存与系统内存一样，其容量也是越大越好，因为显存越大，可以存储的图像数据就越多，支持的分辨率与颜色数也就越高，游戏运行起来就更加流畅。

(5) 显存速度：显存速度一般以 ns(纳秒)为单位。常见的显存速度有 7ns、6ns、5.5ns、5ns、4ns，3.6ns、2.8ns、2.2ns、1.1ns 等，数值越小，表示速度越快。

显存的理论工作频率计算公式是：额定工作频率(MHz)＝1000/显存速度×n(n 因显存类型的不同而不同，如果是 SDRAM 显存，则 n=1；如果是 DDR 显存，则 n=2；如果 DDRII 显存，则 n=4)。

(6) 频率：显存频率在一定程度上反映着该显存的速度，以 MHz(兆赫兹)为单位。显存频率随着显存的类型、性能的不同而不同。

SDRAM 显存一般都工作在较低的频率上，一般就是 133MHz 和 166MHz，此种频率早已无法满足现在显卡的需求。目前，无论中、低端显卡，还是高端显卡，大部分都采用 DDR SDRAM，其所能提供的显存频率也差异很大，主要有 400MHz、500MHz、600MHz、650MHz 等，高端产品中还有 800MHz 或 900MHz 甚至更高。

小贴士

DDR SDRAM 的实际频率并不是人们平时所说的 DDR 显存频率。因为 DDR 在时钟上升期和下降期都进行数据传输，其一个周期传输两次数据，相当于 SDRAM 频率的 2 倍。习惯上称呼的 DDR 频率是其等效频率，是在其实际工作频率上乘以 2，就得到了等效频率。如 6ns 的 DDR 显存，其显存频率为 1/6ns × 2=333MHz。在显卡制造时，厂商设定了显存实际工作频率，而实际工作频率不一定等于显存最大频率。如显存最大能工作在 650MHz，而制造时显卡工作频率被设定为 550MHz，此时显存就存在一定的超频空间。这也就是目前厂商惯用的方法，显卡以超频为卖点。

3) PCB

PCB(Printed Circuit Block，印制电路板)是显卡的躯体(绿色的板子)，显卡一切元器件都是放在 PCB 上的，因此 PCB 的好坏直接决定着显卡电气性能的好坏和稳定性。判断 PCB

的优劣主要是观察其印制电路部分是否清晰明了，PCB 是否平整无变形等。

显卡发展至今主要出现过 ISA、PCI、AGP、PCI-E 等几种接口，所能提供的数据带宽依次增加。目前市场上的显卡一般是 AGP 和 PCI-E 这两种显卡接口。其中 2004 年推出的 PCI-E 接口已经成为主流，它解决了显卡与系统数据传输的瓶颈问题，而 ISA、PCI 接口的显卡已经基本被淘汰。

2.4　多媒体 I/O 设备

2.4.1　笔输入

数字笔是一种强有力的输入装置，它允许写、画、点。手写板、手写笔、图形输入板、数字化仪等是比较有代表性的笔输入设备。

1. 手写板和手写笔

手写板和手写笔大多是配套使用的，从技术的角度来说，更为重要的是手写板的性能。如图 2.12 所示为一种手写板和手写笔。

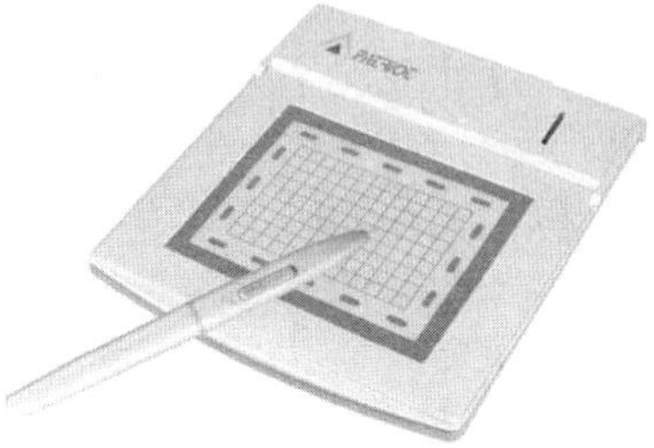

图 2.12　手写板和手写笔

目前，市场中共有 3 种手写板：电阻式压力板、电磁式感应板和近期发展的电容式触控板。

1) 电阻压力板

电阻压力板由一层可变形的电阻薄膜和一层固定的电阻薄膜构成，中间由空气相隔离，其工作原理是：当用笔或手指对上层电阻加压使之变形，并与下层电阻接触时，下层电阻薄膜就感应出笔或手指的位置。

电阻压力板是早期手写板采用的技术，由于其原理简单，工艺不复杂，成本较低，价格也比较便宜，所以曾风行一时，但其不尽人意的地方也不少，例如，由于它是通过感应材料的变形来工作的，材料容易疲劳，使用寿命较短。虽然电阻压力板可以直接用手指操作，但对手指感触不灵敏，而且使用时压力不够则没有感应，压力太大又易损伤感应板，致使使用者手指很快感到疲劳。另外，由于使用时要加压，手写板实际上也不能当鼠标使用。电阻压力板是早期手写板采用的技术，现在仍采用这种技术的手写板已不多见。目前国内大多数手写产品，如汉王笔、兴荣仙指、紫光笔、大恒笔等，都采用的是其他技术。

2) 电磁感应板

电磁感应板是通过在手写板下方的布线电路通电后，在一定空间范围内形成电磁场，来感应带有线圈的笔尖的位置进行工作。

这种技术目前被广泛使用，这主要是由其良好的性能决定的，它可以流畅地书写，手感很好。电磁感应板分为有压感和无压感两种，其中有压感的输入板能感应笔划的粗细、着色的浓淡。压感是评价手写板的一个很重要的指标。

随着广泛的应用，电磁感应板也渐渐表现出了一些不足，主要有以下几点。

(1) 电磁板对供电有一定的要求，在供电达不到要求的情况下，电磁板工作不稳定甚至不能工作，而且这样的手写板要同时连接 PS/2 和 COM 端口；对某些机型来说，电磁板不能使用。同时电磁板相对耗电量大，笔记本计算机用电池供电时也不宜使用。

(2) 电磁板容易受外界环境的电磁干扰，例如，当有手机在旁边或手写笔接近音箱喇叭时，电磁板几乎不能工作。

(3) 手写笔笔尖是活动部件，使用寿命短(一般为一年左右)。

3) 电容式触控板

电容式触控板的工作原理是通过人体的电容来感知手指的位置，即当手指接触到触控板的瞬间，就在板的表面产生了一个电容。在触控板表面附着有一种传感矩阵，这种传感矩阵与一块特殊芯片一起，持续不断地跟踪着手指电容的“轨迹”，经过内部一系列的处理，从而每时每刻精确定位手指的位置(X、Y 坐标)，同时测量由于手指与板间距离(压力大小)形成的电容值的变化，确定 Z 坐标，从而完成 X、Y、Z 坐标值的确定。这种笔无需电源供给，特别适合于便携式产品。这种触控板是在图形板方式(Graphicstable Mode)下工作的，其 X/Y 坐标的精度可高达每英寸 1000 点(每毫米 40 点)。

与前面两种技术相比，它表现出了更加良好的性能：由于轻触即能感应，用手指和笔都能操作，使用方便；手指和笔与触控板的接触几乎没有磨损，性能稳定，机械测试使用寿命长达 30 年；整个产品主要由一块只有一个高集成度芯片的 PCB 组成，元件少，同时产品一致性好，成品率高，这两方面使大量生产时成本较低。

目前，电阻压力板作为低端产品已经基本被淘汰，电磁感应板虽然市场份额较大，但各大厂商都已把目光投向了性能更好的电容式触控板。虽然现在市场上的手写板使用电容式触控技术的还不多，但可以肯定地说，电容式触控技术将是未来手写板发展的必然趋势。而手写笔则渐渐从有线笔向无线笔发展，压感级数也越来越高，功能上也渐渐多样化。

手写笔也是手写系统中一个很重要的部分。较早的输入笔要从手写板上输入电源，因此笔的尾部有一根电缆与手写板相连，这种输入笔也称为有线笔。较先进的输入笔在笔壳内安装有电池，还有的借助于一些特殊技术，不需要任何电源，因此不需要用电缆连接手写板，这种笔也称为无线笔。无线笔的优点是携带和使用起来非常方便，同时也较少出现故障。输入笔一般还带有两个或 3 个按键，其功能相当于鼠标按键，这样在操作时就不用在手写笔和鼠标之间来回切换了。

图 2.13　数字化仪

2. 图形输入板和数字化仪

图形输入板是功能很强的图形输入设备；数字化仪的作用与图形输入板类似，区别在于它的精度高、幅面大。如图 2.13 所示的是一款数字化仪。

1) 组成

图形输入板由一块光滑的矩形平板、一个检测线圈做成笔状的触笔检测器，或者是一个带有十字叉线的光标检测器，以及电子处理器 3 部分组成。

2) 工作原理

图形输入板工作时，一系列的脉冲依次加在 *X*、*Y* 方向的导线上。当触笔检测器所指平板上的点或光标的十字叉线置于要输入的点上时，按下按钮，使得与点最靠近的 *X*、*Y* 线之间的电容相连通，触笔即能对这些脉冲产生感应，经过一套逻辑电路，便可确定出触笔和光标十字叉线所指点的位置。通过图形程序的配合，平板上点坐标与屏幕坐标的位置成一一对应关系。此时将图纸置于平板上，使用触笔或光标拾取图纸各点的坐标及其轨迹，在屏幕上立即就显示图形。

图形输入板的实用面积较小，例如，TSS3 电磁感应式图形输入板，它的实用面积为 280mm×280mm，分辨率为 0.2mm，精确度为 0.4mm。通常，将大面积图形输入板称为数字化仪，它比图形输入板实用面积大，精确度也高，其分辨率一般为 0.01～0.02mm，精确度为 0.15～0.30mm。

2.4.2　触摸屏

为了操作上的方便，人们用触摸屏来代替鼠标或键盘。触摸屏是一种定位设备，由触摸检测部件和触摸屏控制器组成。当用户用手指或其他物体触摸安装在显示器前端的触摸屏时，所摸到的位置(以坐标形式)被触摸屏控制器检测到，并通过串行口或者其他接口(如键盘)送到 CPU，从而确定用户所输入的信息。

触摸屏分为电容式、电阻式和红外式 3 种。红外式触摸屏在显示器前面装有红外线收发器，当手指(或其他物体)触摸屏幕时，挡住由上而下的红外线，红外线接收器将没有收到红外线的位置传给控制器，再由控制器传给计算机。

1. 电容式触摸屏

电容式触摸屏直接在荧光屏前安装一块特殊的玻璃屏，其正反面涂有特殊的材料，当手指触摸屏幕时，引起触点正反面间电容值发生变化，控制器将这种变化翻译成(*X*，*Y*)坐标值再传给计算机。

2. 电阻式触摸屏

电阻式触摸屏的主要部分是一块与显示器表面配合紧密的电阻薄膜屏。这是一种多层的复合薄膜，由一层玻璃或有机玻璃作为基层，表面涂有一层叫 ITO 的透明导电层，上面再盖有一层外表面硬化处理、光滑防刮的塑料层，内表面也涂有一层导电材料(ITO 或镍金)，在两层导电层之间有许多细小的透明隔离点把它们隔开并绝缘。当手指触摸屏幕时，两层导电层在触摸点位置就有了一个接触，控制器侦测到这个接通并计算出 *X*、*Y* 轴的坐标。

3. 红外触摸屏

红外触摸屏是在普通显示器的前面安装一个外框。通过外框中的电路板在屏幕四边排布红外发射管和红外接收管，对应形成横竖交叉的红外线矩阵。当用户触摸屏幕时，手指就会挡住经过该位置的横竖两条红外线，从而利用 *X*、*Y* 方向上密布的红外线矩阵来检测并定位用户的触摸位置，执行该位置的图标或热点、热键。

红外触摸屏灵敏度高，但分辨率低，安装不便，而电容或电阻式触摸屏分辨率高，安装方便，但灵敏度相对较低，因环境及人的不同而有变化。

2.4.3 扫描仪

扫描仪是一种可将静态图像输入到计算机中的图像采集设备，如图 2.14 所示。

图 2.14 扫描仪

扫描仪对于桌面排版系统、印刷制版系统都十分有用。如果配上文字识别(OCR)软件，用扫描仪可以快速、方便地把各种文稿录入到计算机中，大大加速了计算机文字录入过程。

1. 扫描仪的工作原理

扫描仪内部具有一套光电转换系统，可以把各种图片信息转换成计算机图像数据，并传送给计算机，再由计算机进行图像处理、编辑、存储、打印输出或传送给其他设备，其工作过程如下。

(1) 扫描仪的光源发出均匀的光线，照到图像表面。

(2) 经过 A/D(模/数)转换，把当前“扫描线”的图像转换成电平信号。

(3) 步进电机驱动扫描头移动，读取下一次图像数据。

(4) 经过扫描仪 CPU 处理后，图像数据暂存在缓冲器中，为输入计算机做好准备工作。

(5) 按照先后顺序把图像数据传输至计算机并存储起来。

2. 扫描仪的分类

按扫描原理分类，可将扫描仪分为以 CCD(电荷耦合器件)为核心的平板式扫描仪、手持式扫描仪和以光电倍增管为核心的滚筒式扫描仪；按操作方式分为手持式扫描仪、台式扫描仪和滚筒式扫描仪；按色彩方式分为灰度扫描仪和彩色扫描仪；按扫描图稿的介质分为反射式(纸质材料)扫描仪、透射式(胶片)扫描仪以及既可扫描反射稿又可扫描透射稿的多用途扫描仪。

手持式扫描仪体积较小、重量轻、携带方便，但扫描精度较低，扫描质量较差；平板式扫描仪是市场上的主力军，主要应用在 A3 和 A4 幅面图纸的扫描仪，其中又以 A4 幅面的扫描仪用途最广、功能最强、种类最多，分辨率通常在 600～1200DPI 之间，高的可达 2400DPI，色彩数一般为 30 位，高的可达 36 位；滚筒式扫描仪一般应用在大幅面扫描领域中，如大幅面工程图纸的输入。

3. 扫描仪的主要性能指标

1) 分辨率

分辨率是衡量扫描仪的关键指标之一，它表明系统能够达到的最大输入分辨率，以每英寸扫描像素点数(DPI)表示。制造商常用“水平分辨率×垂直分辨率”的表达式作为扫描仪的标称。其中水平分辨率又称为光学分辨率；垂直分辨率又称为机械分辨率。光学分辨率是由扫描仪的传感器以及传感器中的单元数量决定的。机械分辨率是步进电机在平板上移动时所走的步数。光学分辨率越高，扫描仪解析图像细节的能力越强，扫描的图像越清晰。

2) 色彩位数

色彩位数是影响扫描仪表现的另一个重要因素。色彩位数越高，所能得到的色彩动态范围越大，对颜色的区分更加细腻。例如，一般的扫描仪至少有 30 位色，也就是能表达 2^{30} 种颜色(大约 10 亿种)，好一点的扫描仪拥有 36 位颜色，大约能表达 687 亿种颜色。

3) 灰度

灰度指图像亮度的层次范围。级数越多，图像层次越丰富，目前扫描仪可达 256 级灰度。

4) 速度

速度指在指定的分辨率和图像尺寸下的扫描时间。

5) 幅面

幅面指扫描仪支持的幅面大小，如 A4、A3、A1 和 A0。

2.4.4　数码相机

数码相机也叫数字式相机(Digital Camera，DC)，是一种与计算机配套使用的照相机，它与普通照相机最大的区别是在存储器中存储图像。如图 2.15 所示为一款数码相机。

图 2.15　数码相机

1. 数码相机的工作原理

数码相机首先通过镜头接收光信号，然后由感光器件把光信号转换成一一对应的模拟电信号，再经过 A/D(模/数)转换将模拟电信号变成数字信号，最后利用数码相机中固化的程序(压缩算法)按照指定的文件格式，将图像以二进制数码的形式存入存储介质中。

2. 数码相机的性能指标

数码相机的性能指标可分两部分，一部分指标是数码相机特有的，而另一部分指标与传统相机的指标类似，如镜头形式、快门速度、光圈大小及闪光灯工作模式等。下面简单介绍数码相机特有的性能指标。

1) 感光器件

感光器件是数码相机的核心，也是最关键的技术。目前数码相机的核心成像部件有两种：一种是广泛使用的 CCD(电荷藕合)元件；另一种是 CMOS(互补金属氧化物半导体)器件。

电荷藕合器件图像传感器(Charge Coupled Device，CCD)是用一种高感光度的半导体材料制成的，能把光线转变成电荷。互补金属氧化物半导体CMOS(Complementary Metal-Oxide Semiconductor)是利用硅和锗这两种元素所做成的半导体，使其在CMOS上共存着带N(带负电)和 P(带正电)级的半导体，这两个互补效应所产生的电流即可被处理芯片记录和解读成影像。

由于CCD技术起步较早且日趋成熟，在成像质量上较新兴的CMOS有一定的优势。因此，目前像素值较高的中高端数码相机大部分都采用CCD作为感光器件，而CMOS主要应用于中低端产品。

2) 像素

像素是由感光器件上的光敏元件数目所决定的，一个光敏元件就对应一个像素。因此，像素越大，意味着光敏元件越多，相应的成本就越大。像素决定了数码相机的图像质量。像素越大，照片的分辨率也越大，打印尺寸在不降低打印质量的同时也越大。

早期的数码相机都是低于100万像素的。从1999年下半年开始，200万像素的产品渐渐成为市场的主流。目前，专业级的数码相机已有超过1亿像素级的产品，而800万像素级的产品将随着CCD制造技术的进步和成本的进一步下降，很快成为消费市场的主流。

数码相机的像素数包括最大像素(Maximum Pixels)和有效像素(Effective Pixels)。

最大像素的数值是感光器件的真实像素，这个数据通常包含了感光器件的非成像部分，而有效像素数是指真正参与感光成像的像素值，是在镜头变焦倍率下所换算出来的值。以美能达的Dimage 7为例，其CCD像素为524万(5.24 Megapixel)，因为CCD有一部分并不参与成像，有效像素只为490万。

在选择数码相机时，应该注重看数码相机的有效像素是多少，有效像素的数值才是决定图片质量的关键。

3) 颜色深度

这一指标用于描述数码相机对色彩的分辨能力，它取决于“电子胶卷”的光电转换精度。目前几乎所有的数码相机的颜色深度都达到了24位，可以生成真彩色的图像，某些高档数码相机甚至达到了36位。

4) 存储介质

存储介质用于存储数码相机拍摄的图像，一般称为存储卡。主流数码相机所标配的存储卡一般只有16MB大小，这在高分辨率的拍摄模式下拍不上几张照片，因此，几乎每个用户在购买数码相机后都会专门购买一块更大容量的存储卡。

存储卡的种类分为很多种，如CF卡、SD卡、索尼的记忆棒还有SM卡。从存储容量来看，SD卡和记忆棒在存储量上的发展速度是惊人的，其中SD卡已经发展到4GB的空间，适用于拍摄大分辨率图像的专业数码相机；而记忆棒的容量也达到了1GB，也可以装载不少的图片。另外，IBM公司开发的MicroDrive小硬盘，拥有2.2GB的容量，也是专业相机很好的选择。

5) 连续拍摄

对于数码相机来说，连续拍摄不是它的强项。由于“电子胶卷”从感光到将数据记录到内存的过程进行得并不是太快，所以拍完一张照片之后，不能立即拍摄下一张照片。两张照片之间需要等待的时间间隔就成为了数码相机的另一个重要指标。越是高级的相机，间隔时间越短，也就是说连续拍摄的能力越强。低档相机通常不具备连续拍摄的能力，即使最高档的数码相机，连拍速度一般也不会超过每秒 5 张。

2.4.5 数码摄像机

数码摄像机(Digital Video，DV)与数码相机一样，都是数码时代的影像产品。数码摄像机是将声、光等信息信号转换为 0 和 1 的数字编码并记录在磁带上的设备。与传统的模拟摄像机相比，它具有影像更逼真、解析度更高等优点。如图 2.16 所示为一款数码摄像机。

图 2.16 数码摄像机

1. 数码摄像机的工作原理

数码摄像机的工作原理是：镜头在聚光后把光线射向三棱镜，光线被分为 RGB 这 3 种颜色后，通过数码摄像机的感光元件转换成电信号，并经变频后传送到磁头进行记录。数码摄像机的感光元件也是两种：CCD 和 CMOS。

2. 数码摄像机的主要类型

随着数码摄像机存储技术的发展，目前市面上的数码摄像机依据记录介质的不同可以分为以下几种：Mini DV(采用 Mini DV 带)、Digital 8 DV(采用 D8 带)、超迷你型 DV(采用 SD 或 MMC 等扩展卡存储)、数码摄录放一体机(采用 DVCAM 带)、DVD 摄像机(采用可刻录 DVD 光盘存储)、硬盘摄像机(采用微硬盘存储)和高清摄像机(HDV)。

从数码摄像机的存储发展技术来看，DVD 数码摄像机、硬盘式数码摄像机和高清数码摄像机代表了未来的发展方向。

1) Mini DV

以 Mini DV 为记录介质的数码摄像机在市场上占有主要的地位。DV 格式是一种国际通用的数字视频标准，它最早在 1994 年由十多个厂家联合开发而成。DV 视频的特点是：影像清晰，水平解析度高达 500 线，可产生无抖动的稳定画面。DV 视频的亮度取样频率为 13.5MHz。

2) Digital 8 DV

Digital 8 与 DV 带一样，拥有 500 线水平解像度以上的画质。D8 磁带的体积只有家庭录像带的 1/5 大小，尺寸为 15mm×62.5mm×95mm。

3) 超迷你型 DV

超迷你型 DV 和 Mini DV 的不同之处在于感光器件和存储介质。超迷你型 DV 采用了

CMOS 感光器件，它比 CCD 感光器件价钱低、节省电源；在存储介质方面，主要采用存储卡，如 SD 和 MMC 卡。超迷你型 DV 体型小巧，属于低端产品。

4) 数码摄录放一体机

摄录放一体机又被称为 DVCAM，DVCAM 格式是由索尼公司在 1996 年开发的一种视音频存储介质，其性能和 DV 几乎一模一样，两者的磁迹宽度不同，DV 的磁迹宽度为 10μm，而 DVCAM 的磁迹宽度为 15μm。两者的记录速度也不同，DV 是 18.8mm/s，而 DVCAM 是 28.8mm/s。

目前，能用 DVCAM 的机器只有索尼公司的几个型号，加上 DV 和 DVCAM 的图像解析度相同，画质无异，DVCAM 在市场上还不算普及。

5) DVD 摄像机

DVD 数码摄像机(光盘式 DV)是采用 DVD-R、DVR+R、DVD-RW、DVD+RW 来存储动态视频图像的。DVD 数码摄像机拍摄后可直接通过 DVD 播放器播放，省去了后期编辑的麻烦。鉴于 DVD 格式是目前最通用的兼容格式，DVD 数码摄像机被认为是未来家庭用户的首选。

6) 硬盘摄像机

硬盘式 DV 是 2005 由 JVC 率先推出的，用微硬盘作为存储介质，可以说是集各种介质优点之所成。微硬盘体积和 CF 卡一样，卡槽可以和 CF 卡通用，与磁带和 DVD 光盘相比，其体积更小；使用时间上也是众多存储介质中最可观的，可反复擦写 30 万次。

由于硬盘式 DV 产生的时间并不长，还存在着一些不足：如怕振、价格高等。硬盘式数码摄像机更适合那些有大量拍摄需求、且懂得如何保护硬盘和熟悉 PC 的人群。

7) 高清摄像机

2003 年，索尼、佳能、夏普、JVC 这 4 家公司联合宣布了 HDV 标准。2004 年，索尼发布了全球第一部民用高清数码摄像机 Handycam HDR-FX1E，这是一款符合 HDV 1080i 标准的高清数码摄像机，从此拉开了高清数码摄像机(HDV)向民用普及的序幕。

采用 HDV 标准摄像机拍摄出来的画面可以达到 720 线的逐行扫描方式(分辨率为 1280×720)以及 1080 线隔行扫描方式(分辨率为 1440×1080)。索尼 HC1E 就采用了 1080 线隔行扫描方式。按照 HDV 标准，可以在常用的 DV 带上录制高清晰画面，音质也更好。

小贴士

当用户在广告中看到数字电视机时，总会说支持 1080i/720p 这样的标准，1080i 和 720p 都是在国际上认可的数字高清晰度电视标准。其中字母 i 代表隔行扫描，字母 p 代表逐行扫描，而 1080、720 则代表垂直方向所能达到的分辨率。

2.4.6 虚拟现实的三维交互技术

为了使参与者能以人类自然技能与虚拟环境交互，必须借助专门的交互工具，用来把信息输入计算机，同时又可以向用户提供反馈。目前虚拟现实工具根据几种人类传感渠道在功能和目的上的不同而有所不同。例如，三维方位传感器跟踪人体运动，传感手套数字化手势，视觉反馈发送给主体显示器等。

1. 跟踪探测设备

虚拟现实系统的关键技术之一是跟踪技术(Tracking)，即对 VR(Virtual Reality)用户(主要是头部)的位置和方向进行实时的、精确的测量。

1) 跟踪器

跟踪需要使用一种专门的装置——跟踪器，如图 2.17 所示。其性能可以用精度(分辨率)、刷新频度、滞后时间及跟踪范围来衡量，它们主要有以下几种。

(1) 机械式跟踪器：这是较老式的一种，它由连杆装置组成。其精度、响应速度均可，但工作范围相当有限，对操作员有一定的机械束缚。

(2) 电磁式跟踪器：目前用得最多，其原理是在 3 个顺序生成的电磁场中有 3 个接收天线(安装在头盔上)，所接收的 9 个场强数据可计算出用户头部的位置和方向。其优点是体积小、价格便宜，其缺点是滞后时间长、跟踪范围小，且周围环境中的金属和电磁场会使信号畸变，影响跟踪精度。

(3) 超声式跟踪器：原理与电磁式相仿，头盔上安装有传感器，通过对超声时间的三角测量来定位。其重量小、成本不高，但由于空气密度的改变及物体遮挡等因素，因而跟踪精度不够高。

2) 跟踪球

跟踪球主要用于在虚拟环境中飞行和漫游，通常用于桌式虚拟现实系统和部分沉浸虚拟现实系统中，如图 2.18 所示。跟踪球所用的传感器是三维的，三维传感器都是绝对的、独立的，因为它们返回的是一个运动物体相对于一固定坐标系统的绝对位置和方向。

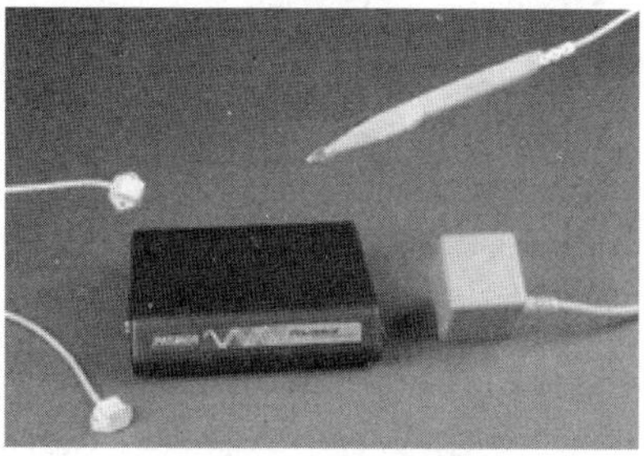

图 2.17 跟踪器

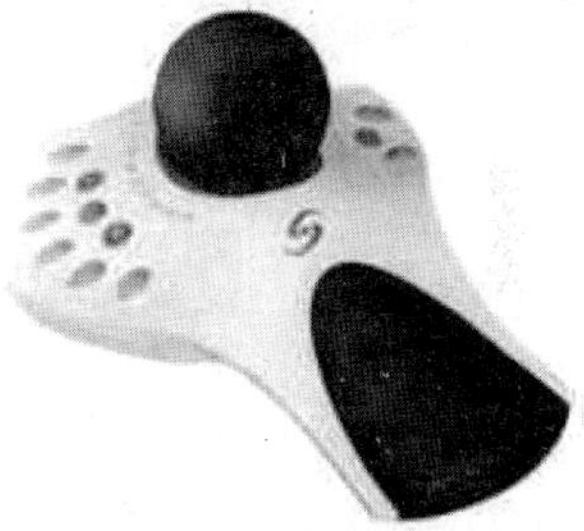

图 2.18 跟踪球

2. 数据手套

数据手套(Data Glove)是一种能感知手的位置及方向的设备。通过它可以指向某一物体，在某一场景内探索和查询，或在一定的距离之外对现实世界发生作用。

数据手套把光导纤维和三维位置传感器缠绕在一个轻的、有弹性的手套上。每个手指的关节处都有一圈光导纤维，每个手指的背部连有传感器，用以测量手指关节的弯曲角度。数据手套手背上有一个探测器，用来监测用户手的位置和方向，并根据用户手指关节的角度变化，捕捉手指、大拇指和手腕的相对运动。当以上装备与相应的软件配合时，由应用程序来判断用户在 VR 中操作时手的姿势，从而为 VR 系统提供了可以在虚拟世界中使用的各种信号。它允许手去抓取或推动虚拟物体，或由虚拟物体作用于手(即手的反馈)。数据手套如图 2.19 所示。

3. 立体视觉设备

人类的视学是最灵敏的感觉器官，用以产生视觉效果的显示设备与普通的计算机屏幕显示不同，虚拟现实要求提供大视野、双眼立体显示。在虚拟现实系统中，常用的视觉反馈工具有头盔显示器、立体活动眼镜、双眼全方位监视器等。最通用的是头盔显示器和立体眼镜，但头盔显示器所能提供的临场感要比立体眼镜好得多。其他的视觉反馈工具还有监视器以及大屏幕立体投影等。

1) 头盔显示器

头盔显示器(Head Mounted Display，HMD)是专为用户提供虚拟现实中景物的色彩立体显示器，通常固定在用户的头部，用两个 LCD 或 CRT 显示器分别向两只眼睛显示图像，如图 2.20 所示。这两个显示屏中的图像由计算机分别驱动。屏上的两幅图像存在着细小的差别，类似于“双眼视差”。大脑将融合这两个图像获得深度感知，因此头盔显示器具有较好的沉浸感，但分辨率较低、失真大。

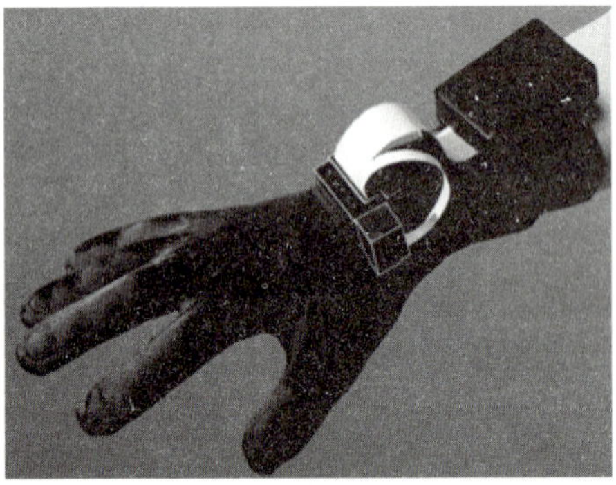

图 2.19 数据手套

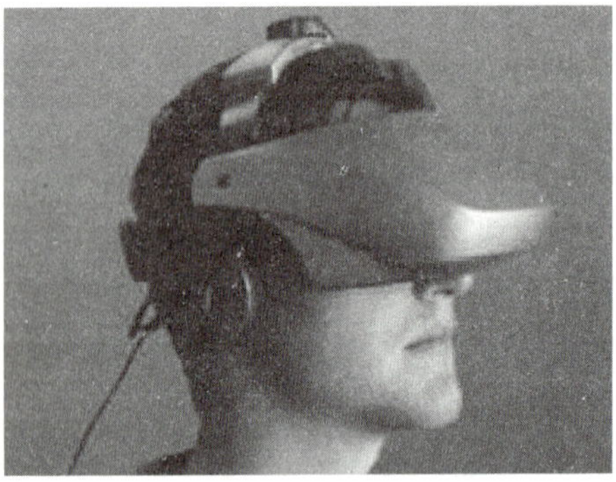

图 2.20 头盔显示器

头部位置跟踪设备是头盔显示器上的主要部件。通过头部跟踪，虚拟现实用户的运动感觉和视觉系统能够得以重新匹配跟踪，计算机随时可以知道用户头部的位置及运动方向。头部追踪还能增加双眼视差和运动视差，这些视觉线索能改善用户的深度感知。

由于头盔显示器所用的屏幕离眼睛很近，因此，为了使眼睛聚焦于如此近的距离而不易产生疲劳，需要使用专门的镜片，还要求这种镜片能放大屏幕图像，以尽可能填满人的视线。这些透镜在 1989 年首次推出时，被称为 LEEP 镜片，其特征是使用了输出成像极其宽阔的透镜。

2) 立体眼镜

在一些应用中，如科学可视仪和极细微的外科手术，参与的每个专家都需要看到一幅同样的立体图像。在这种环境下，每个人都佩戴一个头盔显示器的代价较高，而立体活动眼镜的价格比较便宜，它与立体监视器相连，每个使用者都可以通过立体眼镜观看监视器中的图像。

立体眼镜利用液晶光阀高速切换左右眼的图像，有有线和无线之分，可支持逐行和隔行立体显示观察，是目前最为流行和经济适用的视觉反馈工具，如图 2.21 所示。

国外主流的液晶立体眼镜有 NuVision、Crystal Eye、StereoGraphics 等。

图 2.21　立体眼镜

2.4.7　输入输出接口

1. SCSI

SCSI(Small Computer System Interface，小型计算机系统专用接口)是一种较为特殊的接口总线，它可以让计算机加装其他外围设备，以提高系统性能或增加新的功能，例如硬盘、光驱、扫描仪等。SCSI 采用 ASPI(高级 SCSI 编程接口)的标准软件接口，使驱动器和计算机内部安装的 SCSI 适配器进行通信。SCSI 接口具有应用范围广、多任务、带宽大、CPU 占用率低以及热插拔等优点。

SCSI 连接器分为内置和外置两种，内置数据线的外型和 IDE 数据线一样，只是针数和规格稍有差别，主要用于连接光驱和硬盘。SCSI 内置则分为 50 针、68 针和 80 针，如图 2.22 所示为 68 针 SCSI。

图 2.22　68 针 SCSI(母口)

SCSI 为光存储产品提供了强大、灵活的连接方式，还提供了很高的性能，可以有 7 个或更多的驱动器连接在一个 SCSI 适配器上，其缺点就在于昂贵的价格。SCSI 的光驱需要配合价格不菲的 SCSI 卡一起使用，而且 SCSI 的光驱在安装、设置时比较麻烦，所以 SCSI 的光驱远不如 IDE 接口光驱使用广泛。SCSI 的光存储产品更多的是应用于有特殊需求的专业领域。

2. USB 接口

USB(Universal Serial Bus，通用串行总线)用一个 4 针插头作为标准插头，采用菊花链形式可以把所有的外围设备连接起来，并且不会损失带宽。USB 需要主机硬件、操作系统和外围设备 3 个方面的支持才能工作。目前的主板一般都采用支持 USB 功能的控制芯片组，主板上也安装有 USB 接口插座。USB 支持热插拔，具有即插即用的优点。如图 2.23 所示为带 USB 接口的 USB 线。

图 2.23　USB 线

1) USB 的结构

USB 规范中将 USB 分为 5 个部分：控制器、控制器驱动程序、USB 芯片驱动程序、USB 设备以及针对不同 USB 设备的客户驱动程序。

(1) 控制器(Host Controller)：主要负责执行由控制器驱动程序发出的命令。

(2) 控制器驱动程序(Host Controller Driver)：在控制器与 USB 设备之间建立通信信道。

(3) USB 芯片驱动程序(USB Driver)：提供对 USB 的支持。

(4) USB 设备(USB Device)：包括与 PC 相连的 USB 外围设备，分为两类，一类设备本身可再接其他 USB 外围设备，另一类设备本身不可再连接其他外围设备，前者称为集线器(Hub)，后者称为设备(Function)。或者说，集线器带有连接其他外围设备的 USB 端口，而设备则是连接在计算机上，用来完成特定功能并符合 USB 规范的设备单元。

(5) 客户驱动程序(Client Driver Software)：用来驱动 USB 设备的程序，通常由操作系统或 USB 设备制造商提供。

2) USB 的传输方式

针对设备对系统资源需求的不同，USB 规范中规定了 4 种不同的数据传输方式。

(1) 等时传输方式(Isochronous)：该方式用来连接需要连续传输数据，且对数据的正确性要求不高而对时间极为敏感的外围设备，如麦克风、喇叭以及电话等。等时传输方式以固定的传输速率，连续不断地在主机与 USB 设备之间传输数据。在传送数据发生错误时，USB 并不处理这些错误，而是继续传送新的数据。

(2) 中断传输方式(Interrupt)：该方式传送的数据量很小，但这些数据需要及时处理，以达到实时效果，此方式主要用在键盘、鼠标以及操纵杆等设备上。如图 2.24 所示的鼠标是典型的基于中断方式传送的设备。

(3) 控制传输方式(Control)：控制传送是双向传送，数据量通常比较小。控制传输典型地用于主计算机和 USB 外围设备之间的端点(Endpoint)0 之间的传输。

(4) 批传输方式(Bulk)：主要应用在大量传送和接收数据上，同时又没有带宽和间隔时间要求的情况下，要求保证传输。这种类型的设备适合于传输非常慢和大量被延迟的传输，可以等到所有其他类型的数据的传送完成之后再传送和接收数据。打印机和扫描仪属于这种类型。

图 2.25 是一款爱国者 USB 接口的移动存储器，它是典型的采用 Bulk 传送模式的 USB 设备。

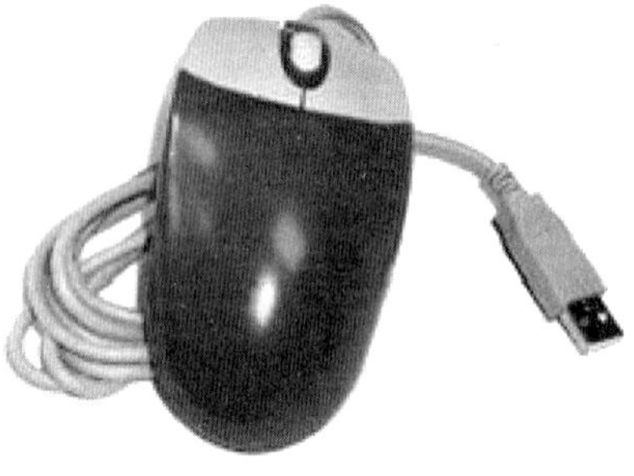

图 2.24　USB 接口的鼠标

图 2.25　爱国者 USB 接口的移动存储器

随着大量支持 USB 的个人计算机的普及和 Windows 系统的广泛使用，USB 成为 PC 的一个标准接口已经是大势所趋，最新推出的 PC 几乎 100%支持 USB。另一方面，使用 USB 接口的设备也在以惊人的速度发展着。

2.5 多媒体处理器

为了对付模拟音频和视频信号的实时数字化任务，多媒体处理器采用了用于DSP(数字信号处理器)上的一些计算技术。事实上，多媒体处理器通常是CPU和DSP的混合结构，它同时把RISC、CISC和DSP技术巧妙地结合在了一起。

1. 几种典型的多媒体处理器

目前，在多媒体处理器领域比较领先的厂商包括 MicroUnity、Philips、Chromatic Research 和 nVIDIA 共 4 家公司，它们的多媒体处理器产品依次为 MediaProcessor、Trimedia、Mpact Media Engine 和 NV1。

1) MicroUnity 公司的 MediaProcessor

MediaProcessor 的主要特点是具有优化的多媒体和宽带通信功能，时钟频率为 300～1000MHz，带有信号处理和增强数学运算能力的22位指令集。

2) Philips 公司的 Trimedia

Trimedia 芯片的核心是一个连接多个功能模块的400MB/s 总线，这些功能模块包括视频输入、视频输出、音频输入、音频输出、一个 MPEG 可变长解码器(VLD)、一个图像协处理器、一个通信单元和一个超长指令字(VLIW)处理器。

Trimedia 的主要特点是：DMA 控制音频和视频的I/O 单元，支持 MPEG-1 和 MPEG-2 VLD，提供与 PCI、数码相机和立体声音频的接口，低价格。

3) Chromatic Research 公司的 Mpact Media Engine

在结构上，Mpact Media Engine 类似于通用的DSP，但实际上，它是一个高度专业化的微处理器。当把 Mpact 装进主板之后，它可以接替 Windows 图形加速器、3D 图形协处理器、MPEG 解压卡、声卡、Fax/Modem 和电话卡的全部工作。

Mpact 的主要特点是：MPEG-1 实时视频和音频的编码/解码，MPEG-2 视频和音频解码，波表和波导声音合成，支持 H.320(ISDN)和 H.324(模拟电话线)视频会议，价格低于 150 美元。

4) nVIDIA 公司的 NV1

nVIDIA NV1 nVIDIA 的目标是游戏领域。NV1 是高度集成的多媒体加速器，它包含一个 3D 视像加速器(也可用于 2D 视像)、一个 350MIPS 音响引擎(使用 Sound Blaster 仿真)以及一个 I/O 处理器(用于操纵杆以及类似的东西)。该芯片旨在明显地改进游戏的感受。

NV1 可经由 PCI 或 VL-Bus 界面，以极快的速度从内存取出或放入数据，因而它不需要板内存储器来保持音响波形。NV1 的算法靠芯片上硬线连接而形成，升级困难，这使 NV1 价格便宜、尺寸减小。

2. 多媒体处理器指令集

为了提高计算机在多媒体、3D 图形方面的处理和应用能力，与 CPU 处理器相对应的各种处理器指令集应运而生，其中最著名的 3 种便是 Intel 公司的 MMX、SSE 和 AMD 的 3D Now!指令集。

1) MMX 指令集

MMX(Multi Media eXtension，多媒体扩展)指令集是 Intel 公司于 1996 年推出的一项多媒体指令增强技术。MMX 指令集中包括 57 条多媒体指令，通过这些指令可以一次处理多个数据，在处理结果超过实际处理能力时也能正常处理。

MMX 的优点在于，操作系统无需任何修改便可以轻松地执行 MMX 程序。MMX 的问题是 MMX 指令集与浮点运算指令不能同时执行，必须做密集式的交错切换才可以正常执行，这种情况会造成整个系统运行质量的下降。

2) SSE 指令集

SSE(Streaming SIMD Extensions，单指令多数据流扩展)指令集是 Intel 在 Pentium Ⅲ处理器中率先推出的，是为了加强浮点运算、图像处理等多媒体应用的能力，更好地对整个系统进行控制，提高处理性能的指令的集合。SSE 指令集到目前已经历了 4 代。

第一代的 SSE 指令集出现在 Pentium Ⅲ处理器中，包括了 70 条指令，其中包含提高 3D 图形运算效率的 50 条 SIMD(单指令多数据技术)浮点运算指令、12 条 MMX 整数运算增强指令、8 条优化内存中连续数据块传输指令。

SSE2 指令集是 Intel 公司在 SSE 指令集的基础上发展起来的。与 SSE 相比，SSE2 使用了 144 个新增指令，扩展了 MMX 技术和 SSE 技术，这些指令提高了应用程序的运行性能。SSE2 指令可让软件开发员极其灵活地实施算法，并在运行诸如 MPEG-2、MP3、3D 图形等软件时增强性能。

SSE3 指令是目前规模最小的指令集，它只有 13 条指令。它共划分为 5 个应用层，分别为数据传输命令、数据处理命令、特殊处理命令、优化命令、超线程性能增强。其中超线程性能增强是一种全新的指令集，它可以提升处理器的超线程处理能力，大大简化了超线程的数据处理过程，使处理器能够更加快速地进行并行数据处理。

SSE4 指令集是 Conroe 架构所引入的新指令集。SSE4 指令集共包括 16 条指令，从 Intel Core 微架构针对 SSE 指令所做出的修改被称为“Intel Advanced Digital Media Boost”的技术来看，未来 SSE4 将更注重针对视频方面的优化。SSE4 主要改进了 Intel 的 Clear Video 高清视频技术和对 UDI 规范提供强有力的支持。

3) 3D Now!指令集

由 AMD 公司提出的 3D Now!指令集出现在 SSE 指令集之前，并被 AMD 广泛应用于其 K6-2、K6-3 以及 Athlon(K7)处理器上。

与 Intel 公司的 MMX 技术侧重于整数运算有所不同，3D Now!指令集主要针对三维建模、坐标变换和效果渲染等三维应用场合，在软件的配合下，可以大幅度提高 3D 的处理性能。

2.6 多媒体总线

若把 CPU 比做“大脑”，则总线可称为“神经中枢”，它协助 CPU 控制整个计算机系统工作。局部总线是 PC 体系结构的重大发展，它打破了数据输入输出的瓶颈，可以避免使用较慢的 ISA 数据通道，为高速外围设备提供了更宽、更快的“高速公路”。进入 20 世纪 90 年代，随着图形处理技术和多媒体技术的广泛应用，以 Windows 为代表的新一代操作系统风靡全球，进而对总线提出了更高的性能要求，总线技术迅猛发展。

1. PCI

PCI(Peripheral Component Interconnect，外围设备部件互连标准)是目前个人计算机中使用最为广泛的接口，几乎所有的主板产品上都带有这种插槽。PCI 插槽也是主板带有数量最多的插槽类型。在目前流行的台式机主板上，ATX 结构的主板一般带有 5～6 个 PCI 插槽，而小一点的 MATX 主板也都带有 2～3 个 PCI 插槽，可见其应用的广泛性。

PCI 是由 Intel 公司 1991 年推出的一种局部总线。从结构上看，PCI 是在 CPU 和原来的系统总线之间插入的一级总线，具体由一个桥接电路实现对这一层的管理，并实现上下之间的接口以协调数据的传送。管理器提供了信号缓冲，使之能支持 10 种外围设备，并能在高时钟频率下保持高性能，它为显卡、声卡、网卡、Modem 等设备提供了连接接口，它的工作频率为 33MHz 或 66MHz。

由于 PCI 总线只有 133MB/s 的带宽，对声卡、网卡、视频卡等绝大多数输入输出设备显得绰绰有余，但对性能日益强大的显卡则无法满足其需求。目前 PCI 接口的显卡已经不多见了，只有较老的 PC 上才有，厂商也很少推出此类接口的产品。

2. AGP

随着多媒体的深入应用，3D 纹理及几何材质需要占用大量的显示缓存及更高的总线带宽，PCI 总线已经不能满足日益繁重的显示数据传输，于是 AGP 就应运而生了。AGP(Accelerated Graphics Port，加速图形接口)是由 Intel 公司在 PCI 2.1 的基础上开发并力推的新一代局部图形总线技术，它使图形芯片与 CPU 或主内存之间直接进行数据交换。

严格地说，AGP 不能称为总线，它与 PCI 总线不同，因为它是点对点连接，即连接控制芯片和 AGP 显卡，但在习惯上人们依然称为 AGP 总线。AGP 总线直接与主板的北桥芯片相连，且通过该接口让显示芯片与系统主内存直接相连，避免了窄带宽的 PCI 总线形成的系统瓶颈，增加了 3D 图形的数据传输速度，同时在显存不足的情况下还可以调用系统主内存，所以它拥有很高的传输速率，这是 PCI 等总线无法比拟的。

AGP 标准在使用 32 位总线时，有 66MHz 和 133MHz 两种工作频率，最高数据传输率为 266MB/s 和 533MB/s，而 PCI 总线理论上的最大传输率仅为 133MB/s。目前最高规格的 AGP 8X 模式下，数据传输速度达到了 2.1GB/s。

AGP 接口的发展经历了 AGP 1.0(AGP 1X、AGP 2X)、AGP 2.0(AGP Pro、AGP 4X)、AGP 3.0(AGP 8X)等阶段，其传输速度也从最早的 AGP 1X 的 266MB/s 的带宽发展到了 AGP 8X 的 2.1GB/s。

总线插槽如图 2.26 所示。图中左侧最长的插槽为 ISA 插槽(黑色)，中间白色的为 PCI 插槽，右边棕色的为 AGP 插槽。

3. PCI-E

PCI-E(又称 PCI Express)是新一代的总线接口，采用此类接口的显卡产品在 2004 年正式面世。早在 2001 年的春季“英特尔开发者论坛”上，Intel 公司就提出了要用新一代的技术取代 PCI 总线和多种芯片的内部连接，并称为第三代 I/O 总线技术。随后在 2001 年底，包括 Intel、AMD、DELL、IBM 在内的 20 多家业界主导公司开始起草新技术的规范，并在 2002 年完成，对其正式命名为 PCI Express。PCI Express 插槽如图 2.27 所示。

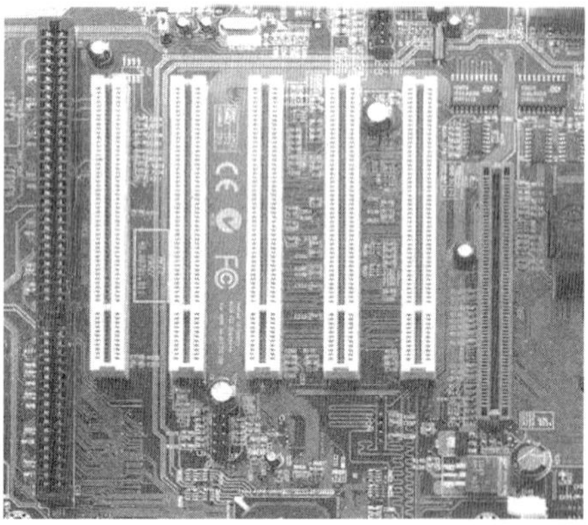

图 2.26　总线插槽

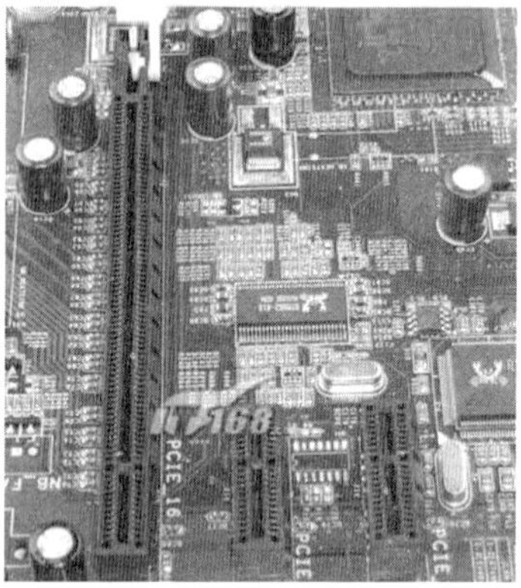

图 2.27　PCI Express 插槽

PCI-E 采用了点对点的串行连接，比起 PCI 以及更早期的计算机总线的共享并行架构，每个设备都有自己的专用连接，不需要向整个总线请求带宽，而且可以把数据传输率提高到一个很高的频率，达到 PCI 所不能提供的高带宽。PCI-E 1X 的 250MB/s 传输速度已经可以满足主流声效芯片、网卡芯片和存储设备对数据传输带宽的需求，但是远远无法满足图形芯片对数据传输带宽的需求。因此，用于取代 AGP 接口的 PCI-E 接口位宽为 16X，能够提供 5GB/s 的带宽，即便有编码上的损耗，但仍能够提供约为 4GB/s 的实际带宽，远远超过 AGP 8X 的 2.1GB/s 的带宽。

在兼容性方面，PCI-E 在软件层面上兼容目前的 PCI 技术和设备，支持 PCI 设备和内存模组的初始化，也就是说，过去的驱动程序、操作系统无需改变，就可以支持 PCI-E 设备。目前 PCI-E 已经成为显卡接口的主流。

2.7　常用多媒体软件介绍

普通的 PC 要成为多媒体个人计算机，除了要配备光驱、声卡、视频卡等硬件外，还需要装配各种多媒体软件。多媒体软件不仅种类繁多，而且几乎综合了利用计算机处理各种媒体数据的最新技术，如数据压缩、视频数据编辑、声音数据加工等，并能灵活地综合处理多媒体数据，使各种媒体协调一致地工作。今天，计算机软件的发展速度远高于计算机硬件的发展速度，并且有软件功能部分地取代硬件功能的趋势。

多媒体软件的分类如图 2.28 所示。

多媒体开发工具将在后面的章节逐一介绍。本节将介绍常用的多媒体应用软件。

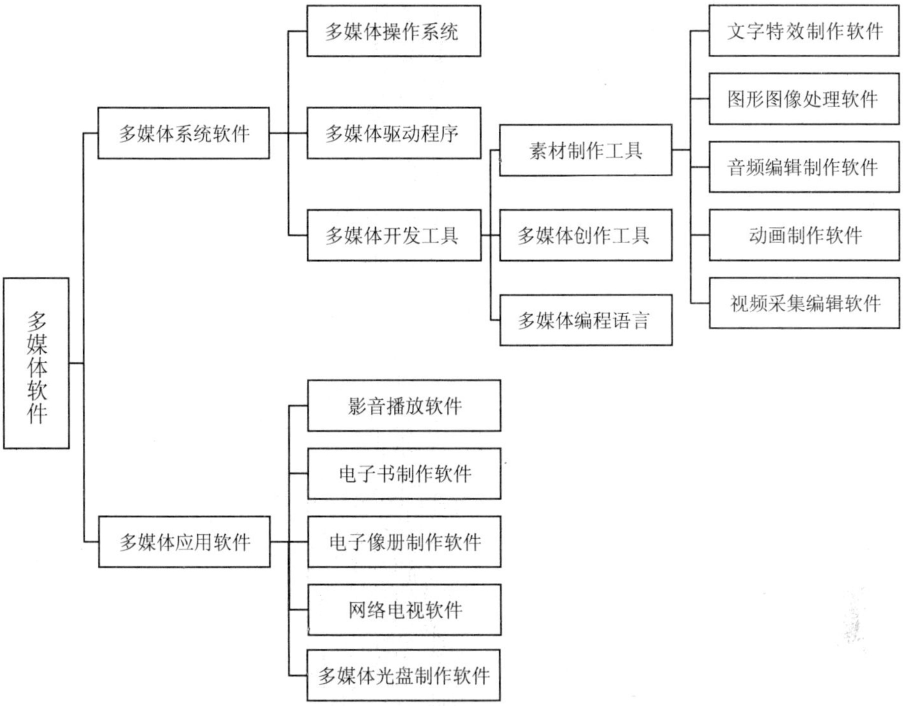

图 2.28 多媒体软件分类图

2.7.1 影像播放软件

1. Real Player

Real Player 是收听收看实时 Audio、Video 和 Flash 的最佳工具。用 Real Player 可欣赏网上在线音频和视频资料，其主要功能包括：支持 Real Flash 功能(只适用于 Windows 95/NT 用户)；带有目标按钮，只需单击鼠标就可收听新闻和娱乐资讯；近乎 CD 的音频效果(只在 28.8Kb/s 或更快的连接速度情况下)；全屏播放图像功能(只适用于高带宽连接情况)。其他功能包括内容频道、自动升级功能、SmartStream 技术、查找媒介链接、支持 MP3 格式等。

2. Microsoft Windows Media Player

Microsoft Windows Media Player 可以播放更多文件类型，包括 Windows Media(即以前称为 NetShow 的)、ASF、MPEG-1、MPEG-2、WAV、AVI、MIDI、VOD、AU、MP3 和 QuickTime 文件。Windows Media Player 能播放从低带宽的声音文件到全屏的图像文件，还可重设图像窗口，当选定了声像地址后；Windows Media Player 会查看是否安装了所需的 codec 文件。如果没有安装，它会自动下载 codec，然后播放文件。

3. 豪杰超级解霸

强大的国产软件解压 VCD/DVD 播放工具，支持的媒体文件格式非常丰富，DVD/VCD、MPA/AVI/ASF/WMV、RM/RMVB、MOV、SWF、VQF/DAC/MP3/WMA 等，几乎囊括了目前 Windows 平台下流行的所有音频、视频格式。新增的 M2Center 多媒体服务平台，可提供精彩音乐电影 IVR (Interactive Voice Response，交互式语音应答)搜索、下载、播放一站式服务。

4. 暴风影音

作为对 Windows Media Player 的补充和完善，暴风影音目前定位为一种软件的整合和服务，配合 Windows Media Player 最新版本，可完成当前大多数流行影音文件、流媒体、影碟等的播放，而无需其他任何专用软件。

2.7.2 音频播放软件

1. Winamp

一个非常著名的高保真的音乐播放软件，支持 MP3、MP2、MOD、S3M、MTM、ULT、XM、IT、669、CD-Audio、Line-In、WAV、VOC 等多种音频格式。用户可以定制界面 skins，支持增强音频视觉和音频效果的 Plug-ins。

2. 千千静听

这是目前国内最受欢迎的音乐播放软件，它拥有自主研发的全新音频引擎，支持 DirectSound、Kernel Streaming 和 ASIO 音频流输出、32 比特混音、AddIn 插件扩展技术；具有资源占用低、运行效率高、扩展能力强等优点；集播放、音效、转换、歌词等众多功能于一身。其小巧精致、操作简捷、功能强大的特点，深得用户喜爱。

2.7.3 电子书制作软件

1. eBook Workshop(e 书工场)

e 书工场是一个国产软件(以下简称 ews)，该软件界面直观、操作方便、定制性强、中文支持好。该软件吸取了不少其他同类软件的优点，是现在电子书制作者选择最多的一个电子书制作软件。ews 可以改主题、改按钮，可以在“关于”中放 HTML 文档，起到美化电子书的作用的同时大大增强了个性。ews 的目录功能是一大受欢迎的地方，使得书中的架构一目了然，但是，用 ews 编译的电子书在阅读时是全部写入内存的，不能像 IE 那样来利用临时文件，所以不能播放编译进电子书的 Flash 等，播放音乐的代码要统一用代码 bgsound。

2. eBook Edit Pro

eBook Edit Pro 编译的方法和 ews 有不同的地方，它不完全是写入内存，所以可以直接使用播放器等效果，而且打开速度也不慢，完全可以直接把网站打包编译。选项卡的选项条理也很明晰，但是，eBook Edit Pro 编译的速度稍微慢了些，没有导航功能，不适合制作小说类和资料查阅的电子书。

2.7.4 电子像册制作软件

1. 卡丽来

“卡丽来”全名“卡丽来电子像册 VCD 制作系统”，是一套以照片素材为主，运用计算机多媒体技术，精心设计、编辑、制作 VCD 影像光盘的软件。它有批量扫描、处理照片，简单快捷地编辑照片，添加动态前景(这是一般电子像册制作软件所没有的)，VCD 刻录，卡拉 OK 字幕等，压缩后的图像清晰度高，制作速度快，简单易学。

2. 巨星 MTV2002

巨星 MTV2002 是一个功能强大、制作效果不错的电子相册软件。它在视频和字幕方面的功能已经有了飞跃性的完善和提高。它能够方便地进行视频文件的剪辑和编辑，实现视频影像的 3D 专场。它可以直接生成 MPEG 文件，也可以生成 DVD，即 MPEG-2 文件和 MPEG-4 文件。巨星 MTV2002 带有完善的配套工具，用户可以方便地制作自己喜欢的边框和卡拉 OK 曲库，还有快速转换工具，可以将 MPEG 文件和 VCD 的 DAT 文件转换 MP3 文件。

2.7.5　网络电视软件

1. PPLive

PPLive 是国内知名度最高、节目内容最丰富齐全、用户数最多、覆盖面最广的播放软件，内置了众多国内知名电视台和大量个人网络电视台及电影台，有独特的软网状模型的 P2P 技术、UPnP 映射功能、内网共享功能等。PPLive 软件界面简洁美观，一排菜单按钮下，左侧是视频播放窗口，右侧为频道列表。播放时，用户可以查看当前节目码率、缓冲情况和即时下载速度等信息，可以根据网络类型进行优化、更改端口以及连接数，不用下载系统补丁等，还可以设置软件的独特功能，如局域网共享功能、UPnP 映射功能、老板键以及自动更新等。软件还可检测系统中安装的 Windows Media Player 和 Real Player 版本，如果不是最新版本，用户可单击下载按钮直接下载最新版。除了内置播放器外，用户也可以选择在系统默认播放器中观看节目。PPLive 播放稳定流畅，节目数量众多。

2. PPStream

PPStream 是一套完整的基于 P2P 技术的流媒体超大规模应用解决方案，包括流媒体编码、发布、广播、播放和超大规模用户直播，能够为宽带用户提供稳定和流畅的视频直播节目。PPStream 软件界面分为 3 部分，和一般的 P2P 播放软件不同，左边部分是软件的频道列表，提供了节目码率和收视率信息，中间部分是播放窗口，可在此查看详细的网络信息，右边部分可在此先预览节目以及资讯导航窗口。对比 PPLive，软件可以任意关闭左右两侧，独留播放窗口。除了界面外，软件的选项设置功能很多，如可以更换皮肤、定时播放、内存优化等。PPStream 的缺点是频道列表中的电视直播节目较少。

3. QQ 直播

QQ 直播是一个支持同场观看、同场交流的多媒体互动直播平台。QQ 直播分为播放器模式和社区模式两种登录界面，社区界面模式可以边观看边评说节目，而播放器模式不能。在播放器模式下，左边是频道列表，每个频道项目旁还有详细的播放节目名称和在线人数，用户可以选择 QQ 电台。右边就是播放窗口，软件下方可以显示总在线人数。QQ 真播的缺点是每次使用需要 QQ 号登录。

2.7.6 多媒体光盘制作软件

刻录机用户在刻录 DVD 盘片时所选用的刻录软件大体上为：Nero、SONIC、Windows XP 自带刻录功能这 3 种。其中，Nero 和 SONIC 是比较专业的光盘刻录软件，一般刻录机用户都选用这两款刻录软件来对光盘进行刻录，而 Windows XP 自带的光盘刻录功能，虽然在功能上没有上面两种刻录软件那么丰富，但是由于其不用安装，直接就整合在操作系统上，因此有一定的用户。

1. Nero

Nero 作为一款传统经典的刻录软件，不仅功能强大，而且支持的光盘格式和刻录机种类也异常丰富，从制作标准的数据光盘到刻录各种音乐光盘(CD、MP3 光盘、WMA 光盘和音乐数据混合光盘)和视频光盘(VCD、SVCD、MINI DVD 和 DVD)，Nero 几乎可以完成所有的光盘刻录任务。

2. Adaptec Easy CD Creator

Adaptec Easy CD Creator 在功能上几乎和 Nero 不相上下。Adaptec Easy CD Creator 除了常规的刻录功能外，还包含各种实用工具，如 Nero 所不具备的光盘封套制作等。

制作一个多媒体作品，首先要收集声音、图像、动画、视频等素材，然后对素材进行加工处理，最后把加工好的多媒体素材集成在一起，经过包装最终出版。由于这一过程涉及的多媒体软件较多，将在后面的章节详细介绍这些软件的使用方法，并通过案例的形式完整地展示多媒体应用程序的开发过程。

小　结

本章首先介绍了多媒体系统的基本构成，然后重点介绍了多媒体存储设备，包括 CD-ROM、DVD、大容量硬盘、U 盘等存储器；多媒体功能卡，包括音频卡的工作原理、MIDI 接口规范、主要技术指标，视频卡的工作原理、主要技术指标；市面主流的多媒体 I/O 设备；多媒体计算机的概念及相关技术；常用的多媒体软件。通过本章的学习，大家会对多媒体环境的建立有一定的了解，对市面主流的多媒体设备有一定的认识，对多媒体软件的分类和用途有所区分。

习　题

1. 选择题

(1) 下列硬件设备中，多媒体硬件系统应包括的是____。

①计算机最基本的硬件设备　　②CD-ROM

③音频输入、输出和处理设备　④多媒体通信传输设备

A. 仅①　　B. ①②　　C. ①②③　　D. 全部

(2) MPC-2、MPC-3 标准制定的时间分别是____。

①1992　②1993　③1994　④1995

A. ①③　B. ②④　C. ①④　D. 都不是

(3) 要把一台普通的计算机变成多媒体计算机，要解决的关键技术是____。

①视频、音频信号的获取　②多媒体数据压编码和解码技术

③视频、音频数据的实时处理和特技　④视频、音频数据的输出技术

A. ①②③　B. ①②④　C. ①③④　D. 全部

(4) 数字音频采样和量化过程所用的主要硬件是____。

A. 数字编码器　B. 数字解码器

C. 模拟到数字的转换器(A/D 转换器)

D.数字到模拟的转换器(D/A 转换器)

(5) 视频卡的种类很多，主要包括____。

①视频捕获卡　②电影卡　③电视卡　④视频转换卡

A. 仅①　B. ①②　C. ①②③　D. 全部

(6) 在多媒体计算机中，对于静止图像的获取，可通过的手段有____。

A. 数码相机　B. 扫描仪

C. 数字化仪　D. 具有单帧捕获功能的视频采集卡

(7) CD-ROM 具有的特点是____。

①存储容量大　②标准化　③可靠性高　④可重复擦写性

A. 仅①　B. ①②　C. ①②③　D.全部

(8) CD-DA 是由____标准定义的。

A. 红皮书　B. 蓝皮书　C. 绿皮书　D. 白皮书

(9) 下列关于触摸屏的叙述，正确的是____。

①触摸屏是一种定位设备　②触摸屏是最基本的多媒体系统交互设备之一

③触摸屏可以仿真鼠标操作　④触摸屏也是一种显示设备

A. 仅①　B. ①②　C. ①②③　D. 全部

(10) 扫描仪可在____应用中使用。

①拍照数字照片　②图像输入　③光学字符识别　④图像处理

A. ①③　B. ②④　C. ①④　D. ②③

2. 简答题

(1) 简述多媒体计算机系统的组成结构。

(2) 试述光存储的类型及相关标准。

(3) 衡量一个光盘系统特性的技术指标有哪些?

(4) 多媒体硬件的声卡和视频卡有什么功能？

(5) 列出常见的多媒体软件。

(6) 扫描仪的主要性能指标有哪些？

(7) 简述数码相机的工作过程。

第 3 章

音频数据的获取与编辑

教学目标

- 了解音频数据的概念、特点和种类
- 了解音频数据的采集及性能指标
- 掌握音频数据获取的途径和方法
- 掌握音频数据的基本编辑方法和特效的处理方法
- 掌握音频数据合成的基本方法
- 了解 MIDI 音乐的基本知识
- 掌握音频格式的转换方法

本章知识结构图

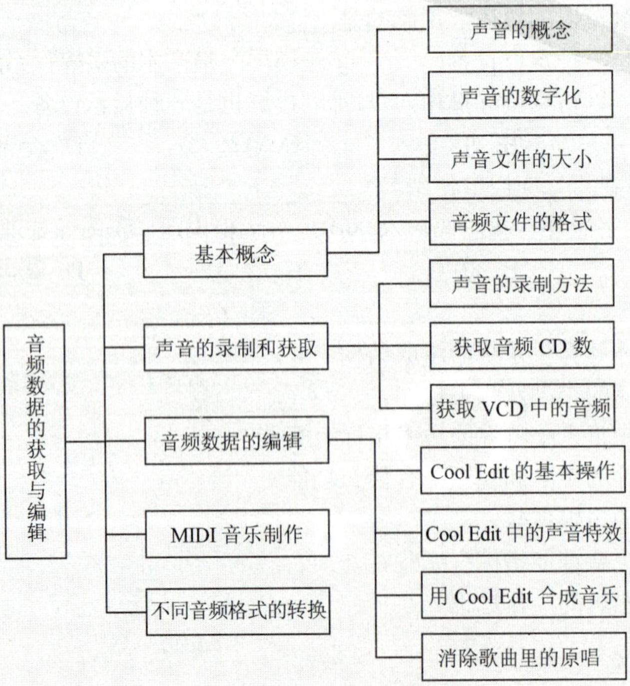

导入案例

一台多媒体计算机，再加上适当的音频编辑软件，就可以在家里录制自己演唱的歌曲，自己编辑、翻唱、改写流行歌曲，制作卡拉 OK 作品，为视频、动画添加解说词，甚至可以自己写词谱曲，制作自己的个人演唱专辑等。计算机硬件的迅速发展，音频处理软件的日益丰富多彩并走向大众化，造就了一大批数字音乐的爱好者，并使其中一些人家喻户晓，一些网络歌曲(如：东北人都是活雷锋、丁香花、猪之歌、大学自习室之歌等)流行甚广并为大家所喜爱。

实际上，用户目前普遍使用的家用多媒体计算机在 Windows 系统下就可以很方便地录制声音、录制自唱歌曲，并可进行简单的编辑和添加特殊效果。下面以 Windows 系统中自带的录音机为例，录制一首诗朗诵，并进行简单的效果处理，操作步骤如下。

连接好麦克风并做好相关设置，选择【开始】|【程序】|【附件】|【娱乐】|【录音机】命令，弹出【声音-录音机】对话框，如图 3.1 所示。

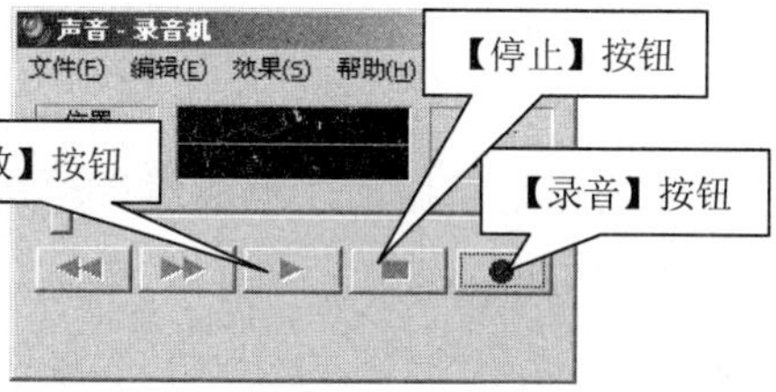

图 3.1　【声音-录音机】对话框

单击圆形的【录音】按钮，开始朗诵：白日依山尽，黄河入海流，欲穷千里目，更上一层楼。然后单击矩形的【停止】按钮，再选择【文件】|【保存】命令，将文件命名为“登鹳雀楼”并保存在计算机中。

> **小贴士**
>
> 录音机制作的声音文件只能保存为 WAV 格式，且长度不超过 60s。如果录制的声音文件时间超过 60s，在 60s 时程序会自动停止录制，再单击【录音】按钮，时间会延长至 120 秒，以此类推，可以延长至所需要的时间；然后把进度按钮拖回开始处，重新录制，最后保存下来，就可以录制出所需要的声音文件。

这时单击【播放】按钮，即可试听录制的效果。如果选择【效果】|【加速】命令，然后再单击【播放】按钮听一下效果，则录制的声音速度已经被加速了一倍，听到的声音效果发生了奇妙的变化。这就是数字音频的奇特之处，用户通过软件可以很方便地处理声音文件，并给声音添加特殊效果。

在录音机的【效果】菜单中还有【加大音量】、【减小音量】、【减速】、【添加回音】和【反转】等几种效果设置的选项，使用【编辑】菜单还可以在声音素材中插入其他声音文件或与其他声音文件混音，大家可以自己试一试。

3.1　基本概念

声音是多媒体表现形式中不可缺少的一部分，它使多媒体的表现力更加丰富。声音主要包括语言、背景声、音效和音乐 4 个部分。

语言是人与人之间表达自己内心愿望与情感的工具。在艺术作品中，语言是交代情节、提示思想、刻画人物、感染观众的重要手段，通常有独白、对白、内心独白和旁白等形式。

背景声是大自然或周围环境所发出的声响，主要表现出自然环境、生活氛围和时代背景。

音效是音响效果声的简称，它包括人们生活中所产生的开门关门声、脚步声等各种动作的声音，也包括现实环境中各种自然界的声音(如风声、雨声、雷声等)，各种动物的叫声，各种工具的音响等。它的主要作用是渲染气氛、增强真实感。还有一类音效通常被用在动画片或者喜剧类的作品中，这一类音效通常是人们通过技术手段制作出来的特殊声音，如弹簧的声音、诡异的笑声等。这些音效是为了配合所要表达的故事情节所设计加工的，目的是为了增强特殊的情绪需要。

音乐是一门古老的艺术，它能够准确地表达人们的内心感受与情绪。它通常用来烘托情绪、渲染气氛，或者用来填补声音上的空白。

3.1.1 声音的概念

空气中的分子在某些介质的作用下振动，形成声音，其振动过程可用一连续的曲线表示，称为声波，其波形如图 3.2 所示。

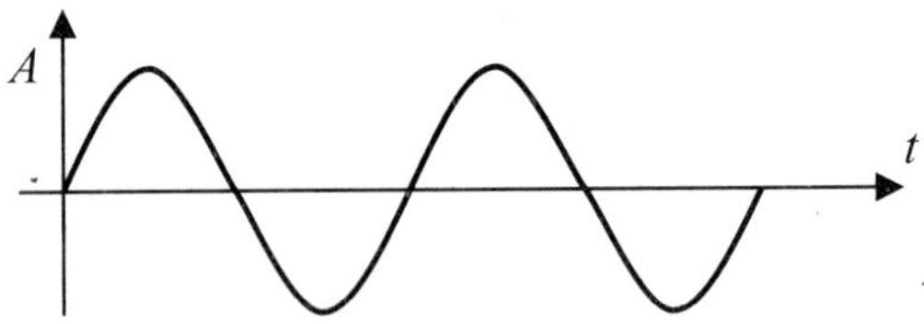

图 3.2 声音的波形

声波是随时间连续变化的模拟量，它有如下 3 个重要指标。

1. 振幅

声波的振幅通常是指音量，它是声波波形的高低幅度，表示声音信号的强弱程度。

2. 周期

声音信号的周期是指两个相邻声波之间的时间长度，即重复出现的时间间隔，以秒(s)为单位。

3. 频率

声音信号的频率是指每秒钟信号变化的次数，即为周期的倒数，以赫兹(Hz)为单位。

声音按频率可分为 3 种：次声波、可听声波和超声波。人类听觉的声音频率范围为 20Hz～20kHz，低于 20Hz 的为次声波，高于 20kHz 的为超声波。人说话的声音信号频率通常为 300Hz～3kHz，人们把在这种频率范围内的信号称为语音信号。

声音质量用声音信号的频率范围来衡量，频率范围又叫“频域”或“频带”，不同种类的声源其频带也不同。一般而言，声源的频带越宽，表现力越好，层次越丰富。例如：

(1) 电话质量：200Hz～3.4kHz。

(2) 调幅广播质量：50Hz～7kHz。

(3) 调频广播质量：20Hz～15kHz。

(4) 数字激光唱盘(CD-DA)质量：10Hz～20kHz。

3.1.2　声音的数字化

声音是具有一定振幅和频率且随时间变化的声波，通过话筒等转换装置可将其变成相应的电信号，但这种电信号是模拟信号，不能由计算机直接处理，必须先对其进行数字化，然后利用计算机进行存储、编辑或处理。在数字声音回放时，由数/模转换器(DAC)将数字声音信号转换为实际的声波信号，经放大由扬声器播出。

把模拟声音信号转换为数字声音信号的过程称为声音的数字化，它是通过对声音信号进行采样、量化和编码来实现的，如图 3.3 所示。

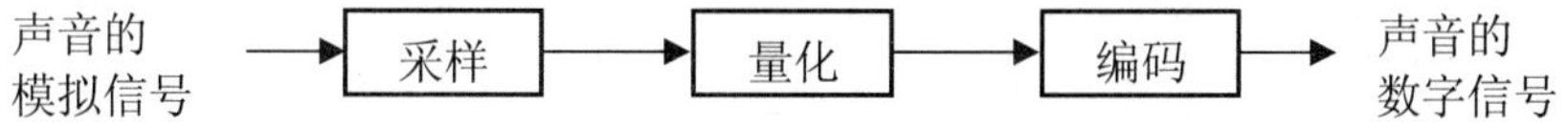

图 3.3　声音的数字化过程

1. 采样

把模拟声音变成数字声音时，需要每隔一个时间间隔在模拟声音波形上取一个幅度值，称为采样，即通常的 A/D(模/数)转换，其功能是将模拟信号转换成数字信号。采样频率又称取样频率，它是指将模拟声音波形转换为数字音频时每秒钟所抽取声波幅度样本的次数。采样频率越高，则经过离散数字化的声波就越接近于其原始的波形，也就意味着声音的保真度越高，声音的质量越好，当然，所需要的信息存储量也越多。根据采样定理，只要采样的频率高于信号中最高频率的 2 倍，就可以从采样中完全恢复原始信号的波形。因为人耳所能听到的频率范围为 20Hz～20kHz，所以在实际采样过程中，为了达到好的效果，就采用 44.1kHz 作为高质量声音的采样频率。

目前最常用的采样频率有 3 种：44.1kHz、22.05kHz、11.025kHz。

2. 量化

把某一幅度范围内的电压用一个数字来表示称为量化，量化的过程实际上也是选择分辨率的过程。显然，用来表示一个电压模拟值的二进制数位越多，其分辨率也越高。国际标准的语音编码采用 8 位，即可有 256 个量化级。在多媒体中，对于音频(声音)，量化的位数(分辨率)可采用 16 位，其对应有 65 536 个量化级。

3. 编码

由于计算机内的基本进制是二进制，为此必须将声音数据写成计算机的数据格式，称为编码。编码即要按照一定的格式把离散的量化数值加以记录，并在有用的数据中加入一些用于同步、纠错和控制的数据。

所以说，数字声音是一个数据序列，它是由模拟声音经过采样、量化和编码后得到的。当需要时，人们可以将离散的数字量转换成连续的波形。如果采样的频率足够高，恢复出的声音就与原始声音没有什么区别，这种方式称为脉冲编码调制(Pulse Code Modulation，PCM)。

3.1.3 声音文件的大小

音频文件要求声音的质量越高，则量化位数和采样频率也越高，保存这一段声音相应的文件也就越大，即要求的存储空间越大。表 3-1 给出了采样频率、量化位数与所要求的文件大小的对应关系。

表 3-1 数字音频文件的大小及相关参数的关系

采样频率/kHz	量化位数/bit	立体声或单声道	数据量/(KB/s)	音 频 质 量
11.025	8 位	单声道	11	电话质量
11.025	8 位	立体声	22	
11.025	16 位	单声道	22	
11.025	16 位	立体声	43	
22.05	8 位	单声道	22	收音质量
22.05	8 位	立体声	43	
22.05	16 位	单声道	43	
22.05	16 位	立体声	86	
44.1	8 位	单声道	43	
44.1	8 位	立体声	86	
44.1	16 位	单声道	86	
44.1	16 位	立体声	172	CD 质量

声音通道的个数表明声音产生的波形数，一般分单声道和立体声双声道，单声道产生一个波形，立体声双声道产生两个波形。立体声的声音有空间感，需要的存储空间是单声道的两倍。决定数字音频文件大小的公式为：

$$数据量=采样频率\times 量化位数\times 录音时间\times 声道数/8$$

数据量的单位为 B/s(字节/秒)。

例如，一首 5 分钟 CD 音乐光盘音质的歌曲，即采样频率为 44.1kHz，量化位数为 16 位，立体声，文件的大小为：

$$数据量=(44\,100\times 16\times 300\times 2)/8 =52\,920\,000B=50.47MB$$

3.1.4 音频文件的格式

数字音频的文件格式主要有 WAV、VOC、MIDI、MOD、 AIF、MP3、WMA 等。下面介绍常用的音频文件格式。

1. MID 和 RMI

这两种文件扩展名表示该文件是 MIDI 文件。MIDI 是数字乐器接口的国际标准，它定义了电子音乐设备与计算机的通信接口，规定了使用数字编码来描述音乐乐谱的规范。计算机就是根据 MIDI 文件中存放的对 MIDI 设备的命令，即每个音符的频率、音量、通道号等指示信息进行音乐合成的。MIDI 文件的优点是短小，一个 6 分钟、有 16 个乐器的文件也只是 80KB；缺点是播放效果受软、硬件的配置影响较大。

2. WAV

这是 Windows 本身存放数字声音的标准格式，由于微软的影响力，目前也成为一种通用的数字声音文件格式，几乎所有的音频处理软件都支持 WAV 格式。由于 WAV 格式存放的一般是未经压缩处理的音频数据，因此体积都很大(1 分钟的 CD 音质约需要 10MB)，不适于在网络上传播。WAV 格式使用 Windows 中的媒体播放机即可直接播放。

3. MP3(MP1、MP2)

MP3 的全称实际上是 MPEG Audio Layer-3，而不是 MPEG-3。由于 MP3 具有压缩程度高(压缩比可达到 10∶1～12∶1，1 分钟的 CD 音质音乐一般需要 1MB)、音质好的特点，因此 MP3 是目前最为流行的一种音乐文件。播放 MP3 最出名的软件是 Winamp。

4. RA、RAM

这两种扩展名表示的是 Real 公司开发的主要适用于网络上实时数字音频流技术的文件格式。由于它面向的目标是实时的网上传播，因此在高保真方面远远不如 MP3，但在只需要低保真的网络传播方面却无人能及。播放这种格式的音频通常需要使用 Real Player 播放器。

5. ASF、ASX、WMA、WAX 等

ASF 和 WMA 等都是微软公司针对 Real 公司开发的新一代网上流式数字音频压缩技术。这种压缩技术的特点是同时兼顾了保真度和网络传输需求，所以具有一定的先进性。也是由于微软的影响力，这种音频格式现在正获得越来越多的支持，可以使用 Winamp 播放，也可以使用 Windows 中的媒体播放机播放。

6. XM、S3M、STM、MOD、MTM 等

这些文件格式其实互不相同，但又都属于一个大类：Module(模块)，简称 Mod。这些文件是由类似于 MID 文件的乐谱、控制信息和具体的乐器音效数据组合而成的，体积适中，5 分钟的音乐在 300KB～1MB 之间。千千静听、Winamp 等音频播放软件支持上述格式的播放。

7. CD Audio 格式

CD 音乐光盘采用的格式是以 16 位数字化、44.1kHz 采样频率、立体声存储的音频文件，可完全再现原始声音。一般地，每张 CD 唱片保存歌曲 14 首左右，可播放约 70 分钟，其缺点是无法编辑，文件长度太大。CD Audio 文件的扩展名为.cda，可以使用 Windows 的媒体播放机直接播放。

3.2 声音的录制和获取

3.2.1 音频的获取途径

声音与音乐在计算机中均为音频(Audio)，是多媒体节目中使用最多的一类信息。音频主要用于节目的解说配音、背景音乐以及特殊音响效果等。音频主要包括以下 3 种。

(1) 波形音频(Wave form Audio)，文件格式为 WAV。

(2) MIDI 音频(MIDI Audio)，文件格式为 MID。

(3) 数字音频(CD Audio)。

通常人们将音频制作成前两种格式存储起来。其中，波形音频的应用范围最广，利用波形音频能够录制或播放语音及各种音响，而 MIDI 音频则仅适用于重现打击乐或一些电子乐器的声音，通常用于仅有音乐的场合。MIDI 文件比 WAV 文件所占用的存储空间要小得多。音频获取的途径如下。

(1) 自己录制：对于波形声音，可以利用 Windows 中的录音机程序或专业录音软件(如 Wave Edit)或租用数字录音棚录制；对于 MIDI 音乐，则只能用专业 MIDI 编辑合成软件生成。

(2) 购买音频素材光盘。

(3) 网络下载。

(4) 从音乐 CD 光盘或视频光盘中抓取音轨或转换获得。

3.2.2 使用声卡录音的前期准备

利用声卡可以将多种音源的模拟音频信号录制为数字音频信号。根据录制方式的不同，可以将音频分为 4 种：CD 音频、线性输入、MIDI、麦克风。

录制 CD 音频光盘时，应把 CD 光盘放入光驱，在【录音控制】窗口中调整【CD 唱机】的音量，并选中【CD 唱机】栏中的【选择】复选框，如图 3.4 所示。

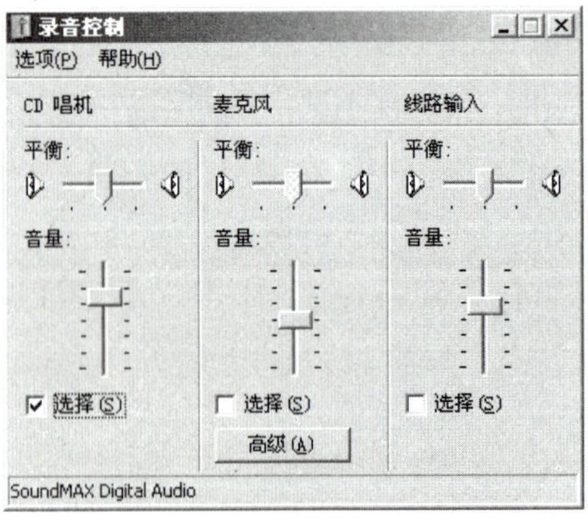

图 3.4 【录音】控制窗口

录制随身听等外部音源设备的音频时，应先用一根音频信号线把有源设备的输出端与计算机声卡上的【线路输入】端口相连，然后在【录音控制】窗口中调整【线路输入】音量，并选中【线路输入】栏中的【选择】复选框。

MIDI 设备可以连接在具有 MIDI 接口的声卡专用 MIDI 接口，录制的音频可生成 MIDI 文件；也可以接在【线路输入】端口，此时录制的音频将生成 WAV 文件。

使用麦克风录制语音时，要先将麦克风插头插入声卡的 MIC 插孔，然后在【录音控制】窗口调整【麦克风】栏的音量滑块，并选中【麦克风】栏中的【选择】复选框。

【录音控制】窗口可采取如下 3 种方法之一打开。

(1) 右击任务栏中的【音量】按钮◀，在弹出的快捷菜单中选择【打开音量控制】命令，弹出的窗口如图 3.5 所示，再依次选择【选项】|【属性】|【录音】命令，在【显示下列音量控制】区域选中【CD 唱机】、【麦克风】、【线路输入】等复选框，如图 3.6 所示。单击【确定】按钮，即可打开【录音控制】窗口。

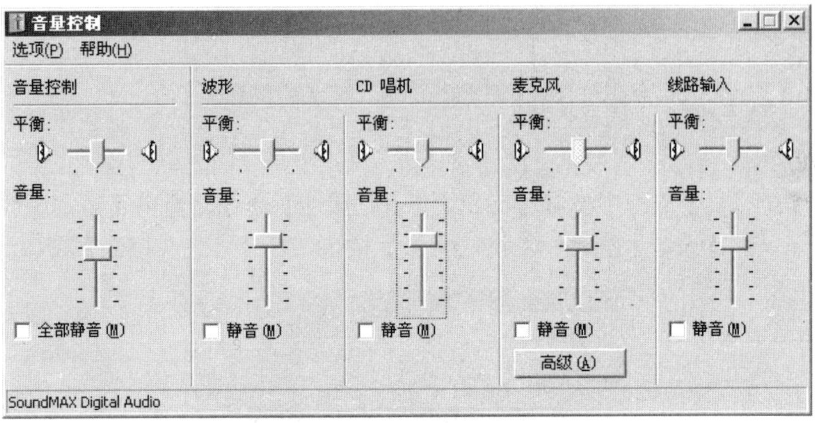

图 3.5 【音量控制】窗口

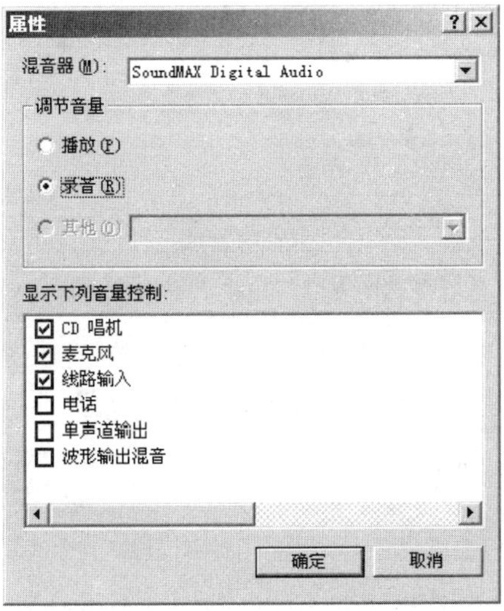

图 3.6 选中录音属性中的相关设备

(2) 右击任务栏中的【音量】按钮，在弹出的快捷菜单中选择【调整音频属性】命令，弹出【声音和音频设备 属性】对话框，如图 3.7 所示。选择【音频】选项卡，在【录音】选项区中单击【音量】按钮，打开【录音控制】窗口。

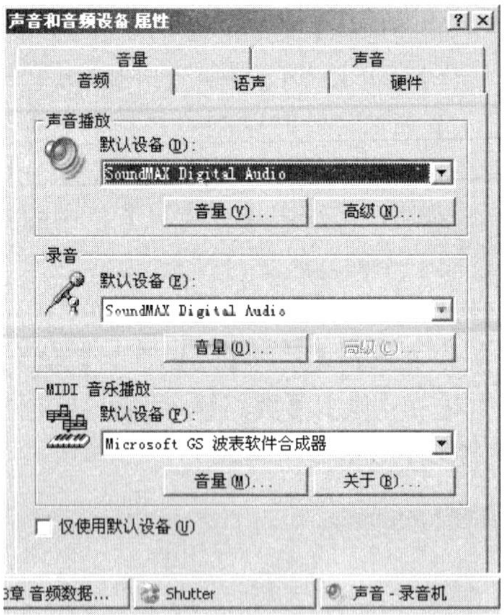

图 3.7 【声音和音频设备 属性】对话框

(3) 在【录音机】界面中选择【编辑】|【音频属性】命令，弹出【声音属性】对话框，如图 3.8 所示。在【录音】选项中单击【音量】按钮，打开【录音控制】窗口。

图 3.8 【声音属性】对话框

3.2.3 从音频 CD 光盘中获取音乐文件

如果使用购买的音效素材光盘，则可直接使用其中的音频文件。如果准备的是 CD 音乐光盘，则需要提取、转换其中的音乐文件。例如，如果有一张中国古典音乐 CD 光盘，用户想从中提取乐曲“渔舟唱晚”，使用 Windows 中的 Windows Media Player 即可完成这项任务。

【操作案例 3.1】将音频 CD 中的音乐“渔舟唱晚”翻录成 MP3 格式。

操作思路：使用 Windows 中的 Windows Media Player 将音乐光盘中的歌曲翻录成计算

机中常见的音频格式。

操作步骤：

(1) 将 CD 插入光驱，选择【开始】|【程序】|【附件】|【娱乐】|Windows Media Player 命令。

(2) 选择【文件】|【CD 和设备】|【翻录音频 CD】命令，然后单击装有音频 CD 的光驱。此时，将显示【翻录】功能。如果先前没有翻录过此 CD 中的曲目，还会自动选中所有曲目。如果不需要翻录某些曲目，则取消选中这些曲目旁的复选框。

(3) 在【工具】|【选项】设置中，可以设置文件保存的类型(WMA 或 MP3)和保存的文件名、位置等，如图 3.9 所示。这里设置为 MP3 格式，设置完成后单击【确定】按钮。

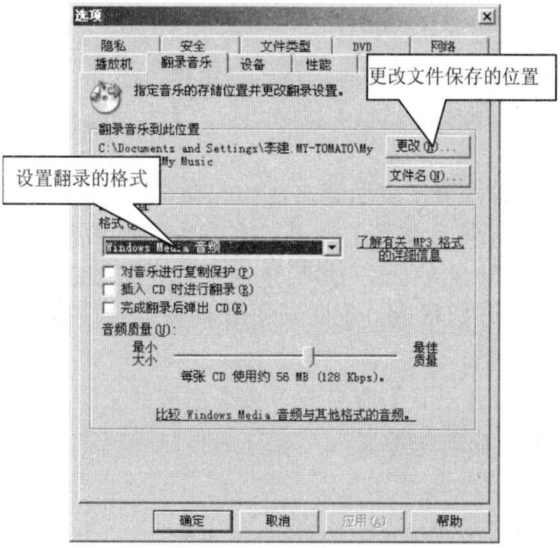

图 3.9　音乐翻录的文件设置

(4) 单击【翻录】界面右上角的【翻录音乐】按钮，弹出【翻录选项】对话框，如图 3.10 所示。

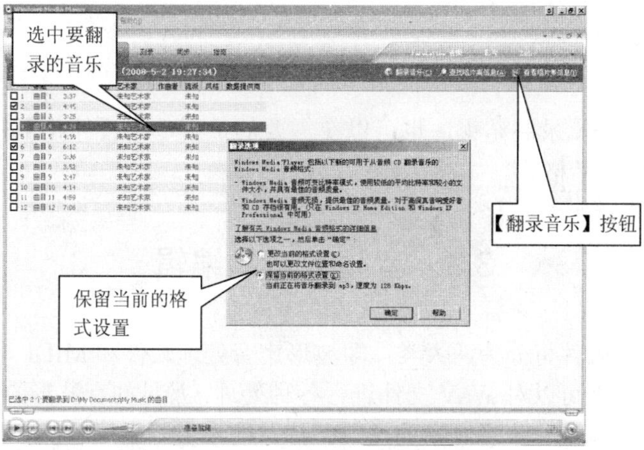

图 3.10　【翻录选项】对话框

(5) 在【翻录选项】对话框中选中【保留当前的格式设置】单选按钮，最后单击【确定】按钮，几分钟后即可完成翻录工作。

> 小贴士
>
> 许多软件都具有从 CD 音乐光盘中转换生成音频文件的功能，如光盘刻录软件 Nero、超级音频解霸等，操作并不复杂，大家可以自己试一试。

3.2.4 使用豪杰音频解霸录制 VCD 影碟伴音

在实际应用中，人们有时需要将 VCD 影碟中的音频分离出来，单独保存成音频文件，下面就来介绍使用豪杰音频解霸软件将影碟中节目的影像与伴音分离出来的方法。

【操作案例 3.2】从 MTV 光盘中分离歌曲伴音“友谊地久天长”。

操作思路：使用豪杰音频解霸中的【播放并录音】功能从影像文件中分离出伴音。

操作步骤：

(1) 在光驱中插入 VCD 光盘，启动豪杰音频解霸 9。

(2) 选择【文件】|【打开音频文件】命令，在弹出的对话框中选定要转录的文件(通常位于 Mpegav 文件夹下，扩展名为.dat，)然后单击【打开】按钮。

(3) 音乐文件打开后即开始播放，这时单击 II 按钮使播放暂停，再用鼠标将进度滑块拖至播放起点。

(4) 选择【控制】|【播放并录音】命令或单击【播放并录音】按钮，如图 3.11 所示，在弹出的对话框中输入将要生成的波形文件的文件名和保存位置，然后单击【保存】按钮开始录制。

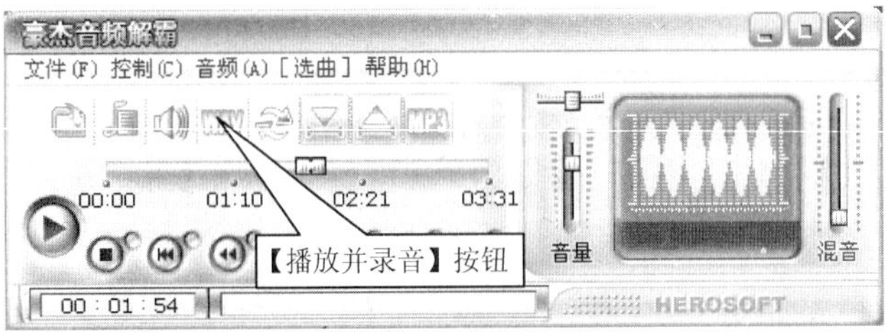

图 3.11 音频解霸的操作界面

(5) 音乐播放完毕就录制结束，也可以在需要的位置单击【停止】按钮，结束录制，音频文件被保存为 WAV 格式。

3.3 音频数据的编辑

音频数据的处理软件可分为两大类，即波形声音处理软件和 MIDI 软件。

波形声音处理软件可以对 WAV 文件进行各种处理，常见的有波形的显示、波形的剪贴和编辑、声音强度的调节、声音频率的调节、特殊的声音效果等功能。常用的波形声音处理软件有 WAVEdit、Creative WaveStudio、Cool Edit、Sound Forge 以及 Nero 程序组中的 Nero Wave Editor 等。

MIDI 软件是创作和编辑处理 MIDI 音乐的软件，如 MIDI Orchestrator。有一些作曲软件是基于 MIDI 的，其界面通常是像钢琴谱那样的五线谱，用户可用鼠标在上面写音符并做各种音乐标记。

3.3.1 常用音频编辑软件介绍

1. WAVEdit

WAVEdit 是 Voyetra 公司的一套专门用来处理 Windows 标准波形 WAV 文件的软件。它的主要功能有：波形文件的录制，录制参数(采样率、量化位数、单双声道、压缩算法)的设定；波形文件的存储，存储的文件格式(WAV 或 VOC)和压缩标准的选择，文件格式与参数(采样率、量化位数、单双声道)的变换；波形文件选定范围播放，记录播放时间声音的编辑，剪切、复制、插入、删除等操作，音频变换与特殊效果，改变声音的大小、速度、回音、淡入与淡出等。

2. Creative WaveStudio

Creative WaveStudio 又称录音大师，可在 Windows 环境下录制、播放和编辑 8 位(磁带质量)和 16 位(CD 质量)的波形数据。配合各种特殊效果的应用，可用于增强波形数据。录音大师不但可以执行简单的录音，还可以运用众多特殊效果和编辑方式，如反向、添加回音、剪切、复制和粘贴等，制作出独一无二的声音效果。此外，录音大师还能够同时打开多个波形文件，使编辑波形文件的过程更为简单方便。它还可让用户输入及输出声音(VOC)格式文件和原始(RAW)数据文件。

录音大师的主要功能有：录制波形文件；处理波形文件，包括指定波形格式、打开波形文件、保存波形文件、混合波形文件数据；对波形文件使用特殊效果，包括反向、添加回音、倒转波形、饶舌、插入静音、强制静音、淡入与淡出、声道交换、声音由左向右移位与声音由右向左移位、相位移、转换格式、修改频率、放大音量等；自定义颜色，可配置录音大师在编辑或预览窗口中显示波形数据时所使用的颜色；处理压缩波形文件。

3. Nero Wave Editor 和 Nero SoundTrax

Nero 是德国 Ahead Software 公司出品的光盘刻录程序，从 Nero 6 版本以后开始迈向视频音频从采集、编辑到刻录的整个流程解决方案。在 Nero 6 中，集成了强大的视频音频编辑组件 Nero Wave Editor，为用户提供了一个高级音频编辑和录制工具，可生成最高 7.1 声道的高质量音频作品，具备非破坏性编辑和实时音频处理功能，能显示所有编辑步骤的编辑历史记录窗口，支持 24 位和 32 位采样格式的刻录和编辑，其内部效果库包括反射、合唱、镶边、延迟、电子哇哇声、移相器、人声、修改、音调调整，内部增强库包括频带外推、降噪、滴答声消音器、滤波器工具箱、DC 偏移修正，内部增强库包括立体声处理器、动态处理器、均衡器、变调、时间延伸、卡拉 OK 过滤器。组件中的 Nero SoundTrax 是一个专业的混音程序，利用它的混音和编辑功能可以制作音频 CD 作品及 CD 编辑，并可支持最高 7.1 声道的实时环绕混音。Nero SoundBox 是 Nero 7 的新增组件，是一个节拍创建程序，可将节拍、音序和旋律合并到 Nero SoundTrax 项目中。此外，用户还可以使用它将文本转换为语音，生成露天大型运动场、自然效果等逼真的立体环绕声效果。

4. Cool Edit

Cool Edit 是美国 Syntrillium 软件公司开发的一款功能强大、效果出色的多轨录音和音频处理软件。拥有它和一台配备了声卡的计算机也就等于同时拥有了一台多轨数码录音机、一台音乐编辑机和一台专业合成器。

Cool Edit 能记录的音源包括 CD、卡座、话筒等多种，并可以对它们进行降噪、扩音、剪辑等处理，还可以给它们添加立体声环绕、淡入淡出、三维回声等奇妙音效，制成的音频文件除了可以保存为多种常见的 WAV、SND 和 VOC 等声音格式外，也可以直接保存为 MP3 或 WMV 格式。

Cool Edit 专门提供了一引动“傻瓜”功能，供非专业人员应用。例如，在音效处理方面，新手可以直接选择一种预置(Presets)模式，同样能生成令人吃惊的特殊效果。至于 Cool Edit 的常规编辑功能，如剪切、粘贴、移动等，如在文字处理软件中编辑文本一样方便，而且有 6 个剪贴板可用，使编辑工作更加轻松方便。

Cool Edit 有几个特点很受用户青睐：一是对文件的操作是非损伤性的，使新手尽可放开手脚去尝试各种操作；二是能自动保存意外中断的工作，如遇停电、死机等，当重新启动该系统时，可重新恢复到中断前的工作状态，甚至包括剪贴板中的内容。

3.3.2 Cool Edit Pro 2.0 的基本操作

首先，启动 Cool Edit Pro 2.0，可看到它清晰而又实用的操作界面，如图 3.12 所示。

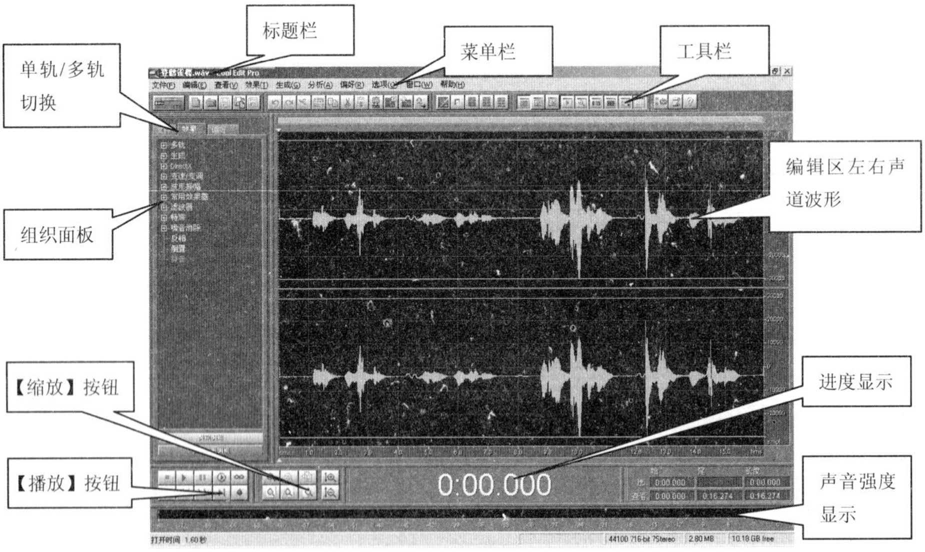

图 3.12 Cool Edit Pro 2.0 的操作界面

1. Cool Edit Pro 2.0 的操作界面

1) 菜单栏

在最顶端标题栏的下面，是 Cool Edit Pro 2.0 的菜单栏，在单音轨编辑界面下，有【文件】、【编辑】、【查看】、【效果】、【生成】、【分析】、【偏好】、【选项】、【窗口】和【帮助】

10 个菜单选项。在多音轨编辑界面下，有【文件】、【编辑】、【查看】、【图像】、【颜色】和【帮助】6 个菜单选项。

2) 工具栏

菜单栏下方是工具栏，为用户提供常用的操作按钮，如【复制】、【粘贴】、【波形的转换】等按钮。

3) 编辑界面

工具栏下方是编辑工作界面及左右两个声道的波形显示，用户可以在上面直接对打开的声音文件进行编辑操作，以达到预期的效果。

4) 播放区

在编辑工作界面左下侧有【播放】、【循环播放】、【快进】、【倒退】、【暂停】、【停止】等操作按钮。

5) 放大、缩小操作区

播放区右侧是对波形的水平放大、缩小操作按钮，最右边则是对波形的垂直放大、缩小操作按钮。

6) 进度显示区

下方中间位置是进度显示区，显示在工作区选中点的起始时间及播放进度。

7) 声音强度显示区

最下方是播放时左、右两个声道的声音强度显示区。

2. 录音及降噪功能的应用

Cool Edit Pro 2.0 可以录入多种音源，包括话筒、录音机、CD 播放机等。将这些设备与声卡连接好，然后将录音电平调到适当位置，就可以准备录音了。由于设备和环境等多方面的因素，在录音的过程中都会产生不同程度的噪声，一般的降噪方法有采样、滤波、噪音门等几种。其中，效果最好的是采样降噪法。下面就先录取一段声音，再给它降噪，从而获取较佳的录音效果。

【操作案例 3.3】使用 Cool Edit Pro 2.0 录音并降噪。

操作思路：首先使用 Cool Edit Pro 2.0 录制声音，然后使用效果处理中的【噪音消除】命令降低噪声，以获得较好的录制效果。

操作步骤：

(1) 选择【文件】|【新建】命令，弹出【新建波形】对话框，选择适当的录音声道、采样精度和采样频率。一般使用立体声、16 位、44 100Hz，如图 3.13 命令。

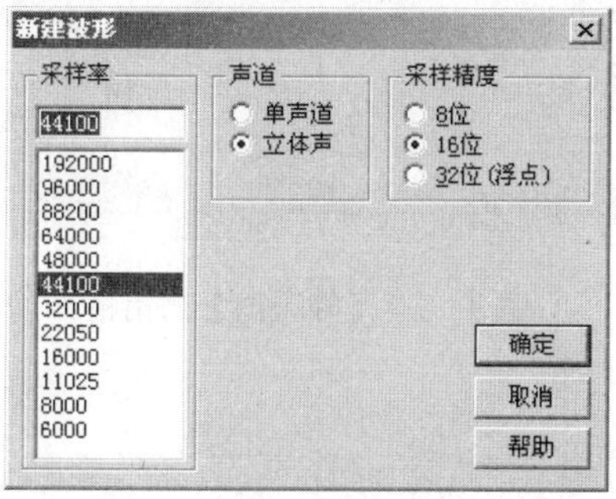

图 3.13　【新建波形】的参数设置

(2) 单击 Cool Edit Pro 2.0 主窗口左下部的红色【录音】按钮●，开始朗诵“白日依山尽……”并录音。完成录音后，单击 Cool Edit Pro 2.0 主窗口左下部的【停止】按钮■，Cool Edit Pro 2.0 窗口中将出现刚录制好的文件波形图。单击【播放】按钮▶就可以听到录音的效果，这时可听出其中含有一些噪声。

(3) 选择噪声样本。单击左下角波形放大按钮，将波形适当放大后(为了看得更清楚)，将噪声区内波形最平稳且最长的一段选中，降噪质量的好坏取决于此，如图 3.14 所示。

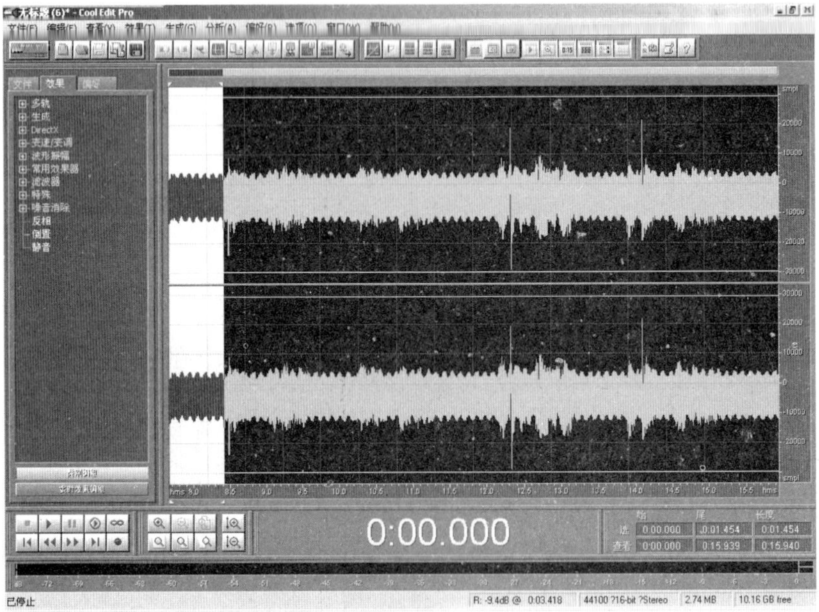

图 3.14 选定噪声区内的波形

(4) 依次选择【效果】菜单中的【噪音消除】命令，就会弹出【降噪器】对话框，如图 3.15 所示。

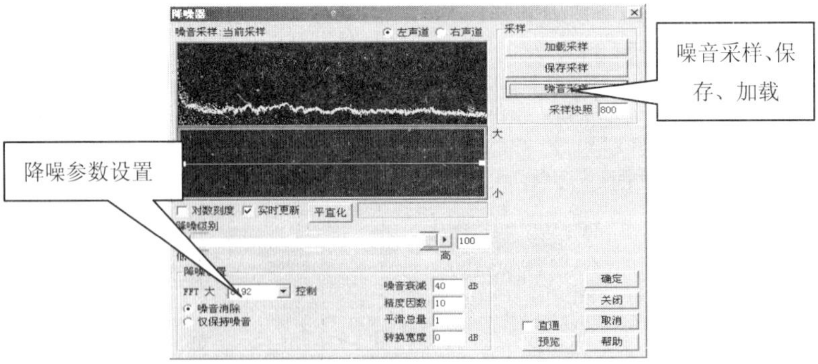

图 3.15 【降噪器】对话框

一般可将参数设置如下。

【采样快照】的参数改为 800：此数值对降噪的效果影响不大，一般设置为 600～1 200 即可，太大则时间太长。

【噪音衰减】的数值改为 80(dB)：对原音频进行第一次降噪时选择 80 最合适，大家可以试试其他值，预览试听一下。

【FFT 大】的数值改为 8 192：此数值应该是越大越好，在 8 192～24 000 时不太听得出来。

【精度因素】的数值改为 10：此数值不能小于 7，否则将会产生明显的抖动声，一般选 10 就够了，太大则降噪时所花的时间太长。

【平滑总量】的数值改为 10 左右：此数值越小，噪声越低，但对原音的破坏也越大，一般从大往小选择(10 以上基本听不出区别)，尽量减低对原音的破坏量。

(5) 试听并调整参数：单击【噪音采样】按钮，几秒后，出现噪声样本的轮廓图，此时可以单击【预览】按钮试听一下降噪效果(可试着更改一些参数，使听觉效果达到最满意)。

(6) 保存：单击【保存采样】按钮，选择文件名将该轮廓文件存盘，扩展名为.fft。

(7) 退出该界面，回到 Cool Edit Pro 的主界面。将整个波形选中，再进入降噪界面(此时刚才生成的轮廓图及其他参数还在，若没有，则单击【加载采样】按钮)，单击【确定】按钮，等待大约与原曲相同的时间后，就可以试听效果了。从头到尾仔细听一下，从此时的波形图上可看出降噪的效果相当明显，如图 3.16 所示。

图 3.16　降噪处理后的声音波形

如果某些部分(一般在低信号部分)还有些噪声的话，可以再对其(降噪后的噪声)重新取样，重复上述过程。但某些降噪参数需要修改，否则对原音的破坏很大(表现在高频段)，而且只要对噪声明显的部分进行降噪就可以了。如【噪音衰减】的数值适当降低些，40～70dB 即可，【平滑总量】的数值可取大于 10 的数值。

当原曲的噪声很大时，第一次降噪时的【平滑总量】值可设置为 3～5，必要时也可设置为 1，不过此时的音质已经很差了，能不选最好不要选。

(8) 将该曲的开头和结尾修整一下：将开头和结尾的噪声部分去除，也可进行淡入/淡出处理，让开头和结尾自然些。最后选择【文件】|【保存】命令，将文件保存为“登鹳雀楼”波形文件作为素材备用。

【操作案例 3.4】录制伴音自唱歌曲。

操作思路：首先在 Cool Edit 中导入伴音文件，并利用 Cool Edit 的录音功能在伴音下录制演唱；然后对录制的演唱进行效果处理；最后进行混缩合成文件。

操作步骤：

录制伴音自唱歌曲一般可分三大步骤。

(1) 在伴音下录制演唱。

① 打开 Cool Edit Pro 2.0，进入多音轨界面，右击音轨 1 空白处，在快捷菜单中选择【插入】命令，插入要录制歌曲的 MP3 伴奏文件。

② 选择将人的演唱声音录制在音轨 2，单击 R 按钮，如图 3.17 所示。

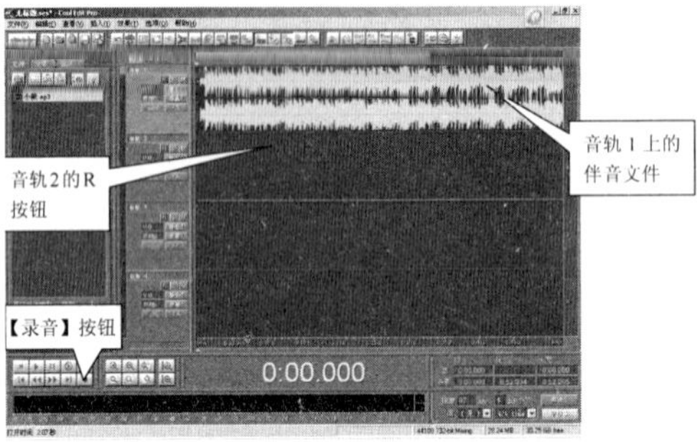

图 3.17　单击音轨 2 的【R】铵钮

③ 单击左下方的红色【录音】按钮，跟随伴奏音乐开始演唱和录制。

④ 录音完毕后，可单击左下方的【播放】按钮▶进行试听，看有无严重的错误，是否要重新录制。

小贴士

录制时要关闭音箱，通过耳机来听伴奏，跟着伴奏进行演唱和录音。录制前，一定要调节好总音量及麦克风音量，这点至关重要。麦克风的音量最好不要超过总音量大小，略小一些为佳，因为如果麦克风音量过大，会导致录出的波形成为方波。这种波形的声音是失真的，这样的波形也是无用的，无论用户水平多么高超，也不可能处理出令人满意的结果。

(2) 对录制的演唱声音进行降噪及效果处理。

降噪处理的过程参见操作实例 3.4，下面给录制的人声添加混响效果，当然，也可以根据需要添加其他音响特效。

① 双击音轨 2，进入波形编辑界面。

② 选择【效果】|【常用效果器】|【混响】|【简单混响】或【完美混响】命令，打开【完美混响】对话框，如图 3.18 所示。

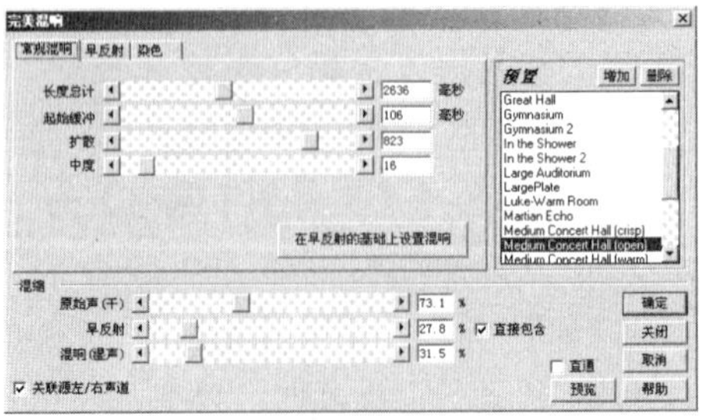

图 3.18　【完美混响】对话框

③ 选择【预置】选项区中的各种预置效果，并单击【预览】按钮进行效果预览，效果满意时单击【确定】按钮。在预览过程中，也可以通过调整各个参数滑块来调整参数，以达到满意的效果。

(3) 混缩合成。

① 选择【编辑】|【混缩到文件】|【全部波形】命令，如图 3.19 所示，便可将伴奏和处理过的人声混缩合成在一起。

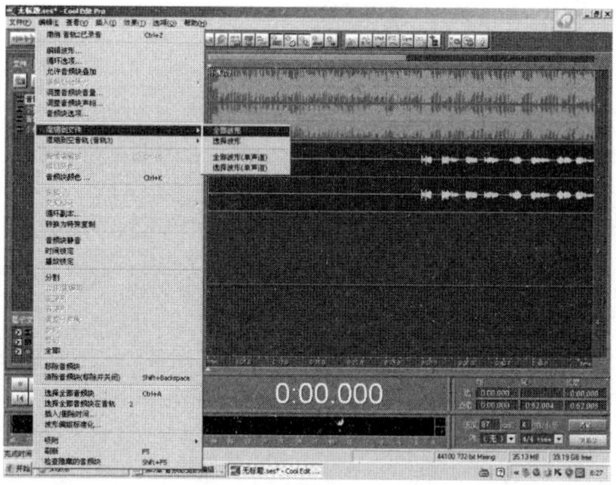

图 3.19　混缩文件

② 选择【文件】|【另存为】命令，将混缩合成后的文件存为 MP3Pro 格式。

至此，已经将两个音频文件混缩合成为一个音频文件，自唱歌曲录制并编辑完毕。

3.3.3　Cool Edit Pro 2.0 中的声音特效

前面的例子中使用了 Cool Edit Pro 2.0 中的效果对录制的声音进行效果处理。实际上，音频编辑最激动人心的功能莫过于可以随意添加音效了。在 Cool Edit Pro 2.0 的【效果】菜单下有 20 余个命令，用户通过它们可以方便地制作出各种专业、迷人的声音效果。例如，Reverb(余音)可以产生音乐大厅的环境效果；Dynamics Processing(动态处理)可以根据录音电平动态调整输出电平；Time/Pitch(时间/音调)能够在不影响声音质量的情况下改变乐曲音调或节拍等。下面将常用的几个特殊音效的功能介绍如下。

(1) 倒置(Reverse)。确定编辑的声音区域后，选择【倒置】命令，可将波形或被选中波形的开头和结尾反向。其原理是将描述声音的数据反向排列，播放出的语音效果只有计算机才能制作出来。

(2) 回声与房间回声效果(Echo)。回声命令包括有衰减度(Decay)、延时时间(Delay)、和初次回声的音量(Initial Echo Volume)等基本功能，还有使回声在左、右声道之间依次来回跳动(Echo Bounce)，效果很明显。利用其回声均衡器可调节回声的音调。

另外，还有房间回声效果室(Echo Chamber)：打开【房间回声效果室】对话框，可调的参数非常多。除了房间的长(Length)、宽(Width)、高(Height)、回声强度(Intensity)和回声数量(Echoes)外，还有衰减因子(Damping Fachors)、声音来源和话筒的位置(Signal and Microphone Placement)等特殊参数，以便于更真实地再现室内回声效果。

(3) 脑波同步器(Brainwave Synchronizer)。该效果用于立体声双声道的波形文件，处理后会感觉到声音在左、右声道之间串动，像波浪飘动的感觉，是有助于入睡、放松甚至思考的音乐，可产生神奇的效果。

(4) 淡入淡出(Fade)。淡入和淡出是指声音的渐强(从无到有，由弱到强)和渐弱(相反过程)，通常用于两个声音素材的交替、切换，产生渐近、渐远的音响效果。淡入和淡出的过渡时间长度由编辑区域的宽窄决定。用户可通过【淡入淡出】对话框的设置调整波形、音量、时间等。

选择【效果】|【波形振幅】|【渐变】命令，打开后的对话框如图 3.20 所示，在其中可进行淡入淡出效果的设置。

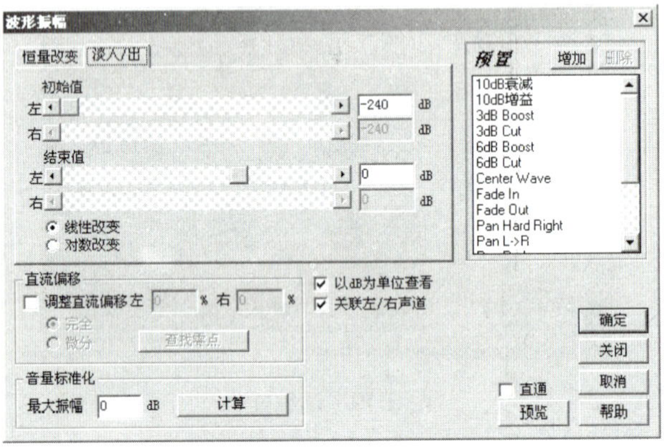

图 3.20　淡入淡出效果设置

(5) 音乐(Music)。该功能不仅可以自己创作“音乐”，还可以在原音频上进行叠加，其操作界面如图 3.21 所示。作曲时，将所需的音符拖到五线谱上的不同位置，再选择和声类型(Chord Type)、拍子(Tempo)、调子(Key)和升降调(Octave)等参数，然后单击左下角的【预览】按钮，预览作曲效果，确认无误后单击【确定】按钮即可。

图 3.21　制作音乐操作界面

【操作案例 3.5】为录制的“登鹳雀楼”添加特殊音效。

操作思路：使用 Cool Edit Pro 2.0 为声音文件添加多重延迟、回声的效果。

操作步骤：

(1) 在 Cool Edit Pro 2.0 中打开录制好的波形文件“登鹳雀楼”。

(2) 选择【效果】|【常用效果】|【多重延迟】命令，打开如图 3.22 所示的对话框。

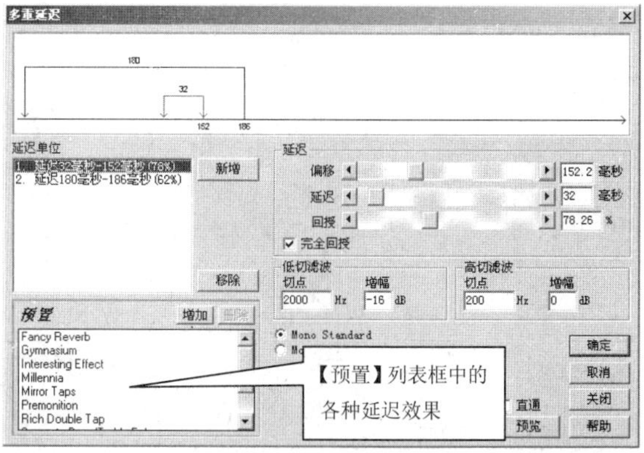

图 3.22　【多重延迟】对话框

(3) 在【预置】列表框中试听各种延迟效果，这里选择 Premonition 选项，单击【确定】按钮。

(4) 选择【效果】|【常用效果】|【回声】命令，打开如图 3.23 所示的对话框。在【预置】列表框中试听各种回声效果，这里选择 Auditorium 选项，单击【确定】按钮。

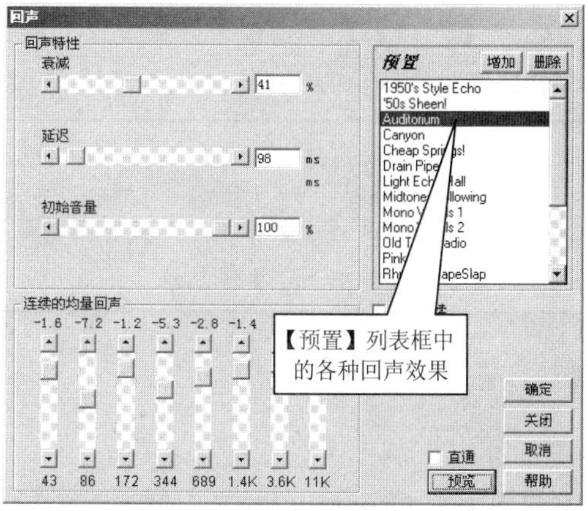

图 3.23　【回声】对话框

(5) 选择【文件】|【另存为】命令将其保存。

3.3.4　使用 Cool Edit Pro 2.0 进行音乐合成

【操作案例 3.6】为录制的“登鹳雀楼”配乐并合成。

操作思路：首先在音轨 1 上导入背景音乐，再选择适当的入点，在音轨 2 上导入“登鹳雀楼”，再使用剪切工具将多余的音乐删除掉，最后将两个音频文件混缩合成。

操作步骤：

(1) 打开 Cool Edit Pro 2.0 软件，切换到多轨编辑状态。

(2) 在音轨 1 上右击，导入音乐文件“渔舟唱晚”， 单击左下方的【播放】按钮，先试听伴音文件，寻找合适的插入点。

(3) 在音轨 2 上选择 7 秒处作为插入点，单击鼠标右键，导入录制并经过效果设置的

“登鹳雀楼”文件。可看到“登鹳雀楼”文件的长度为 15.751 秒，如图 3.24 所示。

图 3.24　在多轨编辑界面导入音频文件

(4) 用鼠标拖选音轨 1 中 35 秒以后的音乐文件，单击鼠标右键，在快捷菜单中选择【剪切】命令，将伴音文件中 35 秒以后的音乐删除。

(5) 试听效果满意后，选择【编辑】|【混缩到文件】|【全部波形】命令。

(6) 选择【文件】|【保存】命令，将编辑好的音频文件保存为 MP3 格式。

> 小贴士
>
> 在多音轨编辑状态下，在某音轨的音频文件上按住鼠标右键可移动调整文件的位置，在音频文件上单击鼠标右键打开快捷菜单，可调整【声音大小】等属性。

3.3.5　消除歌曲中的原唱

【操作案例 3.7】消除歌曲中的原唱，制作卡拉 OK 伴奏带。

操作思路：消除歌曲中的原唱是 Cool Edit Pro 2.0 中的一个特殊功能，需要使用【效果】菜单中的【波形振幅】|【声道重混缩】命令来完成，再辅助于其他方法，最终得到较理想的效果。

操作步骤：

(1) 在 Cool Edit Pro 2.0 单音轨编辑状态下，打开音乐文件“忘忧草”，选择【效果】|【波形振幅】|【声道重混缩】命令，打开【声道重混缩】对话框，如图 3.25 所示。

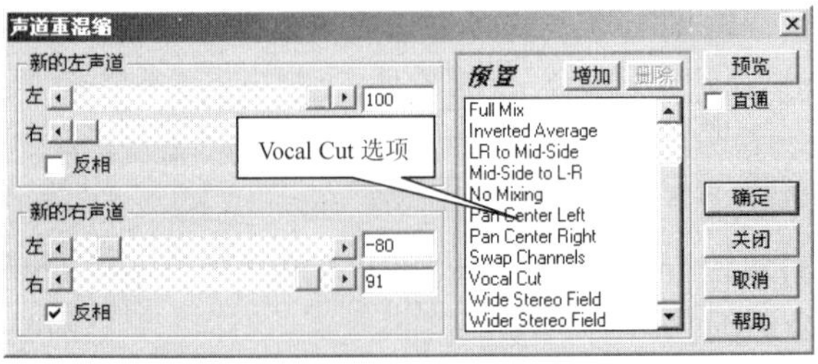

图 3.25　【声道重混缩】对话框

(2) 在弹出的对话框中选择原厂预置参数中的 Vocal Cut 选项，单击【确定】按钮。

小贴士

原唱的特征大致可分为两种：人声的声像位置在整个声场的中央(左右声道平衡分布)；声音频率集中在中频和高频部分。Vocal Cut 功能的原理是：消除声像位置在声场中央的所有声音(包括人声和部分伴奏)。

Cool Edit 只能最大限度地消除原唱，并不能完全消除原唱。同时，一些乐器的声音也被消掉了。

(3) 将源文件重新打开，选择【效果】|【滤波器】|【图形均衡器】命令，打开如图 3.26 所示的对话框，并将视窗切换为 30 段均衡视窗(为了更精确地调节频段)。

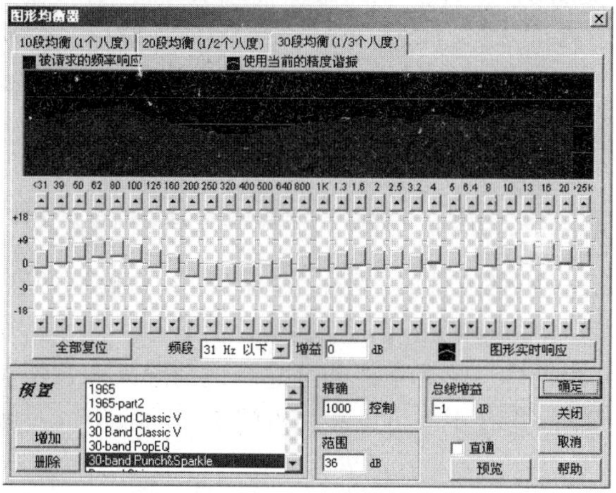

图 3.26　【图形均衡器】对话框

(4) 调整增益范围，图中正负 45dB，中间的 10 个增益控制基本上就是人声的频率范围。可以将人声覆盖的频段衰减至最小，边调节边监听，最后单击【确定】按钮，如图 3.27 所示。

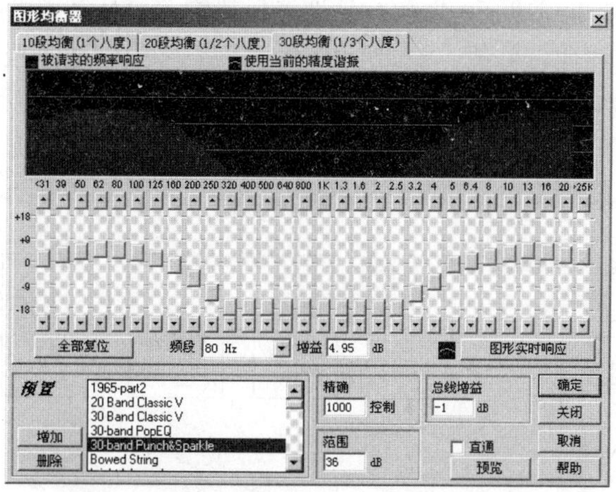

图 3.27　调整后的【图形均衡器】对话框

(5) 单击【单/多音轨切换】按钮，打开 Cool Edit Pro 的多轨编辑视窗。将时间指针停在开始处，以便将多轨音频对齐。

(6) 在第一轨中单击鼠标右键，选择【插入】命令，插入经声道重混缩处理后的“忘忧草”文件，再在第二轨中单击鼠标右键，插入经【图形均衡器】对话框处理后的音频文件“周华健-忘忧草(2)”，如图 3.28 所示。

图 3.28 在多音轨界面下混缩合成处理好的音频文件

(7) 插入文件之后，试听播放效果，不行的话，分别调整这两轨的音量。

(8) 如果满意，则选择【编辑】|【混缩到文件】|【全部波形】命令，然后存盘即可。

使用这种方法不可能完全消除人声，若是完全地消除人声，所付出的也是音乐失真的代价。不过用户在演唱时，声音完全可以盖住没消干净的原声，也就没问题了。

3.4 MIDI 音乐制作

3.4.1 MIDI 音乐的特点

从数字式电子乐器出现以后，它的产品性能日趋完善，对电子界产生了革命性的影响，也为计算机处理音乐(作曲、修改、记录、检索、播放……)创造了极为有利的条件。MIDI 声音与前面所介绍的数字化波形声音完全不同，它不是把音乐用数字化波形进行采样、量化和编码，而是将电子乐器键盘的弹奏过程记录下来，例如，按了哪一个键、力度有多大、时间有多长等。多媒体计算机中 MIDI 声音的处理过程如图 3.29 所示。

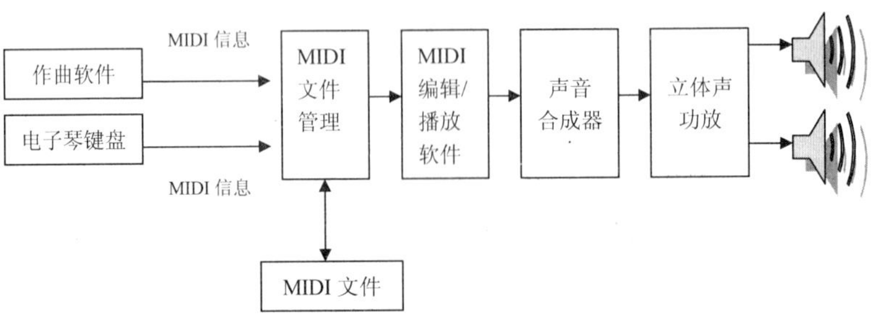

图 3.29 多媒体计算机中 MIDI 声音的处理过程

与波形声音信息相比较，MIDI 声音有如下优点。

(1) 存储容量小。半小时的立体声音乐使用 CDA 格式存储时，需要 300MB 的存储量；而用 MIDI 记录时，则只需要约 200KB，两者相差 1000 多倍。就是与采用 ADPCM 压缩编码的波形声音相比，MIDI 声音的数据量也要小 2 个数量级以上。

(2) 可实现配音。利用 MIDI 技术，当多媒体 PC 播放波形声音文件(如一段解说词)时，可以同时在 Windows 下播放用 MIDI 文件记录下来的音乐，这就为解说词实现了配乐，而两个波形文件是无法同时播放的。

(3) 编辑、修改灵活方便。例如，MIDI 声音可任意修改曲子的速度、音调，也可以更换不同的乐器等。

MIDI 的不足之处主要是：合成后输出的声音质量依赖于 MIDI 硬件。多媒体 PC 配置的声卡，其合成器仅适于重现打击乐器或一些电子乐器合成的声音。为了得到与手风琴、小提琴真正相同的声音，还需要再添置 MIDI 声音混合器，或者外接一些高质量的 MIDI 电子乐器。

3.4.2　制作 MIDI 音乐的设备

MIDI 音乐的基本设备有 3 个部分：音源、音序器和输入设备。

1. 音源

音源是一个装了很多音色的东西，如钢琴就有钢琴的音色样本，吉它就有吉它的音色样本。音源是一个资源库，至于如何调用资源不是音源的工作，这项任务是由 MIDI 制作的心脏——音序器来完成的。

音源分软音源和硬音源两种。所谓“软”和“硬”，前者实质上是一个软件，必须通过计算机才能运行，而后者是一个实际存在的设备，是看得见摸得着的。软音源必须依靠计算机芯片和内存的工作来发声，常见的有 Yamaha S-YXG100、Roland VSC88 等。和其他软件一样，它们必须在计算机上安装后才能使用。大点的硬音源和一个家用 VCD 差不多大小，小点的比一个光驱大不了多少，把它和音序器连接以后就可以使用了。比较有名的硬音源有 Roland JV1080、JV2080、Yamaha MU90、MU100、TG500 等。

2. 音序器

音序器俗称编曲机，它是这样一个设备：把一首曲子所需的音色、节奏、音符等按照一定的序列组织好让音源发声。它实际上是记录了音乐的一般要素，拍子、音高、节奏、音符等，所有的音乐都必须由这些要素组成，音序器只不过是以数字的形式记录下它们。MIDI 文件的本质实际上就是音序内容。

音序器也分软音序器和硬音序器两种。软音序器也是一个程序，必须在计算机上安装以后通过计算机才能使用。人们应用的很多 MIDI 制作软件实际上就是音序器软件，如 Cakewalk、Encore、Cubase VST 等。硬音序器体积一般都很小，比一个光驱大不了多少，和音源连接以后就可以控制音源发声了。比较有名的硬音序器有 Yamaha QY10、QY700 等。

3. 输入设备

对于 MIDI 乐器，如 MIDI 键盘、MIDI 吹管、MIDI 吉它、MIDI 小提琴等，用户可以按照演奏传统乐器的方式去演奏它们，然后演奏便通过 MIDI 接口被音序器接收并存储为音序内容。

输入设备是现在计算机音乐制作中唯一不能用软件代替的东西，虽然也有虚拟的键盘、钢琴、电子琴等，但在计算机键盘上弹奏音符总不是一个惬意的方法，而且对于专业 MIDI 制作者来说，输入设备的手感等是很重要的，因为音乐需要它来体现。如图 3.30 所示是一台 MIDI 主键盘。

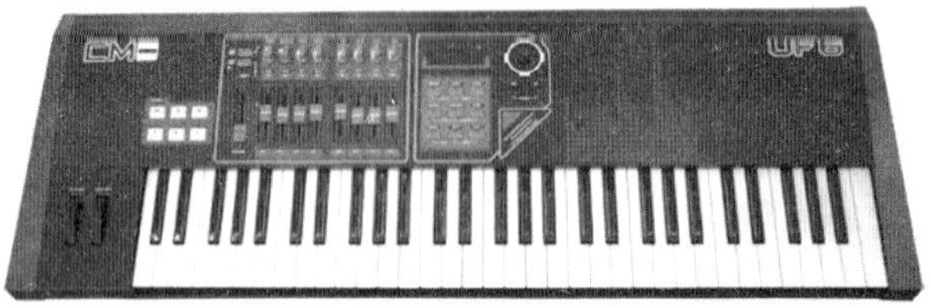

图 3.30　MIDI 主键盘

现在来做一个总结，制作 MIDI 音乐的过程是这样的：在音源上选择一个音色，在输入设备上演奏一段音乐，同时让音序器录制这段音乐，完成后，演奏就被转化为音序内容存储在音序器里了，然后播放这段音乐，音源就会根据音序内容用选定的音色播放这段音乐。

3.4.3　MIDI 编辑软件介绍

1. Cakewalk Pro Audio (Cakewalk Sonar)

早期，它是专门进行 MIDI 制作、处理的音序器软件，自 4.0 版本后，增加了对音频的处理功能。目前，它的最新版本是 Cakewalk Sonar，国内使用最普遍的版本是 9.0X。它在 MIDI 制作、处理方面，功能超强，操作简便，具有无法比拟的绝对优势。如图 3.31 所示是 Cakewalk Sonar 的操作界面。

图 3.31　Cakewalk Sonar 的操作界面

2. Band-in-a-Box

这是一款很有名气的“傻瓜式”MIDI 制作软件，这类软件通常也叫“自动伴奏(编曲)软件”，适合于缺乏系统的作曲、配器训练、非专业、要求不高的计算机音乐爱好者和入门者选用。如图 3.32 所示是 Band-in-a-Box 10.0 的操作界面。

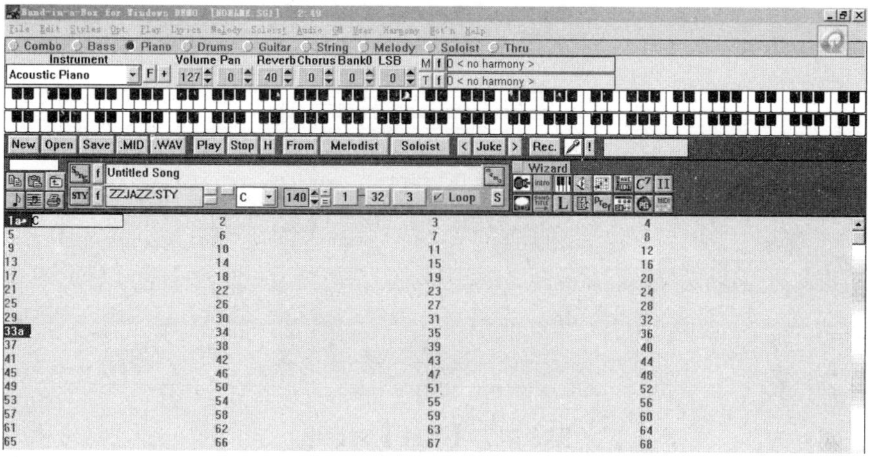

图 3.32　Band-in-a-Box 10.0 的操作界面

3.5　不同音频格式的转换

不同音频格式主要依靠软件来转换。在 Cool Edit Pro 2.0 软件单轨编辑状态下，打开音频文件，然后将文件另存为其他格式的文件即可实现转换。另外，也有一些专门用于音频格式转换的软件，目前广泛使用的音频格式转换软件主要有豪杰音频通、音频格式转换大师、Awave Studio 等。用户可以每次转换一个文件，也可以成批转换不同格式的文件。

【操作案例 3.8】将若干个不同格式的音频文件转换为 MP3 格式。

操作思路：使用豪杰音频通 2.7 打开多个音频文件，设置转换属性，并将其转换为 MP3 格式。

操作步骤：

(1) 打开豪杰音频通 2.7 软件，操作界面如图 3.33 所示。

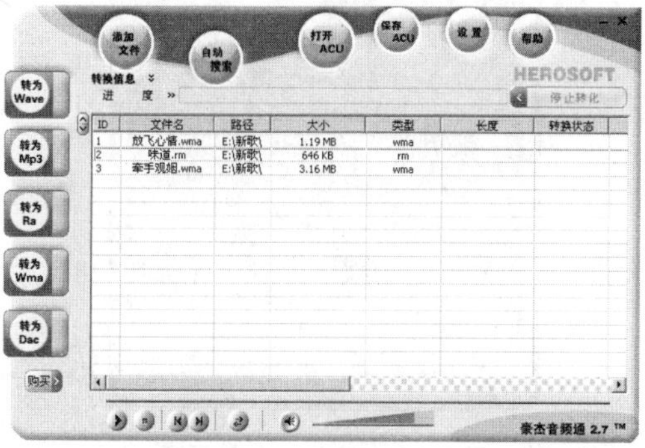

图 3.33　豪杰音频通 2.7 的操作界面

(2) 单击【添加文件】按钮，选择【选定本地文件】命令，在【打开】对话框中选择文件时，可同时按住 Ctrl 键选择多个不连续的文件，选定文件后单击【打开】按钮。

(3) 单击【设置】按钮，打开【属性】对话框，再选择 MP3 选项卡，设置【输出格式】和【缺省输出路径】选项，如图 3.34 所示。

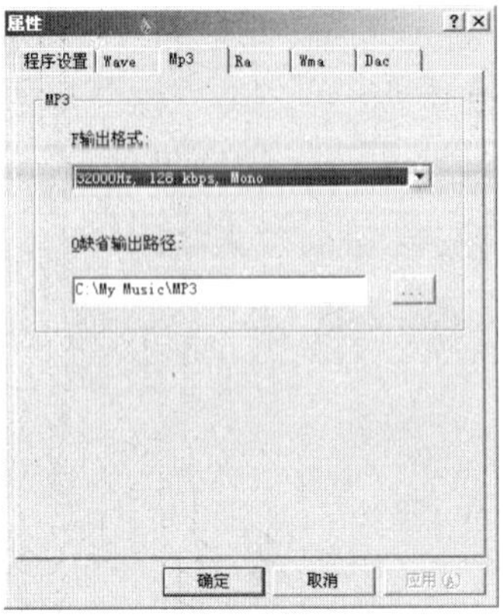

图 3.34 【属性】对话框

(4) 单击【确定】按钮开始转换。

3.6 综合案例

音频文件都编辑处理好了，怎么把它们制作成音乐光盘呢？这里以光盘刻录软件 Nero 为例，学习将计算机中的歌曲文件刻录成音乐 CD 光盘的过程和方法。

【操作案例 3.9】将收集下载的流行歌曲制作成音乐 CD 光盘。

操作思路：利用 Nero 软件的刻录音频光盘功能将选取的十余首流行歌曲制作成能在 CD 机上播放的 CD 光盘。

操作步骤：

(1) 选择【开始】|【程序】|Nero 7 Ultra|EditionNero StartSmart 命令，启动 Nero 软件，工作界面如图 3.35 所示。

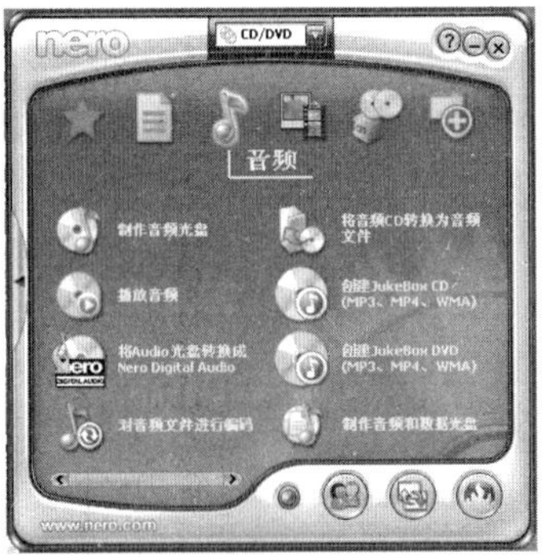

图 3.35 Nero7 工作界面

(2) 在工作界面上选择【音频】|【制作音频光盘】命令，打开添加音乐界面，如图 3.36 所示。

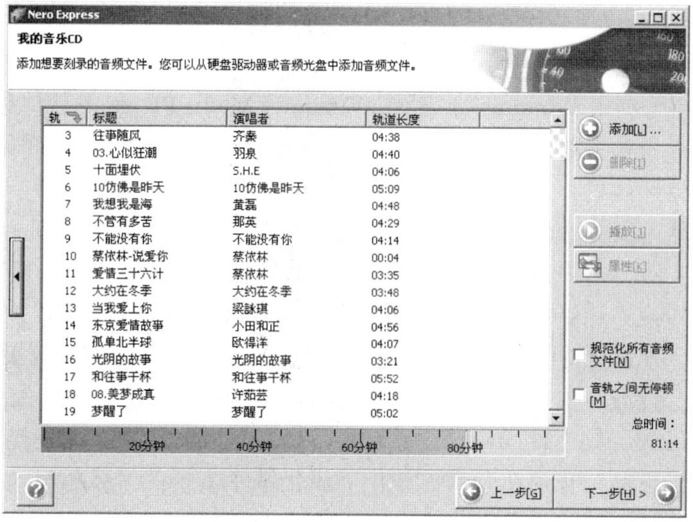

图 3.36　添加音乐界面

(3) 单击【添加】按钮，在指定文件夹中选择欲刻录的音乐。一般一张 CD 盘可以刻录 15～20 首歌曲。如果选定的歌曲超过了 72 分钟的黄线，则刻录不能进行，这时只需删除一两首歌曲，使刻录的总长度不超过黄线即可。然后单击【下一步】按钮，打开最终刻录设置界面，如图 3.37 所示。

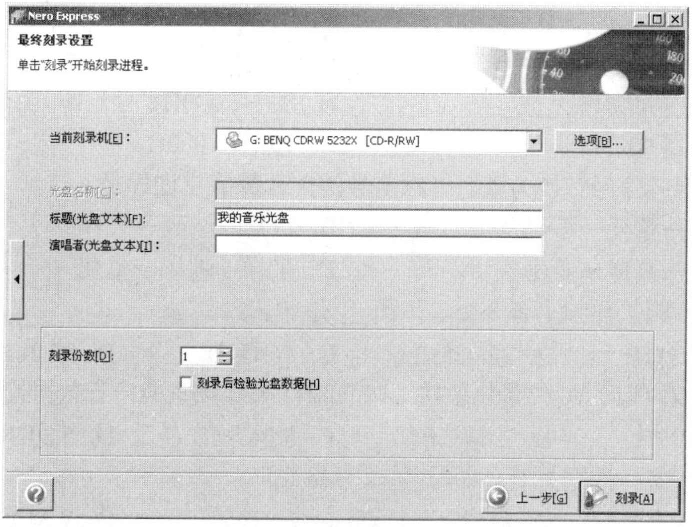

图 3.37　最终刻录设置界面

(4) 在最终刻录设置界面中选择【当前刻录机】为用户的计算机中光盘刻录机的盘符，在【标题(光盘文本)】和【演唱者(光盘文本)】文本框中输入相应的内容，设置【刻录份数】微调框，最后单击【刻录】按钮，则刻录工作开始，几分钟后，一张音乐光盘就刻录完成了。

小　　结

本章首先介绍了声音的概念、声音的数字化、声音文件的大小和音频文件的格式等基础知识；然后介绍了利用 Windows 录音机、Windows Media Player 等软件进行音频的采集、从音乐光盘中获取音频素材的方法；然后以 Cool Edit Pro 2.0 软件为例，介绍了音频的采集、编辑制作、添加特殊效果、进行音乐合成的基本方法，介绍了 MIDI 音乐的制作的基本知识；最后介绍了使用豪杰音频通软件进行音频文件格式转换的方法。

通过学习和实践，用户即可以录制声音到计算机中作为音频素材，可以将 CD 音乐光盘中的音频数据转换为计算机中常见的音频文件，还可以将 VCD 中的音频从光盘中分离出来。对于获取的音频素材，可以使用 Cool Edit Pro 2.0 进行编辑并进行效果处理，可以为录制的语音文件配音合成，也可以在一定程度上消除歌曲中的原唱，从而制作出卡拉 OK 演唱伴奏带，还可以将音频文件的格式进行转换，以满足某种需要。这些操作既可以使用户制作出独立的音乐作品，也可以使其制作出能满足基本需求的音乐素材，为今后制作多媒体作品打下基础。

习　　题

1. 选择题

(1) 声波重复出现的时间间隔是___。

A. 振幅　　B. 周期　　C. 频率　　D. 频带

(2) 调频广播声音质量的频率范围是___。

A. 200～3 400Hz　　B. 50～7 000Hz

C. 20～15 000Hz　　D. 10～20 000Hz

(3) 将模拟音频信号转换为数字音频信号的声音数字化过程是___。

A. 采样→量化→编码　　B. 量化→编码→采样

C. 编码→采样→量化　　D. 采样→编码→量化

(4) 通用的音频采样频率有 3 个，下面___是非法的。

A. 11.025kHz　　B. 22.05kHz　　C. 44.1kHz　　D. 88.2kHz

(5) 1 分钟双声道、16 位量化位数、22.05kHz 采样频率的声音数据量是____。

A. 2.523MB　　B. 2.646MB　　C. 5.047MB　　D. 5.292MB

(6) 数字音频文件数据量最小的是___文件格式。

A. WAV　　B. MP3　　C. MID　　D. WMA

2. 简答题

(1) 声波的 3 个重要指标是什么？

(2) 声音按频率划分可分为哪几种？人类听觉的声音频率范围是什么？

(3) 声音的数字化过程是什么？

(4) 试比较 WAV 格式的音频文件和 MID 格式的文件的不同和特点。

(5) 数字音频的获取途径有哪些？

3. 操作题

(1) 采用各种音频获取的途径收集自己喜欢的音乐，如果不是MP3格式的，则将其转换成MP3格式保存在硬盘上。

(2) 利用刻录软件Nero将第(1)题中收集的音乐制作成CD音乐光盘。

(3) 使用Windows的录音机或Cool Edit软件录制一段自己或他人的说话或演讲，并使用Cool Edit对录音进行降噪处理。

(4) 使用Cool Edit 编辑器为第(3)题的声音文件增加混响效果。

(5) 使用软件将VCD光盘中一首歌曲的音乐提取出来，保存为MP3格式。

(6) 录制一首诗朗诵，并在Cool Edit中为其添加背景音乐，制作配乐诗朗诵效果。

第 4 章

数字图像处理

教学目标

- 了解数字图像的概念和基本知识
- 掌握图像的获取方法
- 了解图像的文件格式及转换方法
- 掌握图像浏览软件 ACDSee 的用法
- 熟练掌握使用 Photoshop 进行图像处理的基本方法

本章知识结构图

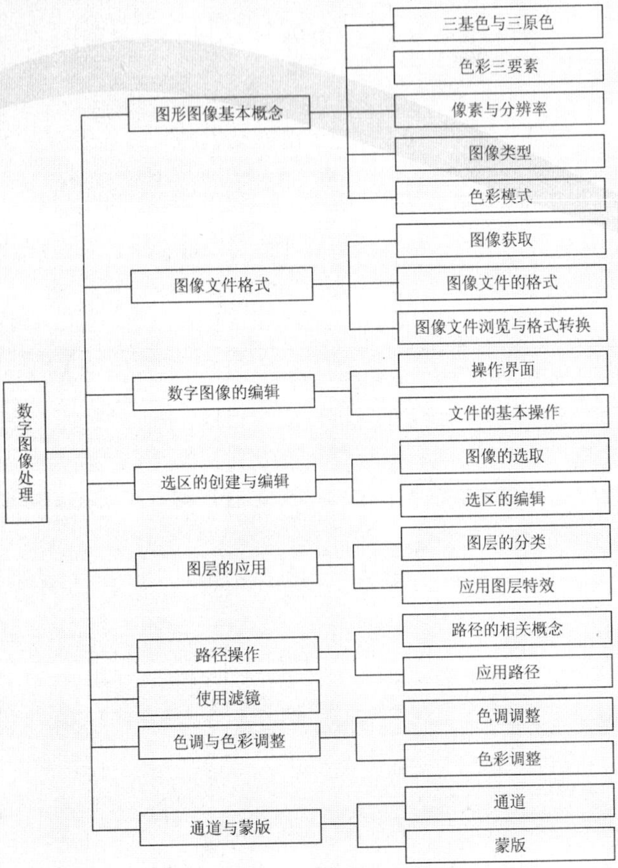

导入案例

在多媒体信息处理中，图像处理是一项重要内容，在社会生活和工作的多个领域应用十分广泛，如利用图像处理软件为企业进行 VI 设计(标志、名片、便笺和工作牌等)，制作漂亮的企业宣传册、招贴、海报、折页等平面印刷品，进行照片处理，广告喷绘，图像合成等。

图 4.1 是一幅利用图像处理软件制作的环保宣传画，这是用 Photoshop CS2 制作的一个典型实例。

图 4.1 环保宣传效果图

它的操作思路是：在 Photoshop 中，首先创建一个适当大小的图像文件，然后利用自定义形状工具和选区羽化绘制心形区域，使用笔刷工具绘制草地，利用颜色填充绘制太阳，最后导入素材图片，输入宣传文字，合并图层。一幅美观的环保宣传画完成了。

整个处理的过程中用到了【形状工具】、【路径】面板中的【路径转换为选区】、属性栏中的【羽化】、【文字工具】等。

本章将详细介绍利用 Photoshop 的工具进行数字图像处理的方法。

4.1 图形图像基本概念

本节介绍图形图像的相关基础知识，通过本节的学习，读者可以对计算机中图像的基本概念、图像的类型、颜色模式等有一个清晰的认识。

4.1.1 三基色与三原色

人们很早就发现，把红、绿、蓝 3 种光按不同的比例混合起来可以得到众多的色彩，因此将红、绿、蓝称为三基色。三基色通过适当的混合能产生所有颜色；同样，绝大多数颜色也可以分解成红、绿、蓝 3 种色光，这就是三基色原理。

在计算机系统中，最常用的颜色模型是 RGB 颜色模式。RGB 分别指的是红色、绿色和蓝色，即色光三原色。很多人认为这 3 种颜色是颜料的三原色，实际上，颜料的三原色是 C、Y、M，即蓝绿色、黄色和绛红色，而 RGB 是颜料三原色的补色。

4.1.2 色彩三要素

任何一种颜色都可以用亮度、色相和色饱和度 3 个物理量来确定，它们称为色彩的三要素。

1. 亮度

亮度也叫明度，它是指颜色的相对明暗程度，通常使用0%(黑色)～100%(白色)的百分比来度量。

2. 色相

色相也叫色调，它是从物体反射或透过物体传播的颜色，表示彩色的颜色种类，即通常所说的红、橙、黄、绿、青、蓝、紫等。

3. 色饱和度

色饱和度也叫色度，它表示颜色的深浅程度。色饱和度表示色相中灰色分量所占的比例，它使用0%(灰色)～100%(完全饱和)的百分比来度量。对于同一色调的颜色，其色饱和度越高，颜色越深；而在某一色调的彩色光中掺入的白光越多，该颜色的色饱和度就越低。

4.1.3 像素与分辨率

1. 像素

像素是组成图像的最基本单元，它是一个小的方形的颜色块。一幅图像通常由许多像素组成，如图4.2左图所示为正常显示的图像，右图为放大到一定比例后看到的小色块的效果。

图 4.2 图像与像素

2. 分辨率

分辨率是指在单位长度内含有的像素数或点数，单位为“像素/英寸”(Pixels Per Inch，PPI)或“点/英寸”(Dot Per Inch，DPI)，意思是每英寸所包含的像素数或点数。

根据设备的不同，分辨率可分为屏幕分辨率、图像分辨率、打印机分辨率和扫描仪分辨率等。

1) 屏幕分辨率

一般屏幕分辨率是由计算机的显卡来决定的。例如，显卡的分辨率为 1024×768，即宽1024个像素点、高768个像素点。

2) 图像分辨率

图像分辨率指图像中单位长度内的像素数目。图像分辨率的高低关系到图像显示和打印的质量。举例来说，一张数字图像为了保证印刷的质量，分辨率至少要设置为300像素/英寸或以上，否则打印输出后会出现效果模糊的情况。而相同的图像，如果放在网页上显示，分辨率只要72像素/英寸就可以了。

3) 打印机分辨率

打印机分辨率又称为输出分辨率，所指的是打印输出的分辨率极限，它也决定了输出质量。打印机分辨率高，不仅可以减少打印的锯齿边缘，还可以使打印效果平滑。

打印机的分辨率通常以 DPI 为单位，表示每单位英寸打印的点数。目前市场上的喷墨或激光打印机的分辨率可达 300DPI、600DPI，甚至可达 1200DPI，不过必须使用专用纸张才能打印这么高的分辨率。

4) 扫描仪分辨率

扫描仪分辨率指的是扫描仪的解析极限，它也以 DPI 为单位。一般台式扫描仪的分辨率可以分为两种规格：第一种是光学分辨率，指的是扫描仪的硬件所真正扫描到的图像的分辨率，目前市场上的产品可达到 800～1200DPI；第二种则是输出分辨率，它是通过软件强化以及插补点之后所产生的分辨率，大约是光学分辨率的 3～4 倍。

4.1.4　图像类型

数字化的图形图像按照记录方式可以分为两类：矢量图形和位图图像。

1. 矢量图形

矢量图形是由 Adobe Illustrator、Macromedia Freehand 等图形软件制作产生的，也可以说是向量式图像，用数学的矢量方式来记录图像内容，以线条和色块为主。如图 4.3 左图和右图所示分别为矢量图形放大前后的效果。

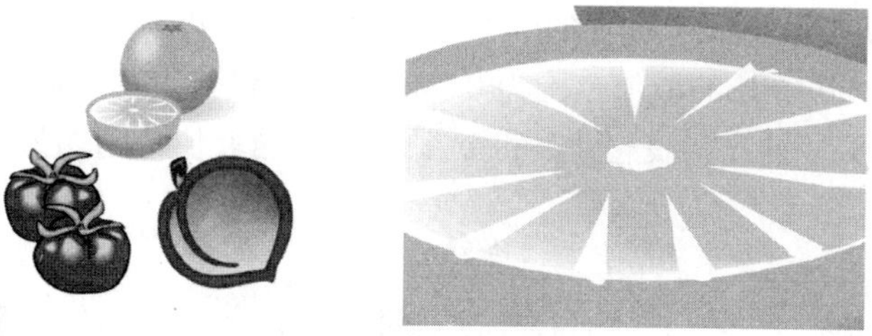

图 4.3　矢量图形

2. 位图图像

位图图像也称像素图或点阵式图像，由若干细小方块(像素点)组成。它弥补了矢量图的缺陷，可以逼真地表现自然界的景物，同时可以自由地在不同软件之间交换文件。位图放得越大，则图像越不清晰，并出现马赛克现象，如图 4.4 左图和右图所示分别为位图放大前后的效果。

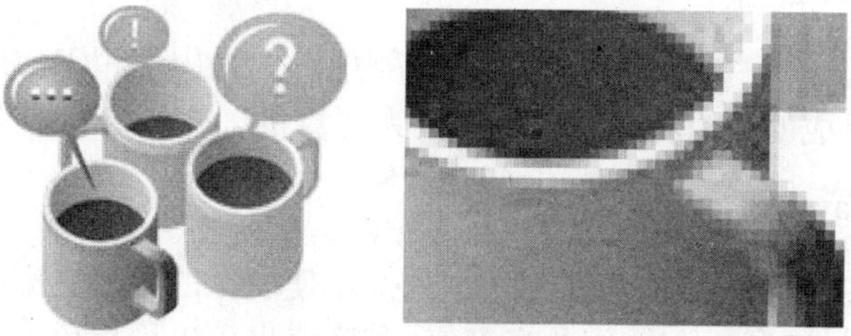

图 4.4　位图图像

4.1.5 色彩模式

色彩模式是指图像在显示、打印或扫描时定义颜色的方式。常见的色彩模式有 RGB 模式、CMYK 模式、Lab 模式、HSB 模式、灰度模式、位图模式、索引模式及双色调模式等。

1. RGB 色彩模式

RGB 色彩模式是一种加光模式，如图 4.5 所示。它基于与自然界中光线相同的基本特性，颜色可由红(Red)、绿(Green)、蓝(Blue)3 种波长产生，这就是 RGB 色彩模式的基础，显示器上的颜色系统便是 RGB 色彩模式的。以红、绿、蓝为 3 种基色，这 3 种基色中的每一种颜色都有一个 0～255 的值范围，通过对红、绿、蓝的各种值进行组合来改变颜色。所有的基色相加便形成白色；反之，当所有的基色的值都为 0 时，便得到了黑色。需要注意的是，RGB 色彩空间是与设备有关的，不同的 RGB 设备展现的颜色不可能完全相同。

2. CMYK 色彩模式

CMYK 色彩模式是一种减光模式，如图 4.6 所示。它是四色处理打印的基础，四色是青(Cyan)、洋红(Magenta)、黄(Yellow)和黑(Black)。在 CMYK 模式下，每一种颜色都由这四色来表示，原色的混合将产生更暗的颜色。CMYK 模式被应用于印刷技术，印刷品通过吸收与反射光线的原理展现色彩。

3. Lab 色彩模式

Lab 色彩模式是 Photoshop 内置的一种标准颜色模式，以一个亮度值 L 和两个颜色分量 a 和 b 来表现颜色。其中 L 的取值范围为 0～100，a 分量代表由绿色到红色的光谱变化，b 分量代表由蓝色到黄色的光谱变化，a 和 b 颜色分量的取值范围均为-120～120，如图 4.7 所示。

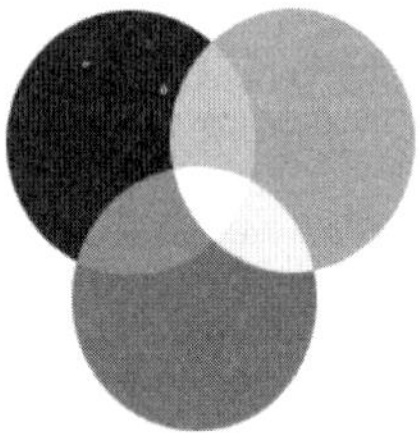

图 4.5　RGB 色彩模式

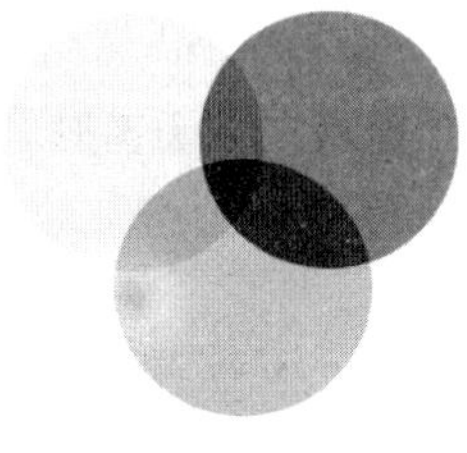

图 4.6　CMYK 色彩模式

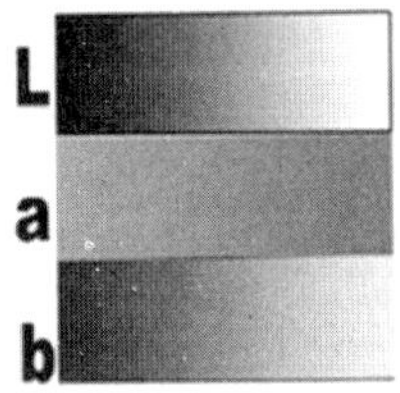

图 4.7　Lab 色彩模式

4. HSB 色彩模式

HSB 色彩模式基于人类对颜色的感觉，将颜色看做是由色相(Hue)、饱和度(Saturation)和明度(Brightness)组成的，为将自然颜色转换为计算机创建的色彩提供了一种直觉方法。

5. 灰度模式(Grayscale)

灰度模式可用多达 256 级的灰度来表示图像，使图像的过渡更平滑细腻。图像的每个像素有一个 0(黑色)～255(白色)之间的亮度值。灰度值也可以用黑色油墨覆盖的百分比来表示(0%等于白色，100%等于黑色)。

6. 位图模式(Bitmap)

位图模式仅含黑白两种颜色，所以其图像也叫做黑白图像。由于位图模式只有黑白色表示图像的像素，在进行图像模式的转换时会丢失大量的细节，因此 Photoshop 提供了几种算法来模拟图像中丢失的细节。

7. 索引模式(Indexed Color)

索引模式是网络和动画中常用的图像模式，该模式最多有 256 种颜色。当其他模式图像转换为索引模式图像时，应用程序将构建一个颜色查找表，用以存放并索引图像中的颜色。如果原图像中的某种颜色没有出现在该表中，程序将选取现有颜色中最接近的颜色。

8. 双色调模式(Duotone)

该模式是使用 2～4 种彩色油墨创建的双色调(两种颜色)、三色调(3 种颜色)或四色调(4 种颜色)图像。

4.2 图像文件格式

4.2.1 图像获取

将现实世界景物或物理介质上的图文输入计算机的过程称为图像的获取(Capturing)。图像的获取有多种渠道，如检索数字图像库、用绘图软件创建及通过数字转换设备采集等。

1. 利用数字图像库

在 CD-ROM 光盘中和互联网的图像库中，图像的内容较丰富，图像尺寸和图像深度可选的范围也较广，用户可根据需要选择已有的图像，或再做进一步的编辑和处理。

2. 利用绘图软件绘制图像

目前 Windows 环境下的大部分图像编辑软件都具有一定的绘图功能。这些软件大多具有较强的功能和很好的图形用户接口，还可以利用鼠标、画笔及画板来绘制各种图形，并进行彩色、纹理、图案等的填充和加工处理。也有一些较专业的绘画软件，通过数字化画板和画笔在屏幕上绘画，这种软件要求绘画者具有一定的美术知识及创意基础。

3. 利用数字转换设备采集图像

数字转换设备可以把采集到的图像转换成计算机能够记录和处理的数字图像数据。例如，对印刷品、照片或照相底片等进行扫描，用数码相机或数码摄像机对选定的景物进行拍摄等。从现实世界中获取数字图像所使用的设备统称为图像获取设备。

一幅彩色图像可以看做二维连续函数 $f(x, y)$，其彩色 f 是坐标(x, y)的函数，从二维连续函数到离散的矩阵表示，同样包含采样、量化和编码的数字化过程。数字转换设备获取图像的过程实质上是信号扫描和数字化的过程，它的处理步骤大体分为以下 3 步。

(1) 采样：在 x，y 坐标上对图像进行采样(也称为扫描)，与声音信号在时间轴上的采样要确定采样频率一样，在图像信号坐标轴上的采样也要确定一个采样间隔，这个间隔即为图像分辨率。有了采样间隔，就可以逐行对原始图像进行扫描。首先设 y 坐标不变，对

x 轴按采样间隔得到一行离散的像素点 x_n 及相应的像素值。使 y 坐标也按采样间隔由小到大的变化，就可以得到一个离散的像素矩阵[x_n，y_n]，每个像素点有一个对应的色彩值。简单地说，将一幅画面划分为 $M\times N$ 个网格，每个网格称为一个取样点，用其亮度值来表示。这样，一幅连续的图像就转换为以取样点值组成的一个阵列(矩阵)。

(2) 量化：将扫描得到的离散的像素点对应的连续色彩值进行 A/D 转换(量化)，量化的等级参数即为图像深度。这样，像素矩阵中的每个点(x_n，y_n)都有对应的离散像素值 f_n。

(3) 编码：把离散的像素矩阵按一定方式编成二进制码组，最后把得到的图像数据按某种图像格式记录在图像文件中。

数字化后的图像文件大小为：数据量=图像分辨率×图像位深÷8，如一幅 640*480 的 RGB 色彩模式的图像，图像位深为 8，图像未经压缩的数据容量为：640×480÷8=921 600 字节=900KB。

4.2.2　图像文件的格式

图像文件的格式是指计算机用来表示、存储图像信息的格式。由于历史原因，不同厂家表示图像文件的方法不一，目前已有上百种图像格式，常用的也有几十种。同一幅图像可以用不同的格式来存储，但不同格式之间所包含的图像信息并不完全相同，文件大小也有很大的差别。用户在使用时可以根据自己的需要选用适当的格式。下面介绍几种常用的文件格式。

1. BMP 文件

BMP(Bitmap File)图像文件是 Windows 操作系统使用的图像文件格式，在 Windows 环境下运行的所有图像处理软件几乎都支持 BMP 图像文件格式。BMP 文件的图像深度可选 1 位、4 位、8 位及 24 位，即有黑白、16 色、256 色和真彩色之分。

2. GIF 文件

GIF 是 CompuServe 公司开发的图像文件格式，它以数据块为单位来存储图像的相关信息。GIF 文件格式采用了 LZW(Lempel-Ziv Walch)无损压缩算法按扫描行压缩图像数据。GIF 的图像深度为 1～8 位，即最多支持 256 种色彩的图像。

GIF 文件格式定义了两种数据存储方式，一种是按行连续存储，存储顺序与显示器的显示顺序相同；另一种是按交叉方式存储。由于显示图像需要较长的时间，使用这种方法存放图像数据时，可以在图像数据全部收到之前看到这幅图像的全貌，而不觉得等待时间太长。目前，GIF 文件格式在 HTML 文档中得到广泛应用。

3. TIFF 文件

TIFF(TIF)文件是由 Aldus 和 Microsoft 公司为扫描仪和桌面出版系统研制开发的一种较为通用的图像文件格式。TIFF 是电子出版 CD-ROM 中的一种重要的图像文件格式。TIFF 格式非常灵活易变，它又定义了 4 类不同的格式：TIFF-B 适用于二值图像；TIFF-G 适用于黑白灰度图像；TIFF-P 适用于带调色板的彩色图像；TIFF-R 适用于 RGB 真彩图像。无论在视觉上还是其他方面，都能把任何图像编码成二进制形式而不丢失任何属性。

4. JPEG 文件

JPEG(JPG)文件采用一种有损压缩算法，其压缩比约为 1∶5～1∶50，甚至更高。对一幅图像按 JPEG 格式进行压缩时，可以根据压缩比与压缩效果要求选择压缩质量因子。JPEG 格式文件的压缩比例很高，适用于要处理大容量图像的场合。它是一种有损压缩的静态图像文件存储格式，压缩比例可以选择，支持灰度图像、RGB 真彩色图像和 CMYK 真彩色图像。

5. PSD 文件

这是 Photoshop 软件专用的图像格式，是唯一能支持全部图像色彩模式的格式。以 PSD 格式保存的图像可以包含图层、通道、调节层、文本层及颜色模式，该格式保存的图像文件比以其他格式保存的图像文件占用更多的磁盘空间。

6. PDF 文件

这种格式是由 Adobe 公式推出的专为线上出版而定制的，它以 PostScript Level 2 语言为基础，可以覆盖矢量图形和位图图像，并且支持超链接。这种格式是由 Adobe Acrobat 软件生成的，可以保存多页信息，其中可以包含图形和文本。它是网络下载常用的文件格式。

7. WMF 文件

WMF 文件只使用在 Windows 中，它保存的不是点阵信息，而是函数调用信息。它将图像保存为一系列 GDI(图形设备接口)的函数调用，在恢复时，应用程序执行源文件(即执行一个个函数调用)，并在输出设备上画出图像。WMF 文件具有设备无关性，文件结构好，但解码复杂，其效率比较低。

4.2.3 图像文件浏览与格式转换

ACDSee 是目前较为流行的图像浏览器，其强大而方便的浏览功能及支持多种图像格式等特点，使它成为广大用户浏览图像文件的首选工具。下面以 ACDSee 9.0 为例介绍其使用方法。

1. 图像文件的浏览

ACDSee 9.0 主要由 3 部分组成：浏览器、查看器以及编辑模式，用户可利用它们所提供的各种工具来方便快捷地浏览、查看、编辑及管理相片与媒体文件。

1) 浏览器

浏览器用于查找、移动、预览文件，以及给文件排序、访问整理与共享工具，它是用户界面的主要浏览与管理组件，也是启动 ACDSee 时的默认界面，如图 4.8 所示。

浏览器由 12 个窗格组成，大多数窗格不用时可以关闭。其中【文件列表】窗格用于显示当前文件夹的内容、最新的搜索结果，或数据库中与过滤准则匹配的文件，它总是可见的。状态栏位于浏览器的底部，显示当前所选文件、文件所在文件夹的相关信息。

浏览器包括两个工具栏：一个是主工具栏，用于提供常用命令的快捷方式；另一个是上下文相关工具栏，根据浏览器中当前所选的项目提供不同的快捷方式。

用户可以打开、关闭、移动窗格，或将其叠加到其他窗格上，还可以选择将窗格驻靠到浏览器边缘。大多数窗格还有一些附加选项，可用于进一步定义它们的行为与外观。

2) 查看器

ACDSee 查看器可以播放媒体文件，并使用完整的分辨率一次显示一张图像。用户可以在查看器中打开窗格来查看图像属性，按照不同的缩放比例显示图像的设定区域，也可以查看详细的颜色信息。

图 4.8　ACDSee 9.0 主界面

通过在 Windows 资源管理器中双击关联的文件类型，可以直接打开查看器，并且可以使用查看器快速浏览某个文件夹中的全部图像。查看器包含工具栏及状态栏，前者提供常用命令的快捷方式；后者位于查看器的底部，用于显示当前图像或媒体文件的有关信息。

3) 编辑模式

ACDSee 9.0 包含功能强大且简单易用的图像编辑器，它由一整套工具组成，用于消除数码图像中的红眼、不需要的色偏，以及应用一些特殊效果等。

在查看器状态下，在图像上右击，在弹出的快捷菜单中选择【编辑】|【编辑模式】命令，进入【编辑模式】状态。用户可在该状态下执行相应的操作来编辑修改图像，如调整亮度与色阶、裁剪过大的图像、旋转或翻转错位的图像及调整清晰度等。

2. 图像格式的转换

在 ACDSee 9.0 浏览器中选中要转化格式的图像文件，在它的图标上右击，选择【工具】|【转换文件格式】命令，这时弹出【批量转换文件格式】对话框，如图 4.9 所示，具体转换步骤如下。

(1) 在对话框的【格式】选项卡下选择目标文件格式，单击右侧的【格式设置】按钮，弹出如图 4.10 所示的对话框，在该对话框中可对图片质量进行设置，设置完成后单击 OK 按钮，返回如图 4.9 所示的对话框。

(2) 单击【下一步】按钮，打开如图 4.11 所示的对话框，在此设置图像存储位置等内容。

(3) 单击【下一步】按钮，打开如图 4.12 所示的对话框，进行输入、输出的选择设置，之后单击【开始转换】按钮即可。

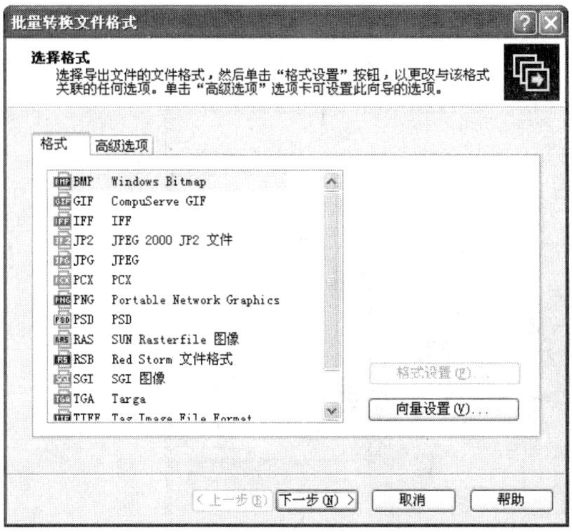

图 4.9　批量转换文件格式

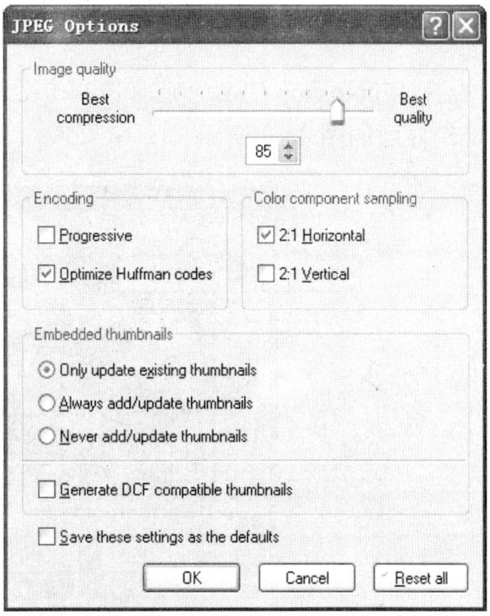

图 4.10　格式设置

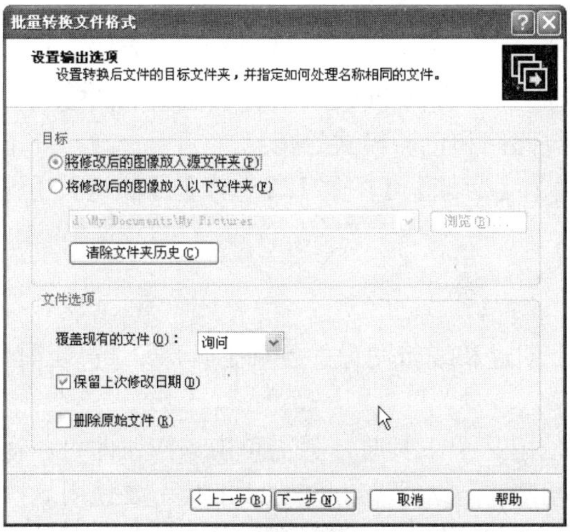

图 4.11　设置输出选项

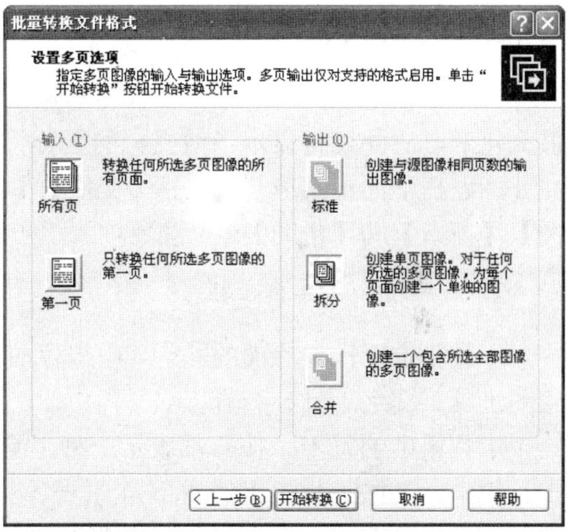

图 4.12　设置多页选项

4.3　数字图像的编辑

Photoshop 是当今世界上一流的平面设计和图像编辑软件。Thomas Knoll 兄弟最初设计开发了 Photoshop，而后他们与 Adobe 公司合作，于 1990 年推出了 Adobe Photoshop 3.0。Adobe Photoshop 3.0 集传统的暗房技术和印前处理技术于一身，成为一款优秀的平面设计和图像编辑软件。随着技术的进步，其版本也从 3.0、4.0、5.0、5.5 发展到 6.0、7.0 和 CS 版本，而今又推出了 CS2 和 CS3 版本，在此将以中文版 Photoshop CS2 版本为例进行介绍。

4.3.1 操作界面

启动 Photoshop CS2 之后，选择【文件】|【打开】命令，打开一幅图像，Photoshop CS2 的操作界面如图 4.13 所示。

图 4.13 Photoshop CS2 的操作界面

1. 标题栏和菜单栏

标题栏在操作界面的顶部，显示程序的名称——Adobe Photoshop。当编辑的图像文档最大化时，后面还将显示当前文档的名称、缩放比例和色彩模式等信息。

标题栏下面是菜单栏，包括【文件】、【编辑】、【图像】、【图层】、【选择】、【滤镜】、【视图】、【窗口】和【帮助】9 个菜单项。

2. 工具箱和工具属性栏

工具箱位于操作界面的左边，用来存放用于创建和编辑图像的各种工具，如选择工具、绘图工具、文字工具、查看工具等。

工具箱中的每一个按钮都表示一种工具，使用某个工具时，只需单击该按钮即可。在工具箱中，某些工具按钮的右下角有一个小三角形，这表示有一些隐藏工具。要使用这些隐藏工具，可在该工具上按住鼠标左键不放或单击鼠标右键，将打开一个子菜单，与该工具类似的隐藏工具都会出现在其中。单击需要的工具，则该工具将出现在工具箱中。

3. 图像窗口

图像窗口是编辑图像的主要工作区域，在 Photoshop CS2 中，用户可以打开多个图像文件进行编辑。要在多个图像文件之间进行切换，可以从【窗口】菜单的底部选择要编辑的图像文件的名称。

4. 浮动面板和面板井

操作界面的右侧放置着 Photoshop 的多个浮动面板。浮动面板是 Photoshop 特有的界面形式，可以帮助用户监视和修改图像。Photoshop CS2 提供了多个浮动面板，其中最为重要的是【画笔】、【图层】、【通道】和【路径】浮动面板。所有的浮动面板都可以通过【窗口】

菜单显示与隐藏。

> 小贴士
>
> 用户可以根据自己的需求重新排列浮动面板。将面板拖曳到现有组的外面可以创建新组。若欲将面板移动到另一组，可以将面板的选项卡拖曳到该组。

在 Photoshop 工具属性栏的右边有一个面板窗，称为面板井，它可以帮助用户组织和管理面板。在默认情况下，面板井中放置了画笔、工具预设和图层复合 3 个面板。

5. 状态栏

在图像最大化状态下，状态栏位于窗口最底部，主要用于显示图像处理的各种信息。状态栏共由 3 部分组成，分别是当前图像的显示比例、图像文件的大小和正在使用工具的简要说明。

4.3.2　文件的基本操作

【操作案例 4.1】在 Photoshop CS2 中创建一个新的图像文件，并打开、保存。

操作步骤：

(1) 选择【文件】|【新建】命令或按 Ctrl+N 组合键，将弹出【新建】对话框。在【名称】文本框中输入新建图像的名称，默认文件名为“未标题-1”，如图 4.14 所示。

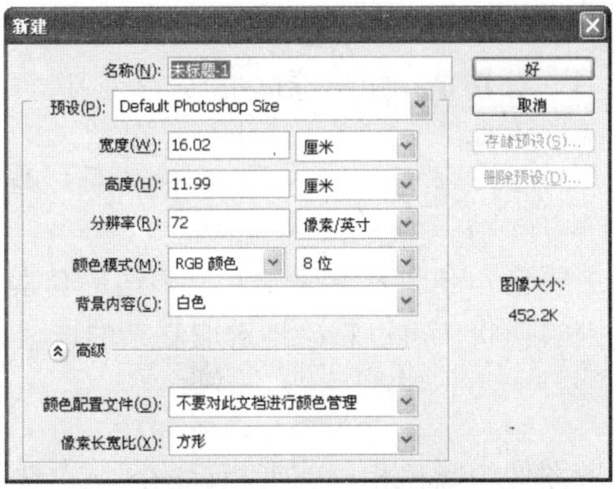

图 4.14　【新建】对话框

(2) 在【预设】选项区中，可从【预设】下拉列表框中选择 Photoshop CS2 为各种目的而预设的各种图像尺寸和分辨率的组合，也可以选择【自定义】选项，在该选项区中自定义各项参数。

其中：【宽度】和【高度】文本框分别用来设置新建图像的宽度和高度，在右侧的下拉列表框中可以选择度量单位；【分辨率】文本框用于设置新建图像的分辨率大小，分辨率越高，图像质量也就越好，在适用于印刷的 CMYK 色彩模式下，分辨率一般多设在 300～350 像素/英寸；【颜色模式】下拉列表框用于设置新建图像文件的颜色模式；【背景内容】下拉列表框用于设置图像的颜色背景。其中，【白色】选项表示将图像的背景色设为白色；【背景色】选项表示图像的背景颜色将使用当前的背景色；【透明】选项表示图像的背景透明，无填充颜色。

右侧的【图像大小】是当前文件所占用的硬盘空间，这个数值是由 Photoshop 自动计算得出的，它与图像的高度、宽度、分辨率和颜色模式都有关系。

(3) 设置完成后，单击【好】按钮，即可新建一个图像文件。

(4) 选择【文件】|【打开】命令或按 Ctrl+O 组合键，将弹出【打开】对话框，在【查找范围】下拉列表框中选择文件存放的路径，单击【打开】按钮，即可打开该图像文件。

(5) 选择【文件】|【存储】命令或按 Ctrl+S 组合键，将弹出【存储为】对话框，设置完成后，单击【保存】按钮即可。

4.4 选区的创建与编辑

在 Phtoshop CS2 中处理图像，经常要进行图像范围的选取，图像选取的准确与否对所编辑图像的最终效果有很大的影响，因此熟练地选取图像范围并保证选取精度的操作非常重要。

4.4.1 图像的选取

Phtoshop CS2 提供了两类选取工具：一类是用来选取规则区域的选框工具组，另一类是创建不规则选择区域的套索工具组和魔棒工具。

1. 选框工具组

选框工具组有 4 种工具，分别是：矩形选框工具、椭圆选框工具、单行选框工具和单列选框工具，默认为矩形选框工具。

2. 套索工具组

套索工具组中的工具主要包含 3 种：套索工具、多边形套索工具和磁性套索工具。它们主要用于选取一些不规则的形状，可以精确地选取复杂的选区。

3. 魔棒工具

利用魔棒工具可以选取图像中颜色相同或者相近的区域。选取魔棒工具，然后在图像中单击即可选取与当前单击点颜色相同或者近似的区域，也可以通过属性栏中相应选项的设置来改变选取的范围。利用魔棒工具可以很方便地选取色彩不是很丰富或者色彩对比很鲜明的图像。

4.4.2 选区的编辑

1. 描边选区

选择【编辑】|【描边】命令，可以在已创建的选区边缘进行笔画式勾勒，使其突出显示。

2. 填充选区

选择【编辑】|【填充】命令，可以在已创建的选区内部填充图案或填充样式。

3. 清除选区图像

创建选区后，按 Delete 键可以将选区内的图像清除。

【操作案例 4.2】制作胶卷效果，如图 4.15 所示。

图 4.15 胶卷效果

操作思路：首先创建一个适当大小的文件，再选择画笔并定义画笔属性，然后通过画笔描边制作胶卷的齿孔效果，最后将图片素材填充到适当的位置上。

操作步骤：

(1) 新建一个图像文件，命名为“画笔”，图像的宽度和高度分别设置为 90 像素和 70 像素，分辨率为 300 像素/英寸，背景色为白色。

(2) 单击工具箱中的矩形选框工具，在图像文件上建立一个小的矩形选区。

(3) 选择【选择】|【修改】|【平滑】命令，设置【取样半径】为 6 像素。

(4) 选择【编辑】|【填充】命令，用前景色进行填充。选择【编辑】|【定义画笔预设】命令，打开【画笔名称】对话框，输入画笔名称“胶卷”，如图 4.16 所示。

图 4.16 定义画笔

(5) 新建一个图像文件，命名为“胶卷”，图像宽度和高度分别设置为 1000 像素和 280 像素，分辨率为 300 像素/英寸，背景色为白色。在“胶卷”图像文件中新建“图层 1”，以黑色填充。

(6) 单击工具箱中的画笔工具，切换前景色为白色，单击面板井中的【画笔】面板，在【画笔笔尖形状】中选择“胶卷”笔刷，设置其直径为 40 像素，间距为 200%。

(7) 按住 Shift 键的同时单击鼠标左键，在图层 1 自左向右拖动鼠标绘制直线，效果如图 4.17 所示。

图 4.17 绘制直线

(8) 松开 Shift 键，将光标移动到图像下边，单击鼠标左键的同时再次按住 Shift 键，拖动鼠标绘制直线。调整画笔直径和间距，在图像中间按住 Shift 键再次绘制直线，效果如图 4.18 所示。

图 4.18　绘制孔位

小贴士

在绘制下方的直线时，一定要先松开 Shift 键，然后再绘制，否则将连续绘制；为使上下直线孔位一致，可调出参考线绘制。

(9) 打开素材图片 1，选择【选择】|【全选】命令将图像全选，然后选择【编辑】|【复制】命令复制图像。回到“胶卷”图像，在工具箱中选择魔棒工具，在属性栏中选中【连续的】复选框，然后在第一个孔位上单击，按 Delete 键删除，然后选择【编辑】|【粘贴入】命令形成“图层 2”。选择【编辑】|【自由变换】命令调整图像的大小及位置，效果如图 4.19 所示。

图 4.19　粘贴图像

(10) 选择【图层】|【向下合并】命令，将图层 2 合并至图层 1。回到图层 1，重复第(9)步操作，直到所有孔位上都粘贴图像即可形成胶卷效果。

【操作案例 4.3】制作图片卷页效果，如图 4.20 所示。

图 4.20　图片卷页效果

操作思路：利用矩形选框工具、渐变工具和【自由变换】命令创建图片卷页的效果。

操作步骤：

(1) 打开素材图像“卷页素材”，在【图层】面板底部单击【创键新图层】按钮，生成一个图层1。

(2) 单击工具箱中的矩形选框工具，在图层1创键一个矩形选区。设置前景色为白色，背景色为黑色。

(3) 单击工具箱中的渐变工具，在工具属性栏中设置渐变方式为对称渐变。在矩形选区中间水平拉出渐变，效果如图4.21所示。

(4) 选择【编辑】|【自由变换】命令，按住Ctrl+Alt+Shift组合键的同时将变换框左上角点向右拖动，右上角点也随之向内移动，当两角点与中点重合时停止拖动形成锥形，如图4.22所示。

图4.21 创建渐变

图4.22 调整渐变形状

(5) 将光标移动到变换框外任一角点处，单击鼠标并拖动，使锥形旋转一定的角度；将光标移动到锥形内部单击拖动，移动至锥形顶角与图像右上角对齐。按住Ctrl+Alt组合键的同时，将变换框的中心点移动到锥形顶点，如图4.23所示。

(6) 再次按住Ctrl+Alt+Shift组合键的同时将变换框右下角的角点向内拖动，使得锥形宽度符合需求，并将光标移动到变换框外调整角度；按回车键确认变换，效果如图4.24所示。

图4.23 调整锥形角度和中心点

图4.24 调整锥形宽度

(7) 单击工具箱中的椭圆选框工具，在图像中任意绘制一个椭圆选区。选择【选择】|【变换选区】命令，打开选区变换框。

(8) 将光标移动到选区内部，移动选区至锥形底边位置。旋转变换框，移动变换框的边点使其符合卷页的特点，效果如图4.25所示。按回车键确认变换选区即可。

(9) 按 Delete 键删除锥底，取消选区。选择工具箱中的多边形套索工具，沿着卷页的外边缘创建选区，并用白色填充；取消选区并保存文件。

图 4.25　变换选区

【操作案例 4.4】 使用两张素材图片制作“海市蜃景”，制作效果如图 4.26 所示。

图 4.26　“海市蜃景”制作效果

操作思路：使用磁性套索工具选取女孩图像，复制并粘贴到“沙漠行人”中，再通过调整图层混合模式等制作“海市蜃景”图片效果。

操作步骤：

(1) 打开“沙漠行人.jpg”和“女孩.jpg”两幅图片。

(2) 单击工具箱中的磁性套索工具，在“女孩”图像中沿人物边缘建立一个选区，然后选择【选择】|【羽化】命令，打开【羽化】对话框，设置【羽化半径】为 2 像素，单击【好】按钮确定，效果如图 4.27 所示。

(3) 选择【编辑】|【拷贝】命令，将选区内的图像进行复制。切换到“沙漠行人”图像，选择【编辑】|【粘贴】命令，将复制的图像进行粘贴，形成图层 1。

(4) 选择【编辑】|【自由变换】命令，对女孩图像部分进行自由变换，调整其大小、角度和位置，如图 4.28 所示。

图 4.27　羽化选区

图 4.28　自由变换

(5) 在【图层】面板中将图层 1 的混合模式更改为【叠加】，图层不透明度设置为 60%。
(6) 将“沙漠行人”文件另存为“海市蜃景”。至此，图像制作完毕。

4.5 图层的应用

图层是 Photoshop 最基本、也是最重要的概念。图层就像一张张透明胶片，用户可在每张胶片上绘制图像，最后将所有胶片叠加起来构成整个图像。每个图层是相互独立的，用户可对每个图层中的内容进行编辑、修改等操作，也可将选定图层合并成一个图层，还可新建、复制、删除图层。

图层是进行图像合成的重要部分，熟练地应用图层和图层混合模式以及图层样式，可以制作出各种奇异的合成效果。

4.5.1 图层的分类

Photoshop CS2 中有多种类型的图层，包括背景图层、空白图层、文本图层、形状图层、调整图层等。不同的图层，其功能特点、操作使用也各不相同。

1. 背景图层

背景图层是位于最下方的图层，是一个不透明的图层，以背景色为底色。它不能进行【不透明度】和【混合模式】的调整，且只能处于底层，无法进行图层顺序更改、移动图层和解除锁定等操作。

2. 空白图层

空白图层是一种透明无色图层，图层中没有任何颜色像素。新创建的图层均为空白图层。

3. 文本图层

用文字工具在图像中输入文字后，在【图层】面板中会自动建立文本图层，其缩略图中有 T 字母作为标志。默认情况下，以输入文本作为图层名称，该图层中的内容为矢量文字，很多工具和命令不能在文本图层中使用。对文本图层栅格化后，即可使用众多工具对其进行编辑，但栅格化后将不能对文本进行重新编辑。

4. 形状图层

用形状工具或路径工具绘图后自动创建的图层为形状图层。在形状图层中，形状会自动填充当前的前景色，该图层的形状轮廓存储在链接到该图层的矢量蒙版中。

4.5.2 应用图层特效

在 Photoshop CS2 中，主要通过【图层】面板对图层进行编辑和控制，如图 4.29 所示。

1. 设置图层的不透明度

在【图层】面板中选中某个图层后，在面板的【不透明度】微调框中可以指定当前图层的不透明度，在【填充】微调框中可以调整图层本身图像的不透明度。

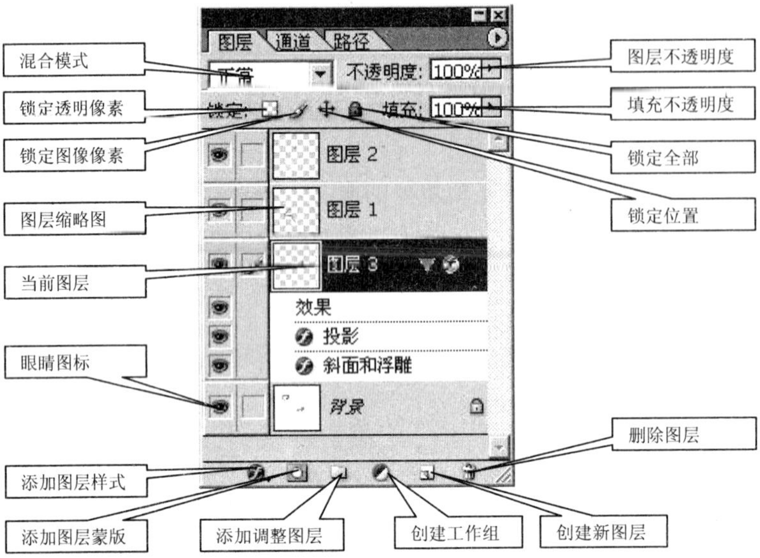

图 4.29 【图层】面板

> 小贴士：
>
> 图层的不透明度对图层中的所有元素都起作用，包括图层本身的像素以及设置的图层效果等；而填充不透明度只对图层本身像素的不透明度起作用。

2. 设置图层的混合模式

混合模式是指当图像叠加时，上层图像的像素与下层图像的像素进行混合所得到的结果图像，默认的混合模式为正常。用户可以在【图层】面板中选中图层，然后在下拉列表框中选择所需要的模式。

3. 添加图层特效

选中要添加特效的图层，单击【图层】面板底部的【添加图层样式】按钮，在弹出的菜单中选中一种图层样式，打开【图层样式】对话框，从中进行各项参数设置，为图层添加特殊效果。

【操作案例 4.5】制作“距离”招贴画，制作效果如图 4.30 所示。

图 4.30 距离

操作思路：利用磁性套索工具选取图像，并通过对图层的复制与图层的不透明度的调整制作“距离”的图像效果。

操作步骤：

(1) 新建一个名为“距离”的图像文件，图像的宽度和高度分别为 640 像素和 480 像素，色彩模式为 RGB，分辨率为 300 像素/英寸，背景色为白色。

(2) 打开素材图像“距离素材”，选择工具箱中的磁性套索工具，将光标移动到图像窗口的图像边缘单击鼠标，并沿着图像边缘拖动，使其自动产生结点(在图像转折位置处可单击左键生成结点)；当光标回到起点右下角出现小圆圈时，单击左键形成封闭的选择区域，如图 4.31 所示。

(3) 在磁性套索工具的工具属性栏中将创建选区的方式改为【从选区中减去】，再次用磁性套索工具将不需要选择的部分选中，如图 4.32 所示。

图 4.31 创建新选区

图 4.32 减去选区

(4) 选择【编辑】|【复制】命令复制图像，将窗口转换到“距离”图像文件，选择【编辑】|【粘贴】命令，形成“图层 1”，并用移动工具将其调到合适位置。用放大镜工具将图像放大，使用工具箱中的橡皮擦工具将多余部分擦除。

(5) 将【图层】面板中的图层 1 拖动到面板底部的【创建新图层】按钮上，复制生成“图层 1 副本”，将其更名为“图层 2”。

(6) 重复第(5)步操作，形成新的图层“图层 3”。

(7) 选中图层 2，在【图层】面板中将【不透明度】设置为 75%，如图 4.33 所示，并调整其位置，如图 4.34 所示。

(8) 选中图层 3，将其【不透明度】设置为 50%，调整其位置，如图 4.35 所示。

(9) 选中工具箱中的直排文字工具，在属性栏中将字体设置为仿宋，大小为 60 点，样式为加粗，颜色为红色。将光标移动到图像中的合适位置单击鼠标左键，从键盘上输入“距离……”，制作完毕。

【操作案例 4.6】制作透明文字，效果如图 4.36 所示。

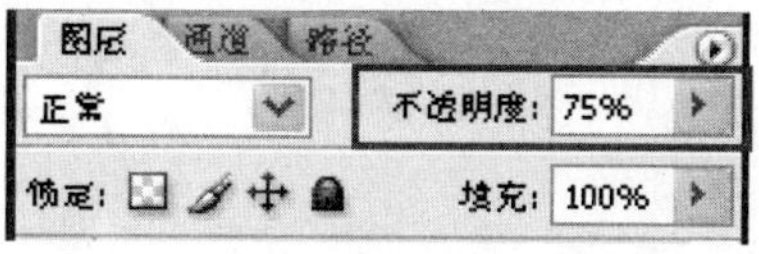

图 4.33 设置图层不透明度

图 4.34 调整图层 2

图 4.35 调整图层 3

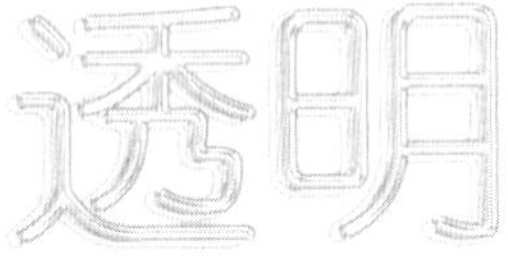

图 4.36 透明文字效果

操作思路：利用文本工具输入文字，对文字图层栅格化，复制文字图层并删除原图层。对新图层添加【描边】、【斜面和浮雕】、【投影】等样式，创建一个立体的透明文字。

操作过程：

(1) 新建一个名为“透明文字”的图像文件，图像的宽度和高度均为 300 像素，分辨率为 300 像素/英寸，色彩模式为 RGB，背景色为白色。

(2) 单击工具箱中的横排文字工具，在属性栏中设置字体为幼圆，大小为 36 点，样式为加粗。在图像窗口中输入“透明”，单击工具箱中的任意其它工具，退出文字编辑状态。

(3) 选择【图层】|【栅格化】|【图层】命令，将文本图层更改为普通图层。

(4) 按住 Ctrl 键的同时单击“透明”图层，加载文字形状选区。回到背景图层，选择【编辑】|【拷贝】命令和【编辑】|【粘贴】命令，形成“图层 1”。删除“透明”图层(注意此时看不见字了)。

(5) 对图层 1 分别添加【斜面和浮雕】、【投影】、【内阴影】和【描边】图层样式，参数设置分别如图 4.37～图 4.40 所示(注意混合模式及描边的颜色要比背景色稍深一点，本例参考值为 RGB(194，194，194)。

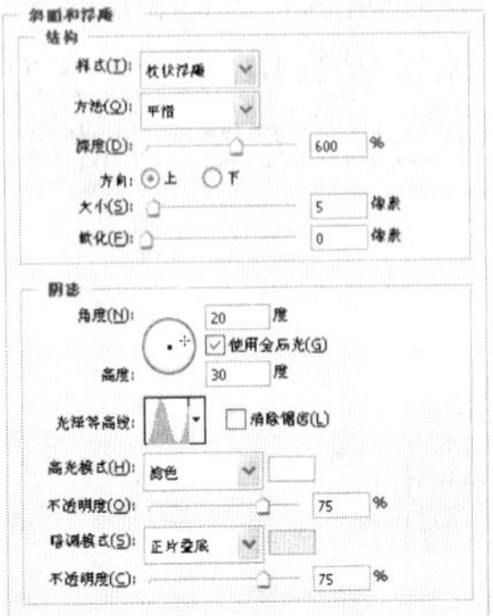

图 4.37 斜面和浮雕

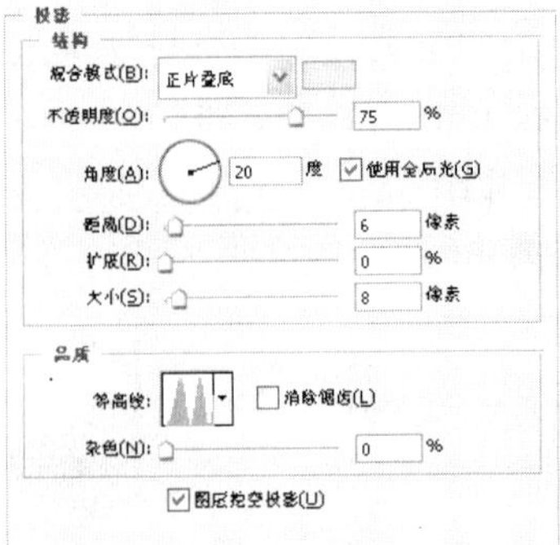

图 4.38 投影

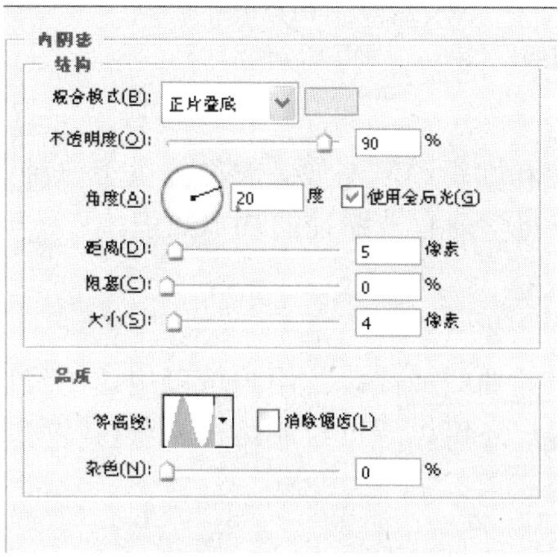

图 4.39　内阴影

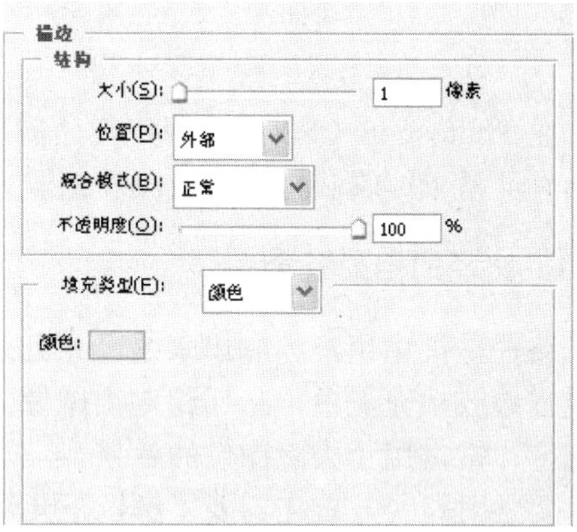

图 4.40　描边

(6) 单击【好】按钮，本例制作完毕。

【操作案例 4.7】为黑白照片上色，效果如图 4.41 所示。

操作思路：利用画笔工具、图层混合模式的更改等对黑白照片进行上色。

操作步骤：

(1) 打开素材文件“黑白照片”，如图 4.42 所示，新建一个图层“图层 1”，将图层的混合模式更改为【颜色】。

(2) 在图层 1 中将对皮肤部分上色。打开另外一幅图片“肖像”，如图 4.43 所示。在“肖像”图像窗口中用吸管工具单击皮肤部分，使前景色变为皮肤颜色。

图 4.41　上色照片

图 4.42　黑白照片

图 4.43　肖像

(3) 选中画笔工具，调整其笔刷大小和硬度，在“黑白照片”中人物的皮肤部分进行涂抹上色。

(4) 新建“图层 2”和“图层 3”，用同样的方法采用不同的颜色分别对人物的嘴唇和背景进行上色。

本例也可以通过【色相/饱和度】命令或添加图层蒙版等其它方法来实现，读者可以自己尝试一下。

4.6 路径操作

在 Photoshop CS2 中，用户往往需要反复修改和编辑绘制图像。路径提供了一种更加精确且又易于编辑和修改的绘图和选取方式。本节将学习有关路径的基本知识。

4.6.1 路径的相关概念

路径是指由用户绘制出来的一系列点连接起来的曲线或线段，用户可以用这些线段或曲线描边或填充颜色，从而绘制出图像。另外，用户还可以通过绘制路径来获得特殊形状的选区，常常用于去除图像的背景。

要学习路径，首先需要了解以下几个基本概念。

(1) 锚点：各个直线或曲线段的端点称为锚点。

(2) 方向线：方向线是曲线段在锚点处的切线，每个选中的锚点都会显示一条或两条方向线。

(3) 方向点：方向线的终点称为方向点。方向线和方向点的位置可以决定曲线段的大小和形状。

(4) 平滑点：如果两个曲线段在一个锚点处的切线方向相同，那么该锚点称为平滑点。在平滑点上移动方向线时，将同时调整平滑点两侧的曲线段。

(5) 角点：如果两个曲线段在同一个锚点处的切线方向不同，那么该锚点称为角点。在角点上移动方向线时，只调整与方向线同侧的曲线段。

4.6.2 应用路径

1. 将路径转换为选区

在【路径】面板中单击要转换为选区的路径，然后单击面板下方的 按钮，即可将路径变为图像选区。

2. 将图像选区转换为路径

在图像中创建选区后，单击【路径】面板下方的 按钮，可将选区转换为路径，同时在【路径】面板中产生工作路径。

3. 填充路径

在【路径】面板中选中要填充的路径，然后单击面板下方的 按钮，即可用前景色填充路径。

4. 描边路径

在【路径】面板中选中要描边的路径，然后单击面板下方的 按钮，即可用前景色对路径描边。

图 4.44　中国银行标志

【操作案例 4.8】 制作中国银行标志，效果如图 4.44 所示。

操作思路：利用形状工具和路径选择工具等制作中国银行的标志形状，并通过填充路径的方法填充颜色。

操作步骤：

(1) 新建一个图像，命名为“中国银行图标”，图像的宽度和高度均为300像素，分辨率为300像素/英寸，色彩模式为RGB，背景色为白色。

(2) 在工具箱中单击形状工具组，在弹出的菜单中选择椭圆形状工具。按住Shift键拖动鼠标，绘制出一大一小两个圆形。使用工具箱中的路径选择工具选中两个圆形，然后在属性栏中单击【垂直对齐】和【水平对齐】按钮，使两个圆形居中对齐，如图4.45所示。

(3) 在属性栏中单击【重叠形状区域除外】按钮，然后单击【组合】按钮。

(4) 单击工具箱中的形状工具组，从中选择矩形工具，拖动鼠标在现有路径上绘制一个矩形，其宽度与圆环宽度相当。选中路径选择工具，选中所有形状，在属性栏中单击【水平对齐】按钮，使所有形状居中对齐。

(5) 单击路径选择工具，只选中矩形形状，再单击属性栏中【组合】按钮，生成新的新路径如图4.46所示。

(6) 再次以同样方法绘制一圆角矩形，效果如图4.47所示。

(7) 在圆角矩形中间用矩形工具绘制一矩形，效果如图4.48所示。

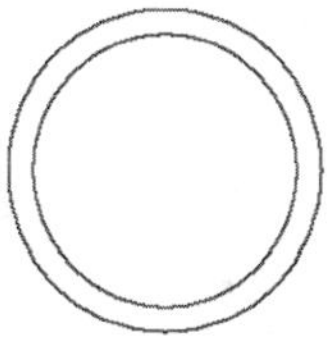

图4.45　对齐圆形

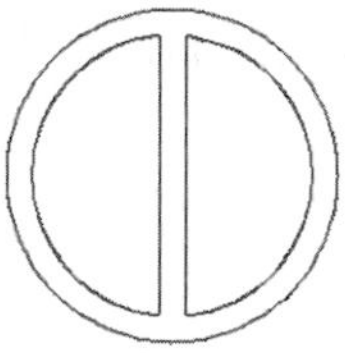

图4.46　新路径

图4.47　圆角矩形

图4.48　矩形

(8) 至此，银行标志的形状已绘制完毕。设置前景色为红色，在【路径】面板中单击【填充路径】按钮，然后在【路径】面板中将工作路径删除，得到银行标志。

> 小贴士
>
> 在这里还可以选择【编辑】|【定义自定形状】命令，将绘制的标志保存，以供以后使用。

【操作案例4.9】制作“我的中国心”，效果如图4.49所示。

操作思路：利用钢笔工具绘制心形形状，然后填充红色，为红心所在的图层添加图层样式；再用自由变换命令调整五星形状，最后用模糊工具处理边缘。

操作步骤：

(1) 新建一个图像文件，命名为“我的中国心”，图像的宽度和高度均设置为400像素，分辨率为300像素/英寸，背景色为白色。

(2) 选择工具箱中的钢笔工具，在属性栏中单击【路径】按钮，然后在图像编辑窗口绘制出一个封闭的路径，如图4.50所示。选择工具箱中钢笔工具组中的转换点工具，定位在图像左上角的锚点上，单击拖动修改路径的形状，修改后的心形路径如图4.51所示。

> 小贴士
>
> 在确定锚点位置时，若按住Shift键，则可按45°、水平或垂直方向绘制路径。

(3) 单击【路径】面板底部的【将路径作为选区载入】按钮，将路径转换为选区，并填充红色。

图 4.49 “我的中国心”效果

图 4.50 封闭路径

图 4.51 调整后的路径

(4) 添加【斜面和浮雕】图层样式，设置【样式】为【内斜面】，【大小】为 32 像素，【角度】为-90°，其余按默认设置即可；然后添加【内阴影】样式，参数按默认设置；再添加【描边】样式，【大小】为 2 像素，其余按默认设置；最后添加【外发光】样式，【扩展】为 22%，【大小】为 21 像素，其余参数按默认设置。

(5) 按住 Ctrl 键用鼠标单击缩略图，将图像载入选区，然后选择【选择】|【修改】|【收缩】命令，设置【收缩量】为 10 个像素。在保持选区的情况下，新建一个“图层 2”，然后用白色描边 10 个像素，效果如图 4.52 所示。

(6) 单击工具箱中的套索工具，将白色心形下半部分选中，羽化 2 个像素，删除多余部分，效果如图 4.53 所示。

(7) 打开素材图像，将图像拖到“我的中国心”中，形成“图层 3”。用自由变换工具将图像调整到合适的大小。

(8) 在图层 3 为当前图层的状态下，按住 Ctrl 键的同时，单击【图层】面板中的图层 1，加载图层 1 选区；反选并删除选区内的图像。

(9) 选择【编辑】|【变换】|【变形】命令，调整形状，将五星红旗由平面调整到立体状态，如图 4.54 所示。调整完毕，按回车键确认。

图 4.52 描边效果

图 4.53 删除多余部分

图 4.54 图像变形

(10) 单击工具箱中的模糊工具，将光标移动到五星红旗边缘处涂抹，使红旗和红心更好地融合。

4.7 使用滤镜

滤镜是 Photoshop 中功能最丰富、效果最奇特的工具之一。它通过不同的方式来改变像素数据，就可以达到对图像进行抽象化、艺术化处理的目的。

【操作案例 4.10】制作高尔夫球，效果如图 4.55 所示。

操作思路：利用渐变工具和【玻璃】滤镜制作高尔夫球纹理，然后用椭圆选框工具制作球形；再用【球面化】滤镜和【亮度/对比度】命令增强球的立体感，最后制作球的阴影并用【模糊】滤镜使其虚化。

操作步骤：

(1) 新建一个名为“高尔夫球”的图像文件，背景色为白色，然后新建一个图层“图层 1”。

(2) 单击工具箱中的渐变工具，在属性栏中选择【渐变类型】为径向渐变，【渐变方案】为白色过渡到黑色，在图层 1 上从左上角向右下角拖动，创建渐变。

(3) 选择【滤镜】|【扭曲】|【玻璃】命令，在弹出的对话框中设置【扭曲度】为 15，【平滑度】为 3，【纹理】为微晶体，【缩放】为 50%。

(4) 在工具箱中选择椭圆选框工具，按住 Shift 键在图像明暗交界处绘制一个正圆选区。

(5) 选择【选择】|【反选】命令反选选区，按 Delete 键将填充内容清除。再次选择【选择】|【反选】命令反选选区，此时窗口中只有圆形球面，如图 4.56 所示。

(6) 选择【滤镜】|【扭曲】|【球面化】命令，在弹出的对话框中调整【数量】为 100%，模式为【正常】，效果如图 4.57 所示。

(7) 为了加强球面的立体效果，选择【图像】|【调整】|【亮度/对比度】命令，在弹出的对话框中设置【亮度】为 16，【对比度】为 10，得到球体效果。

(8) 在图层 1 下新建一个图层，选择工具箱中的椭圆选框工具，在图层 2 上球的底部画一个椭圆，并填充黑色，如图 4.58 所示。

图 4.55 高尔夫球效果

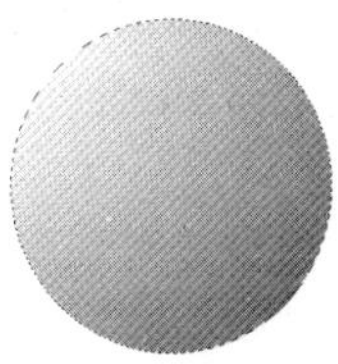

图 4.56 圆形球面

图 4.57 球面化效果

图 4.58 绘制椭圆并填充黑色

(9) 选择【滤镜】|【模糊】|【高斯模糊】命令，在弹出的【高斯模糊】对话框中设置【半径】为 6，使黑色阴影边缘虚化。

(10) 在【图层】面板中将图层 2 的【不透明度】降低到 60%，此时可以看到较为真实的阴影效果，一个高尔夫球制作完毕。

【操作案例 4.11】制作小桥倒影，效果如图 4.59 所示。

图 4.59 小桥倒影

操作思路：利用【抽出】滤镜将“小桥”图像中的桥上部分抽出，然后复制图层并进行翻转和拼接，最后用【海洋波纹】滤镜和【高斯模糊】滤镜制作小桥的水中倒影。

操作步骤：

(1) 打开素材图像“小桥”，如图 4.60 所示。

(2) 选择【滤镜】|【抽出】命令，在打开的对话框中，将【边缘高光】工具的笔刷大小设置为 5，沿着需要选取的区域边缘绘制，形成封闭区域后，单击填充工具进行填充，如

图 4.61 所示。

(3) 抽出图像后，用橡皮擦将多余的边缘部分擦除，效果如图 4.62 所示。

(4) 在【图层】面板中复制一个图层，形成“图层 1 副本”。选择【编辑】|【变换】|【垂直翻转】命令，将“图层 1 副本”进行翻转，用移动工具调整其位置与图层 1 拼接，如图 4.63 所示。

图 4.60 小桥

图 4.61 抽出图像

图 4.62 擦除后小桥

图 4.63 拼接效果

(5) 确定“图层 1 副本”为当前图层，选择【滤镜】|【扭曲】|【海洋波纹】命令，在打开的对话框中设置【波纹大小】为 2，【波纹幅度】为 4。

(6) 选择【滤镜】|【模糊】|【高斯模糊】命令，在打开的对话框中设置【半径】为 2。至此，小桥倒影制作完毕。

4.8 色调与色彩调整

一幅好的图像作品离不开好的色调和色彩品质。Photoshop CS2 提供了许多调整图像的色调和色彩的功能。本节将介绍这些功能的使用方法，并通过实例具体讲述色调与色彩调整在图像处理中的重要作用。

4.8.1 色调查看

人们对图像的颜色与色调的感知往往是通过肉眼的观察得出的结论，由于人的眼睛很容易受外界各种因素的干扰，对图像的评价往往是不准确的。Photoshop 提供了一种量化评估图像的方法——色阶直方图。

打开任意一幅图像后，可以在【直方图】面板中观察到当前图像的色调分布，如图 4.64 所示。

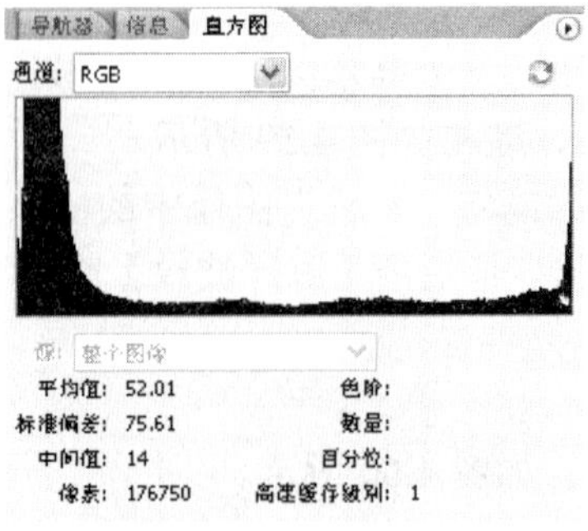

图 4.64 【直方图】面板

4.8.2　色调调整

通过【直方图】面板查看图像的色调分布情况之后，可以使用多种方法进行调整。

1. 使用【色阶】调整色调

选择【图像】|【调整】|【色阶】命令，打开如图4.65所示的【色阶】对话框。

2. 使用【曲线】调整色调

曲线调整也是一种图像色调调整方法，它可以调整高光、暗调和中间调以及0～255范围内任意点的色调分布。选择【图像】|【调整】|【曲线】命令，打开如图4.66所示的【曲线】对话框。

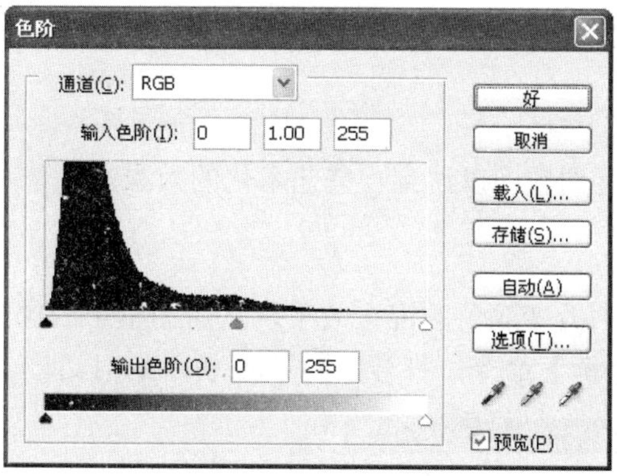

图4.65　【色阶】对话框

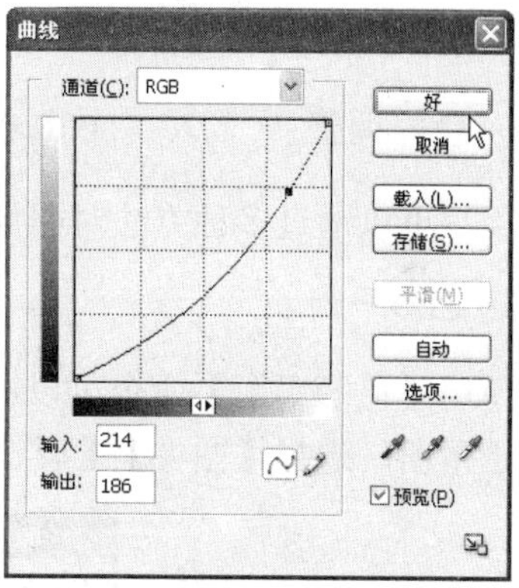

图4.66　【曲线】对话框

3. 使用【亮度/对比度】调整

【亮度/对比度】命令是最简单的调整图像色调的命令，它可以一次性调整图像中所有的色调。它对单个通道不起作用，更不能像【色阶】或【曲线】那样准确地调整色调，常用于对色调调整的精度要求不高的情况。

选择【图像】|【调整】|【亮度/对比度】命令，打开如图4.67所示的【亮度/对比度】对话框。

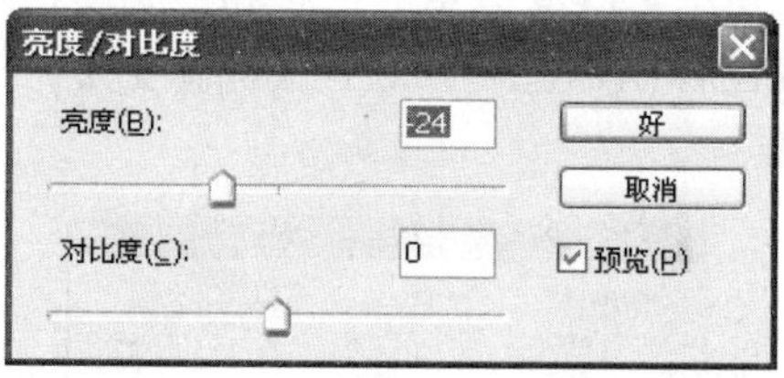

图4.67　【亮度/对比度】对话框

4.8.3　色彩查看

打开一幅素材图片，将光标移动到图像中，可在如图4.68所示的【信息】面板中查看光标处像素的RGB值和CMYK值。在工具箱中单击吸管工具，然后在图像中单击，可最多查看 4 个特定位置的颜色信息。

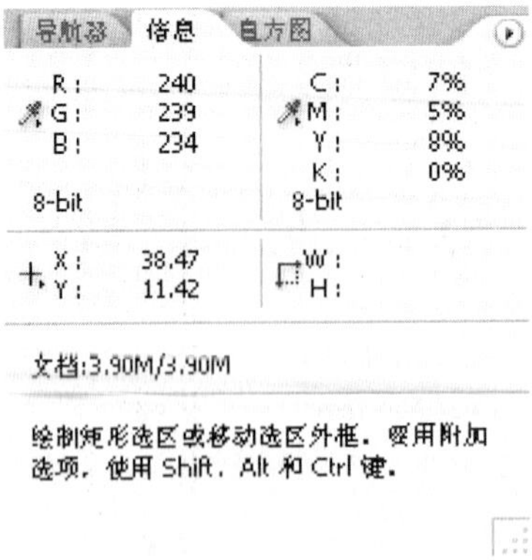

图 4.68　【信息】面板

4.8.4　色彩调整

用户可以通过多种方法对图像的色彩进行调整，以达到一些艺术化的效果。

1. 色彩平衡

使用【色彩平衡】命令可以在彩色图像中改变颜色的混合效果，从而使整个图像的色彩趋于平衡。选择【图像】|【调整】|【色彩平衡】命令，打开如图 4.69 所示的对话框。

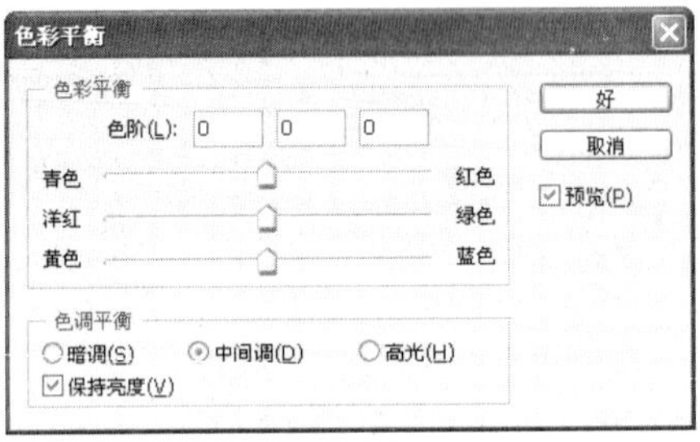

图 4.69　【色彩平衡】对话框

2. 色相/饱和度

【色相/饱和度】命令主要用于改变像素的色相和饱和度，还可以通过给像素指定新的色相和饱和度，从而为灰度图像添加色彩。选择【图像】|【调整】|【色相/饱和度】命令，打开如图 4.70 所示的对话框。

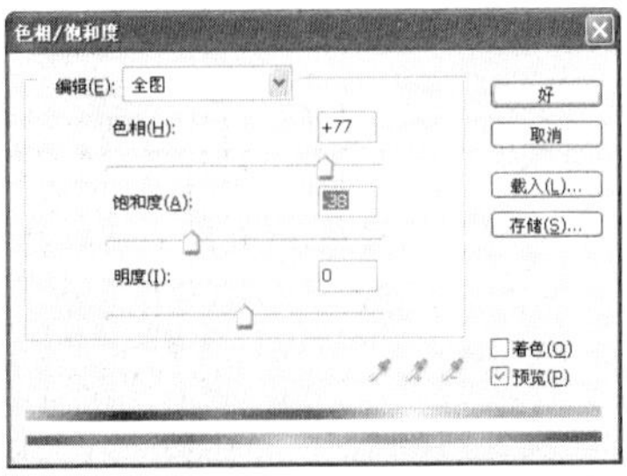

图 4.70　【色相/饱和度】对话框

3. 去色

【去色】命令的主要作用是去除图像中的饱和色彩，将彩色图像中的颜色去掉，以转化为灰度图像，但图像的色彩模式不变。

4. 反相

【反相】命令的作用是将图像或图像的选区中每一个像素的色彩变为其互补色，如黑变白、红变绿等，效果就像照片底片一样。该命令不损失图像的色彩信息。

5. 变化

【变化】命令可直观地对图像的色彩平衡、对比度和饱和度等进行综合调整。选择【图像】|【调整】|【变化】命令，打开如图 4.71 所示的对话框。

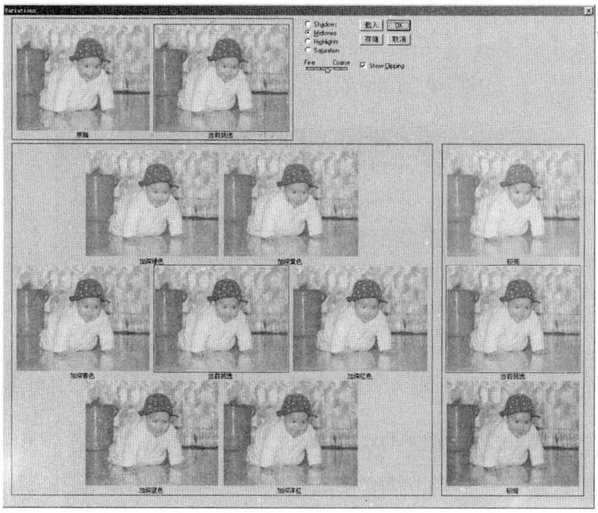

图 4.71　【变化】对话框

【操作案例 4.12】处理曝光不足的照片，效果如图 4.72 所示。

操作思路：本例通过使用【色阶】、【亮度/对比度】和【色相/饱和度】命令，将一幅逆光照片调整到正常状态。

操作步骤：

(1) 打开一幅名为“曝光不足”的照片，如图 4.73 所示。由图像中可以看出，照片存在着明显的曝光不足，色彩暗淡。

图 4.72　照片处理后的效果

图 4.73　曝光不足的照片

(2) 选择【图像】|【调整】|【色阶】命令，打开【色阶】对话框，将高光滑块向左拖动，中间调图标也向左拖动，如图 4.74 所示。

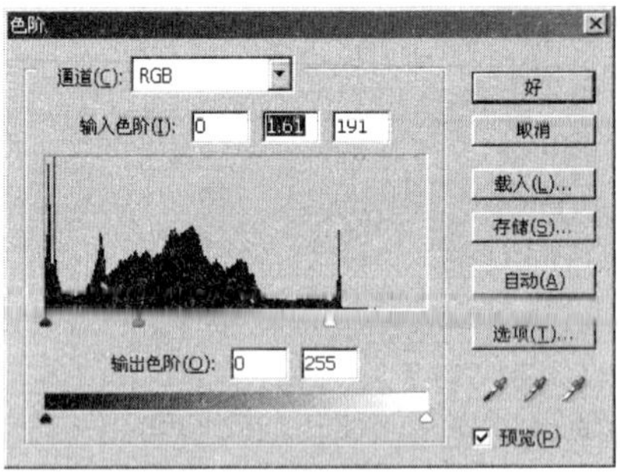

图 4.74　色阶调整

(3) 选择【图像】|【调整】|【亮度/对比度】命令，打开【亮度/对比度】对话框，将亮度和对比度均适当地调大，如图 4.75 所示。

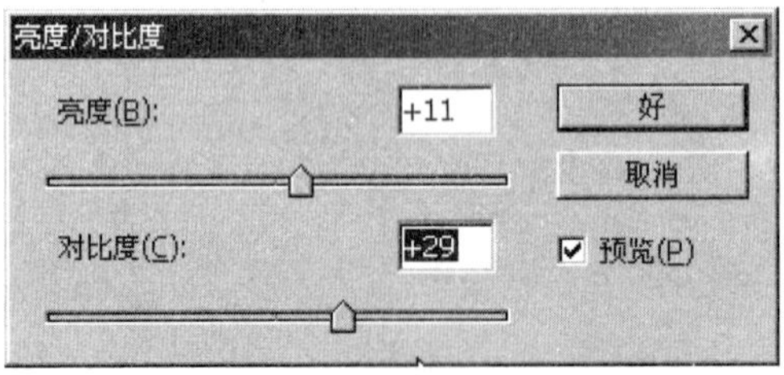

图 4.75　亮度/对比度调整

(4) 使用磁性套索工具将人物选取，选择【图像】|【调整】|【色相/饱和度】命令，在弹出的【色相/饱和度】对话框中增加明度值(本例为+20)，如图 4.76 所示，改变选区图像的明度。在【编辑】下拉列表框中选择红色，将饱和度降低(本例为-16)，如图 4.77 所示，降低红色的颜色纯度，使脸部颜色不是太红。

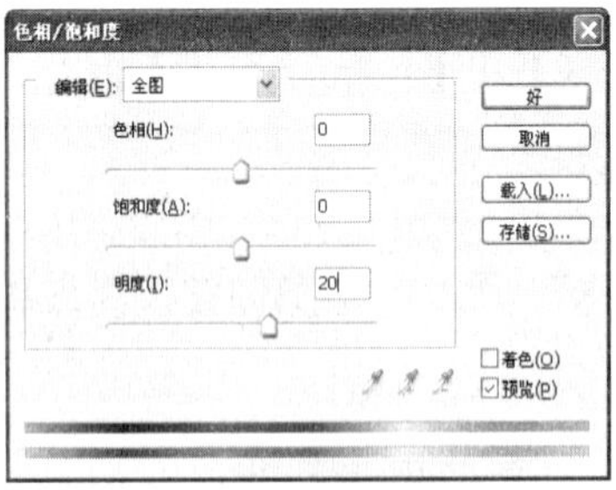

图 4.76　增加明度

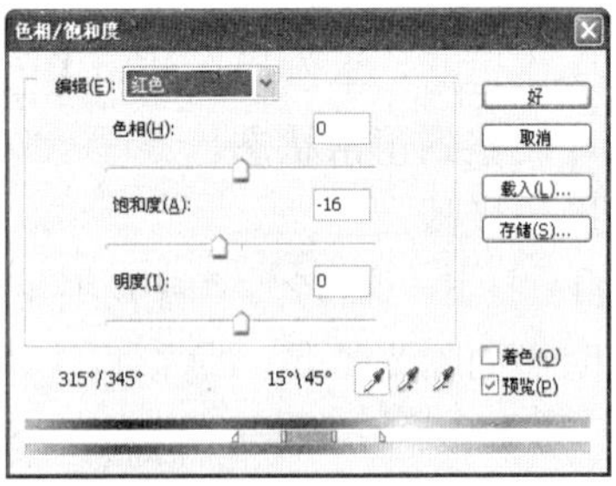

图 4.77　降低饱和度

【操作案例 4.13】为图像人物衣服进行换色，效果如图 4.78 所示。

操作思路：使用磁性套索工具选取图像，然后利用【色相/饱和度】命令来调整衣服的颜色。

操作步骤：

(1) 打开“衣服换色”素材图像，如图 4.79 所示。

图 4.78　换色后的效果

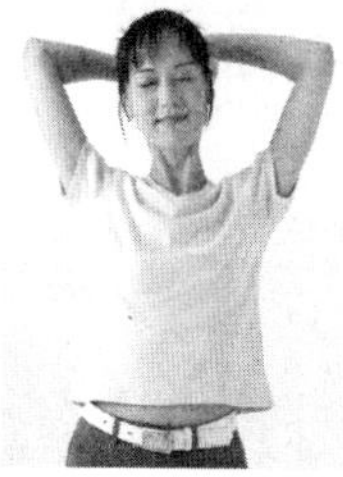

图 4.79　衣服换色

(2) 用磁性套索工具将衣服区域选中，选择【图像】|【调整】|【色相/饱和度】命令，打开【色相/饱和度】对话框。

(3) 在【色相/饱和度】对话框中，选中【着色】复选框，调整【色相】和【饱和度】的值，直到满意为止。本例参数设置如图 4.80 所示。

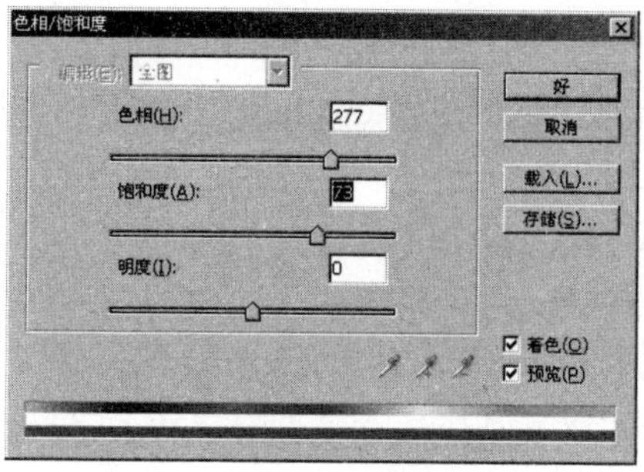

图 4.80　色相/饱和度调整

小贴士：

本例中颜色的调整还可以使用【变化】命令，在【变化】对话框中，用户可根据自己的需求选择各种不同的颜色，利用这种方法得到的颜色更为丰富。

本案例也可以不事先建立选区，在执行【色相/饱和度】命令后，效果如图 4.81 所示。在【历史记录】面板中，将【色相/饱和度】步骤设置为历史记录画笔的源，并回到【打开】步骤，如图 4.82 所示。选中工具箱中的历史记录画笔工具，在图像中要换色的衣服部分涂抹，即可将衣服恢复到【色相/饱和度】命令执行后的颜色，而其他部分保持不变，如图 4.83 所示。

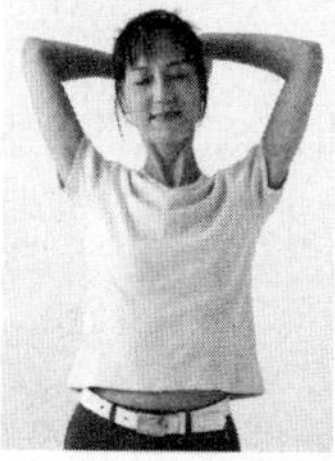

图 4.81　执行【色相/饱和度】命令后的效果

图 4.82　【历史记录】面板

图 4.83　用历史记录画笔恢复

4.9　通道与蒙版技术

通道是 Phtoshop CS2 中的一个主要元素，Phtoshop 中的每一幅图像都需要若干通道来存储图像中的色彩信息。本节主要介绍 Photoshop 中通道和蒙版的功能，以及【通道】面板和图层蒙版的使用方法。

4.9.1　通道

在 Phtoshop CS2 中，通道是很重要的一种图像处理方法，它主要用来存储图像的色彩信息和图层中的选区信息。每个通道都是一个拥有 256 阶的灰度图像，一幅图像最多可以有 24 个通道。

1. 通道的类型

通道有 3 种类型，分别是颜色通道、Alpha 通道和专色通道。

1) 颜色通道

存储图像色彩信息的通道称为颜色通道。根据图像色彩模式的不同，图像的颜色通道数也不同。例如，一个 RGB 模式的图像，其每一个像素的颜色数据是由红色、绿色和蓝色这 3 种颜色分量组成的，因此有红、绿、蓝 3 个单色通道，这 3 个单色通道又组合成了一个 RGB 复合通道。而对于 CMYK 模式的图像，则由青、洋红、黄、黑 4 个单色通道和 CMYK 复合通道组成。不同的颜色在各自的颜色通道中可以独立编辑，不会影响其他色彩分量。

2) Alpha 通道

在图像中创建选区之后，可以将选区保存为通道形式，称为 Alpha 通道。Alpha 通道将选区范围作为 8 位灰度图像保存，需要时可再次载入。

3) 专色通道

专色通道保存的是图像的专有信息。专色是特殊的混合油墨颜色，用来代替或补充印刷色(CMYK)油墨。在分色打印时，专色也会被单独分一页打印。

2.【通道】面板

Photoshop 中通过使用【通道】面板来对通道进行操作，如图 4.84 所示。

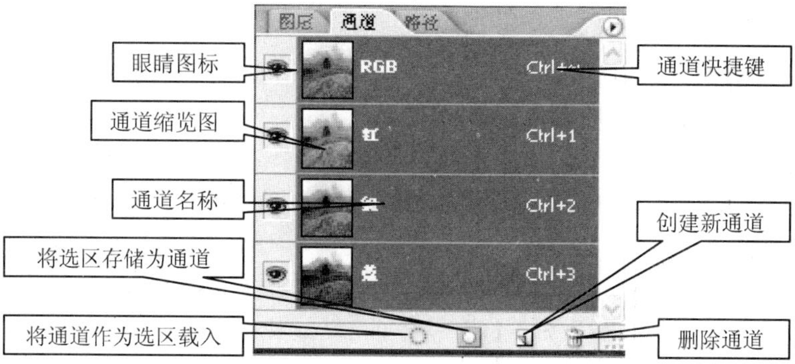

图 4.84 【通道】面板

3. 通道的应用

由于通道中存储的是图像的色彩信息和图层中的选区信息，因此通道主要有以下几个方面的应用。

1) 存储选区

由于选区不能永久存放，所以不便多次使用，而将选区转化为通道可以永久保存，也可以用更多的工具编辑。

2) 利用通道创建选区

在图像的创作过程中，用户往往需要选取图像，前面讲述过的选择工具并不完全能够满足需求。当图像细节处理方面比较复杂，但同时通道中图像的层次比较清晰时，可以利用通道来进行选择。

4.9.2 蒙版

蒙版是一种专用的图像选区处理技术，在图像处理时可屏蔽和保护一些重要的区域不受编辑的影响。如果把蒙版当做是一张蒙在图像上的膜，则膜颜色浅的地方完全透明，可以直接看到下面的图像；颜色深的地方完全不透明，下面的图像完全被遮住；介于两者之间的地方则以不同程度的半透明形式显现。

Photoshop 提供了两种蒙版：快速蒙版和图层蒙版。

1. 快速蒙版

快速蒙版是一种临时蒙版，可以快速地将一个选区转化为蒙版，然后对该蒙版进行编辑修改，最后再将其转化为选区使用。

2. 图层蒙版

图层蒙版主要用于控制图层上各个区域的显示程度，可以在不改变图层本身的前提下改变图层的显示效果。完成编辑后，可以应用蒙版并使所做的更改永久生效，或者扔掉蒙版放弃所做的更改。

利用图层蒙版可以创建选区，创建的蒙版可以应用到图层上，也可以丢弃。在矢量蒙版上单击鼠标右键，在弹出的快捷菜单中选择合适的命令，即可进行大部分操作。

图 4.85 娇嫩肌肤效果

【**操作案例 4.14**】打造娇嫩肌肤，效果如图 4.85 所示。

操作思路：用磁性套索工具选取肌肤部分，然后在通道中使用【模糊】滤镜做柔化处理，去除照片的粗糙瑕点，使肌肤娇嫩光滑。

操作步骤：

(1) 打开素材文件“人物.jpg”，仔细观察可以看到人物脸上的杂点，皮肤显得比较粗糙，如图 4.86 所示。

(2) 选择磁性套索工具，将人物肌肤部分选中，选择【选择】|【存储选区】命令，将选区以 Alpha 通道形式保存，命名为“1”。

(3) 选中【通道】面板中的红色通道，选择【滤镜】|【模糊】|【特殊模糊】命令，在打开的对话框中设置【半径】为 1，如图 4.87 所示。因为红色通道中杂点较多，因此再运用一次相同的特殊模糊(运用两次半径为 1 的模糊和运行一次半径为 2 的模糊效果是不同的)。

图 4.86　人物原图

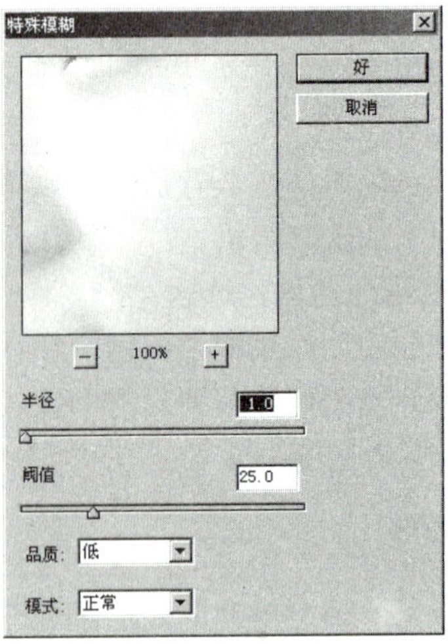

图 4.87　【特殊模糊】对话框

(4) 选中绿色通道，使用特殊模糊滤镜进行一次和红色通道相同的操作。

(5) 选中蓝色通道，和红色通道一样，运用相同的两次特殊模糊，此时单击 RGB 混合通道查看全图，发现肌肤上的杂点已经没有了。

4.10　综 合 实 例

【**综合案例 4.15**】制作火焰字，效果如图 4.88 所示。

图 4.88　火焰字效果

操作思路：本例通过文字工具、【风】滤镜、【波纹】滤镜的使用和转换图像的色彩模式来制作。

操作步骤：

(1) 新建一个图像文件，设置图像的宽度和高度分别为 900 像素和 300 像素、灰度模式、300 像素/英寸、背景为黑色。

(2) 设置前景色为白色。选择工具箱中的横排文字工具，在属性栏中调整其大小和字形，在图像编辑区输入“燃烧吧！火鸟”，如图 4.89 所示。

图 4.89 输入文字

(3) 选择【编辑】|【变换】|【旋转 90 度(逆时针)】命令，将图像旋转 90°。

(4) 选择【滤镜】|【风格化】|【风】命令，打开【风】对话框。在对话框中设置【方法】为风，【方向】为从右。按 Ctrl+F 组合键两次重复应用【风】滤镜。

(5) 选择【编辑】|【变换】|【旋转 90 度(顺时针)】命令，将图像旋转回原来的位置，如图 4.90 所示。

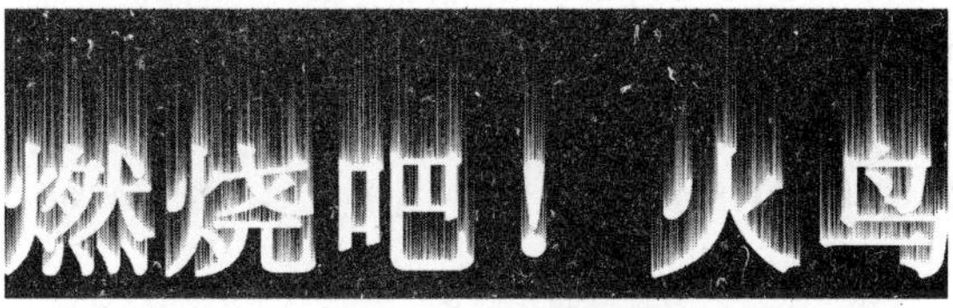

图 4.90 风滤镜效果

(6) 选择【滤镜】|【扭曲】|【波纹】命令，打开【波纹】对话框。在对话框中设置【数量】为 100%，【大小】为中，效果如图 4.91 所示。

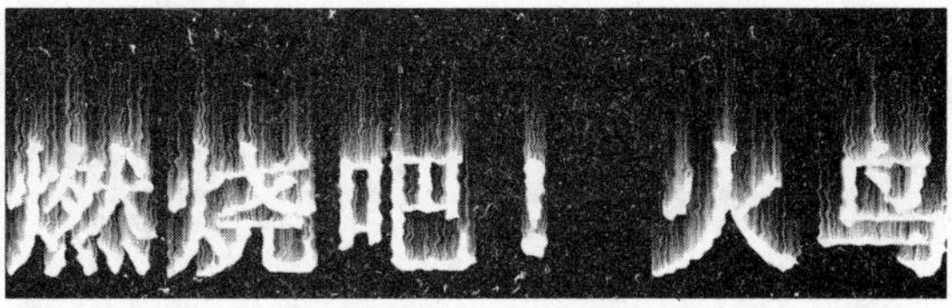

图 4.91 波纹滤镜效果

(7) 选择【图像】|【模式】|【索引颜色】命令，将图像的色彩模式转换为索引模式。

(8) 选择【图像】|【模式】|【颜色表】命令，在弹出的【颜色表】对话框中选择【颜色表】为黑体。

【综合案例 4.16】制作五子棋，效果如图 4.92 所示。

操作思路：本例将使用选区、色彩调整、图层、滤镜等知识点制作一副五子棋。

操作步骤：

(1) 新建一个 RGB 色彩模式的图像，宽度和高度均为 400 像素，分辨率为 300 像素/

英寸。设置前景色为黄色(参考值：RGB(220，210，50))，用前景色填充整个图像。

(2) 选择【滤镜】|【纹理】|【颗粒】命令，打开【颗粒】对话框。在对话框中设置【强度】为 27，【对比度】为 60，【颗粒类型】为【水平】。然后选择【滤镜】|【模糊】|【动感模糊】命令，打开【动感模糊】对话框。在对话框中设置【角度】为 0，【距离】为 999 像素，给背景添加柔化效果，如图 4.93 所示。

图 4.92　五子棋效果

图 4.93　动感模糊效果

(3) 选择【图像】|【调整】|【色相/饱和度】命令，打开【色相/饱和度】对话框。在对话框中选中【着色】复选框，设置【色相】为 34，【饱和度】为 25，【明度】为 0。

(4) 选择【滤镜】|【扭曲】|【旋转扭曲】命令，打开【旋转扭曲】对话框。在对话框中设置【角度】为 100 度，制作扭曲木纹效果，如图 4.94 所示。

(5) 新建图层 1，设置前景色为黑色，选择工具箱中形状工具组中的直线工具，在属性栏中设置为【填充型】，【粗细】为 1 像素。在图层 1 中绘制 4×4 方格(可以借助标尺工具精确绘制)。

(6) 选择【图层】|【图层样式】|【斜面和浮雕】命令，设置【样式】为枕状浮雕，【角度】为 45 度，其余按默认设置。棋盘效果如图 4.95 所示。

图 4.94　扭曲木纹效果

图 4.95　绘制棋盘

(7) 新建图层 2，选中工具箱中的椭圆选框工具，在属性栏中设置【固定大小】为 160×160。用鼠标在图像编辑区单击建立 160×160 的圆形选区，用黑色填充。

(8) 选择【滤镜】|【艺术效果】|【塑料包装】命令，打开【塑料包装】对话框。在对话框中设置【高光强调】为 10、【细节】为 15、【平滑度】为 15，制作塑料包装效果如图 4.96 所示。

(9) 再次用椭圆选框工具创建一个 80×80 的圆形选区，调整其位置到黑色圆形的左下角。反选选区，删除，完成黑子的制作，调整位置如图 4.97 所示。

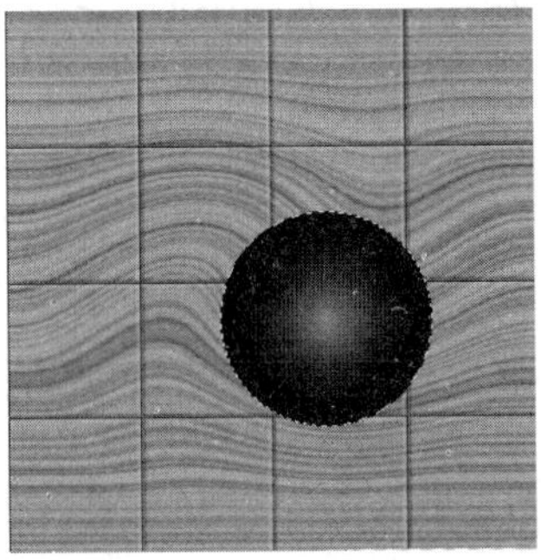

图 4.96　塑料包装效果

图 4.97　黑子的效果

(10) 新建图层 3，重复(7)～(9)步操作，制作白子。分别把图层 2 和图层 3 复制多次，完成多个棋子的制作，并调整位置。

(11) 将背景层和图层 1 隐藏，合并可见图层，形成新的“图层 2”。 为图层 2 加上投影，设置【角度】为 45 度，【距离】为 2，其余保持不变。至此，五子棋制作完毕。

小　　结

本章首先介绍了色彩、像素、图像的类型和图像文件格式等图形图像的基础知识，然后重点介绍了 Photoshop 图像处理软件的基本操作，并通过一些案例介绍了图像处理的各种方法和技巧。

通过本章的学习，大家可以熟练地应用 ACDSee 软件浏览图形图像，进行图像文件格式的转换；能够使用 Photoshop 对图像进行选取、编辑制作、添加特殊效果；能够应用图层、路径、滤镜、通道等进行图像处理和简单的平面设计。

习　　题

1. 选择题

(1) 下列关于矢量图形的说法，错误的是____。

A. 矢量图形放大后不会出现锯齿状失真

B. 对矢量图形进行编辑，实际上是对一个个矢量对象进行编辑

C. 矢量图形的图形尺寸越大，则该图形占用的存储空间也越大

D. 矢量图形适合制作简单的卡通图案，而不适合制作色彩复杂的图片

(2) 两幅实际大小相同的图像，高分辨率意味着____。

①单位面积内的像素个数比较多　②每个像素的面积更小

③图像清晰程度更高　④增加文件存储空间并降低图像的处理速度

A. ①③④　　B. ②④　　C. ①②③④　　D. ②③④

(3) 常用于制作彩色印刷品的四色印刷采用____。

A. RGB 模式　B.CMYK 模式　C. HSB 模式　D. Lab 模式

(4) 当画面中有选择区域时，按下键盘中的【Alt】键可____画面中的选择区域。

A. 取消　B. 增加　C. 减少　D. 反选

(5) 选择【____】菜单中的【工具】命令，可以将显示的工具栏隐藏。

A. 文件　B. 视图　C. 窗口　D. 帮助

(6) 在路径曲线线段上，方向线和方向点的位置决定了曲线段的____。

A. 角度　B. 形状　C. 方向　D. 像素

(7) 关于【形状工具】，使用 Photoshop 默认用法，以下说法错误的是____。

A. 形状工具画出的对象会以一个新图层的形式出现

B. 形状工具画出的对象是位图的

C. 可以用钢笔工具对形状工具画出对象的形状进行修改

D. 形状工具画出的对象实际上是一条路径曲线

(8) ____命令可以增加图像的对比度。

A. 亮度/对比度　B. 变化　C. 色相/饱和度　D. 色彩平衡

(9) 以下对调整图层的描述错误的是____。

A. 调整图层可以调整不透明度

B. 调整图层带有图层蒙版

C. 调整图层可以调整图层混合模式

D. 选中的图层可以与其下的调整图层合并

(10) 有关滤镜的说法中正确的是____。

A. 滤镜效果只能应用于整个图层

B. 所有滤镜都可以应用于每通道 16 位的图像

C. 索引模式的图像不能应用滤镜效果

D. “像素化”类滤镜可应用于位图模式的图像

2. 简答题

(1) 图像获取的方法有哪些？

(2) 位图图像和矢量图形有什么区别？

(3) 试述选区的建立方法及技巧。

(4) 如何对图像的一部分添加滤镜效果？

(5) 如何将路径中的直线变为曲线？如何增加或减少锚点？

(6) 蒙版有什么作用？如何添加快速蒙版？

3. 操作题

(1) 在网上收集相关素材图片，对图片进行羽化处理，创建一幅广告图像。

(2) 使用钢笔工具或铅笔工具，选择不同的笔形，绘制一幅创意图画。

(3) 通过为文字添加图层样式设计一种特效文字。

(4) 设计一张新年贺卡。

(5) 利用路径工具制作邮票效果。

(6) 利用【风】、【图章】滤镜编辑通道，制作滴血字效果。

第 5 章

动画原理及制作

教学目标

- 了解动画的基本概念、制作原理及制作过程
- 掌握 GIF 动画的制作方法
- 熟练掌握 Flash 逐帧动画、补间动画的制作
- 掌握 Flash 引导动画和遮罩动画的制作
- 学会做简单的 Flash 交互式动画

本章知识结构图

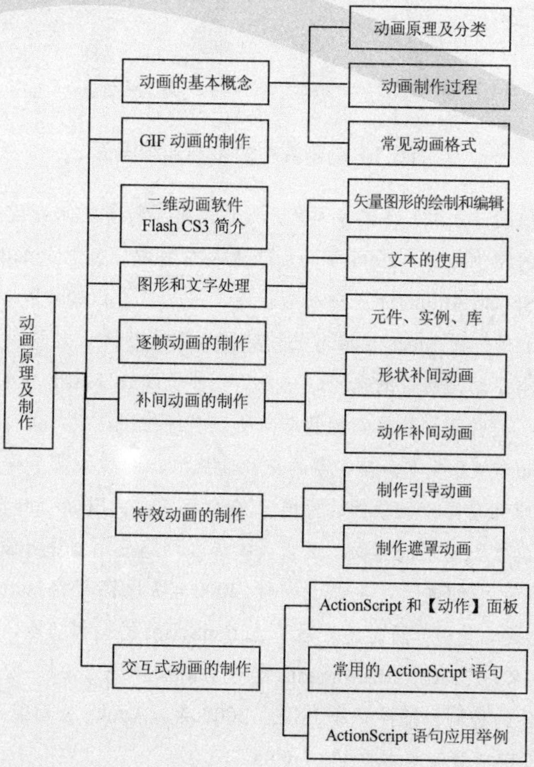

导入案例

动画片最早诞生于法国。1877 年，巴黎的光学家兼画家 E·雷诺根据“视觉暂留”的原理，制成一种新的玩具活动视镜，1878 年在巴黎世界博览会中获奖。1879 年，他对活动视镜又做了改进，根据动画片的基本原理，利用一只饼干筒，发明了活动视镜影戏机，可以使连续图画的画带无限地延长，能够表现更长的活动图画。雷诺绘制了《喂小鸡》、《游泳女郎》、《猴子音乐家》等 20 多个动画小节目，是世界上最早的原始动画片。随着幻灯放映机的发明，1888 年 10 月，雷诺运用幻灯机的技术，制成了光学影戏机。他绘制的动画片《一杯可口的啤酒》，成为在电影发明以前世界上第一部比较完整的动画片。

传统的动画片是用画笔画出一张张不动的、但又是逐渐变化着的连续画面，经过摄影机、摄像机的逐格拍摄，然后以每秒钟 24 格或 25 格的速度连续放映，这时所画的不动的画面就在银幕上或荧屏里活动起来，这就是传统的动画片。如图 5.1 所示的多帧连续画面实现了人跑步的动画。动画片由于是用绘画方法来表现角色的每个动作，因而是一项十分艰巨的工作。一般来说，一部 10 分钟的短片，片长 900 英尺，等于 1.44 万格画面。以每张动画拍摄 2 格计算，大约要绘制 7000 多幅图画。一部 90 分钟的长片，就要绘制 6 万多张图画，需几十个画家工作近两年的时间。

图 5.1 动画片中的多幅连续画面

20 世纪 80 年代初，美国、日本、英国等国家开始运用电子计算机来完成动画的中间过程，初步获得成功，大大提高了动画片的制作能力。1995 年，加拿大人乔纳森·盖伊(Jonathan Gay)凭借着敏锐的市场观察力，设计出了 Future Splash Animator 矢量动画软件，并成立了 Future Wave 软件公司，致力于图像方面的研究工作。1996 年 11 月，被 Macromedia 公司收购以后，软件正式改名为 Flash。Flash 动画采用的是矢量绘图技术，大大减小了动画所占的空间，一个几分钟长度的 Flash 动画片也许只有 1～2MB 大小，在网络带宽局限的情况下，提升了网络传输的效率，所以一经推出，就风靡了网络世界。1999 年 6 月，Macromedia 公司发布了 Flash 4.0 版本，其丰富的交互性技术，使其动画作品开始在网上大量传播，在网页制作中逐渐成为交互式媒体动画设计软件的标准。2000 年 7 月，Flash 5.0 发布，其特有的 ActionScript 脚本既保持了开发交互性的友好易用的界面，又大大扩展了网络应用程序开发工具的功能，使得用 Flash 5.0 创建复杂的交互性网络应用(如电子商务)成为可能。2002 年 3 月 15 日，Macromedia 公司发布了 Flash MX 版本，它增强了 Flash 5 的核心功能，同时还加强了 ActionScript 的编程功能，使它可以创建完整的交互式动画及动态站点。2003 年 8 月 25 日，Macromedia 推出了 Flash MX 2004，增加了许多新的功能，同时开始了对 Flash 本身制作软件的控制和插件开放 JSFL。2007 年，Adobe 公司兼并了 Macromedia，陆续发布了 Flash CS3、Flash CS4，目前最新版本是 Flash CS5。

5.1 动画的基本概念

5.1.1 动画原理及其分类

动画是将静止的画面变为动态的艺术，实现由静止到动态，主要靠人眼的视觉暂留效应，利用人的这种视觉生理性可制作出具有高度想象力和表现力的动画影片。

从动画的视觉空间上划分，动画可分为二维动画(平面动画)和三维动画(空间动画)。二维动画是指平面的动画表现形式，它运用传统动画的概念，通过平面上物体的运动或变形来实现动画的过程，具有强烈的表现力和灵活的表现手段。创作二维动画的软件有 Flash、GIF Animator 等。三维动画是指模拟三维立体场景中的动画效果，虽然它也是由一帧帧的画面组成的，但它表现了一个完整的立体世界。通过计算机可以塑造一个三维的模型和场景，而不需要为了表现立体效果而单独设置每一帧画面。目前创作三维动画的软件有 3DS MAX、Maya 等。本章主要学习二维动画的制作。

5.1.2 动画的制作过程

动画作品的诞生需要经历很多制作环节，其中的每一个环节都相当重要，直接影响到作品的最终品质。在 Flash 中制作动画主要包括以下几个过程。

1. 策划动画

在制作动画之前，首先要做策划工作，也就是要确定动画的剧情、动画的表现手法及对动画中出现的人物、背景、音乐等进行构思。

2. 收集素材

在对动画进行了初步策划之后，就可以收集动画中可能要用到的素材。将各种素材收集好以后再制作动画，不但可以节约精力和时间，而且便于根据策划统一素材的风格，避免边制作边收集时不能统一风格的问题。

3. 制作动画

经过精心的策划，收集好素材后就可以制作 Flash 动画了。制作动画是 Flash 动画制作过程中比较关键的一步，它是利用所收集的动画素材来表现动画策划中各个画面的具体实现手段。动画的好坏很大程度就取决于动画的制作过程，这需要用户具备熟练的操作技能。

4. 调试动画

动画初步制作完成后，并不一定就能达到预想的效果，这时需要对动画进行调试。调试动画主要是针对动画片段的衔接、动画的各个细节、声音与动画之间的协调等进行局部的调整，使整个动画看起来更加和谐自然，以保证动画作品的最终品质。

5. 测试动画

动画制作完成后发布之前，还需要对动画的效果、品质等进行最后检测。动画播放的效果很大程度上取决于计算机的具体配置，所以在测试动画时应尽可能多地在不同档次、不同配置的计算机上测试动画，然后根据测试结果对动画进行调整和修改，使得动画无论在哪种操作平台上都可以得到相同的播放效果。

6. 发布动画

发布动画是 Flash 动画制作的最后一步，在这一步中，用户可以对动画的输出格式、画面品质和声音效果等进行设置。

5.1.3 常见的动画文件格式

动画的应用比较广泛，由于应用领域不同，其动画文件也存在着不同类型的存储格式。目前应用最广泛的动画格式主要包括以下几种。

1. GIF 动画格式

大家都知道，GIF 图像由于采用了无损数据压缩方法中压缩率较高的 LZW 算法，文件尺寸较小，因此被广泛采用。GIF 动画格式可以同时存储若干幅静止图像并形成连续的动画。目前 Internet 上大量采用的彩色动画文件多为这种格式的 GIF 文件，很多图像浏览器都可以直接观看此类动画文件。

2. FLIC(FLI/FLC)格式

FLIC 是 Autodesk 公司在其出品的 Autodesk Animator/Animator Pro/3D Studio 等 2D/3D 动画制作软件中采用的彩色动画文件格式，FLIC 是 FLC 和 FLI 的统称，其中，FLI 是最初的基于 320×200 像素的动画文件格式，而 FLC 则是 FLI 的扩展格式，采用了更高效的数据压缩技术，其分辨率也不再局限于 320×200 像素。FLIC 文件采用行程编码(RLE)算法和 Delta 算法进行无损数据压缩，首先压缩并保存整个动画序列中的第一幅图像，然后逐帧计算前后两幅相邻图像的差异或改变部分，并对这部分数据进行 RLE 压缩，由于动画序列中前后相邻图像的差别通常不大，因此可以得到相当高的数据压缩率。它被广泛用于动画图形中的动画序列、计算机辅助设计和计算机游戏应用程序。

3. SWF 格式

SWF 是 Micromedia 公司的产品 Flash 的矢量动画格式，它采用曲线方程描述其内容，不是由点阵组成内容，因此这种格式的动画在缩放时不会失真，非常适合描述由几何图形组成的动画，如教学演示等。由于这种格式的动画可以与 HTML 文件充分结合，并能添加 MP3 音乐，因此被广泛地应用于网页上，成为一种“准”流式媒体文件。

4. AVI 格式

AVI 是对视频、音频文件采用的一种有损压缩方式，该方式的压缩率较高，并可将音频和视频混合在一起，因此尽管画面质量不太好，其应用范围仍然非常广泛。目前 AVI 文件主要应用在多媒体光盘上，用来保存电影、电视等各种影像信息，有时也出现在 Internet 上，供用户下载、欣赏新影片的精彩片段。

5. MOV、QT 格式

MOV、QT 都是 QuickTime 的文件格式，该格式支持 256 位色彩，支持 RLE、JPEG 等领先的集成压缩技术，提供了 150 多种视频效果和 200 多种 MIDI 兼容音响和设备的声音效果，能够通过Internet提供实时的数字化信息流、工作流与文件回放，国际标准化组织(ISO)最近选择 QuickTime 文件格式作为开发 MPEG-4 规范的统一数字媒体存储格式。

5.2　GIF 动画的制作

GIF 分为静态 GIF 和动画 GIF 两种，支持透明背景图像，适用于多种操作系统，“体型”很小，网页上很多小动画都是 GIF 格式的。制作 GIF 动画最常用的软件是 Ulead GIF Animator。

Ulead GIF Animator(以下简称 UGA)是友立公司在 1992 年出版的一个简单、快速、灵活、功能强大的 GIF 动画编辑软件，内建的 Plug-in 有许多现成的特效可以立即套用，可将 AVI 文件转成 GIF 动画文件，而且还能将动画 GIF 图片最佳化，能将放在网页上的动画 GIF 图档减肥，以便让人能够更快速地浏览网页。同时，UGA 也是一款不错的网页设计辅助工具，还可以作为 Photoshop 的插件使用，丰富而强大的内置动画选项，让用户更方便地制作符合要求的 GIF 动画。

启动软件后，程序会弹出一个启动向导来引导设计者制作 GIF 动画，如图 5.2 所示。用户可以选择左边两个选项【动画向导】和【空白动画】来建立一个新的 GIF 图像，也可以选择右边的 3 个选项【打开一个已存在的图像文件】、【打开现有的视频文件】、【打开一个样本文件】将现有图片及视频转换成 GIF 动画。

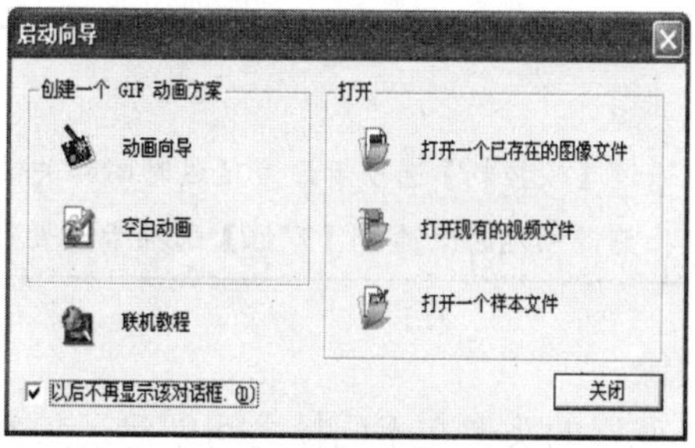

图 5.2　启动向导

在设计动画过程中，当帧数较多时，这个动画文件可能比较大，不适合在网络上传播，所以 GIF Animator 中提供了对动画进行优化的功能。这种功能的原理是将帧的图像分割成若干块，在帧之间变换时，相同的块将在第二个帧中被删除，以达到减小文件大小的目的，相当于 MPEG 的压缩方式。

【操作案例 5.1】制作 Banner 文字。

操作思路：在预先制作好的图片上添加 Banner 文字，利用【效果】等选项卡为 Banner 文字设置特效等。

操作步骤:

(1) 新建文件，选择【文件】|【打开图像】命令，将图片 sun.gif 打开。

(2) 选择【帧】|【添加 Banner 文字】命令，打开【添加 Banner 文字】对话框，如图 5.3 所示。

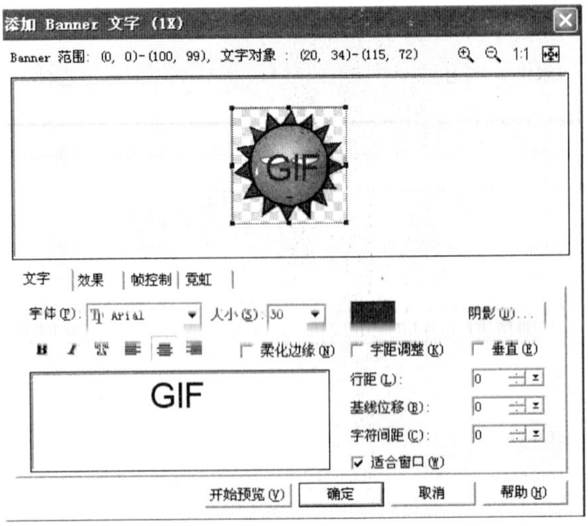

图 5.3 【添加 Banner 文字】对话框

(3) 把样本字改成自己想写的文字“GIF”，并用鼠标将文字移到适当的位置。

(4) 选择【效果】选项卡，设置特效，此实例中选择【输入镜头时】为【水平合并】，【退出镜头时】为【向上滚动】。

(5) 设置完成后，单击【确定】|【创建为 Banner 文字】按钮。

(6) 选择【预览】选项卡，即可看到所创建的 Banner 文字。

(7) 选择【文件】|【另存为】|【GIF 文件】命令即可。

> 小贴士：
>
> 在制作 GIF 动画时，可以通过【帧控制】选项卡设置延迟时间和关键帧延时，也可以双击【帧】面板中某一帧来设置延迟时间和关键帧延时；通过【霓虹】选项卡设置霓虹效果。

【操作案例 5.2】制作动态头像。

操作思路：利用事先处理好的头像在不同帧之间创建视频效果，从而形成动态头像的效果。

操作步骤：

(1) 新建-文件选择【文件】|【打开图像】命令，将图片 head.gif 打开，如图 5.4 所示。

图 5.4 head.gif 图片

(2) 选取第一幅图，选择【视频效果】|【擦拭】|【星形-擦拭】命令，打开【视频效果】对话框，如图 5.5 所示。在此对话框中可以设置擦拭的帧数、延迟时间等，此实例按默认设置，单击【确定】按钮。

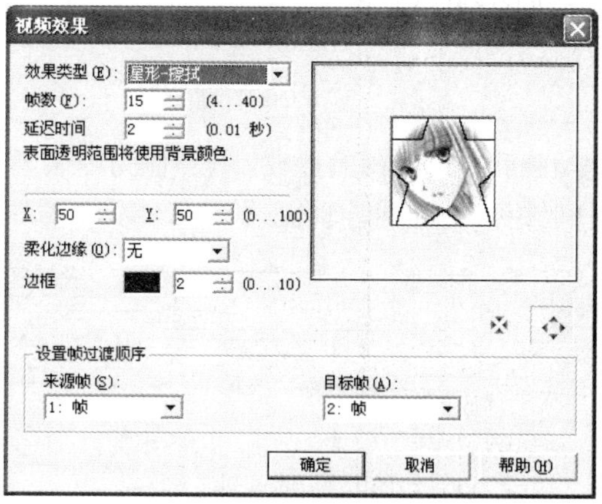

图 5.5　【视频效果】对话框

(3) 选取第二幅图，选择【视频效果】|【翻页-果皮】命令，打开【视频效果】对话框，按默认效果进行设置，然后单击【确定】按钮。

(4) 同理，选取第 3、第 4 幅图，分别选择【视频效果】菜单下的命令。

(5) 选择【文件】|【另存为】|【GIF 文件】命令即可。

5.3　二维动画软件 Flash CS3 简介

Adobe Flash CS3 是 Adobe 公司的主要软件之一，是网页“三剑客”系列中第一个采用全新 Creative Suite 3 界面的成员。

启动 Adobe Flash CS3 后，出现 Adobe Flash CS3 的工作界面，界面如图 5.6 所示。Adobe Flash CS3 的工作界面包括标题栏、菜单栏、工具栏、绘图工具栏、时间轴、场景和浮动面板等。了解每一项的功能特点并能灵活使用，这是制作动画的必要条件。

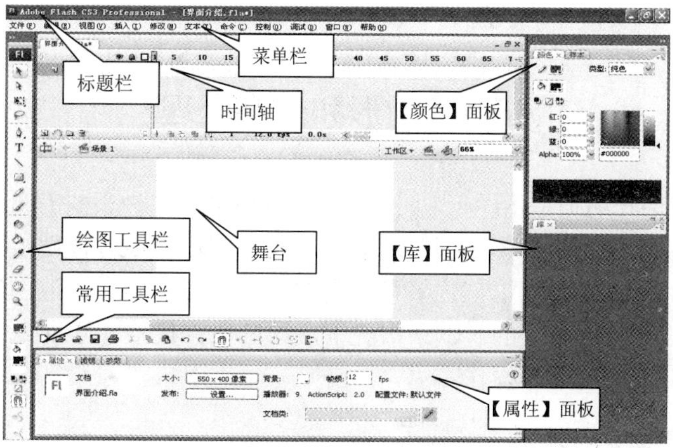

图 5.6　Adobe Flash CS3 的工作界面

1. 舞台

舞台位于工作界面的正中间位置，是创建 Flash 文档时放置图形等对象的矩形区域，相当于在 Flash Player 或 Web 浏览器窗口中播放期间显示 Flash 文档的矩形空间。

2. 时间轴

时间轴主要用于创建动画和控制动画的播放。其左侧为图层区，右侧为时间线控制区，包括播放指针、帧格、时间轴标尺及时间轴状态栏，其外观如图 5.7 所示。

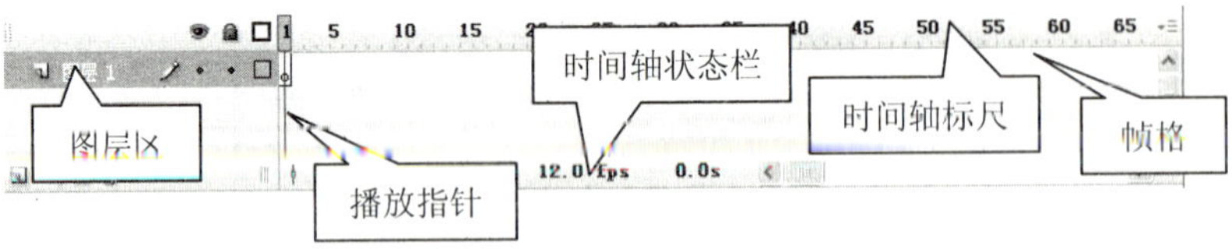

图 5.7　时间轴

1) 图层区

图层区主要用于图层的操作，当舞台中有很多对象，又需要将其按一定的上下顺序放置时，即可将它们放置在不同的层中。在图层区中，用户可以通过其中的按钮对图层进行操作。

2) 时间线控制区

时间线控制区主要用于创建动画和控制动画的播放，它由播放指针、帧格、时间轴标尺及时间轴状态栏组成。

在时间轴控制区域下方的  是洋葱皮工具，利用洋葱皮工具可同时看到多个帧的动画状态，这在动画的制作和编辑过程中相当有用。

3. 常用面板

在动画制作过程中，常常需要对动画内容进行编辑并设置属性，这时可以利用 Flash 提供的各种功能面板来设置不同对象的属性。

Flash 中的面板都是浮于工作界面上方的，不但可以将其关闭，还可以将其展开或折叠为图标，甚至可以改变面板的位置。

5.4　图形和文字处理

一个优秀的 Flash 动画是由图形、图像、文字及声音等多种素材有机组合而成的。Flash 提供了丰富的矢量绘图功能和图形编辑功能，利用它们可以很方便地绘制出栩栩如生的矢量图。另外，利用文本工具可以创建多种风格的文字。图形和文字的创建与编辑主要是通过绘图工具栏中的工具来完成的。默认情况下，绘图工具栏位于 Flash 窗口的左侧，并且可以进行展开、折叠或关闭等操作。

5.4.1　矢量图形的绘制与编辑

Flash 中所绘制的图形是矢量图形，由线条和填充区域两部分组成。绘制基本矢量图形由绘图工具栏中的工具来完成。绘图工具栏中各个工具的功能见表 5-1。

表 5-1 绘图工具栏中各个工具的功能

图标	图标名称	作　用
	选择工具	选择舞台中的对象，然后可以移动、改变对象的大小和形状，按住 Ctrl 键可实现复制操作
	部分选取工具	选择矢量图形(不包含实例对象)，增加和删除矢量曲线的节点，改变矢量图形的形状等
	任意变形工具组	任意变形工具用来改变对象的位置、大小、旋转角度和倾斜角度等；渐变变形工具用于改变填充物的位置、大小、旋转角度和倾斜角度等
	套索工具	用于在舞台中选择不规则区域或多个对象
	钢笔工具组	绘制矢量曲线图形
	文本工具	输入及编辑字符和文字对象
	线条工具	绘制各种形状、粗细、长度、颜色和角度的矢量直线
	矩形工具组	绘制椭圆、矩形、多边形，也可以采用图元对象模式来绘制椭圆和矩形，按住 Ctrl 键可绘制正圆和正方形
	铅笔工具	绘制任意形状的矢量曲线图形
	刷子工具	可像画笔一样绘制任意形状和粗细的矢量曲线图形
	墨水瓶工具	改变线条的颜色、形状和粗细等属性
	颜料桶工具	给矢量线围成的区域(填充物)填充颜色或图像内容
	吸管工具	将舞台中选择的对象的一些属性赋予相应的对话框
	橡皮擦工具	擦除舞台上的图形和图像对象等
	手形工具	在舞台上通过鼠标拖曳来移动编辑画面的观察位置
	缩放工具	改变舞台工作区和其内对象的显示比例

【操作案例 5.3】绘制月亮。

操作思路：使用绘图工具栏中的椭圆工具、颜料桶工具和颜色面板，利用“同种颜色相融合、不同种颜色相切割”的原理绘制月亮。

操作步骤：

(1) 新建一影片，设置舞台大小为 550×300 像素，背景颜色为黑色。

(2) 选择【椭圆】工具，在其【属性】面板上设置【笔触】颜色为黄色，【填充】颜色为无色，按住 Shift 键在舞台上绘制一个正圆的线框。

(3) 用【选择】工具选中线框，按住 Ctrl 键的同时进行拖动，复制出一个圆环，调整圆环位置如图 5.8 所示。

(4) 按住 Shift 键，选中右方的两条线框，按 Delete 键删除，即可得到月亮的轮廓，如图 5.9 所示。

(5) 单击【颜色】面板，将填充颜色设置为黄色，选择【颜料桶】工具，将月亮填充为黄色，并删除边框，如图 5.10 所示。

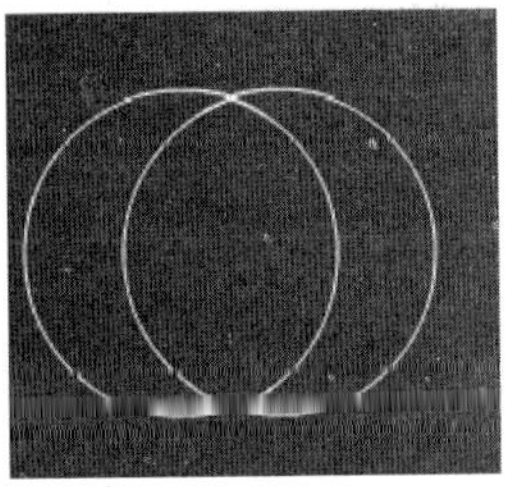
图 5.8　调整圆环位置

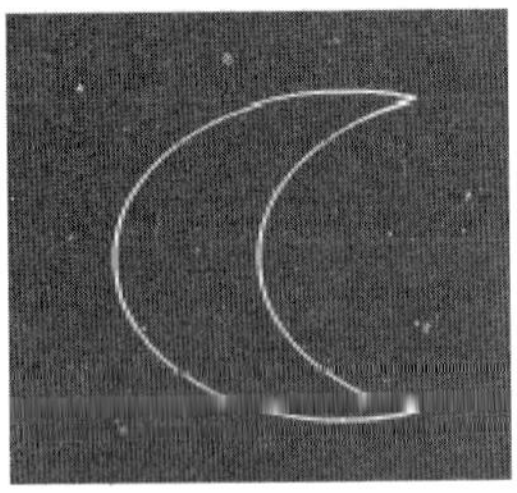
图 5.9　月亮的轮廓

图 5.10　填充颜色的月亮

【操作案例 5.4】绘制五角星。

操作思路：利用【绘图】工具栏中的【铅笔】工具或【线条】工具、【颜料桶】工具、【任意变形】工具及【变形】面板等绘制五角星。

操作步骤：

(1) 新建一影片，设置舞台大小为 550×550 像素，背景色为黑色。

(2) 选择【铅笔】工具或【线条】工具绘制如图 5.11 所示的三角形，并用【颜料桶】工具为三角形填充红色，用【选择】工具选中边框，按 Delete 键删除。

(3) 用【任意变形】工具将三角形的重心调整，如图 5.12 所示。

图 5.11　三角形

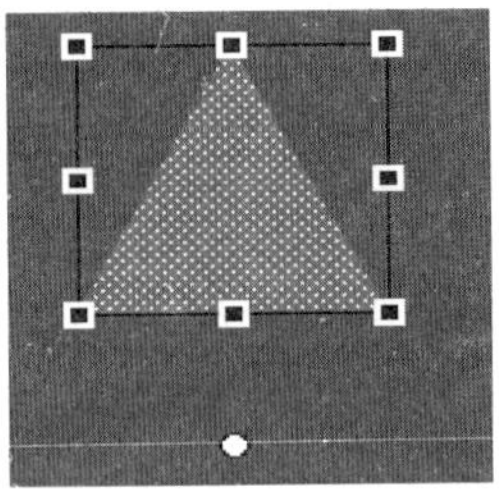
图 5.12　调整重心

(4) 选择【窗口】|【变形】命令，打开【变形】面板，在【变形】面板中设置旋转度数为 72 度，如图 5.13 所示。

(5) 单击【变形】面板下方的按钮，并单击 4 次，即可得到五角星。

(6) 选择【颜料桶】工具把五角星全部填充为红色，效果如图 5.14 所示。

图 5.13　【变形】面板

图 5.14　五角星

5.4.2　文本的使用

文本是动画中一个很重要的组成部分，它是传递信息的主要手段。利用 Flash CS3 中的文本工具可以很轻松地创建各种特效文字。在 Photoshop 中制作的一些文字效果，在 Flash CS3 中也可以很轻松地实现。

【操作案例 5.5】制作空心字。

操作思路：空心字是一种应用广泛的文字特效，它没有填充，只显示轮廓，所以在制作过程中要先把文字打散，再进行描边处理，最后删除填充区域。

操作步骤：

(1) 新建一影片，设置舞台大小为 550×300 像素，背景颜色为黑色。

(2) 使用【文本】工具在舞台上输入“制作空心字”，文本【属性】面板设置如图 5.15 所示。

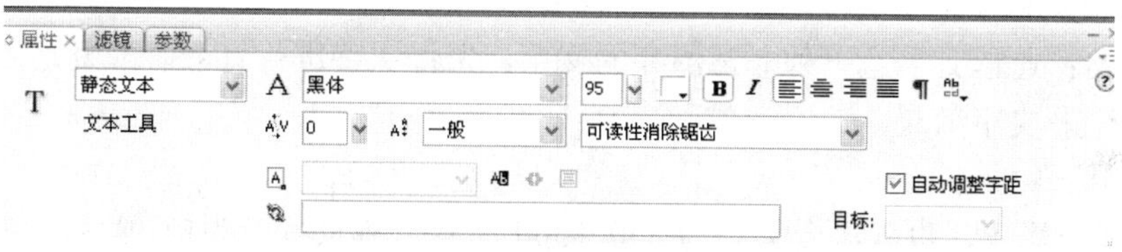

图 5.15　空心字【属性】面板设置

(3) 选中文字，按两次 Ctrl+B 组合键，将文字打散成分离的图形，如图 5.16 所示。

图 5.16　打散后的文字

(4) 选择【墨水瓶】工具，在【属性】面板中设置线条颜色、粗细及线型，如图 5.17 所示。

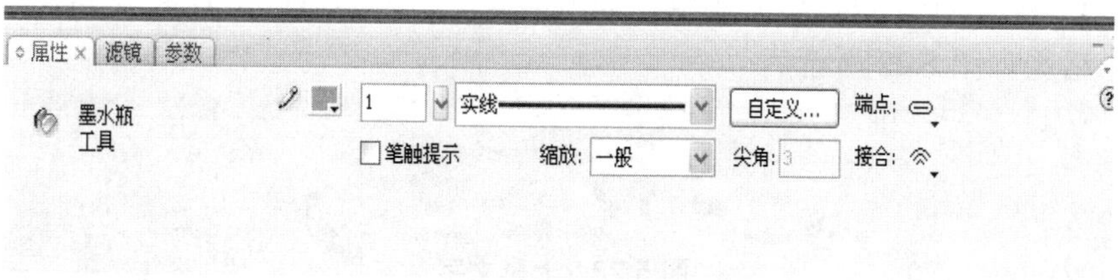

图 5.17　设置线条属性

也可以自己定义线型，单击【属性】面板上的【自定义】按钮，可打开【笔触样式】对话框，在此可以设置各种线型，以及对线型的细节进行设置，如图 5.18 所示。

设置完毕后，用【墨水瓶】工具勾边，效果如图 5.19 所示。

(5) 选取文字的填充区域，按 Delete 键将其删除，空心字制作完成，效果如图 5.20 所示。

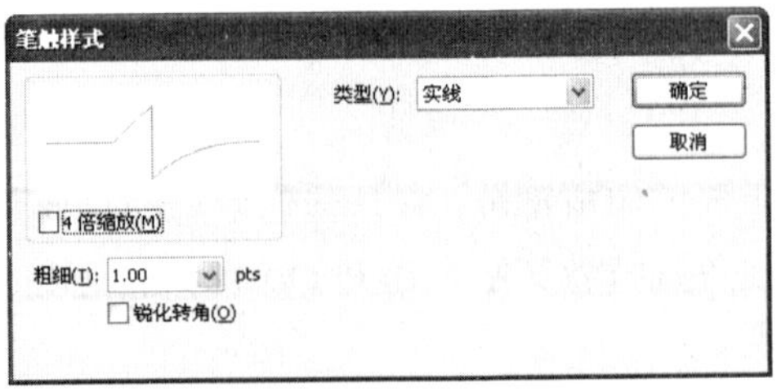

图 5.18 【笔触样式】对话框

图 5.19 用【墨水瓶】工具勾边

图 5.20 空心字

【操作案例 5.6】制作七彩文字。

操作思路：七彩文字是一种非常漂亮的文字，先将文字进行打散，再填充为渐变颜色，从而制作出七彩文字效果。

操作步骤：

(1) 新建一影片，设置舞台大小为 550×300 像素，背景颜色为白色。

(2) 设置文本属性如图 5.21 所示，在舞台上输入文本“七彩文字”。

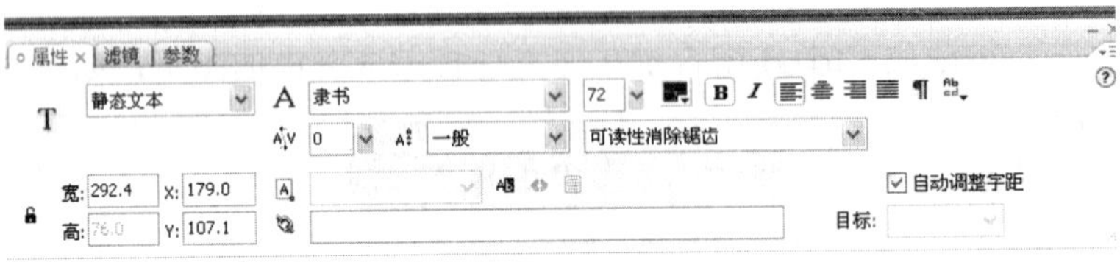

图 5.21 设置文本属性

(3) 选择【绘图】工具栏中的【选择】工具，选中文本并按两次 Ctrl+B 组合键，将文字打散。

(4) 在【颜色】面板中将填充颜色设置为渐变色，用颜料桶工具单击文字，即可得到七彩文字，效果如图 5.22 所示。

图 5.22 七彩文字

小贴士

在文本特效制作的过程中，基本上都要涉及到打散文字的操作，如果打散时出现连笔现象，可以用【线条】工具在出现连笔的地方进行修改。在制作七彩文字过程中，如果在【颜色】面板中设置渐变色，然后再用【颜料桶】工具进行填充，得到的颜色更丰富；也可以用位图进行填充，制作填充背景为图像的文字。

5.4.3　元件、实例和库

1. 元件

元件又称为符号(Symbol)或图符，是一种可以重复使用的图形、按钮或影片剪辑等动画制作元素。实例是元件在舞台上的一个应用，从【库】面板中选中一个元件，将其拖放到舞台上，就创建了一个该元件的实例。若对元件的属性进行修改，在场景中实例的属性也会随着更改，反过来，在舞台中对实例的属性进行修改，不会影响【库】中的元件的属性。

Flash CS3 中的元件有 3 种：图形元件、按钮元件和影片剪辑元件。

创建元件通常有两种方式：一是先创建一个新的空元件，然后再通过元件编辑舞台进行修改，添加内容；另一种方法是将舞台上创建的对象直接转换成元件。

按钮元件一般有 4 个帧，用来表示按钮的 4 种状态，即【弹起】、【指针经过】、【按下】和【点击】。创建按钮元件的步骤如下。

(1) 选择【插入】|【新建元件】命令，打开【创建新元件】对话框。

(2) 在【创建新元件】对话框中输入元件的名称，选中【按钮】单选按钮，单击【确定】按钮。在时间轴中出现了 4 个关键帧，如图 5.23 所示。

(3) 选中第 1 帧，利用【绘图】工具绘制一个按钮的【弹起】状态下的外观，也可以通过导入图形、图像的方式，如图 5.24 所示。

图 5.23　按钮元件的 4 个帧

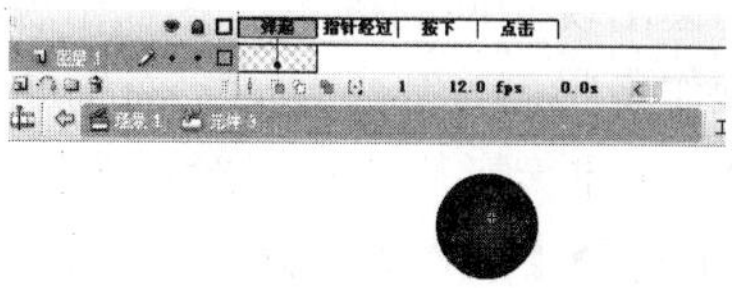

图 5.24　绘制按钮

(4) 选中第 2 帧，按 F6 键插入关键帧，修改按钮图形的颜色，不更改大小和位置。

(5) 重复上述步骤，在【按下】帧修改按钮的外观。

(6) 在【库】面板中可以看到所创建的按钮元件，将其拖放在舞台中，按 Ctrl+Enter 组合键即可通过移动并单击鼠标来测试按钮的动态效果。

> **小贴士**
>
> 制作按钮元件时应注意的事项如下：①在舞台上绘制按钮图形时，所选颜色尽量选用【颜色】面板中的放射状，形成一个对比性较强的外观。②保证图形的中心和舞台的中心对齐。③【点击】帧中的内容有时又称为敏感区，若在此帧中没有对象，则默认敏感区为对象本身。另外，利用此帧的特点可制作隐形按钮。

2. 实例及其【属性】面板

根据实例类型的不同，实例的【属性】面板会有一些差别。实例的类型可以通过【属性】面板进行修改变换。影片剪辑的【属性】面板如图 5.25 所示。

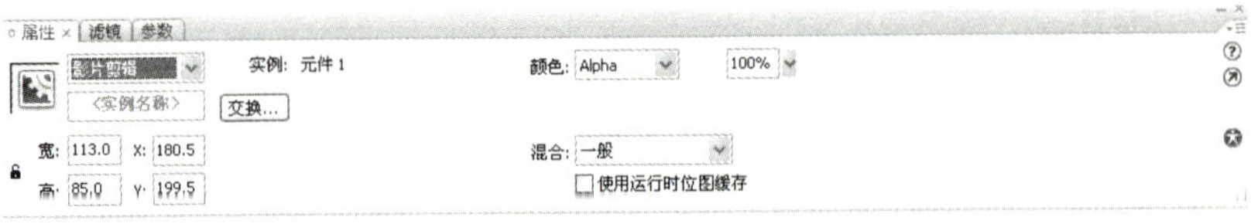

图 5.25　影片剪辑的【属性】面板

3. 库

在 Flash 中，库的作用是存放和组织可重复使用的元件、位图、声音和视频文件等，它可以有效地提高工作效率。将元件拖放到场景后，其元件本身还位于库中。若要改变场景中实例的属性，库中元件的属性不会改变，但如果改变元件的属性，该元件的所有实例的属性都将随之变化。

要打开【库】面板，选择【窗口】|【库】命令，也可以按 F11 键或按 Ctrl+L 组合键。关于新建【库】元件、更改【库】元件属性、删除【库】元件等操作都可以用【库】面板中的按钮来实现。

另外，Flash CS3 自带了几个公用库，其中收集了许多按钮、交互等元件，用户可以从中直接调用元件，而不必自己创建，这样可以大大提高工作效率。

【操作案例 5.7】模拟酷眩鼠标。

操作思路：本例模仿在网上流行的炫酷鼠标效果，当鼠标在舞台上移动时，移动过的地方都会出现相同的图案，并且出现下落并慢慢消失的效果。

操作步骤：

(1) 新建一影片，设置影片的播放频率为每秒 20fps。

(2) 选择【插入】|【新建元件】命令，打开【创建新元件】对话框，设置元件的名称为"ball"，类型为【图形】，如图 5.26 所示。

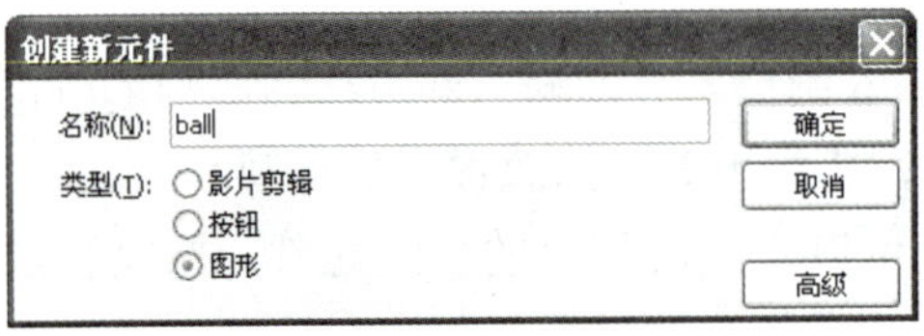

图 5.26　【创建新元件】对话框

(3) 选择【绘图】工具栏中【椭圆】工具在舞台的中央绘制一个没有边线的黄色圆形。

(4) 选择【插入】|【新建元件】命令，创建一个名为"button"的按钮元件。选中【点击】帧，按 F6 键插入关键帧，如图 5.27 所示。选择【绘图】工具栏中的【椭圆】工具，在舞台上绘制一个圆形作为反应区。

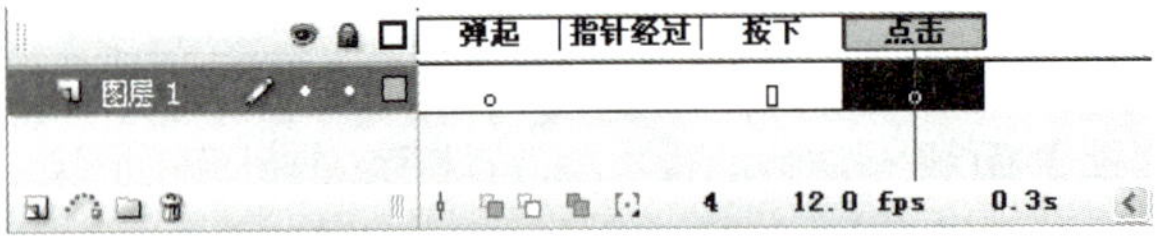

图 5.27　创建隐形按钮

(5) 选择【插入】|【新建元件】命令，创建一个名为"mc"的影片剪辑元件。

(6) 选中第 1 帧，从【库】面板中将元件“button”拖到舞台中央。

在【动作-帧】面板中为第 1 帧添加动作：

```
stop();      //停止动画的播放
```

选中按钮元件“button”，在【动作-按钮】面板中添加如下动作，如图 5.28 所示。

```
On(rollover)
{   gotoAndPlay(2);
}
```

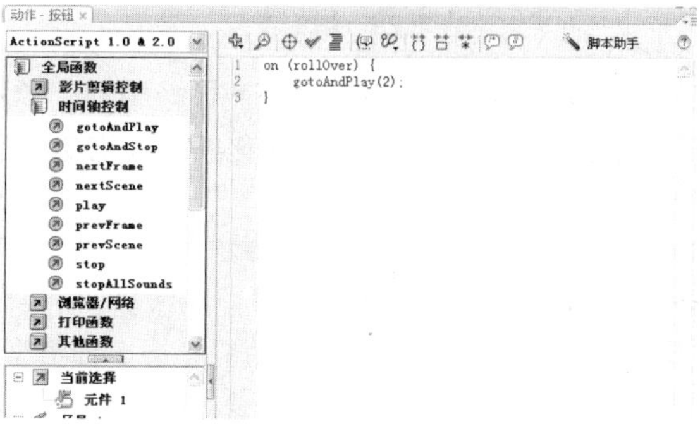

图 5.28　【动作-按钮】面板

(7) 选中第 2 帧，按 F7 键插入空白关键帧，从【库】面板中将元件“ball”拖到舞台中央。选中第 30 帧，按 F6 键插入关键帧，将舞台上的图形移到舞台的下方，在【属性】面板中将“ball”的 Alpha 值调整为 0%，并在【动作-帧】面板中为第 30 帧添加动作：

```
gotoAndStop(1);      //转到第 1 帧停止
```

(8) 选中第 2 帧，右击并选择【创建补间动画】命令。

(9) 返回到场景中，从【库】面板中将影片剪辑元件“mc”拖到舞台中，按住 Ctrl 键的同时，拖动鼠标移动可以不断复制，使其充满整个画面。

(10) 按 Ctrl+Enter 组合键测试影片，即可看到当鼠标滑过时会出现小球下落并淡出舞台的动画。

> **小贴士**
>
> 将影片剪辑从【库】面板中拖出来后，在按住 Ctrl 键进行复制的过程中，可以将影片剪辑元件做缩放、颜色等变化，使得鼠标经过时产生许多大小不同的小圆球效果。

5.5　逐帧动画的制作

Flash 中的动画可分为逐帧动画和补间动画两种，补间动画又分为动作补间动画和形状补间动画。在 Flash 中对动画的操作也是对连续帧操作的过程，因此在学习动画制作之前，首先应对 Flash 中帧的基本操作进行学习。

5.5.1 帧

在 Flash 中，帧主要有两种，即普通帧和关键帧，其中关键帧又分为空白关键帧和关键帧。时间轴中不同帧的标志如图 5.29 所示。

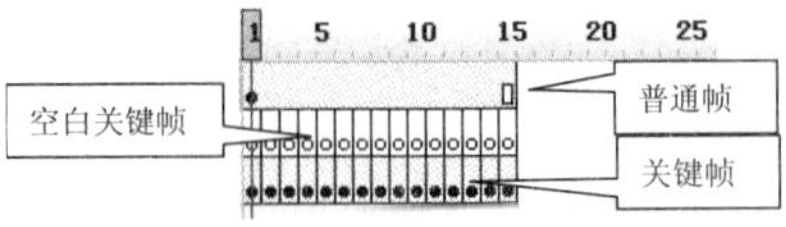

图 5.29 帧的类型

普通帧通常处于关键帧的后方，主要用于延长关键帧中动画的播放时间。关键帧是指在动画播放过程中呈现关键性动作或关键性内容变化的帧，它定义了动画变化的环节。

5.5.2 图层

Flash 动画通常有很多图层，时间轴左边的图层控制区显示的

就表示图层。Flash 的图层有普通层、遮罩层、运动引导层 3 种类型，如图 5.30 所示。

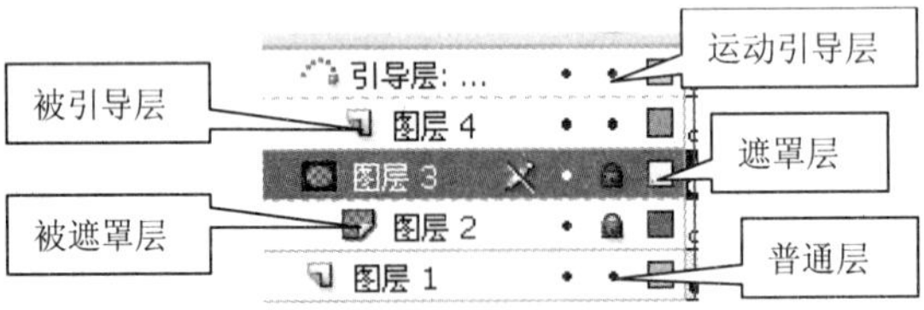

图 5.30 图层的类型

(1) 普通层：就是一般放置对象的图层，默认情况下只有一个普通图层。

(2) 遮罩层：在遮罩层中创建的对象具有透明效果，如果遮罩层中的某一位置有对象，那么被遮罩层中相同位置的内容将会显露出来，被遮罩层的其他部分则被遮住。遮罩层和被遮罩层用于制作具有遮罩效果的遮罩动画。

(3) 运动引导层：在该层中可以建立一条路径，使与其相关联的图层中的对象可沿着该路径运动。引导层中的所有内容不会出现在作品的最终效果中。引导层和被引导层用于制作引导动画。

图层的基本操作一般涉及到图层的新建、移动、重命名、删除等。

5.5.3 逐帧动画

逐帧动画是指由许多连续的关键帧组成的动画，制作者在动画的每个关键帧中创建不同的内容，当播放动画时，Flash 就会一帧一帧地显示每一帧中的内容。它适合于复杂的、每一帧的图像都有变化的动画。在逐帧动画中，Flash 会保存每个完整帧的值。

逐帧动画具有如下特点。

(1) 逐帧动画由许多关键帧组合而成，相邻关键帧中的对象变化不大。

(2) 逐帧动画中的每一帧都是关键帧，需要用户对每个关键帧中的画面进行控制，工作量很大。

(3) 相对于补间动画来说，逐帧动画文件较大，占用较大的内存。

【操作案例 5.8】模拟打字效果。

操作思路：逐帧动画中每一帧都是关键帧，每一帧的对象都需要编辑，本例按照文字出现的先后顺序把文字放在每一帧中形成模拟打字效果。

操作步骤：

(1) 新建一影片，设置舞台大小为 500×100 像素，背景颜色为黑色，文档属性设置如图 5.31 所示。

(2) 选中第 1 帧，使用【文本】工具在舞台上输入文字“Flash 打字效果”。设置字体为黑体，字体大小为 60，颜色为白色，如图 5.32 所示。

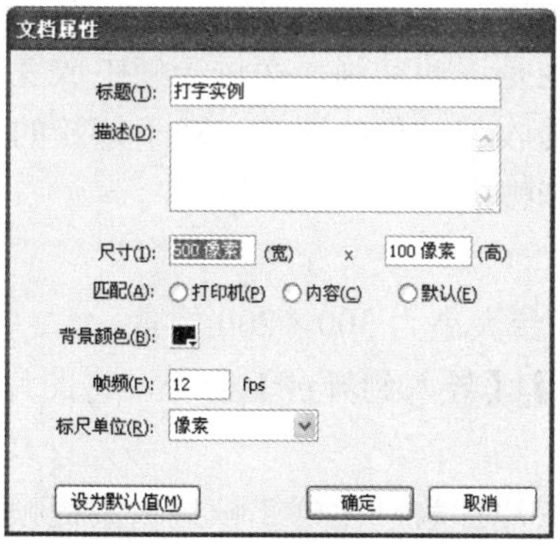

图 5.31　【文档属性】对话框

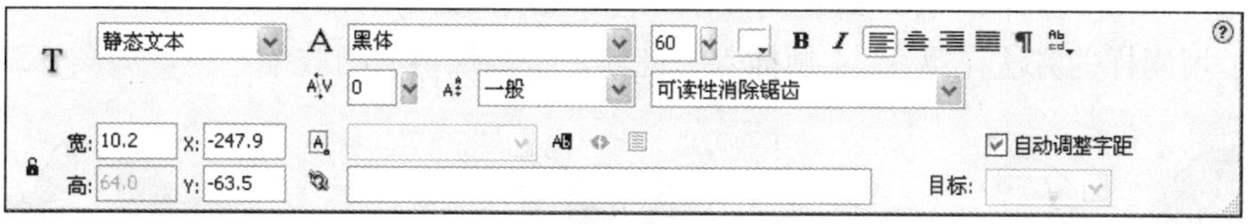

图 5.32　文本属性的设置

(3) 选择【窗口】|【对齐】命令，打开【对齐】面板，使输入的文字相对于舞台垂直居中和水平居中，如图 5.33 所示。设置完之后，文本会出现如图 5.34 所示的效果。

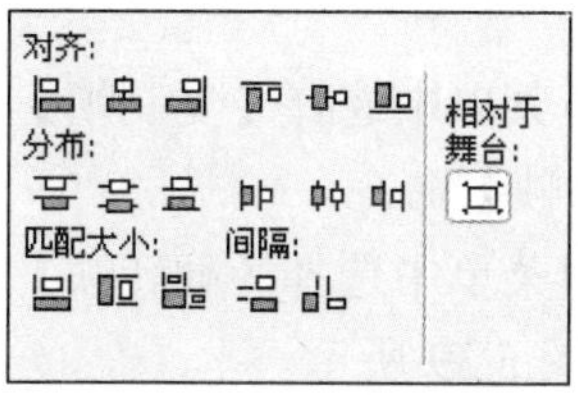

图 5.33　【对齐】面板

图 5.34　处于舞台正中位置的文本

(4) 在此后的第 2～9 帧按 F6 键插入关键帧，然后单击第 1 帧，双击文本框进入文本编辑状态，将文本框的文字改为“F_”，这样就完成了第 1 帧的制作，如图 5.35 所示。

图 5.35　第 1 帧的制作

(5) 制作完第 1 帧后，双击第 2 帧，将文本框中的文字改为“Fl_”，完成第 2 帧的制作。

(6) 重复操作步骤(5)，每增加一帧就增加一个文字，到最后一帧将所有文字写完。

(7) 按 Ctrl+Enter 组合键即可观看打字效果的动画。

> 小贴士
>
> 第 1 帧以后的第 2～9 帧的制作也可以使用将文字打散一次，然后再依次删除若干个文字的方法制作，大家可以试一试。

【操作案例 5.9】制作展翅的蝴蝶。

操作思路：展翅的蝴蝶也是逐帧动画，在每一帧中放置的蝴蝶都是不同的，即在不同的帧中依次放置蝴蝶翅膀慢慢收起过程的图片，对于翅膀的展开过程，只需对收起过程进行复制并翻转帧，从而实现蝴蝶展翅飞舞的效果。

操作步骤：

(1) 新建一影片，设置舞台大小为 300×200 像素。

(2) 选择【文件】|【导入】|【导入到舞台】命令，将图片“蝴蝶.wmf”导入到舞台中，如图 5.36 所示。

(3) 按 Ctrl+B 组合键将图片打散，在第 2 帧插入关键帧，选中打散的图片，单击【任意变形】工具将鼠标光标移至右方中间的控制柄上，当其变为双向箭头时，按住 Alt 键，再按住鼠标左键向内拖，使蝴蝶向内收缩一些，如图 5.37 所示。

(4) 用同样的方法在第 3、4 帧插入关键帧，将蝴蝶再向内收缩一些，如图 5.38 所示。

图 5.36　蝴蝶

图 5.37　第 2 帧的图像

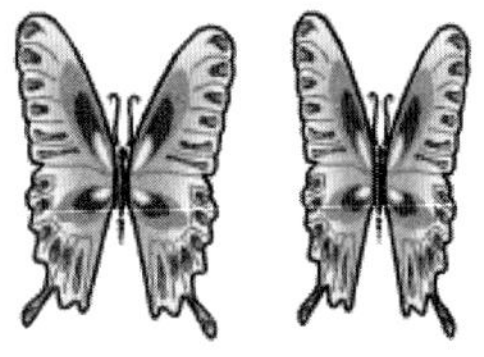

图 5.38　第 3、4 帧的图像

(5) 选中第 1～3 帧，用鼠标右键单击，在弹出的快捷菜单中选择【复制帧】命令，再用鼠标右键单击第 5 帧，在弹出的快捷菜单中选择【粘贴帧】命令。

(6) 选中第 5～7 帧，用鼠标右键单击，在弹出的快捷菜单中选择【翻转帧】命令，即可在第 5～7 帧实现蝴蝶翅膀展开的动作，时间轴显示如图 5.39 所示。

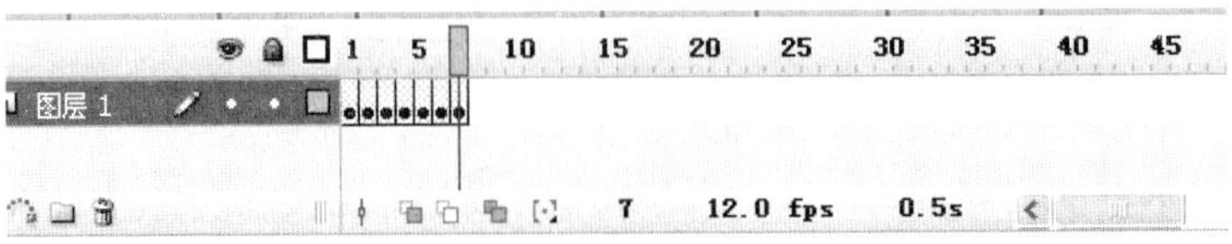

图 5.39　时间轴显示

(7) 按 Ctrl+Enter 组合键，即可看到蝴蝶展翅的动画。

5.6　补间动画的制作

补间动画又分为形状补间动画和动作补间动画两种类型。在形状补间动画中，如果在一个时间点绘制了一个对象，然后在另一个时间点更改对象或绘制了另一个对象，则在这两个对象所在的关键帧之间，Flash 能够通过形状动画来修改这些帧的值或形状，从而创建动画。动作补间动画与形状补间动画的原理基本相同，动作补间动画所处理的对象是舞台中组合后的图形、字符、引入的符号或其他导入的素材对象等。利用这种动画方法，可以使对象产生位置、大小、旋转等变化效果。对于引入的元件，还可以产生颜色的渐变效果。动作补间动画也有局限性，如初学者在舞台上绘制一些矢量图形，在没有转换成元件之前，是不能创建动作补间动画的。

5.6.1　形状补间动画

形状补间动画是指形状逐渐发生变化的动画。值得注意的是，形状补间动画中的对象只能是矢量图形，群组对象和元件实例对象等都不能直接创建形状补间动画。制作形状动画时，动画的结束帧和起始帧必须在同一个图层上。

1. 制作形状补间动画

【操作案例 5.10】制作天使变魔鬼的效果。

操作思路：形状补间动画是比较常见的一种动画形式，分别在第 1 帧和结束帧分别放置不同形状的对象，然后创建从起始帧到结束帧之间的形状补间，此间动画的生成由软件自动生成。

操作步骤：

(1) 新建一影片，设置背景色为白色。

(2) 选中第 1 帧，选择【文件】|【导入】|【导入到舞台】命令，将图片“天使.wmf”导入到舞台作为起始帧，如图 5.40 所示。

(3) 选中第 30 帧，按 F7 键插入空白关键帧，然后选择【文件】|【导入】|【导入到舞台】命令，将图片“魔鬼.wmf”导入到舞台作为结束帧，如图 5.41 所示，并调整结束帧图像的大小及位置和起始帧的大小及位置相同。

图 5.40　第 1 帧的制作

图 5.41　第 30 帧的制作

(4) 选择第 1 帧，在【属性】面板的【补间】下拉列表框中选择【形状】选项，时间轴显示如图 5.42 所示的效果。

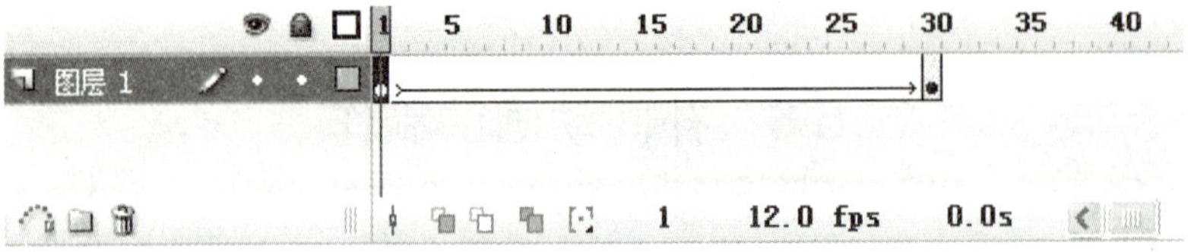

图 5.42　时间轴上帧的变化

(5) 按 Ctrl+Enter 组合键，可以观看天使变魔鬼效果的动画。

2. 对形状动画的控制

在【属性】面板中，选择【补间】下拉列表框中【形状】选项后，这里还有另外两个重要的选项经常需要设置，即【缓动】和【混合】选项，如图 5.43 所示。

图 5.43　【属性】面板

【缓动】选项的目的是调整过程帧变化速率的加速度，它的数值范围规定在-100～100之间。可以在后面直接输入数值，也可以单击后面的小三角按钮，调节滑块来设定数值。【缓动】选项的默认值为 0，这表示过程帧以匀速运动变化，这是一般动画采用的方式。当输入的数值是负值时，帧变化的速率逐渐加大，形状动画呈加速(先慢后快)变化；当输入的数值是正值时，帧变化的速率逐渐变小，形状动画呈减速(先快后慢)变化。

【混合】选项用于选择形状动画在形状上的两种形式，它分为【分布式】和【角形】两种。使用【分布式】方式时，创建的动画在变化过程中形状比较平滑和不规则，这种方式在处理对象的平滑过渡时比较常用，一般对象通常使用此项，也是 Flash 默认选项；当使用【角形】方式创建动画时，动画变形过程中会保留明显的角和直线，这种方式主要用于处理规则图形的变化，如线段、方块等物件的变形多使用此方式。

3. 改进形状效果

为了使形变动画中间过程中画面变化流畅，可以使用形状提示点来控制复杂或特殊的变形过程。形状提示点就是在形变动画的初始图形与结束图形上分别指定一些形状关键点，并使这些关键点在起始帧中和结束帧中一一对应，这样，Flash 就会根据这些关键点的对应关系来计算形状变化的过程。

Flash 中最多可以使用 26 个形状关键点标记，分别用 26 个英文小写字母表示。在起始关键帧的形状关键点用黄色圆圈表示，在终止关键帧的形状关键点用绿色圆圈表示。如果关键点的位置不在同一条曲线上，将显示为红色圆圈。

为了获得更好的形状效果，应注意以下原则。

(1) 如果过渡比较复杂，可以在中间增加一个或多个关键帧。

(2) 起始关键帧与终止关键帧中关键点标记的顺序应该一致，例如在一条线上添加了 3

个形状关键点标记，应依次为“a”、“b”和“c”。这样无论这条线如何变形，这3个点在线上始终会保持“a”、“b”和“c”的顺序。

(3) 最好使各形状关键点沿逆时针方向排列，并且从图形的左上角开始。

(4) 形状关键点不一定越多越好，重要的是放置的位置合适。具体的放置位置可以通过实验来决定。

【操作案例5.11】 制作“开门”效果的变形动画。

操作思路：动画的本身其实是简单的一个大矩形围绕一个中心点变成小矩形的过程，本例在此形变过程中恰当地添加一些形状提示点来控制中间的变化过程就可以实现模拟开门或关门的效果。

操作步骤：

(1) 制作变形动画由“大矩形”变为“小矩形”的动画。如图5.44所示为起始帧与结束帧的图形。

(2) 选中第1帧，按Ctrl+Shift+H组合键添加4个形状提示点。

(3) 分别把起始帧与结束帧的形状提示点拖曳到曲线上，放置的位置如图5.45所示。

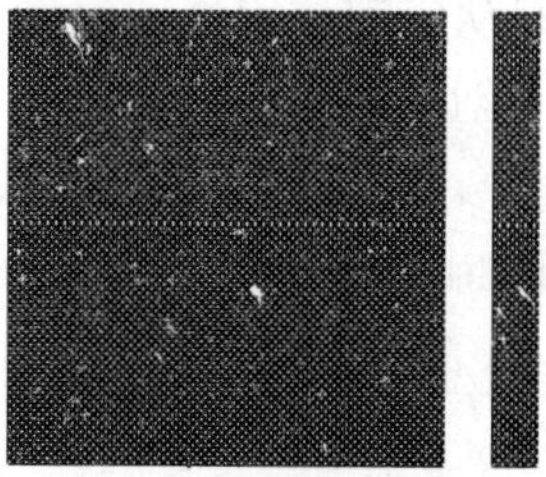

图5.44　起始帧与结束帧的图形

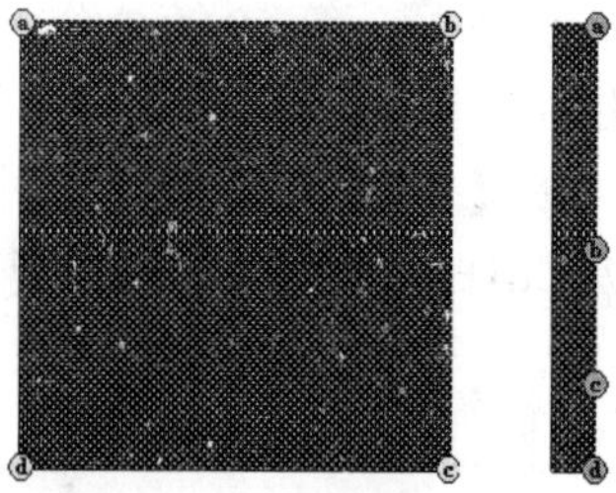

图5.45　添加形状提示点的起始帧与结束帧

(4) 按Ctrl+Enter组合键，可以观看由形状提示标记控制的开门效果的动画。

5.6.2　动作补间动画

动作补间动画又称为运动动画。在Flash CS3中可以创建出丰富多彩的移动过渡动画效果，可以使一个对象产生移动、改变大小、改变形状、使其旋转、改变对象的颜色、产生淡入淡出效果、动态切换画面等。各种变化可以独立进行，也可以合成复杂的动画，例如一个对象在移动中不断改变颜色和大小。

1. 创建运动动画

在制作运动动画之前，首先要记住以下两点。

(1) 如果要制作运动动画，必须先将制作对象组合或转换成元件。

(2) 如果要同时制作两个以上的对象的运动动画，必须将它们放在各自的图层中并分别处理。

【操作案例5.12】 制作飞舞的蝴蝶。

操作思路：动作补间动画是一种基本的动画类型。本例先将蝴蝶制作成影片剪辑元件实现蝴蝶展翅的效果，然后在主场景中的第25帧、50帧处将影片剪辑元件放置在不同的位置，而中间的第2～24帧、第26～49帧则由软件自动生成。

操作步骤：

(1) 新建一影片，命名为“飞舞的蝴蝶”。

(2) 执行【插入】|【新建元件】命令，打开【创建新元件】对话框，创建一个名为“蝴蝶”的影片剪辑元件，如图 5.46 所示。

图 5.46　【创建新元件】对话框

(3) 进入元件编辑状态，将图片“蝴蝶.wmf”导入到舞台，并按照案例 5.9 的原理制作成包含 7 帧的逐帧动画。

(4) 返回到场景中，将元件“蝴蝶”从【库】面板中拖到舞台上，形成此元件的一个实例。

(5) 在第 25 帧、第 50 帧处分别插入关键帧，并把蝴蝶从当前位置移动到另一个位置。

(6) 右击第 1 帧、第 25 帧，在弹出的快捷菜单中选择【创建补间动画】命令，或在【属性】面板中的【补间】下拉列表框中选择【运动】选项。

(7) 按 Ctrl+Enter 组合键可以观看效果，最终的时间轴如图 5.47 所示。

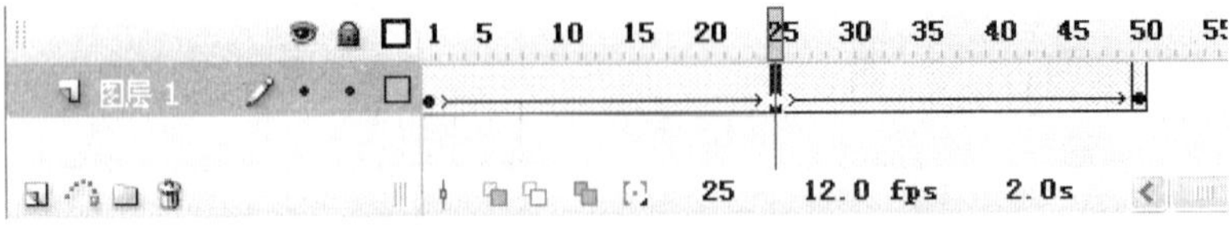

图 5.47　最终的时间轴显示

【操作案例 5.13】制作旋转的花朵。

操作思路：先利用【变形】面板制作花朵，然后在不同的帧中放置不同角度、不同大小的花朵来实现花朵的旋转及大小的变化。

操作步骤：

(1) 新建一影片，命名为“旋转的花朵”。

(2) 选择【插入】|【新建元件】命令，弹出【创建新元件】对话框，创建一个名为“花朵”的图形元件，如图 5.48 所示。

(3) 进入元件的编辑状态，利用前面所学的绘制知识绘制一朵花，如图 5.49 所示。

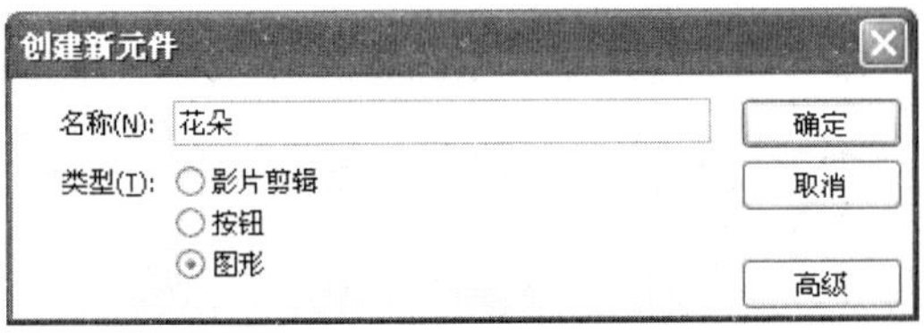

图 5.48　创建图形元件

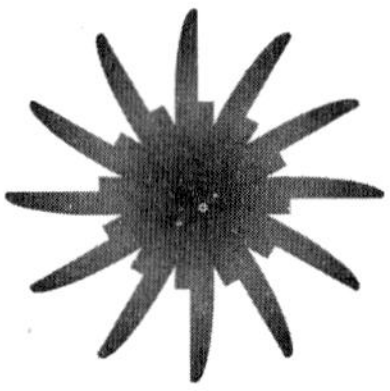

图 5.49　绘制的花朵

(4) 返回到场景中，将制作好的花朵从【库】面板中拖到舞台上，形成一个实例。

(5) 在第 15 帧、第 30 帧处分别按 F6 键插入关键帧。利用【任意变形】工具调整第 15 帧上的花朵的大小及旋转角度。

(6) 右击第 1 帧、第 15 帧，在弹出的快捷菜单中选择【创建补间动画】命令。

(7) 按 Ctrl+Enter 组合键，即可看到旋转花朵的效果。

2. 运动动画的选项设置

在制作运动动画时，还可以在【属性】面板上对动画进行详细的设置，如图 5.50 所示。

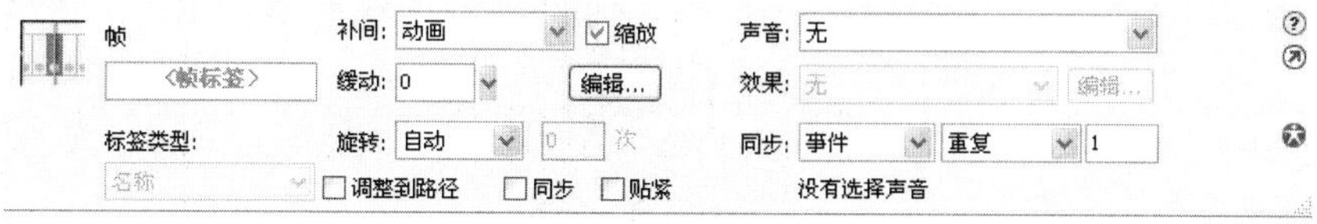

图 5.50　运动动画的【属性】面板

可以在【帧】文本框中为当前帧输入一个名称，如这里设置为“frame”。

在设置时，若选中【缩放】复选框，可使产生动画的中间帧具有缩放功能，即动画在运动过程中可进行缩放变形。【缓动】选项是调整过程帧变化时加速度的设置。

【旋转】选项中可以选择【自动】旋转、【顺时针】旋转和【逆时针】旋转等几种方式。若选择了【顺时针】或【逆时针】旋转，则可以在其后的文本框中输入需要旋转的次数。选中【调整到路径】复选框时，对象会按照引导层所设置的路径移动和旋转。

选中【同步】复选框可以确保实例在主影片中正确地循环播放。如果元件中动画序列的帧数不是影片中图形实例占用的帧数量的偶数倍，可选中【同步】复选框。通常引导动画都要进行【同步】设置。【贴紧】复选框能使物件与向导路径产生自动吸附的功能。

还有【声音】和【效果】等其他选项将在后续章节中进行介绍。

5.7　特效动画的制作

Flash 中在两种基本动画的基础上，还有两种特殊的动画，这就是引导动画和遮罩动画，这两种动画使 Flash 动画的制作更加灵活和丰富多彩。

5.7.1　制作引导动画

引导动画可以使运动的对象沿着特定的路径运动，运动的对象可以是实例、群组对象、文本对象及用【绘图】工具栏中的工具绘制的矢量图形，但引导层中的路经必须是矢量图形。

【操作案例 5.14】制作沿曲线运动的小球。

操作思路：在第 1 帧将小球调整到路径的起始位置，在第 50 帧将小球调整到路径的结束位置，在【属性】面板中选中【调整到路径】复选框，从而实现小球沿着特定的路径来运动。

操作步骤：

(1) 新建一影片，设置舞台大小为 550×300 像素，背景色为白色。

(2) 新建一个名为“qiu”的图形元件，在“图形元件”的编辑区域绘制一个圆，如图 5.51 所示。

(3) 返回到场景中，选中图层 1，将“qiu”拖到舞台上，并在第 50 帧按 F6 键插入关键帧。

(4) 添加一个运动引导层，选择【绘图】工具栏中的【铅笔】工具，并设置铅笔模式为【平滑】，然后在图层 2 上绘制一条曲线。

(5) 选中图层 1 的第 1 帧，将“qiu”拖放到线条的一端，选中第 50 帧，将“qiu”拖放到线条的另一端

(6) 选中图层 1 的第 1 帧创建运动动画，并在【属性】面板中将【调整到路径】复选框选中。

(7) 按 Ctrl+Enter 组合键即可看到小球沿着曲线运动，如图 5.52 所示。其中的引导线在播放时不会显示出来。

图 5.51　绘制的图形元件“qiu”

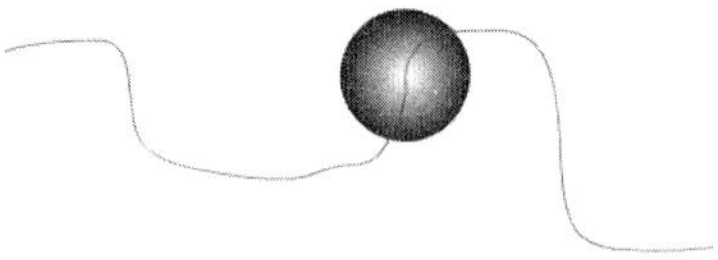

图 5.52　小球沿曲线运动

另外，一个引导层还可以链接多个被引导层，这样可以使多个对象沿着同一条路径运动；一个引导层中还可以有多条运动路径，使得不同的对象沿着不同的路径运动。下面通过实例来了解多层引导动画的制作方法。

【操作案例 5.15】制作两架飞机相撞的效果。

(1) 新建一影片，设置背景色为浅蓝色，舞台大小为 550×300 像素，将图层 1 命名为“飞机 1”，导入图片“飞机 1.wmf”，将飞机 1 按比例缩小，并按 F8 键将其转换为“图形元件”，如图 5.53 所示。

(2) 新建一个图层，将其命名为“飞机 2”，导入图片“飞机 2.wmf”，将飞机 2 按比例缩小，并按 F8 键将其转换为“图形元件”，如图 5.54 所示。

图 5.53　飞机 1

图 5.54　飞机 1 与飞机 2

(3) 选中图层“飞机 2”，添加一个运动引导层，选中引导层的第 1 帧，选择【铅笔】工具，在【选项】区域中选择【平滑】模式，然后在舞台中绘制两条相交的光滑曲线，然后在第 50 帧按 F5 键插入普通帧，如图 5.55 所示。

(4) 在图层“飞机 1”中将“飞机 1”移动到左边曲线的左端点上，在图层“飞机 2”中将“飞机 2”移动到右边曲线的右端点上，如图 5.56 所示。

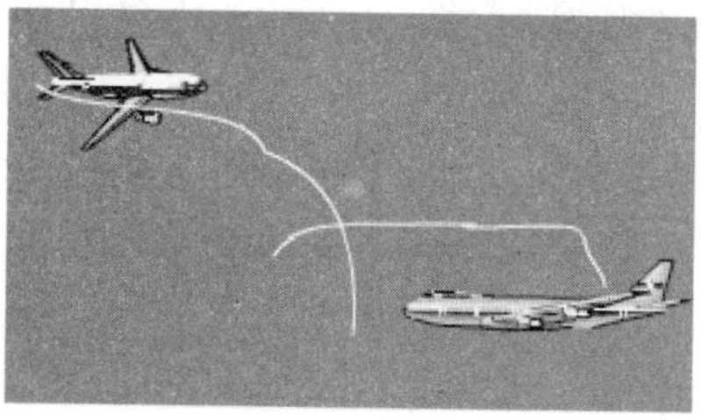

图 5.55 添加的引导层

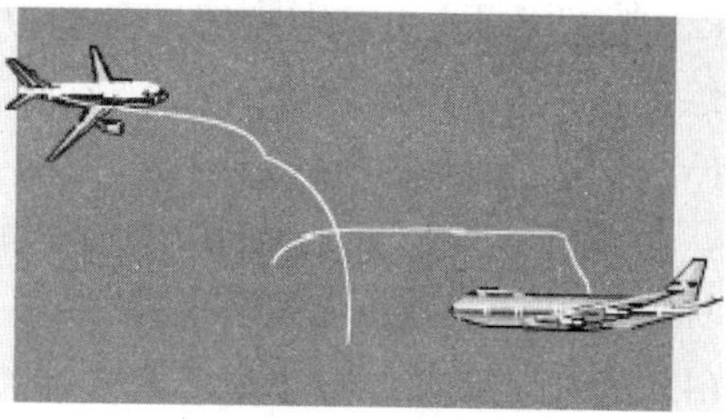

图 5.56 移动到曲线端点

(5) 在图层“飞机 1”、图层“飞机 2”的第 50 帧插入关键帧，并将“飞机 1”、“飞机 2”移动到两条曲线的交点处，如图 5.57 所示。

(6) 选中图层“飞机 1”、图层“飞机 2”的第 1 帧，创建动作补间动画，并在【属性】面板中选中【调整到路径】、【同步】和【贴紧】复选框。

(7) 在场景中按 Enter 键测试动画，可以看到飞机 2 沿着路径运动，而飞机 1 并未按路径运动，这是因为图层“飞机 1”和引导层之间还没有建立链接关系。

(8) 选中图层 1，用鼠标右键单击，在弹出的快捷菜单中选择【属性】命令，在打开的【图层属性】对话框中选中【被引导】单选铵钮，单击 确定 按钮，将该图层设置为被引导图层。

(9)按 Ctrl+Enter 组合键播放动画，即可看到两架飞机沿着不同的路径飞行，最后碰在了一起，如图 5.58 所示。

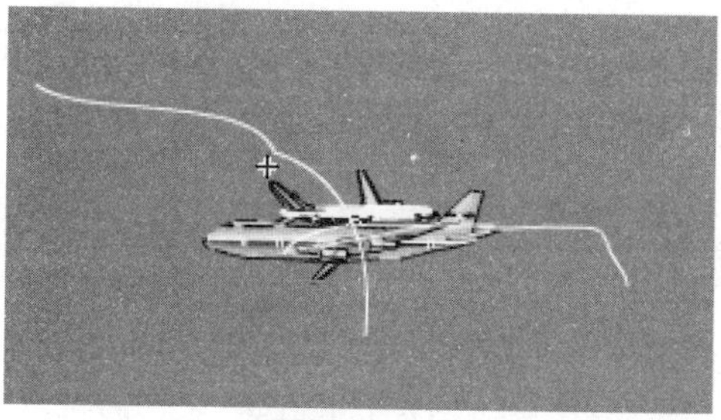

图 5.57 第 50 帧处飞机的位置

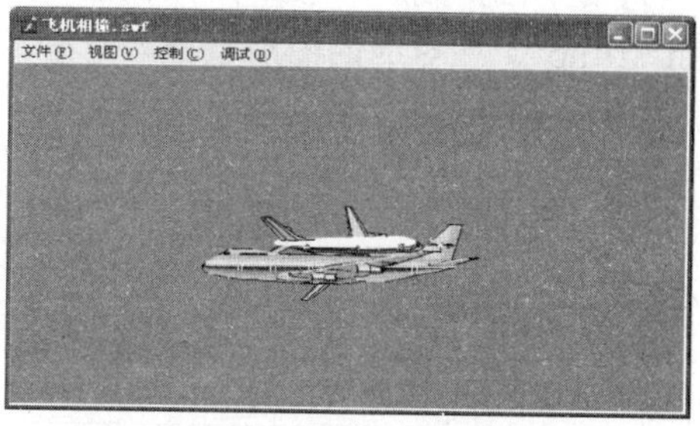

图 5.58 飞机相撞的最终效果

小贴士

在此例中，如果引导线有环形的复杂引导线，而用户又没有将【属性】面板中的【调整到路径】复选框选中，就有可能出现飞机倒飞的不正常现象。因此，在制作引导动画时，应注意运动对象【调整到路径】等属性的设置。

【操作案例 5.16】 制作雪花飘飘的效果。

操作思路：此动画也是一个引导动画，通过制作雪花沿着不同的路径运动来实现雪花飘飘的效果。

操作步骤：

(1) 新建一影片，设置背景为黑色。

(2) 按 Ctrl+F8 组合键创建一个名为“snow”的影片剪辑元件，在舞台的中央用【铅笔】工具绘制一个不规则的多边形，然后用【颜料桶】工具将它填上白色，如图 5.59 所示。

(3) 再按 Ctrl+F8 组合键创建一个名为“up”的影片剪辑元件，将元件“snow”拖到舞台上，用【任意变形】工具把它缩小，选中第 80 帧，按 F6 键插入关键帧，在图层 1 上单击鼠标右键并选择【添加引导层】命令。

(4) 在引导层上，用【铅笔】工具画一条弯曲的曲线，分别选中图层 1 的第 1 帧、第 80 帧，将“snow”实例拖放在曲线的起点和终点，选中图层 1 的第 1 帧，创建运动补间动画。

(5) 重复第(4)步，多重复几次，做好后的效果如图 5.60 所示。

(6) 把第(3)～(5)步重复做两次，不同之处是元件的命名分别为“mid”和“down”，“snow”的大小和“引导线”的路径不要一样。

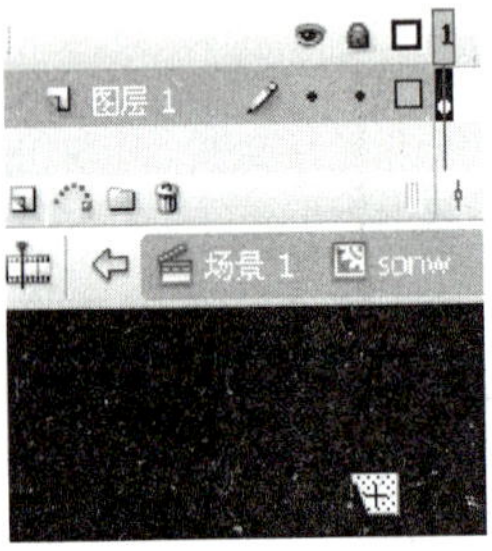

图 5.59 “snow”影片剪辑元件

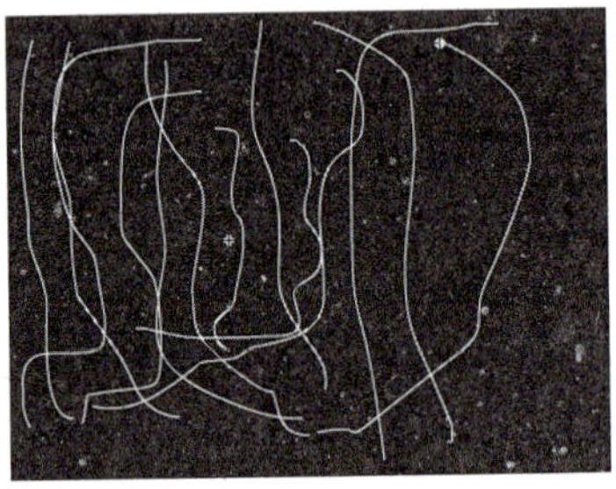

图 5.60 “up”影片剪辑的最终效果

(7) 返回到场景中，插入 7 个图层，分别命名为“up”、“up”、“down”、“down”、“mid”、“mid”、“up”。在对应的图层上拖入对应的元件，并适当地调整时间轴，让雪花飘得连贯起来，如图 5.61 所示。

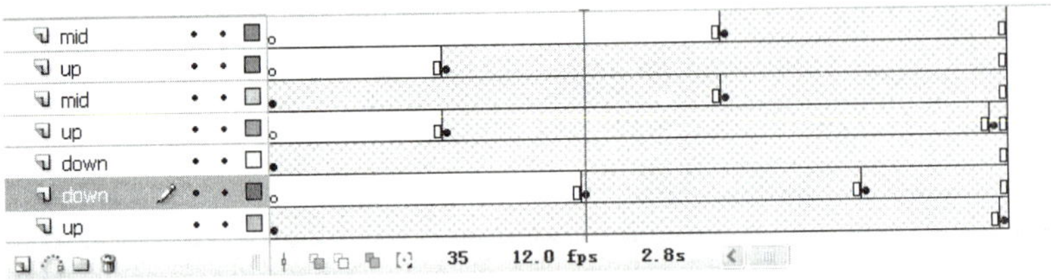

图 5.61 “雪共飘舞”的最终效果

5.7.2 制作遮罩动画

遮罩动画是 Flash 中非常好用的一种技巧，遮罩层的内容就好比一个洞，透过这个洞可以看到下面的图层。遮罩层的对象可以是填充的形状、文字和实例。

【操作案例 5.17】制作探照灯效果。

操作思路：探照灯效果是利用遮罩动画实现的，遮罩层相当于一个洞，而被遮罩层的对象只有通过遮罩层的对象才能看到，当遮罩层没有对象时，看到的是下面普通层的对象。

操作步骤：

(1) 新建一影片，设置舞台大小为 550×200 像素，背景色为黑色。

(2) 选择【文本】工具输入文字“探照灯效果”，文字设置如图 5.62 所示。

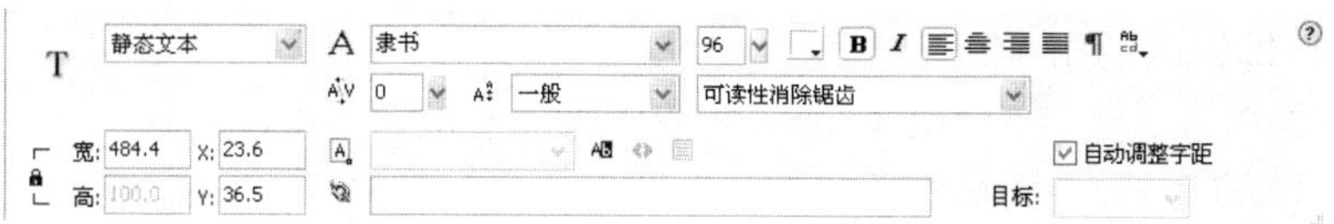

图 5.62　文字设置

(3) 选中文字，选择【编辑】|【复制】命令，复制文字。

(4) 新建图层 2，在该层上选择【编辑】|【粘贴到当前位置】命令，可将文字原位粘贴，并将图层 2 上的文字颜色设置为黄色。

(5) 在图层 2 上方新建图层 3，在图层 3 上使用【椭圆】工具在文字左侧绘制一个填充区域，高度应能覆盖文字，并按 Ctrl+G 组合键进行群组。

(6) 右击图层 3，设定该层为遮罩层，此时，图层 2 与图层 3 会自动锁定，并且图层 2 向右缩进，如图 5.63 所示。

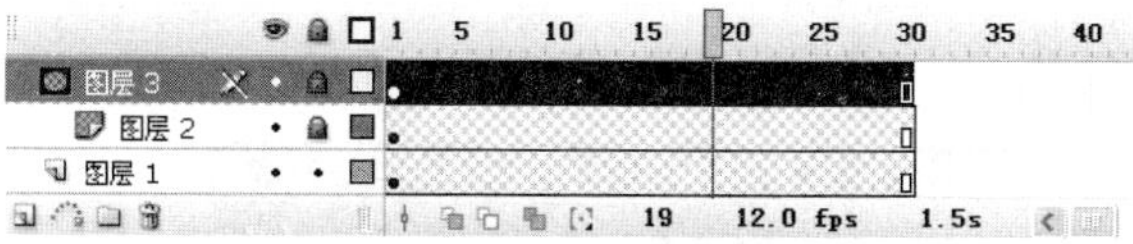

图 5.63　图层显示

(7) 在图层 3 的第 30 帧处按 F6 键插入关键帧。在图层 1、图层 2 的第 30 帧处按 F5 键插入普通帧。

(8) 单击图层 3 的第 30 帧，将椭圆移动到文字的右侧，并单击图层 3 的第 1 帧，创建运动补间动画。

(9) 按 Ctrl+Enter 组合键进行测试，可看到探照灯效果。

【操作案例 5.18】制作百叶窗效果。

操作思路：百叶窗效果也是利用遮罩动画实现的，本案例通过制作一个小的“影片剪辑”元件，利用此百叶窗的数个把图片完全遮住从而实现由一幅图片分块变成另外一幅图片即百叶窗的效果。

操作步骤：

(1) 新建一影片，设置舞台大小为 400×300 像素，导入图片“风景 1.jpg”，使其刚好能覆盖舞台。

(2) 新建一个图层，导入图片“风景 2.jpg”，将其缩至适当大小，使其刚好能覆盖舞台。选中图层 2，新建一个图层 3，在图片的下方绘制一个无边框的矩形，选中该矩形，按 F8 键将其转换为名为“叶片”的图形元件。

(3) 按 Ctrl+F8 组合键，打开“创建新元件”对话框，创建一个名为“百叶窗”的影片剪辑元件，并将元件“叶片”拖放到元件编辑区中。

(4) 选择【任意变形】工具　选中矩形，将中心控制点移动到矩形下方的中点上，如图 5.64 所示。

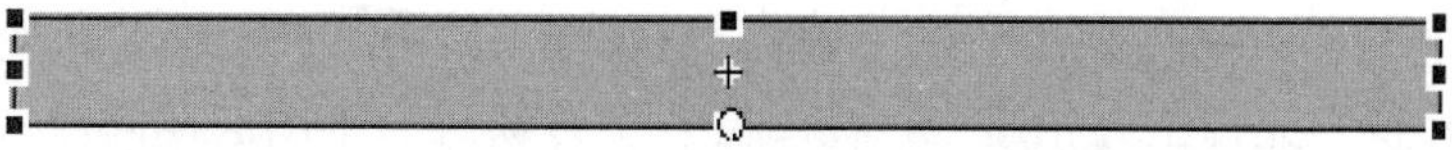

图 5.64　移动中心控制点

(5) 在元件编辑区的第 42 帧按 F6 插入关键帧，选择【任意变形】工具，将鼠标光标移到矩形上方的中点，当其变为双向箭头时按住鼠标左键向下拖动，使其变为一条直线。

(6) 在第 47 帧和第 97 帧插入关键帧，再将第 1 帧复制到第 97 帧，然后依次在第 1 帧和第 42 帧、第 47 帧和第 97 帧之间创建动作补间动画，最后在第 100 帧按 F5 键插入普通帧，时间轴显示如图 5.65 所示。

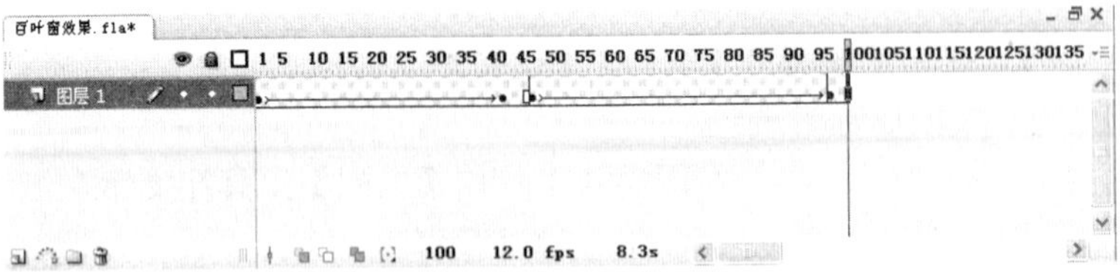

图 5.65　时间轴显示

(7) 返回到场景中，将场景中的矩形删除，选中图层 3，将元件“百叶窗”拖放到图片下方，如图 5.66 所示。

图 5.66　“百叶窗”在图片中位置

(8) 用鼠标右键单击图层 3，在弹出的快捷菜单中选择【遮罩层】命令，将图层 3 变为遮罩层。

(9) 在图层 3 上方新建一个图层 4，选中图层 3 和图层 2 中的所有帧，用鼠标右键单击，在弹出的快捷菜单中选择【复制帧】命令。选中图层 4 的第 1 帧，在弹出的快捷菜单中选择【粘贴帧】命令，这时图层 4 下方出现了图层 5，而图层 4 自动变为遮罩层，图层 5 成为被遮罩层。如图 5.67 所示。

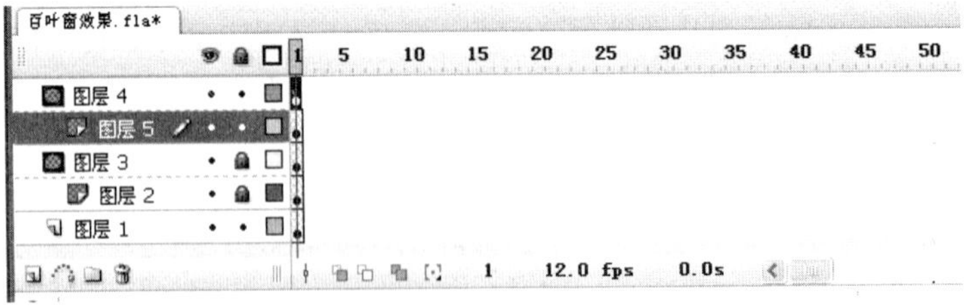

图 5.67　时间轴显示

(10) 选中图层 4 中的“百叶窗”元件，用选择工具将其向上移动，使其下方刚好与图层 3 的“百叶窗”元件上方相连接。在图层 4 上方新建一个图层，同样将图层 3 和图层 2 中的帧复制到该层中，并将该图层中的“百叶窗”元件向上移动到与图层 4 中的“百叶窗”

相连，用同样的方法依次添加遮罩图层，并将复制的“百叶窗”元件依次向上移动到相互连接，直到“百叶窗”元件到达图片顶部为止。

(11) 按 Ctrl+Enter 组合键即可看到百叶窗效果。

5.8　交互式动画

与传统动画不同，Flash 动画具有很强的交互性，用户可以利用 ActionScript 语句创建复杂的交互动画、网络游戏、在线购物、卡通聊天室、多媒体制作等。具有交互式的动画可以使用户参与控制动画。

5.8.1　ActionScript 和【动作】面板

(1) ActionScript 是 Flash 中使用的脚本语言。它的结构与流行的 JavaScript 脚本编程语言类似。Flash 中的 ActionScript 采用面向对象的编程思想，采用事件驱动，以关键帧、按钮、影片剪辑实例甚至自定义的类为对象，来编写 ActionScript 脚本程序。

就像许多其他的编程语言一样，ActionScript 脚本编程语言拥有自己的语法、变量、函数等。

(2) 添加 ActionScript 语句是通过【动作】面板来完成的。【动作】面板有 3 种：帧的【动作-帧】面板、按钮的【动作-按钮】面板和影片剪辑实例的【动作-影片剪辑】面板。以后称【动作】面板就是指这 3 种面板。所有的 ActionScript 脚本程序变成语句都可以在【动作】面板中编辑，也可以利用外部的“*.as”文件编辑脚本程序。

【动作】面板由 3 个窗格构成：动作工具箱(按类别对 ActionScript 元素进行分组)、脚本导航器(可以快速地在 Flash 文档中的脚本间导航)和【脚本】窗格(可以在其中输入 ActionScript 代码)，如图 5.68 所示。

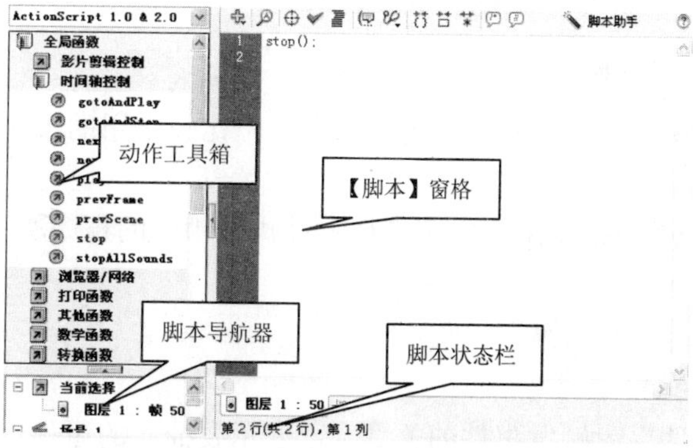

图 5.68　【动作】面板的组成

5.8.2　常用的 ActionScript 语句

1. 时间轴控制语句

1) Play 和 Stop 语句

Play 和 Stop 语句在 Flash 中用于控制动画的播放和停止，是 Flash 中控制动画的最基本的语句。其语法格式如下：

```
Play();
Stop();
```

Play 动作使影片从当前位置开始播放，Stop 动作使影片停止播放，该语句都没有参数。

通常，Play、Stop 动作可用来创建开始、停止按钮，这种效果如同影片中的播放器一样，观众可以通过单击播放器播放、暂停和停止等按钮控制影片的播放过程。

2) gotoAndPlay 和 gotoAndStop 语句

gotoAndPlay 动作可以控制影片剪辑跳转到某一指定位置继续播放，gotoAndStop 动作可以让影片剪辑跳转到某一指定位置并停止播放。其语法格式如下：

```
gotoAndPlay(场景,帧);
gotoAndStop(场景,帧);
```

其中，参数“场景”决定目标场景的名称，当“场景”参数省略时，表示目标场景为当前场景；参数“帧”决定要跳转播放帧的序号或标签，该参数设定为数字值时，表示要跳转播放的帧的帧序号，为字符串时，表示要跳转播放的帧的帧标签。

3) stopAllSounds 语句

stopAllSounds 语句用于停止所有声音的播放，一般与按钮配合使用。当执行此脚本后，影片中所有正在播放的声音都将停止，但动画的播放不受影响。其语法格式如下：

```
stopAllSounds();   //没有参数
```

(4) nextFrame 与 preFrame

nextFrame 用于指定时间轴上的播放头跳转至下一帧，并停止在该帧；preFrame 用于指定时间轴上的播放头跳转到前一帧，并停止在该帧。其语法格式如下：

```
nextFrame();     //括号里的参数可以输入数值
preFrame();      //括号里的参数可以输入数值
```

2. 影片剪辑控制语句

影片剪辑控制语句较多，在此主要讲述以下几个比较常用的语句。

1) On 与 onClipEvent

On 语句可以捕获当前按钮中的指定事件，并执行相应的程序块。其语法格式如下：

```
On(鼠标事件){
statements;
}
```

其中，“鼠标事件”为触发事件的关键字，表示要捕获的事件，具体如下：

- press：当按钮被按下时触发该事件。
- release：当按钮被释放时触发该事件。
- releaseOutside：当按钮被按住后鼠标移动到按钮以外并释放时触发该事件。
- rollOver：当鼠标滑入按钮范围时触发该事件。
- rollOut：当鼠标滑出按钮范围时触发该事件。
- dragOut：当按钮被鼠标按下并拖曳出按钮范围时触发该事件。

- dragOver：当按钮被鼠标按下并拖曳入按钮范围时触发该事件。
- keyPress(“key”)：当参数“key”指定的键盘按键被按下时触发该事件。

statements 为具体行为动作执行的程序代码。

onClipEvent 语句可以捕获当前影片剪辑中的指定事件，并执行相应的程序块。其语法格式如下：

```
onClipEvent(事件){
statements;
}
```

当“事件”发生时，执行该事件后面大括号中的语句，通常情况下可被触发的事件如下。

- load：影片剪辑一旦被实例化并被加载时，即启动此动作。
- unload：在从播放时间轴中删除影片剪辑之后，此动作在第一帧中启动，处理与 unload 影片剪辑事件关联的动作之前，不向受影响的帧附加任何动作。
- enterFrame：以影片帧频不断地触发此动作。
- mouseMove：每次移动鼠标时启动此动作。
- mouseDown：当按下鼠标左键时启动此动作。
- mouseUp：当释放鼠标左键时启动此动作。
- keyDown：当按下某个键时启动此动作。
- keyUp：当释放某个键时启动此动作。
- data：当在 loadVaribles 或 loadMovie 动作中接收数据时启动此动作。

2) duplicateMovieClip 与 removeMovieClip

两者经常配合使用。duplicateMovieClip 用于复制影片剪辑对象，并给复制出来的影片剪辑新的名称和深度值。removeMovieClip 用于删除 duplicateMovieClip 创建的影片剪辑。其语法格式如下：

```
duplicateMovieClip(target, newname, depth);
removeMovieClip(目标)
```

其中，target 表示要复制的影片剪辑所在的目标路径；newname 表示已重制的影片剪辑的唯一标识符；depth 表示制定新影片对象的深度级别。“目标”为用 duplicateMovieClip() 创建的影片剪辑实例的目标路径。

3) startDrag 与 stopDrag

startDrag 用来拖曳场景上的影片剪辑，执行时，被拖曳的影片剪辑会跟着鼠标光标的位置移动。stopDrag 用来停止拖动影片剪辑。其语法格式如下：

```
startDrag(target, [lock], [left, top, right, down]);
stopDrag();
```

其中，target 表示要设置其属性的影片剪辑实例名称的路径；lock 表示以布尔值(true、false)判断对象是否锁定鼠标光标中心点；left、top、right、down 表示对象在场景上拖曳的上下左右边界，当 lock 为 true 时，才能设置边界的参数。

4) setProperty 与 getProperty

setProperty 用于设置影片剪辑的属性，getProperty 用于返回指定影片剪辑的属性。其语法格式如下：

```
setProperty(target, property, value/expression);
getProperty(my_mc, property)
```

其中：target 表示到要设置其属性的影片剪辑实例名称的路径；property 表示要设置的属性；value 表示属性的新文本值；expression 表示计算结果为属性新值的公式。

my_mc 表示要获取其属性的影片剪辑的实例名称；property 表示影片剪辑的属性。

3. 浏览器/网络控制语句

1) getURL

getURL 语句将来自特定 URL 的文档加载到 Web 浏览器窗口中，或将变量传递到位于所定义 URL 的另一个应用程序。若要测试此动作，须确保要加载的文件位于指定的位置。若要使用绝对路径，则需要网络连接。其语法格式如下：

```
getURL("URL","窗口","变量");
```

其中，URL 是定义 getURL 动作的 URL，可以是一个相对路径，也可以是一个绝对路径；“窗口”用于设置加载 URL 的浏览器窗口；“变量”用于选择发送变量的方法。

2) loadMovie 与 unloadMovie

loadMovie 用于加载外部的 SWF 影片剪辑到当前正在播放的 SWF 影片中；unloadMovie 语句用于卸载外部加载的影片剪辑。其语法格式如下：

```
loadMovie("URL", 级别/"目标"[, 变量]);
unloadMovie(级别/"目标");
```

其中，URL 指定要加载的 SWF 文件或 JPEG 文件的相对或绝对 URL；“目标”表示指向目标影片剪辑的路径；“级别”是一个整数，指定影片将被加载到的级别；“变量”是一个可选参数，指定发送变量所使用的 HTTP 方法，该参数须是 GET 或 POST，该选项也可以为空。

4. 条件/循环控制语句

条件/循环语句在 Flash 中是实用性很强、使用也很频繁的语句。条件语句有 if 和 switch 两种，循环语句有 for、do…while 和 while 等。

1) if 语句

if 语句是 ActionScript 中用来处理根据条件有选择地执行程序代码的语句，通常情况下与 else 配合使用。当程序执行到 if 语句时，先判断参数“条件”中逻辑表达式的计算结果。如果结果为 true，则执行当前 if 语句内的程序代码，如果结果为 false，则查看当前 if 语句中是否有 else 或 else if 子句，如果有，则继续进行判断，如果没有，则跳过当前 if 语句内的所有程序代码，继续执行下面的程序。

其语法格式有 3 种形式：

格式一：

```
if(条件) {//小括号里的条件是一个计算结果为 true 或 false 的表达式//这里是当条件计算
为 true 时执行的指令
    }
```

格式二：

```
if(条件){//这里是当条件计算为 true 时执行的指令
        }else { //这里是当条件计算为 false 时执行的指令
               }
```

格式三：

```
if(条件表达式 1) { //这里是当条件表达式 1 计算为 true 时执行的指令，当计算机为 fasle 时，
则判断条件表达式 2 的值}
else if(条件表达式 2) { //这里是当条件表达式 2 计算为 true 时执行的指令
                     }
```

2) for 语句

与条件判断语句一样，循环语句也是最具有实用性的语句，在满足条件时，程序会不断重复执行，直到设置的条件不成立才结束循环，继续执行下面的语句。其语法格式如下：

```
for(初始值; 条件; 下一步){
        statement(s);
     }
```

其中："初始值"为赋值表达式，它表示一个在开始循环序列前要执行的表达式，此参数还允许使用 var 语句；"条件"是指计算结果为 true 或 false 的表达式，在每次循环迭代前计算该条件，当条件的计算结果为 false 时退出循环；"下一步"是在每次循环迭代后要计算的表达式，通常为使用 ++(递增)或 --(递减)运算符的赋值表达式。statement(s)是指要在循环体内执行的指令。

整个语句是一种循环结构，它首先计算一次"初始值"表达式，然后按照以下顺序开始循环序列：只要条件的计算结果为 true，就执行 statement，然后计算下一个表达式。

3) while 语句

使用 while 语句可以构建程序按条件循环执行的效果。在具体的代码执行过程中，每当看到 while 语句，就计算并判断参数"条件"中的逻辑表达式结果，如果结果为 true，就继续执行该循环体，直至计算结果为 false 时跳出当前循环体，继续执行后面的语句。其语法格式如下：

```
while(条件) {
statement(s);
}
```

其中："条件"指每次执行 while 动作时都要重新计算的表达式；statement(s)是条件计算结果为 true 时要执行的指令。

4) do…while 语句

do…while 语句可以创建与 while 语句相同的循环，不同的是，do…while 语句对表达式的判定是在其循环结束处，使用 while 语句至少会执行一次循环。其语法格式如下：

```
do {
statement(s);
}
while (条件)
```

其中："条件"指要计算的条件；statement(s)是指只要"条件"参数的计算结果为 true 就会执行循环的语句。

5.8.3 ActionScript 语句应用举例

【操作案例 5.19】制作鼠标跟随效果。

操作思路：鼠标跟随属于交互式动画的一种，本例制作的彩色星星就是较有代表性的一种鼠标跟随动画。画面上一串彩色星星随着鼠标的移动而翻卷摆动，当单击右下角的按钮时，星星就不再跟随着鼠标移动，而定位在了刚才单击鼠标的位置，当鼠标滑过按钮时，星星又处于被拖曳状态了。本实例主要掌握 startDrag、stopDrag 的应用和 with 语句的应用。

操作步骤：

1. 制作影片剪辑元件"xing"

(1) 选择【插入】|【新建元件】命令，创建一个名为"xing"影片剪辑元件。
(2) 根据前面章节中的内容绘制星星，填充为红色，高与宽都为 10。
(3) 在第 30 帧处按 F6 键插入关键帧，把星星向上移动，设置颜色为黑色。
(4) 选择第 1 帧，创建形变动画。
(5) 选择第 30 帧，打开【动作-帧】面板，添加语句"stop();"。

2. 制作影片剪辑"xing1"

(1) 选择【插入】|【新建元件】命令，创建一个名为"xing1"的影片剪辑元件。
(2) 按 F11 键打开【库】面板，将"xing"从【库】面板中拖到舞台上，并复制 7 个"xing"，设置不同的颜色，排列如图 5.69 所示。

图 5.69 "xing"的排列

3. 按钮的制作

(1) 选择【插入】|【新建元件】命令，创建一个名为"anniu"的按钮元件。
(2) 在【弹起】帧画一个圆，颜色设置为由黄到红的放射状，在【指针经过】帧画一个与【弹起】帧的同心圆，颜色设为红色。

4. 主场景的制作

(1) 返回到场景中，将影片剪辑元件"xing1"拖放到舞台上，将实例命名为"xing_mc"，选中第 3 帧，按 F5 键插入普通帧。
(2) 新建一个图层，将按钮元件"anniu"拖放到舞台上.
(3) 新建一个图层，命名为"action"，选中第 2 帧、第 3 帧，按 F6 键插入关键帧。

(4) 选中 action 图层的第 1 帧，添加如下语句：

```
i = 0;
xing_mc._visible = 0;
xing_mc.startDrag(true, 0, 0, 550, 400);
```

(5) 选中 action 图层的第 2 帧，添加如下语句：

```
i = i+1;
if (i<=36) {
    xing_mc.duplicateMovieClip("xing_mc"+i,  i);
    with (_root["xing_mc"+i]) {
        _rotation = i*20;
        _xscale = xing_mc._xscale+i*5;
        _yscale = xing_mc._yscale+i*5;
    }
} else {
    i = 0;
}
```

(6) 选中 action 图层的第 3 帧，添加如下语句：

```
gotoAndPlay(2);
```

(7) 选中按钮元件实例，添加如下语句：

```
on (rollOver) {
    xing_mc.startDrag(true, 0, 0, 550, 400);
}
on (release) {
    stopDrag();
}
```

按 Ctrl+Enter 组合键，当鼠标划过时即可看到一串彩色星星随着鼠标的移动而翻卷摆动，当单击按钮时，星星就不再跟随着鼠标移动，而定位在刚才单击鼠标的位置。

【操作案例 5.20】制作线条特效。

操作思路：本实例中的线条特效看起来较为复杂，制作该动画的过程中主要是制作一个线条变化的简单动画，由于循环语句在满足条件的情况下重复执行 duplicateMovieClip() 命令，从而复制出很多的线条，形成比较漂亮的线条特效。

操作步骤：

1. 制作影片剪辑元件“line”

(1) 选择【插入】|【新建元件】命令，创建名为“line”的影片剪辑元件。

(2) 选中第 1 帧，单击【绘图】工具栏中的【铅笔】工具，绘制一条绿色曲线，如图 5.70 所示。

(3) 在第 20 帧、40 帧插入关键帧，分别调整曲线状态如图 5.71、图 5.72 所示。

(4) 选中第 1 帧、20 帧、40 帧，创建形状补间动画。

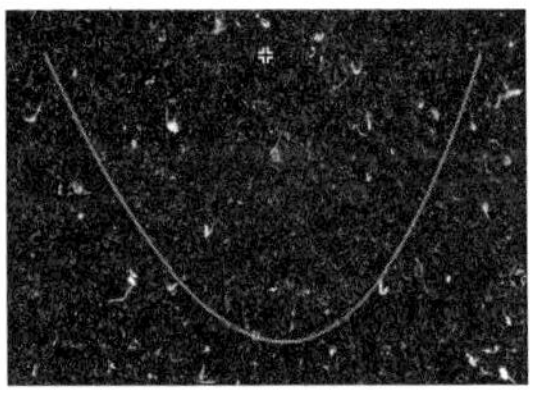

图 5.70　第 1 帧的图形

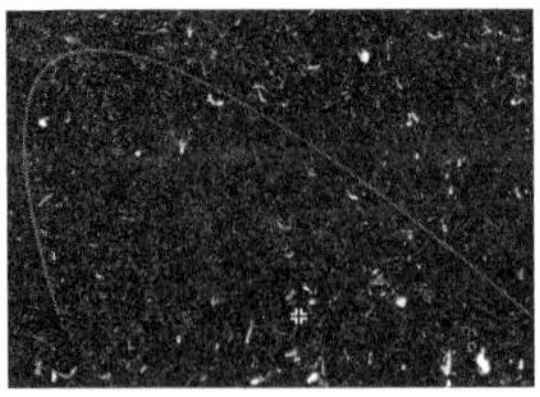

图 5.71　第 20 帧的图形

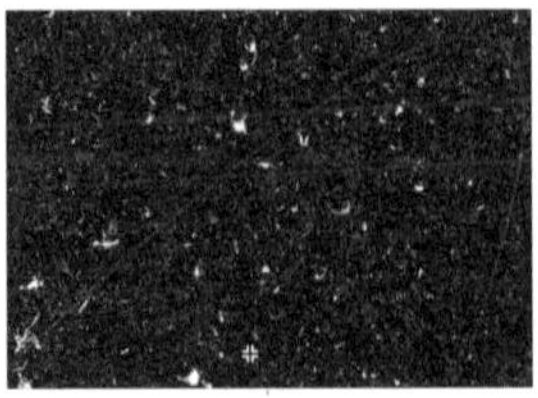

图 5.72　第 40 帧的图形

2. 制作按钮

(1) 选择【插入】|【新建元件】命令，创建一个名为“play”的按钮元件，如图 5.73 所示。

(2) 选择【插入】|【新建元件】命令，创建一个名为“删除”的按钮元件，如图 5.74 所示。

图 5.73　play 按钮元件

图 5.74　删除按钮元件

3. 制主场景

(1) 返回主场景，按 F11 键打开【库】面板，将影片剪辑元件“line”拖放到舞台上，命名为“line_mc”，选中第 2 帧，按 F5 键插入普通帧。

(2) 新建一个图层，将按钮元件“play”与“删除”拖放到舞台上，如图 5.75 所示。

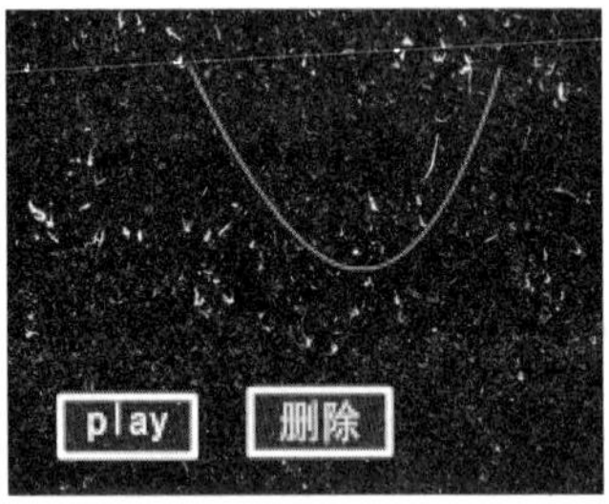

图 5.75　按钮元件与影片剪辑元件的排列

(3) 新建一个图层，选中第 1 帧，打开【动作-帧】面板，添加如下语句：

```
stop();
line_mc._x=120;
line_mc._y=200;
line_mc._visible= 0;
for (i=1; i<100; i++) {
    line_mc.duplicateMovieClip("line_mc"+i, i);
    _root["line_mc"+i]._x = line_mc._x+3*i;
    _root["line_mc"+i]._rotation = 3.6*i;
```

(4) 选中第 2 帧，按 F6 键插入关键帧，添加如下语句：

```
for (i=2; i<100; i=i+2) {
    line_mc.duplicateMovieClip("line_mc"+i, i);
    _root["line_mc"+i]._x = line_mc._x+3*i;
}
```

(5) 单击【play】按钮，添加如下语句：

```
on (release) {
    nextFrame();
    stop();
        }
```

(6) 单击【删除】按钮，添加如下语句：

```
on (release) {
    for (i=1; i<100; i++) {
        removeMovieClip("line_mc"+i);
    }
}
```

按 Ctrl+Enter 组合键，即可看到线条特效。

5.9　综合案例

【操作案例 5.21】 制作“打闪了，下雨了”动画。

操作思路：这是含有多个场景的动画，其中“主控”场景主要通过按钮来控制“打闪了”和“下雨了”两个场景的播放，若要从“打闪了”与“下雨了”两个场景中返回到“主控”场景，只需单击图片即可，从而实现多个场景动画的制作。

操作步骤：

1. 制作“主控”场景

(1) 新建一影片命名为“打闪了，下雨了”，设置背景色为黑色，选择【窗口】|其他面板|【场景】命令，打开场景面板，将“场景 1”命名为“主控”场景，添加两个场景：“下雨了”、“打闪了”，如图 5.76 所示。

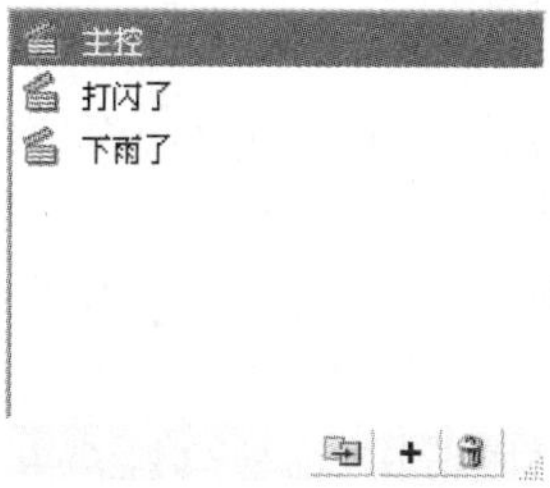

图 5.76　【场景】面板

(2) 选择【文件】|【导入】|【导入到舞台】命令，将图片“风景.jpg”导入到舞台中，并使图片在舞台的中央。

(3) 选择两次【插入】|【新建元件】命令，创建名为“下雨了”与“打闪了”的按钮元件，如图 5.77 所示。

图 5.77 “打闪了”和“下雨了”按钮元件

(4) 添加一个图层，将按钮元件拖放到舞台上合适的位置，如图 5.78 所示。

(5) 选中“打闪了”按钮实例，按 F9 键打开【动作】面板，添加如下语句：

```
on (release) {
     gotoAndPlay("打闪了", 1);
}
```

(6) 选中“下雨了”按钮实例，按 F9 键打开【动作】面板，添加如下语句：

```
on (release) {
     gotoAndPlay("下雨了", 1);
}
```

(7) 选中图层 1 的第 1 帧，按 F9 键打开【动作】面板，添加如下语句：

```
stop();
```

2. 制作“打闪了”场景

(1) 选择【插入】|【新建元件】命令，创建名为“光”的图形元件，如图 5.79 所示。

图 5.78 按钮元件在舞台上的位置

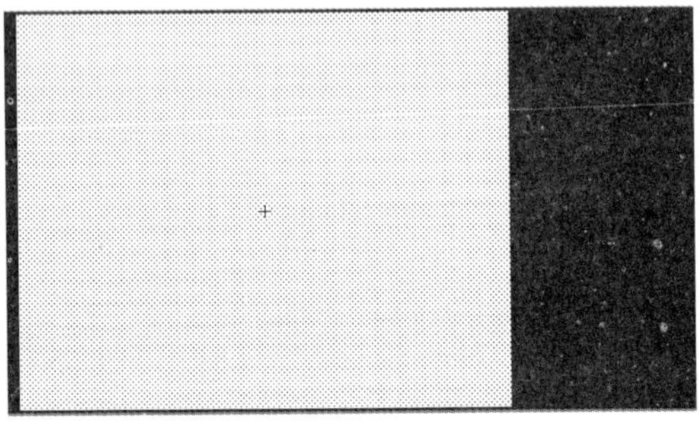

图 5.79 “光”图形元件

(2) 选择【文件】|【导入】|【导入到库】命令，将位图 1.jpg 导入到库中。

(3) 选择【插入】|【新建元件】命令，创建名为“闪电”的影片剪辑元件。添加一个图层，将“图层 1”、“图层 2”分别命名为“闪电”、“泛白”。分别在“闪电”与“泛白”图层上的第 9、10、11、13、14、15、35 帧按 F6 键插入关键帧，选中“闪电”图层的第 9、11、14 帧，将【库】面板中的“位图 1.jpg”拖放到舞台上，并放置在合适的位置。选中“泛白”图层的第 9、11、14 帧，将【库】面板中的图形元件“光”拖放到舞台上并放置在合适的位置，将产生的实例的 Alpha 值设定为 40%，如图 5.80 所示。

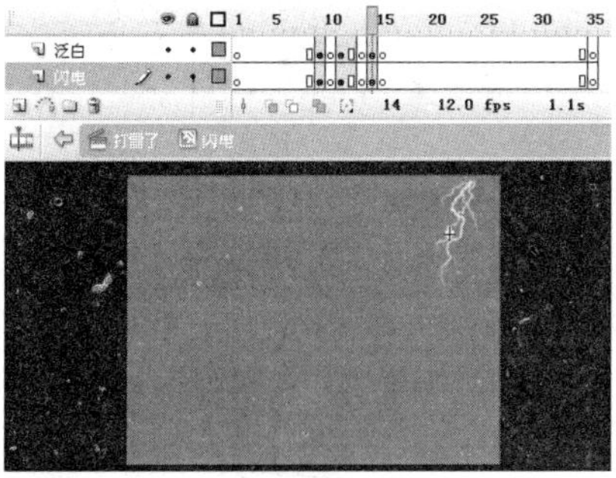

图 5.80　“闪电”影片剪辑元件

(4) 返回到“打闪了”场景中，按 F11 键打开【库】面板，将 6.jpg 拖放到舞台中，并使图片在舞台的中央，按 F8 键将此图片转换为按钮元件，并在此按钮上添加如下语句：

```
on (release) {
    gotoAndPlay("主控", 1);
}
```

(5)添加一个图层，按 F11 键打开【库】面板，将影片剪辑元件“闪电”拖放到舞台中合适的位置，如图 5.81 所示(图中带圈的十字叉为“闪电”)。

图 5.81　“闪电”的位置

3. 制作“下雨了”场景

(1) 添加 4 个图层，分别命名为“背景”、“雨 1”、“雨 2”、“雨 3”、“雨 4”。

(2) 选择【插入】|【新建元件】命令，创建名为“雨”的影片剪辑元件，进入到影片剪辑元件的编辑状态，选择【线条】工具，绘制一条线段，如图 5.82 所示。选中第 19、20、25、54 帧，分别绘制如图 5.83 所示的图形，并使第 19 帧的图形在第 1 帧图形的右下方。

图 5.82　第 1 帧放置的线段

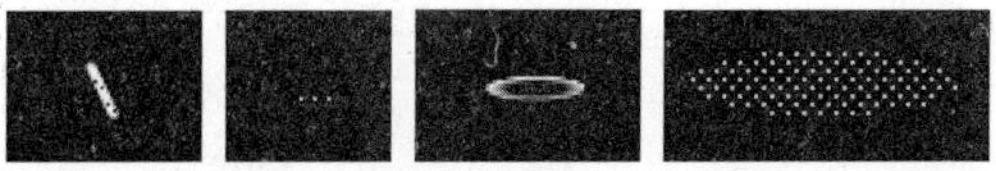

图 5.83　第 19、20、25、54 帧分别放置的对象

(3) 分别选中第 1、20、25 帧，创建形状补间动画。

(4) 返回到“下雨了”场景中，选中“背景”图层，打开【库】面板，将“风景.jpg”拖放到舞台上，并调整图片在舞台的中心。选中图片按 F8 键将此图片转换为按钮元件，并在此按钮上添加如下语句：

```
    on (release) {
        gotoAndPlay("主控", 1);
    }
```

选中第 2 帧，按 F5 键插入一个普通帧。

(5) 选中图层“雨 1”的第 1 帧，将影片剪辑元件“雨”拖放到舞台上，将实例命名为“rain”，位置如图 5.84 所示(蓝色小方框为“雨”)，并在此帧中添加如下语句：

```
    n = Number(n)+1;
    setProperty("rain", _x, 10+Math.random()*530);
    setProperty("rain", _y, -40+Math.random()*-45);
    duplicateMovieClip("rain", "", n);
```

图 5.84　“雨”在舞台上的位置

选中第 2 帧，按 F7 键插入空白关键帧，并在此帧中添加如下语句：

```
    gotoAndPlay(1);
```

(6) 选中“雨 2”图层的第 1 帧，添加如下语句：

```
    n = Number(n)+1;
    setProperty("rain", _x, -10+Math.random()*530);
    setProperty("rain", _y, -75+Math.random()*-80);
    duplicateMovieClip("rain", "", n);
```

(7) 选中“雨 3 ”图层的第 1 帧，添加如下语句：

```
    n = Number(n)+1;
    setProperty("rain", _x, -10+Math.random()*530);
    setProperty("rain", _y, -85+Math.random()*-90);
    duplicateMovieClip("rain", "", n);
```

(8) 选中“雨 4”图层的第 1 帧，添加如下语句：

```
    n = Number(n)+1;
    setProperty("rain", _x, -10+Math.random()*530);
    setProperty("rain", _y, -95+Math.random()*-100);
    duplicateMovieClip("rain", "", n);
```

4. 添加声效

(1) 打开场景“打闪了”，添加一个图层并命名为“声音”，选中第 1 帧，选择【导入】|【导入到舞台】命令，将“雷声.mp3”导入到舞台中，在【属性】面板的【声音】选项中选择“雷声.mp3”。

(2) 打开场景“下雨了”，添加一个图层并命名为“声音”，选中第1帧，选择【导入】|【导入到舞台】命令，将“雨声.mp3”导入到舞台中，在【属性】面板的【声音】选项中选择“雨声.mp3”。

5. 动画的输出与发布

(1) 选择【视图】|【下载设置】命令，对下载的速度等进行设置，若选择【视图】|【下载设置】|【自定义】命令，将打开如图5.85所示的【自定义下载设置】对话框，对下载进行自定义的设置。

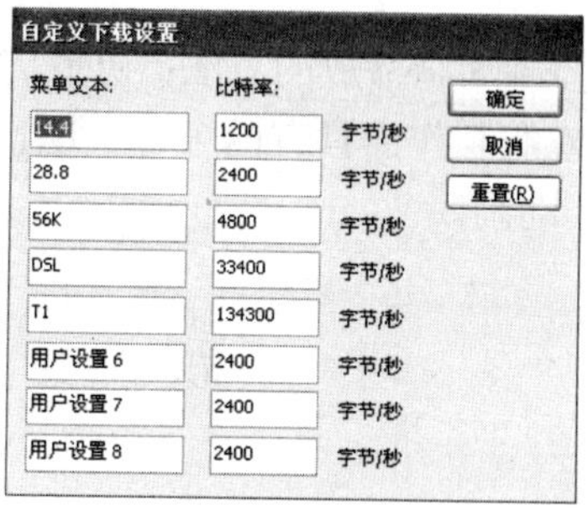

图5.85 【自定义下载设置】对话框

(2) 选择【视图】|【带宽设置】命令，可打开如图5.86所示的带宽显示图来查看动画的下载性能。

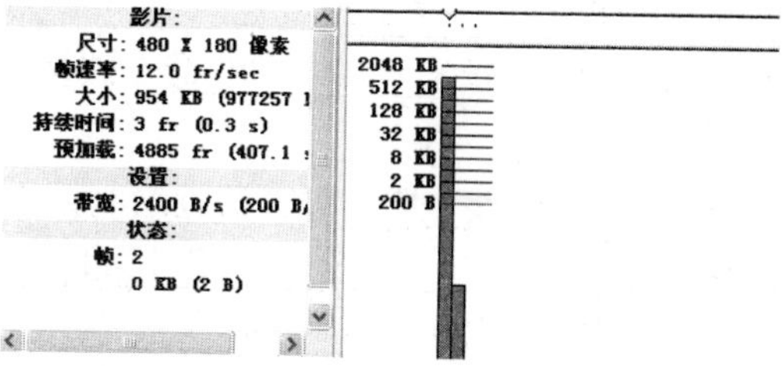

图5.86 带宽显示

(3) 优化动画。在优化动画时，应尽量多地使用补间动画，少使用逐帧动画；在调用素材时，尽量多使用矢量图，而少用或不用位图；对于制作动画时将多次出现的元素，应尽量转换为元件。

(4) 选择【文件】|【发布设置】命令，可以对动画发布格式等进行设置，还能将动画发布为其他图形文件和视频文件格式。

(5) 选择【文件】|【发布】命令，在发布设置完成后，单击【发布】按钮即可完成动画的发布。

(6) 按Ctrl+Enter组合键，即可看到由按钮控制的闪电、下雨的情景。

小贴士

在此动画中实现的是自然界的下雨和打闪、打雷的自然现象，对于添加的声音，可以在选中声音的同时在【属性】面板中单击【编辑】按钮，然后对声音进行设置。

小　结

本章首先简单介绍了动画的基本知识及动画制作的基本过程；然后学习了怎样使用 Ulead GIF Animator 软件制作简单的 GIF 动画；重点介绍了使用 Flash CS3 制作 Flash 动画的方法。

通过本章的学习，读者应该学会使用 Ulead GIF Animator 制作 GIF 动画的基本方法；熟练掌握利用 Flash CS3 制作逐帧动画、补间动画的方法；掌握引导动画、遮罩动画的制作；掌握按钮的制作以及使用按钮控制动画播放的方法；初步掌握 Flash 中 ActionScript 语句的用法。通过学习和实践，读者应能制作出具有两个以上场景、使用按钮控制动画播放、具有背景音乐的较为综合的 Flash 动画。

习　题

1. 填空题

(1) 用 Flash CS3 绘制的图形是__________。

(2) 在绘图工具栏中，__________工具能选择和移动舞台中的对象，能对对象的形状和大小进行改变。

(3) 在 Flash CS3 中，系统预设的动画播放速度是____________。

(4) 为了制作动画的需要，可以选择____________命令或按快捷键__________将组合对象中的元素打散。

(5) 在铅笔模式中，选择____________选项时，适宜绘制接近徒手画出的线条。

(6) Flash CS3 中，文本分为__________、____________和____________3 种类型。

(7) Flash CS3 中支持的“文本方向”有__________、________和__________3 种。

(8) 添加图层时，新增加的图层将建立在当前编辑层的________，常见的图层类型有________、______、________和____________等几种。

(9) 在制作 Flash 动画时，探照灯效果采用________来制作。当创建遮罩层后，默认状态下，遮罩层与被遮罩层处于__________状态。

(10) 元件主要有__________、____________和____________3 种类型。

(11) 一个按钮包含__________、________、________和__________4 帧。

(12) Flash CS3 系统自带了很多元件成品，分别存放在【公用库】的______、______和______3 个不同的【库】面板中，可供用户直接使用。

(13) 创建新元件可以执行______________命令，也可以按快捷键______________，若要将舞台中的某个图形转换为元件，可以执行____________命令，也可以按快捷键____________。

(14) Flash CS3 可以创建____________和________两种形式的补间动画效果。

(15) 单击选中某一帧，执行__________命令或按____________键可以在该帧位置插入一个关键帧，执行__________命令或按__________键可以在该帧位置插入一个空白关键帧。

(16) 在【动作】动画中，如果使用了运动路径，可以选中____________复选框来保证元件实例按照注册点将补间元素吸附到运动路径上。

(17) Flash CS3 中主要支持__________和__________两种音频格式的声音文件。

(18) Flash 脚本程序文件的后缀名是__________。

(19) 对按钮实例编写的脚本程序必须嵌入到________语句中，对影片剪辑实例编写的脚本程序必须嵌入到__________语句中。

(20) 要访问一个名为“mymovie”的影片剪辑中的一个名为“movie”的对象的“_x”属性，在脚本中应写成______________。

(21) 在 Flash 的脚本编写过程中，通常以______作为一句话的结束标志。

(22) 在 Flash CS3 中脚本的编写中，For 与 for 是________(等价/不等价)的。

(23) 已知 i=10，则表达式 i++>10 和++i>10 中成立的是 ________。

2. 选择题

(1) 在使用钢笔工具绘图时，要将笔尖的运动轨迹预先显示出来，应在【首选参数】对话框中选中____复选框。

A. 显示钢笔预览　　B. 显示精确光标　　C. 显示实心点

(2) 选择____命令，将打开【场景】面板。

A.【窗口】|【设计面板】|【场景】　　B.【窗口】|【开发面板】|【场景】

C.【窗口】|【其他面板】|【场景】　　D.【窗口】|【面板设置】|【场景】

(3) 在框选以下____对象时，只有框选了图形的全部，才能选中该对象，如果只框选了该对象的某一部分，则不能选中该图像。

A. 位图　　B. 打散的文字　　C. 矢量图形　　D. 元件

(4) 要从一个比较复杂的图像中“挖”出不规则的一小部分图形，应该使用____工具。

A. 选择　　B. 套索　　C. 滴管　　D. 颜料桶

(5) 使用滴管工具可以获取以下____几种属性。

A. 矢量填充色块的属性　　B. 文字属性

C. 矢量线条的属性　　D. 位图

(6) 选择工具有____功能。

A. 选择图形　　B. 移动并复制图形

C. 改变物体的形状　　D. 旋转图形

(7) 以下____工具都可以对图形进行变形操作。

A. 选择工具　　B. 部分选取工具

C. 橡皮擦工具　　D. 任意变形工具

(8) 普通图层的图标标记为____。遮罩层的图标标记为____，建立了链接的遮罩层的图标标记为____。未建立链接的引导层的图标标记为____，建立了链接的引导层的图标标记为____。

A. 　　B. 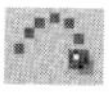　　C. 　　D. 　　E. 

(9) 函数 on 的作用是____。

A. 引出触发事件　　B. 播放动画

C. 停止动画　　D. 跳转到另一帧

(10) 在设置按钮动作的过程中，函数 on 的参数面板中，____选项表示按下鼠标还未松开时发生指定的事件，____选项表示鼠标光标移到按钮所在热区时会发生指定的事件。

A. press　　B. release　　C. rollOver　　D. rollOut

3. 简答题

(1) 简述动画制作的基本过程。

(2) 简述静态文本、动态文本和输入文本的功能特点。

(3) 简述引导动画和遮罩动画的制作原理。

(4) Flash CS3 中哪些元素可以创建运动动画？哪些元素可以创建形状动画？创建形状动画和运动动画有什么区别？

(5) 简述在动画制作中使用元件的优点。

(6) 什么是 ActionScript？它有哪些基本要素？主要有哪些类型？

4. 操作题

(1) 使用UGA软件制作一个GIF动态文字条幅广告，文字内容为“迎新年促销大减价”。

(2) 使用两张以上的图片素材，利用 UGA 软件制作一个 GIF 动画广告。

(3) 用绘图工具栏中的工具绘制常见的水果图像，
如图 5.87 所示，并运用颜色选项中的填充工具将其着色。

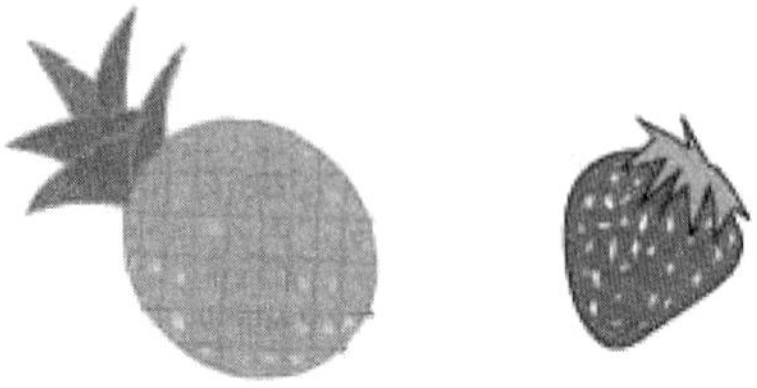

图 5.87　绘制的水果

(4) 制作文字闪光效果，要求文字的边缘颜色不断变化，形成闪光效果。

(5) 制作一个“枫叶”飘落的影片剪辑元件，然后制作一个有多片“枫叶”不规则下落的动画，可以添加一些“淡出”等特效。

(6) 制作一个由奥运五环到火炬的形状补间动画，奥运五环图形由大变小，而火炬图形有一个淡入的变化效果。

(7) 制作沿椭圆分布的一圈文字“全国各族人民团结一致，抗震救灾，众志成城，一方有难，八方支援！”，使文字能够不断地围绕着这个椭圆转圈移动的动画。

(8) 制作一个看图识字的动画。屏幕显示 4 种动物，当鼠标指针移到一个动物图像上时，会在该图像上动态地显示出该动物的名称，当鼠标单击该动物图像时，会播放该动物的英语单词。

(9) 制作一个祝贺新年的 Flash 电子音乐贺卡。

(10) 制作一个具有两个以上场景、有播放控制按钮、有背景音乐的 Flash 动画。

第 6 章

数字视频的采集与制作

教学目标

- 掌握视频的基本知识和基本理论
- 掌握视频线性编辑和非线性编辑的概念
- 了解视频数字化的过程及视频文件的格式
- 熟练掌握使用 Premiere Pro 进行视频采集、编辑和输出的基本方法
- 熟练掌握常见视频文件的格式转换方法

本章知识结构图

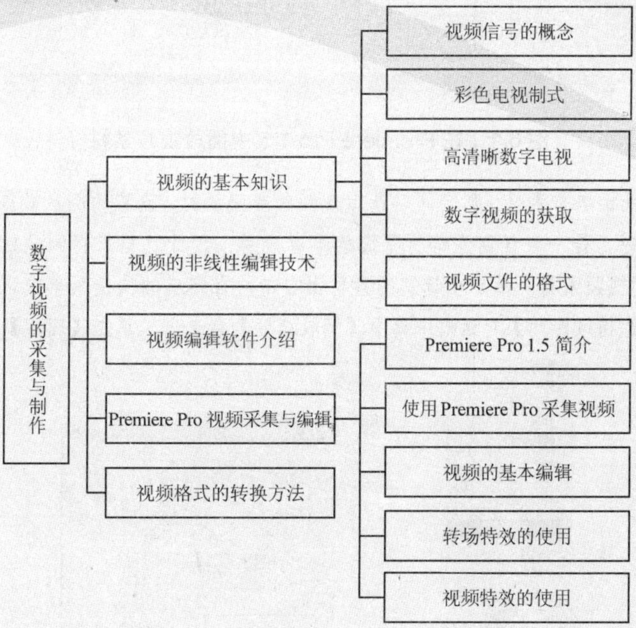

导入案例

在一些电影特技中，人们常常可以看到一个人飞身上楼的场景，当然，这并不是演员真的有飞檐走壁的功夫，而是在实际拍摄中人从楼上跳下，然后在后期制作时将其倒放所产生的效果。在数码视频编辑中，我们可以很方便地实现这种效果。下面就在视频编辑软件 Premiere Pro 中导入一段“日立洗衣机.mpg”的视频广告片，然后将其设置为倒放的效果，操作步骤如下.

(1) 启动 Premiere Pro 1.5，新建工程，选择【装载预置】|DV-PAL|Standard 48kHz 选项。

(2) 在【项目】面板中双击，打开素材输入对话框，选择“日立洗衣机.mpg”导入素材，并将素材拖放到时间线上，如图 6.1 所示。单击【播放】按钮，可看到广告片的效果为衣物飞入洗衣机的场景。

图 6.1　在 Premiere Pro 1.5 中播放视频素材

(3) 这时如果用鼠标单击素材，则会同时选定视频和音频素材，设置的倒放效果将同时应用于视频和音频。音频素材倒放时，是一种任何人都听不懂的声音效果，因此这里只将倒放效果应用于视频。按住 Alt 键的同时单击选定视频素材，然后在选定的素材上右击，在弹出的快捷菜单中选择【速度/持续时间】命令，在打开的【速度/持续时间】对话框中选中【倒放速度】复选框，单击【确定】按钮，如图 6.2 所示。

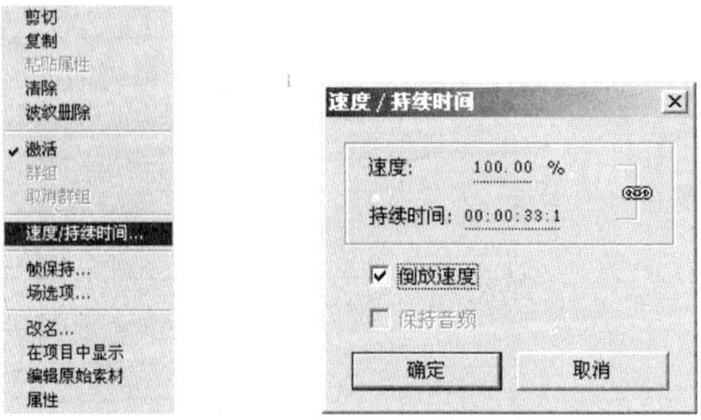

(a)　　　　　　(b)

图 6.2　视频倒放效果的设置

(4) 输出影片。首先按回车键对编辑好的视频进行渲染和预演。这时可以看到原来衣服从外面飞入洗衣机中的画面，现在变成了衣服纷纷从洗衣机向外飞出的效果。最后，选择【文件】|【输出】命令输出某种格式的影片，视频效果的设置和保存就完成了。

这就是视频非线性编辑的魅力。当前，用户在视频编辑软件中编辑处理视频素材，就像文字处理一样方便灵活。

6.1　视频的基本知识

一般来说，视频信号是指连续的、随着时间变化的一组图像(24 帧/秒、25 帧/秒、30 帧/秒)，又称运动图像或活动图像。在应用中，人们需对视频信息进行记录、存储、传输和播放。常见的视频有电影、电视和动画。视频信号按其特点可分为模拟和数字两种形式。

6.1.1　视频信号的概念

1. 模拟视频

迄今为止，许多视频的记录、存储和传输仍然是模拟方式。例如，目前电视上所见到的图像便是以一种模拟电信号的形式来记录的，并依靠模拟调幅(Analog Amplitude Modulation)的手段在空中传播，利用盒式磁带录像机便可将其作为模拟信号存放在磁带上。将图像和声音转换成电信号是通过使用合适的传感器来完成的。人们所熟悉的摄像机便是一种将自然界中的真实图像转换为电信号的传感器。

2. 扫描

视频信号源捕捉二维图像信息，并转换为一维电信号进行传递，而电视接收器或电视监视器要将电信号还原为视频图像在屏幕上再现出来，这种二维图像和一维电信号之间的转换是通过光栅扫描来实现的。扫描方式主要有逐行扫描和隔行扫描两种。

3. 视频信号的空间特性

由光栅扫描所得的视频信息显然具有空间特性，所涉及的主要概念如下。

1) 长宽比(Aspect Ratio)

扫描处理中一个重要的参数是长宽比，即图像水平扫描线的长度与图像竖直方向所有扫描线所覆盖距离的比。它也可被认为是一帧宽与高的比。电视的长宽比是标准化的，一般为 4∶3 或 16∶9，如图 6.3 所示。其他系统(如电影)则利用了不同的长宽比，有的高达 2∶1。

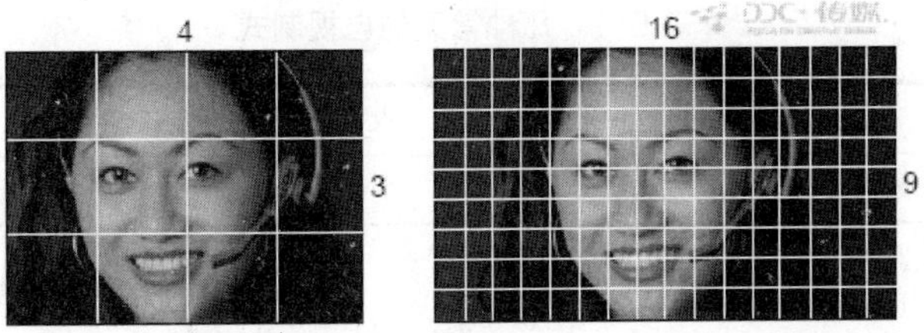

(a)　　(b)

图 6.3　视频信号的长宽比

2) 同步(Synchronization)

当视频信号被用于调节阴极射线管电子束的亮度时，它能以和传感器恰好一样的方式被扫描，重新产生原始图像(显示扫描的原始图像)，这在家用电视机和视频监视器中能精确地进行。因此，电子信号被送到监视器时必须包含某些附加的信息，以确保监视器扫描与传感器扫描同步。这个信息被称为同步信息，由水平和垂直时间信号组成。

3) 分辨率(Resolution)

水平扫描线所能分辨出的点数称为水平分辨率，一帧中垂直扫描的行数称为垂直分辨率。一般来说，点越小，线越细，分辨率越高。说一个系统的水平分辨率为400线时，是指它在对应于图像高度的水平距离内能够交替地显示200条黑线和200条白线。垂直的行数一般是525线(北美和日本)和625线(欧洲和中国)。

4. 视频的色彩空间

在多媒体制作中，常常涉及几种不同的色彩空间表示颜色，如计算机显示时采用RGB彩色空间；彩色印刷时采用CMYK彩色空间；彩色全电视信号数字化时采用YUV彩色空间；为了便于色彩处理和识别，视觉系统又经常采用HIS彩色空间。

YUV是PAL和SECAM模拟彩色电视制式采用的颜色空间，其中，Y表示亮度，U、V用来表示色差，U、V是构成彩色的两个分量。

YIQ是美国、日本等国NTSC模拟彩色电视制式采用的颜色空间，其中，Y仍为亮度信号，I、Q仍为色差信号，但它们与U、V是不同的，其区别是色度在矢量图中的位置不同。

I、Q与V、U之间的关系可以表示成如下形式。

$$I = V\cos 33^\circ - U\sin 33^\circ$$

$$Q = V\sin 33^\circ + U\cos 33^\circ$$

在HIS彩色空间中，人们常用H、S、I参数描述颜色特性，其中，H表示色调，S表示颜色的饱和度，I表示光的强度。HIS彩色空间能够减少彩色图像处理的复杂性，而且更接近人对色彩的认识和解释。

6.1.2 彩色电视制式

电视制式指的是一个国家按照国际上的有关规定、具体国情和技术能力所采取的电视广播技术标准，是一种电视的播放标准。不同制式的视频信号的编码、解码、扫描频率、界面的分辨率均不同。不同制式的电视机只能接收相应制式的电视信号。因此，如果计算机系统处理的视频信号与连接的视频设备制式不同，播放时图像的效果就会明显下降，有的甚至无法播放。几种常见的电视制式见表6-1。

表6-1 几种常见的电视制式

制　式	国　家	水平线数(分辨率)	帧　数	画面宽高比
NTSC	韩国、美国、加拿大、日本、墨西哥	525线	30frame/s	4∶3
PAL	澳大利亚、中国、南非共和国、欧洲大多数国家	625线	25frame/s	4∶3
SECAM	法国、中东地区、非洲大多数国家	625线	25frame/s	4∶3

6.1.3 高清晰数字电视

高清晰数字电视(High Definition TV，HDTV)是DTV标准中最高的一种，拥有最佳的视频、音频效果。DTV是一种数字电视技术，是目前传统模拟电视技术的接班人。所谓数字电视，是指从演播室到发射、传输、接收过程中的所有环节都是使用数字电视信号，或对该系统所有的信号传播都是通过由二进制数字所构成的数字流来完成的。

HDTV规定了视频必须至少具备720线非交错式(720P，即常说的逐行)或1080线交错式(1080I，即常说的隔行)扫描(DVD标准为 480线)，屏幕纵横比为16：9。音频输出为5.1声道(杜比数字格式)，同时能兼容接收其他较低格式的信号，并进行数字化处理重放。HDTV有 3 种显示格式，分别是：720P(1280×720P，非交错式)，1080I(1920×1080I，交错式)，1080P(1920×1080P，非交错式)。其中，网络上流传的以720P和1080I最为常见，而在微软WMV-HD站点上，1080P的样片相对较多。样片下载网址为 http://www.microsoft.com/windows/windowsmedia/musicandvideo/hdvideo/contentshowcase.aspx。

目前有两种方式可欣赏到HDTV节目：一种是在电视上实时收看HDTV，需要满足两个条件，首先是电视可接收到HDTV信号，这需要额外添加相关的硬件，其次是电视符合HDTV标准，主要是对电视的分辨率和接收端口而言；另一种是在计算机上通过软件播放。

网络中流传的HDTV主要以两类文件的方式存在：一类是经过MPEG-2标准压缩，以.tp和.ts为后缀的视频流文件；另一类是经过WMV-HD (Windows Media Video High Definition)标准压缩过的WMV文件，还有少数文件后缀为.avi或.mpg，其性质与WMV是完全一样的。HDTV文件都比较大，即使是经过重新编码过后的WMV文件也非同小可。以一部普通电影的时间长度来计算，WMV文件将会有4GB以上，而同样时间长度的.tp和.ts文件能达到8GB以上，有的甚至达到20GB以上。因此，除了通过文件后缀名外，还可以通过文件大小来判断文件是否为HDTV文件。

6.1.4 数字视频的获取

视频信息是人们喜闻乐见的一种信息表示形式。要将这些信息的表现形式引入计算机，就必须将其数字化。现有的技术已使PC足以具备视频信息的处理功能。

数字视频的获取主要可分为两种方式：其一，通过数字化设备如数码摄像机、数码照相机、数字光盘等获得；其二，通过模拟视频设备如摄像机、录像机(VCR)等输出模拟信号，再由视频采集卡将其转换成数字视频存入计算机，以便计算机进行编辑、播放等各种操作。在第二种方法中，要使一台PC具有视频信息的处理功能，系统对硬件和软件的需求如图6.4所示。

这些设备是视频采集卡、视频存储设备、视频输入源及视频软件。

在多媒体个人计算机(MPC)环境中，捕获视频质量的好坏是衡量其性能的一个重要指标，其主要依赖于3个因素：视频窗口大小、视频帧率以及色彩的表示能力。

(1) 视频窗口的大小是以像素来表示的。如320×240像素或180×120像素。VGA标准屏幕上640×480像素，这意味着一个320×240像素的视频播放窗占据了VGA屏幕的1/4。目前，个人计算机显示器的分辨率通常为800×600像素、1 024×768像素，甚至更高。系统能够提供的视频播放窗口越大，对软、硬件的要求就越高。

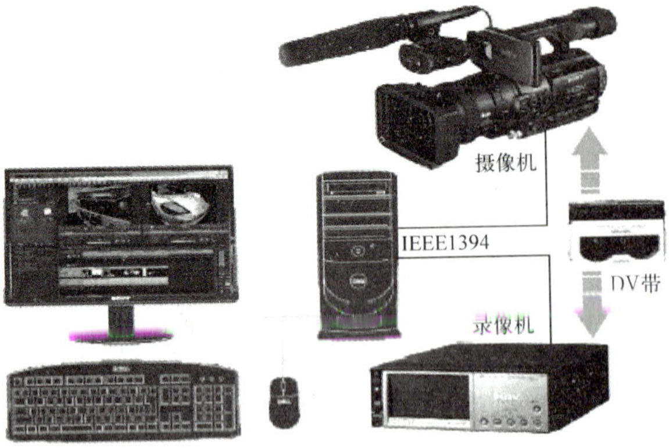

图 6.4 捕获视频信息的设备

(2) 视频帧率(Video Frame Rate)表示视频图像在屏幕上每秒钟显示帧的数量。一般把屏幕上一幅图像称为一帧。视频帧率的范围可从 0(静止图像)～30 帧/秒。帧率越高，图像的运动就越流畅，最高的帧率为 30 帧/秒。

(3) 色彩表示能力依赖于色彩深度和色彩空间分辨率。色彩深度(Color Depth)是指允许不同色彩的数量。色彩越多，图像的质量越高，表示的真实感就越强。PC 上的色彩深度范围从 VGA 调色板的 4 位、16 位到 24 位真彩色 1 670 万种色彩，要用于视频至少需要一个 256 色的 VGA 卡或更高。色彩空间分辨率是指色彩的空间“粒度”或“块状”，即每个像素是否都能赋予它自身的颜色。当每个像素都能赋予它自身颜色时，质量最高。

6.1.5 视频文件的格式

目前的视频文件可以分为两大类：一是普通的影像文件；二是流媒体文件。

当前常见的普通影像文件如下。

(1) AVI 格式：它的英文全称为 Audio Video Interleaved，即音频视频交错格式。它于 1992 年由 Microsoft 公司推出，随 Windows 3.1 一起被人们所认识和熟知。所谓“音频视频交错”，就是可以将视频和音频交织在一起进行同步播放。这种视频格式的优点是图像质量好，可以跨多个平台使用，其缺点是体积过于庞大，而更加糟糕的是压缩标准不统一，最普遍的现象就是高版本 Windows 媒体播放器播放不了采用早期编码编辑的 AVI 格式视频，而低版本 Windows 媒体播放器也播放不了采用最新编码编辑的 AVI 格式视频。

(2) MPEG 格式：它的英文全称为 Moving Picture Expert Group，即运动图像专家组格式，家里常看的 VCD、SVCD、DVD 就是这种格式。MPEG 文件格式是运动图像压缩算法的国际标准，它采用了有损压缩方法减少运动图像中的冗余信息。说得更加明白一点就是，MPEG 的压缩方法是依据相邻两幅画面绝大多数相同，把后续图像中和前面图像有冗余的部分去除，从而达到压缩的目的(其最大压缩比可达到 200∶1)。目前 MPEG 格式有 3 个压缩标准，分别是 MPEG-1、MPEG-2、和 MPEG-4，另外，MPEG-7 与 MPEG-21 仍处在研发阶段。

在计算机中打开 VCD 光盘，根目录 MPEGAV 下后缀名为.dat 的文件也是 MPEG 格式的，是 VCD 刻录软件将符合 VCD 标准的 MPEG-1 文件自动转换生成的。在 DVD 光盘中，存储的是 VOB 文件，它存放在 VIDEO_TS.ifo 文件中。VOB 是 DVD Video OBject 的缩写，意思是 DVD 视频对象。实际上，VOB 文件是一种基本的 MPEG-2 数据流，就是说它包含了多路复合的 MPEG-2 视频数据流、音频数据流以及字幕数据流。

(3) DivX 格式(DVDrip)：这是由 MPEG-4 衍生出的另一种视频编码(压缩)标准，即人们通常所说的 DVDrip 格式，它采用了 MPEG-4 的压缩算法，同时又综合了 MPEG-4 与 MP3 各方面的技术，说白了就是使用 DivX 压缩技术对 DVD 盘片的视频图像进行高质量压缩，同时用 MP3 或 AC3 对音频进行压缩，然后再将视频与音频合成并加上相应的外挂字幕文件而形成的视频格式。其画质直逼 DVD 但体积只有 DVD 的数分之一。这种编码对计算机的要求也不高，所以 DivX 视频编码技术可以说是对 DVD 造成威胁最大的新生视频压缩格式，号称 DVD 杀手或 DVD 终结者。

(4) MOV 格式：它是美国 Apple 公司开发的一种视频格式，默认的播放器是苹果的 QuickTime Player，具有较高的压缩比和较完美的视频清晰度。其最大的特点还是跨平台性，即不仅能支持 Mac OS，同样也能支持 Windows 系列。

流媒体技术(Streaming Media Technology)是为解决以 Internet 为代表的中低带宽网络上多媒体信息(以视频、音频信息为重点)传输问题而产生、发展起来的一种网络新技术。“流媒体”的概念包括以下两个方面的涵义。其一，流媒体是计算机网络(尤其是中低带宽 Internet/Intranet)上需要实时传输的多媒体文件，如声音、视频文件。在传输前需要压缩处理成多个压缩包，并附加上与其传输有关的信息(例如，控制用户端播放器正确播放的必要的辅助信息)，形成实时数据流。数据流最大的特点是允许播放器及时反应而不用等待整个文件的下载。其二，流媒体是对多媒体信息进行“流化”处理，是一种解决问题的方式，可以使视频等对实时性要求严格的多媒体文件在 Internet/Intranet 上在既无下载等待需求，又不占用客户端硬盘空间的情况下保证实时播放。目前常见的流媒体文件如下。

(1) ASF 格式：它的英文全称为 Advanced Streaming Format，它是微软为了和现在的 Real Player 竞争而推出的一种视频格式，用户可以直接使用 Windows 自带的 Windows Media Player 对其进行播放。由于它使用了 MPEG-4 压缩算法，因此压缩率和图像的质量都很不错(高压缩率有利于视频流的传输，但图像质量肯定会有损失，所以有时 ASF 格式的画面质量不如 VCD 是正常的)。

(2) WMV 格式：它的英文全称为 Windows Media Video，也是微软推出的一种采用独立编码方式，并且可以直接在网上实时观看视频节目的文件压缩格式。WMV 格式的主要优点包括：本地或网络回放、可扩充的媒体类型、部件下载、可伸缩的媒体类型、流的优先级化、多语言支持、环境独立性、丰富的流间关系以及扩展性等。

(3) RM 格式：Real Networks 公司所制定的音频视频压缩规范称为 Real Media，用户可以使用 RealPlayer 或 RealOne Player 对符合 Real Media 技术规范的网络音频、视频资源进行实况转播，并且 Real Media 可以根据不同的网络传输速率制定出不同的压缩比率，从而实现在低速率的网络上进行影像数据实时传送和播放。这种格式的另一个特点是，用户可以在不下载音频、视频内容的条件下，使用 RealPlayer 或 RealOne Player 播放器实现在线播放。另外，RM 作为目前主流网络视频格式，它还可以通过其 Real 服务器将其他格式的视频转换成 RM 视频，并由 Real 服务器负责对外发布和播放。RM 和 ASF 格式可以说各有千秋，通常 RM 视频更柔和一些，而 ASF 视频则相对清晰一些。

(4) RMVB 格式：这是一种由 RM 视频格式升级延伸出的新视频格式，它的先进之处在于打破了原先 RM 格式那种平均压缩采样的方式，在保证平均压缩比的基础上合理利用比特率资源。也就是说，静止和动作场面少的画面场景采用较低的编码速率，这样可以留出更多的带宽空间，而这些带宽会在出现快速运动的画面场景时被利用。这样在保证了静止画面质量的前提下，大幅地提高了运动图像的画面质量，从而使图像质量和文件大小之间就达到了微妙的平衡。另外，相对于 DVDrip 格式，RMVB 视频也是有着较明显的优势，一部大小为 700MB 左右的 DVD 影片，如果将其转录成同样视听品质的 RMVB 格式，其大小最多也就 400MB。不仅如此，这种视频格式还具有内置字幕和无需外挂插件支持等独特优点。

6.2 视频的非线性编辑技术

从 1939 年最早发明黑白电视开始，电视节目的播出是建立在直接播出的基础之上的，那时使用电视摄像机在演播室里记录播音员的图像和声音，或记录各种节目表演的图像和声音，或者用摄像机直接拍摄电影放映机所放映出来的电影画面，直接将这些图像和声音的电子信号传送到播出机房和发射机，直接播出并发射，并传输到千家万户。由于那时还没有发明录像机和作为存储介质的录像带，不可能把节目预先录制到录像带作为节目储备，就更谈不上节目的后期编辑制作，因此电视节目的播出完全依赖于直播。

电视节目的后期制作是由于发明了录像机和录像带的技术才得以实现的。有了录像机和录像带，人们可以把从摄像机拍摄到的图像和声音信号预先录制到录像带上，作为节目内容的素材带，再对这些节目素材进行后期的编辑和声音合成，制作出节目的成品带，进行大量的节目储备，安排合适的时间进行播出。节目的成品带还可以发行，实现人们对音像制品的多种需求。

在录像技术问世以来的 50 多年中，电视节目的编辑技术经历了从模拟视频的线性编辑到数字视频的非线性编辑的重大变革，这些重大的变革是和电子技术与计算机技术的重大发展紧密相连的。20 世纪 90 年代初期，美国、加拿大等发达国家开始将计算机技术和多媒体技术与影视制相结合，以便用计算机制作影视节目，并最终取得成功，推出了桌面演播室，也就是今天的非线性编辑系统。视频非线性编辑在计算机技术的支持下，充分运用数字处理技术的研究成果，以低成本、高效率、高质量、效果变幻无穷的姿态迅速进入了广播电视领域。

非线性编辑是相对传统的以时间顺序进行的线性编辑而言的。传统的线性视频编辑是按照信息记录顺序，从磁带中重放视频数据来进行编辑，需要较多的外围设备，如放像机、录像机、特技发生器、字幕机等，整套设备价格昂贵，动辄十几万、几十万，甚至上百万。非线性编辑借助计算机来进行数字化制作，几乎所有的工作都在计算机中完成，不再需要那么多的外围设备，对素材的调用也是瞬间实现，不用反反复复在磁带上寻找，突破单一的时间顺序编辑限制，可以按各种顺序排列，具有快捷简便、随机的特性。

使用传统的编辑方法制作一个 10 分钟左右的节目，往往要面对长达四五十分钟的素材带，反复进行审阅比较，然后将所选择的镜头编辑组接，并进行必要的转场、特技处理。

这其中包含大量的机械重复劳动。而在非线性编辑系统中，大量的素材都存储在硬盘上，可以随时调用，不必费时费力地逐帧寻找。素材的搜索极其容易，不用像传统的编辑机那样来回倒带，整个编辑过程既灵活又方便。同时，多种多样、花样翻新、可自由组合的特技方式使制作的节目丰富多彩，将制作水平提高到了一个新的层次。

从硬件上看，一个非线性编辑系统可由计算机、视频卡或 IEEE 1394 卡、声卡、高速硬盘、专用板卡(如特技卡)以及外围设备构成。其中，视频卡用来采集和输出模拟视频，也就是承担 A/D 和 D/A 的实时转换。从软件上看，非线性编辑系统主要由非线性编辑软件以及二维动画软件、三维动画软件、图像处理软件和音频处理软件等外围软件构成。随着计算机硬件性能的提高，视频编辑处理对专用器件的依赖越来越小，软件的作用则更加突出。因此，掌握像 Premiere Pro 之类的非线性编辑软件就成了关键。

非线性编辑系统的出现与发展，一方面使影视制作的技术含量在增加，越来越“专业化”，另一方面也使影视制作更为简便，越来越“大众化”。就目前的计算机配置来说，一台家用计算机加装 IEEE 1394 卡(有些计算机主板本身就集成有相关芯片和 1394 接口)，再配合 Premiere Pro 就可以构成一个非线性编辑系统。因此，每个人都可以将感性的 DV 编织成一部部理性的数字作品，成为自己表达情怀、审视社会、挥洒想象的一种新手段。

6.3 视频编辑软件介绍

1. Ulead Video Studio(会声会影)

Ulead Video Studio 软件是由友立公司推出的入门级视频编辑软件，它是专门为个人及家庭用户量身打造的数码影像编辑软件，可以对存储在硬盘上的视频片断进行处理。它支持多种视频来源，可直接从数码摄像机、摄像头、数码相机等多种数码设备上获取视频素材，可以生成多种编码格式的视频文件，甚至提供 VCD、DVD 刻录功能，能够直接生成 DVD 并刻录影碟。它的视频编辑功能非常丰富，具有故事模板编辑方式和时间线编辑方式，能够处理滤镜特效、字幕标题、配乐旁白等。此外，该软件工作流程简洁、结构布局清晰，易学易用。

2. Ulead MediaStudio Pro(友立独立制片人)

友立公司的 Ulead MediaStudio Pro，比会声会影的功能更强大，它可以实现多视频音频轨道重叠编辑，最多可达 99 轨；具备很好的采集、编辑、压缩、字幕、转场、视频滤镜功能，可以对视频进行任意拖放、裁剪，是影楼、婚庆公司和事业单位用来编辑视频、制作电子相册、专题片的好软件。其 CG 模块可制作令人羡慕的动感字幕，具有对视频进行逐帧修改的功能，具备对音频独立剪辑修改功能，并且能够将编辑好的视频直接刻录成影碟。

3. Adobe Premiere Pro

Adobe Premiere Pro 是目前最流行的专业视频编辑软件，为高质量视频提供了完美的解决方案。它的优势在于对视频片断可能进行任意拖放、裁剪、叠放，能够在多个轨道中随意排列组合。同时，字幕功能强大，可以制作出特殊的视频效果来。更为重要的是，Adobe 公司旗下的众多图形图像软件能够完美地与 Premiere Pro 配合，各显神通，将制作者的创意淋漓尽致地发挥出来。而且，“好莱坞特效”可以作为插件装入 Premiere Pro 中调用，能直接刻录 DVD 影碟，让用户直接享受采集、编辑、刻录一条龙的乐趣。

4. After Effects

After Effects 是 Adobe 公司推出的，是运行于 PC 和 MAC 上的专业级影视合成软件，也是目前最为流行的影视后期合成软件。After Effects 和 Premiere 同属视频编辑软件，但它与 Premiere 又有所不同。After Effects 主要用于处理视频文件或图像文件，它可以在视频片段上创作许多神奇的效果，如抠像、局部透明、文字旋转、按路径移动文字等，经过处理的视频片段或图像文件可以重新生成视频文件。After Effects 和 Photoshop 一样具有层的功能，用户可以在无限的层上添加各种效果和动作，可以说，After Effects 就是视频处理上的 Photoshop。

5. Canopus EDIUS (康能普视)

Canopus EDIUS 是一款新兴的视频合成软件，它将绘图、动画、编辑和三维合成等所有的功能都融入其中，还拥有强大的粒子系统、电影级的高级抠像和颜色校正等功能。跟踪合成、真三维空间处理、层级关系处理、文字特效等功能十分完美，甚至还能使用 After Effects 的绝大部分插件。Canopus EDIUS 内置 500 多种转场特效，内置 TitleMotion 专业字幕软件，可制作电视台一样的字幕效果。用户不需要到处去寻找这些插件就可直接采集、编辑、刻录 DVD 影碟。软件中捆绑的 ProCoder 视频格式转换软件，不仅可将制作完成的高清、标清成品输出成 HD、SD、AVI、MPEG-1、MPEG-2、MOV、WMV 等多种文件格式，也可进行大部分高清、标清，NTSC、PAL 制视频格式之间的相互转换，满足日益增长的节目交流的需要。

6.4 Premiere Pro 视频采集与编辑

Premiere Pro 是 Adobe 公司推出的非线性编辑软件。它集视频、音频处理于一体，功能十分强大，其非线性表现在于对每一帧画面的编辑可以进行非线性的调整，其核心技术是将视频逐帧展开，以帧为单位进行编辑，能与音频剪辑精确同步。

6.4.1 Premiere Pro 1.5 简介

Premiere 首先推出的是 Premiere 4.0、4.2、5.0、5.1、5.5、6.0 和 6.5 版本，其后推出了 Premiere Pro 1.0、1.5 和 2.0 版本，目前的最新版本是 Premiere Pro CS3，当前仍然为大家广泛使用的是 Premiere Pro 1.5 版本。Premiere Pro 为视频节目的创建和编辑提供了更加强大的支持，在进行视频编辑、节目预览、视频捕获以及节目输出等操作时，可以在兼顾效果和播放速度的同时获得更佳的影音效果。

1. Premiere Pro 的主要功能

它的主要功能包括以下几个方面。

(1) 编辑和组装各种视频、音频剪辑片断。

(2) 对视频片断进行各种特技效果处理。
(3) 在视频剪辑上添加各种字幕、图标和其他视频效果。
(4) 在两段视频之间增加各种过渡效果。
(5) 设置音频、视频编码及压缩参数。
(6) 改变视频特性参数，如图像位深、视频帧率以及音频采样。
(7) 给视频配音，对音频剪辑片断进行编辑，调节音频与视频同步。

本章将以 Premiere Pro 1.5 为例介绍视频的获取、编辑和发布的基本方法。

2. Premiere Pro 的工作界面

启动 Premiere Pro 1.5 以后，首先看到的是欢迎界面，如图 6.5 所示。

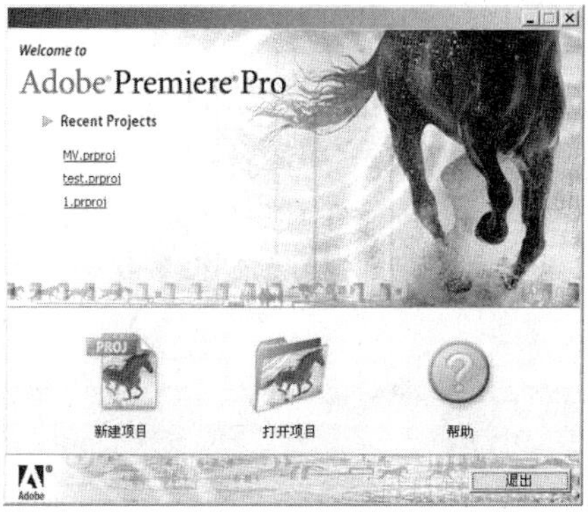

图 6.5　Premiere Pro 1.5 的欢迎界面

大家可以在这里新建、打开项目，或退出 Adobe Premiere Pro 1.5。这里单击【新建项目】按钮，则打开【新建项目】对话框，如图 6.6 所示。

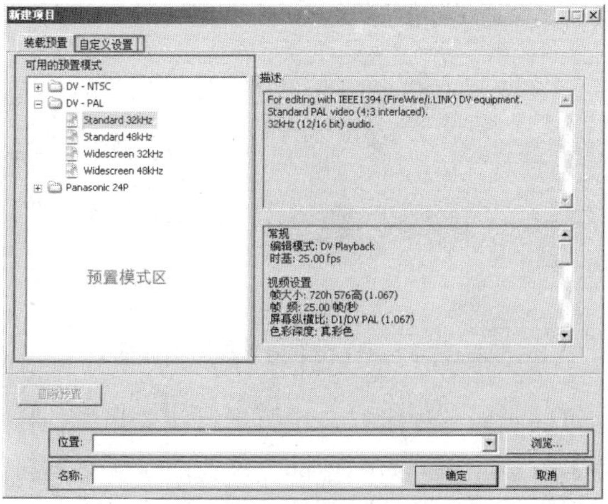

图 6.6　【新建项目】对话框

在【位置】文本框中输入或选择项目文件的保存路径。在【名称】文本框中输入项目的文件名。【可用的预置模式】列表框中列出了常用的视频编辑模式，都是一些适用于采集 DV 的模式。这里直接选择【自定义设置】选项卡，如图 6.7 所示。

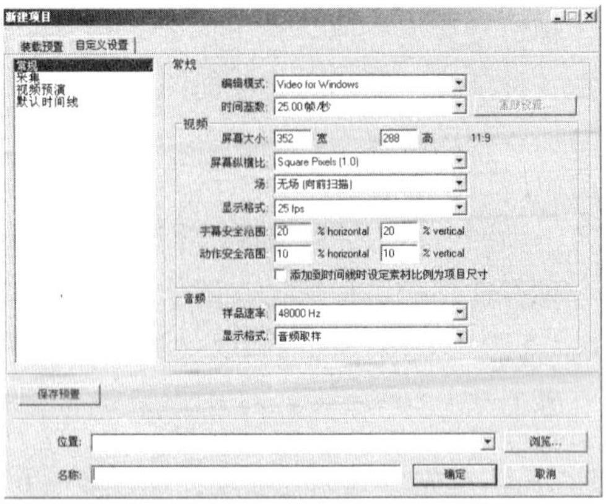

图 6.7 【自定义设置】选项卡

选择【常规】选项，在【编辑模式】下拉列表框中选择 Video for Windows 选项，在【时间基数】下拉列表框中选择【25 帧/秒】选项。设置【屏幕大小】，这里宽和高分别输入“352”和“288”。在【屏幕纵横比】下拉列表框中选择 Square Pixels【1.0】选项。在【场】下拉列表框中选择【无场(向前扫描)】选项。单击【确定】按钮，进入 Premiere Pro 1.5 主界面，如图 6.8 所示。

图 6.8 Premiere Pro 1.5 的工作界面

在【项目】面板中可以导入各种素材，预览素材，并提供各种视频音频的特效和转场特效。然后是【监视器】窗口，它分为两个部分：左边是预览素材的区域，右边是实时预览结果的区域，另外还提供了控制各种特效的功能。下面是工具栏，它提供了常用的各种工具。右边一块很大的区域就是时间线，上下分为两部分，分别是视频轨道、视频时间线和音频轨道、音频时间线。最右边分别是【信息】面板(用来显示素材的信息)和【历史】面板(用来撤销或重做操作)。这些面板均可以移动位置、重新组合、关闭，用户可以从【窗口】菜单中找到并打开相应的面板。工具栏中各种工具的功能和用法见表 6-2。

表6-2 工具的功能和用法

显示图标	工具名称	功能与用法	快捷方式
	选择工具	用于选择素材和移动素材。将鼠标放于某段素材之后，鼠标变为形状时，拖动可改变素材长度	V
	轨道选择工具	用于选择整个轨道。在素材轨道前单击鼠标左键即可，若同时按住 Shift 键，则可选择多个轨道	M
	波纹编辑工具	用于将素材拉伸，所有素材总长度随之变化	B
	旋转编辑工具	用于改变素材长度，所有素材总长度不变。将鼠标放于相邻两素材之间时，拖动改变一个素材长度时，另一个素材的长度也同时改变，而所有素材总长度不变	N
	比例伸展工具	拖动素材尾部改变素材的长短，可用来改变素材播放的速度。素材长，则播放速度慢，素材短，则播放速度快	X
	剃刀工具	用于切割素材，将素材变成一段或多段。选择剃刀工具后，在素材某位置上单击即可切割素材，若同时按住 Shift 键，则可将所有轨道上的素材切割(已经加锁的轨道除外)	C
	滑动工具	用于改变某素材片段的入点和出点	Y
	幻灯片工具	用于改变两个相邻素材的入点和出点	U
	钢笔工具	在制作字幕时用于添加路径	P
	抓取工具	用于移动屏幕	H
	缩放工具	用于放大或缩小素材显示比例。选取工具后在素材上单击即可放大素材，按住 Alt 键在素材上单击可缩小素材	Z

3. 非线性编辑的工作流程

任何非线性编辑的工作流程都可以简单地看成输入、编辑、输出这样 3 个步骤。当然，由于不同软件功能的差异，其工作流程还可以进一步细化。以 Premiere Pro 为例，其工作流程主要分成如下 5 个步骤。

(1) 素材采集与输入：采集就是利用 Premiere Pro，将模拟视频、音频信号转换成数字信号存储到计算机中，或者将外部的数字视频存储到计算机中，成为可以处理的素材。输入主要是把其他软件处理过的图像、声音等导入到 Premiere Pro 中。

(2) 素材编辑：素材编辑就是设置素材的入点与出点，以选择最合适的部分，然后按时间顺序组接不同素材的过程。

(3) 特技处理：对于视频素材，特技处理包括转场、特效、合成叠加。对于音频素材，特技处理包括转场、特效。令人震撼的画面效果就是在这一过程中产生的。非线性编辑软件功能的强弱往往也是体现在这方面。配合某些硬件，Premiere Pro 还能够实现特技播放。

(4) 字幕制作：字幕是节目中非常重要的部分，它包括文字和图形两个方面。Premiere Pro 中制作字幕很方便，并且还有大量的模板可以选择。

(5) 输出与生成：节目编辑完成后，就可以输出到录像带上，也可以生成视频文件，发布到网上、刻录 VCD 和 DVD 等。

6.4.2 使用 Premiere Pro 采集视频

在 Premiere Pro 视频编辑中可以使用的素材很多种，可以是计算机中多种格式的图像、音频、动画、视频文件，也可以直接从摄像机中采集获取视频信号。Premiere Pro 提供了较为专业的视频捕捉功能，可以高质量地捕捉模拟信号(通过视频采集卡)和数字信号(通过 IEEE 1394)。二者的捕捉方式和操作过程都是一样的，只是在工程设置(Project Settings)时略有不同，鉴于目前大多数非专业人士越来越多地使用 DV(Digital Video)数码摄像设备，为此，这里主要讲解通过 IEEE 1394 来捕捉数码摄像机中的素材。

> **小贴士**
>
> 在使用视频采集卡捕捉视频素材时，需要在工程设定时选择该视频采集卡提供硬件支持的视频压缩格式，而通过 IEEE 1394 捕捉视频素材时则不用选择硬件支持的视频。

在视频捕捉前，务必确定将 DV 机的电源打开并保证 1394 线连接正常，然后将 DV 打开，模式设置为 Play(或 VCR 档，如果想捕捉正在拍摄的画面，可以将 DV 状态设置为记录)。将 DV 打开后，如果连接正常，应该在【我的电脑】窗口中发现该 DV 设备，如图 6.9 所示。

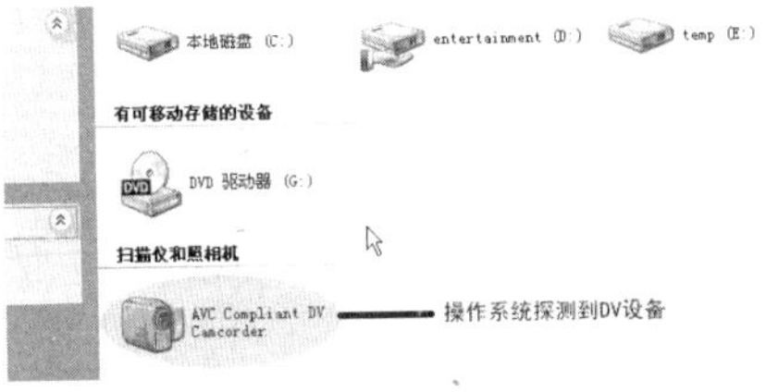

图 6.9 操作系统探测到 DV 设备

在【我的电脑】窗口中发现了 DV 设备后，就可以进入 Premiere Pro 中进行视频采集了。启动 Premiere Pro 1.5 后，先设置工程属性(Project Settings)，选择 DV-PAL 标准 48kHz，然后设置工作模式、项目保存路径和保存名称。

完成设置后，选择【文件】|【采集】命令或者直接按快捷键 F5 就可以启动 Premiere Pro 的采集窗口，如图 6.10 所示。

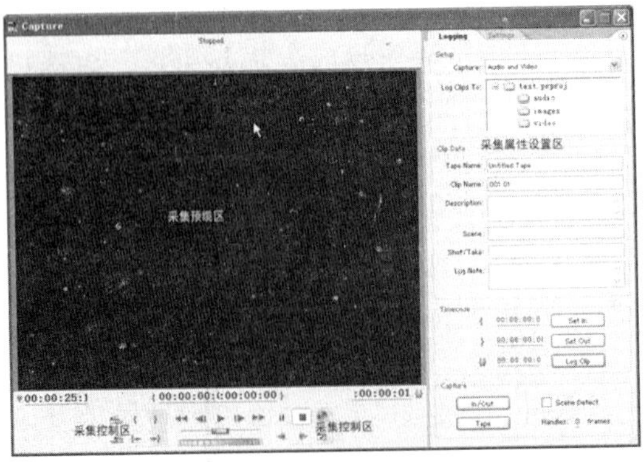

图 6.10 Premiere Pro 的采集窗口

采集预览区是用来对 DV 带中的素材进行预览的，其功能跟监视器一样。在采集时，通过使用采集控制区的一些基本工具控制视频的播放、停止、快进、快退和设置入点、出点等。采集时的目的就是尽量采集更多的有效内容，少采集不必要的内容，所以在这个过程中要反复地对采集的素材进行预览，设置出入点(Set In/Out Point)，然后再将出入点中的有效内容采集到 Premiere 中进行编辑。设置完成后，选择【采集】|【入/出】命令，采集工作就开始了，在【监视器】窗口中可以看到采集视频的画面，采集完成后退出，关闭窗口即可。

6.4.3 视频的基本编辑方法

【操作案例 6.1】“Premiere Pro 1.5 简介”小影片的制作。

操作思路：将录制好的介绍 Premiere Pro 的 4 个小视频片段导入、剪辑、拼接合成为一个完整的小影片，选择两张适当的图片作为字幕背景，制作影片的片头和片尾。

操作步骤：

(1) 启动 Premiere Pro 1.5，设置项目模式。在 Premiere Pro 欢迎界面上单击【新建项目】按钮，选择【装载预置】为 DV-PAL Standad 48kHz，选择项目保存路径，并输入文件名“例 6.1”，单击【确定】按钮。

(2) 输入素材。在【项目】面板下半部分素材框中双击(或选择【文件】|【导入】命令)，打开【输入】对话框，如图 6.11 所示。选择视频编辑所需要的图像、视频素材，单击【打开】按钮。

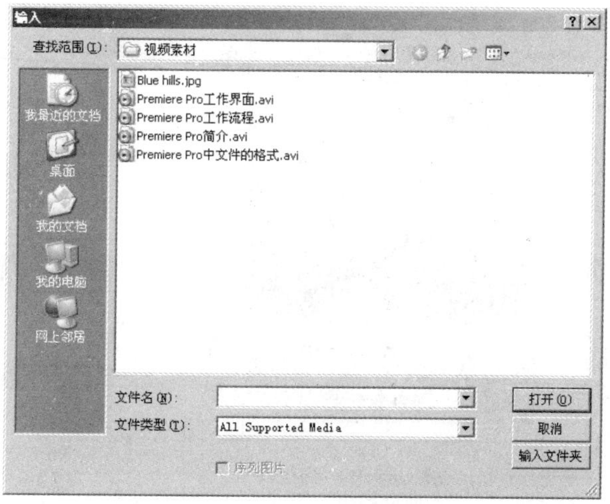

图 6.11 【输入】对话框

(3) 将素材拖放到时间线上。将素材图片 1 拖放到视频 1 的轨道时间线上，再按顺序依次将视频素材拖放到视频 1 的轨道时间线上，最后将图片素材 2 拖放到视频 1 轨道的最后，作为片尾字幕的背景。这时可以看到，图片素材仅放置在视频 1 轨道上，而视频素材拖放到时间线上时，同时包括视频轨道 1 和音频轨道 1 两部分，编辑时视频、音频可同步编辑，如图 6.12 所示。

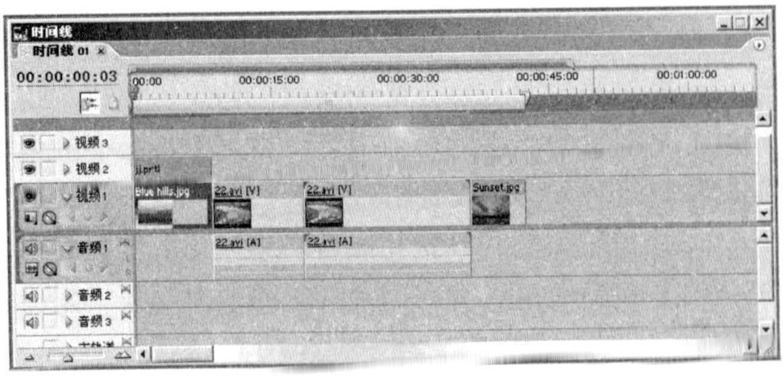

图 6.12 时间线上的素材

(4) 将视频素材 1 中的部分视频剪切掉。用鼠标拖动“播放”指针预览视频，根据需要选择适当的剪切点，使用剃刀工具在剪切点处单击，然后使用选择工具在欲剪切掉的素材上右击，在快捷菜单中选择【波纹删除】命令。这时，可将选定的视频和音频素材同时删除，其后面的素材会自动前移。

(5) 制作静态片头字幕。选择【文件】|【新建】|【字幕】命令(或按 F9 键)，打开字幕编辑器，如图 6.13 所示。使用文字工具T在屏幕保护区内输入文字“Premiere Pro1.5 简介”，并选择文字风格，使用选择工具调整文字的大小，如果中文不能正常显示，则单击窗口上方的【字体浏览器】按钮，打开浏览器后选择一种中文字体(一般排在后面的字体均为中文字体)。制作好后，单击关闭窗口，在【是否保存】对话框中单击【保存】按钮，这时可以在素材框中看到制作字幕的名称。

图 6.13 字幕编辑器

(6) 将片头字幕应用于时间线，并调整播放效果。用鼠标将字幕 1 拖动到视频 2 的轨道时间线上，并与片头背景图片位置相对应。使用波纹编辑工具适当拖动片头图片素材至一定长度，以延长片头的播放时间。

(7) 制作向上滚动的片尾字幕。选择【文件】|【新建】|【字幕】命令(或按 F9 键)，打开字幕编辑器。使用文字工具T在屏幕保护区内输入文字“结束”，并选择文字风格。为制作出向上滚动的字幕，在【字幕类型】选项中选择【上滚】选项，然后单击旁边的【滚动/爬

行选项】按钮，在打开的对话框中选中【开始屏幕】复选框，其他使用默认值。制作好后关闭窗口，选择保存并输入保存文件名。

(8) 将片尾字幕应用于时间线，并调整播放效果。用鼠标将做好的片尾字幕拖动到视频 2 的轨道时间线上，并与片尾背景图片位置相对应。适当拖动片尾图片素材至一定长度，延长片尾的播放时间。

(9) 预览影片，输出影片。视频编辑工作一个阶段完成之后，即可以按回车键进行渲染并预览影片。这个过程会依据素材的多少和计算机配置的高低不同，需要几分钟甚至更长的时间，用户需要耐心等待。当所有的编辑工作完成后，可以选择【文件】|【保存】命令，将当前的项目文件保存起来，文件的扩展名为.prproj。此时保存的文件可以再打开并做进一步编辑修改，但它不是可以播放的影片文件。

如果需要保存为影片文件，需要选择【文件】|【输出】|【影片】命令，在打开的对话框中输入保存的位置、名称即可，此时保存为 AVI 视频文件。

如果要保存为其他格式的视频文件，则需要选择【文件】|【输出】|Adobe Media Encoder 命令，打开如图 6.14 所示的对话框。在打开的对话框中设置相应的视频格式、电视制式、影片大小等，然后确认即可。

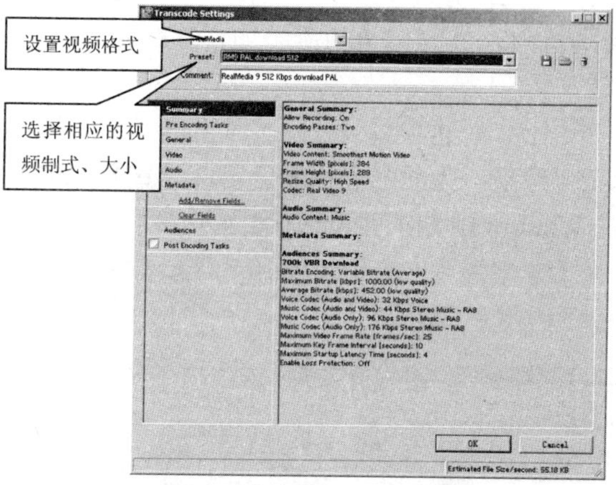

图 6.14　输出 Adobe Media Encoder 对话框

> **小贴士**
>
> 在 Premiere Pro 中导入素材后，使用【文件】|【输出】|Adobe Media Encoder 命令即可实现视频格式的转换；使用【文件】|【输出】|【单帧】命令可以将视频以图片形式保存一帧画面；使用【文件】|【输出】|【音频】命令可以将视频中的音频单独保存，实现提取视频中音频的目的；使用【文件】|【输出】|【输出到磁带】命令可以将计算机中的视频文件保存到录像带上。

6.4.4　转场特效的使用

在制作影片时，视频素材之间最基本的连接方式就是简单的跳转，转场效果可以让视频之间实现自然的切换转场的方法很多，常用的方式有淡出淡入、叠化、翻页、划像、圈出圈入、定格等，如图 6.15 和图 6.16 所示。

图 6.15 “翻页”转场特效

图 6.16 “风车”转场特效

【操作案例 6.2】 制作有多种转场特效的“校园风光电子相册”。

操作思路：根据提供的图片素材制作一个适合图片大小的带背景音乐的电子相册。在导入到时间线上的第一张图片上添加片头字幕，在以后的每张图片到下一张图片的转换中添加多种不同形式的转场特效，并为电子相册添加背景音乐。

操作步骤：

(1) 启动 Premiere Pro 1.5，新建项目设“校园风光电子相册”。通过查看图片大小可知，各图片一般均为 530×354 像素，为此，选择【自定义设置】选项卡，在【编辑格式】下拉列表框中选择 Video for Windows，【时间基数】设置为 25 帧/秒，【屏幕大小】为 530×350 像素，【屏幕纵横比】为【方型像素 Square Pixels(1.0)】，【场】为【无场(向前扫描)】，其他使用默认设置，如图 6.17 所示。

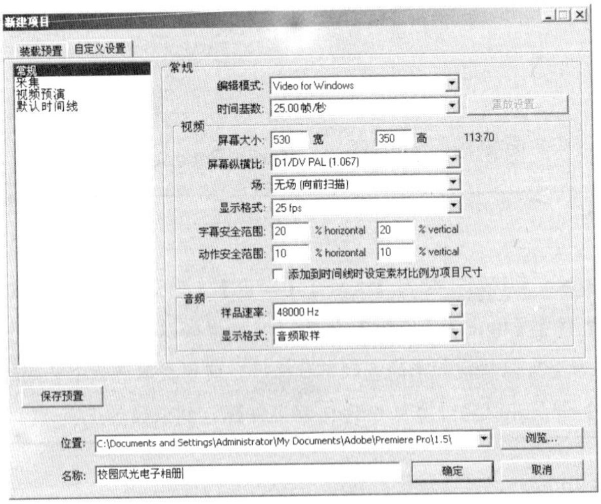

图 6.17 【自定义设置】选项卡

(2) 导入素材。在【项目】面板中导入图片素材及“同桌的你.mp3”文件。

(3) 将素材拖放至时间线。将各图片依次拖放到视频 1 的轨道上，将音频文件拖放到音频 1 的轨道上。每幅图片播放时间的长度一般使用默认即可，如果有特殊需要，可使用波纹编辑工具拖动，以将素材适当延长或缩短。

(4) 制作片头字幕。选择【文件】|【新建】|【字幕】命令，打开字幕编辑器，如图 6.18 所示。在屏幕保护区内输入文字“校园风光电子相册”，选择文字风格，使用选择工具调整文字的大小，在右边【目标风格】中设置红黄渐变填充色。在上方【字幕类型】下拉列表框中选择【爬行】选项，然后单击【滚动/爬行选项】按钮，打开如图 6.19 所示的对话框，选中【从左到右】单选按钮。制作好后，输入文件名保存，关闭字幕编辑器。

图 6.18　字幕编辑器

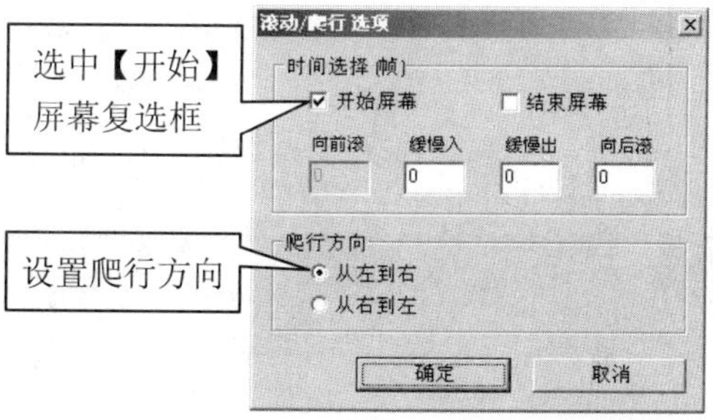

图 6.19　【滚动/爬行选项】对话框

(5)添加转场特效。在【项目】对话框中选择【特效】选项卡，再单击【视频转换】前的 ▸ 按钮，将【视频转换】展开，可看到转场特效的各种类型，再根据需要单击类型前的 ▸ 按钮展开，选择合适的转场特效。拖动效果名称前的■符号，放在时间线上两个素材之间，这两个素材的转场特效就设置完成。这时，如果选择【监视器】窗口中的【特效控制】选项卡，再单击时间线上放置的转场特效，可在【特效控制】选项卡中看到转场的效果，并可改变转场效果，如图 6.20 所示。

(6) 裁切音频素材。选择工具栏中的剃刀工具，在多余的音频素材处单击，将音频素材切割成两段，再用鼠标右击后面多余的音频素材，在快捷菜单中选择【波纹删除】命令。

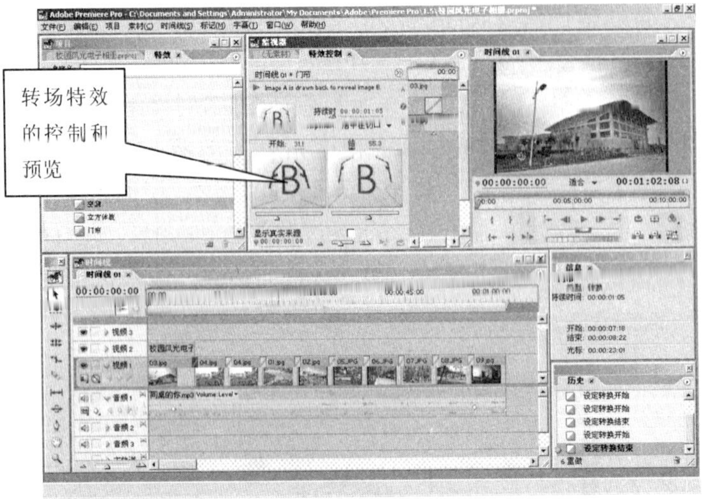

图 6.20　在【特效控制】选项卡中预览设置转场效果

(7) 设置音频淡入、淡出效果。首先，移动指针到音频素材的起始处，单击音频 1 轨道前的【添加删除关键帧】按钮●添加一个关键帧，然后将指针向后移动一定的距离，再单击【添加删除关键帧】按钮●添加一个关键帧，再用鼠标拖动音频 1 轨道上的第一个关键帧，向下拖至最低点，此时，音频的淡入效果设置就完成了。用同样的方法在音频素材的最后添加两个关键帧，设置音频的淡出效果，如图 6.21 所示。

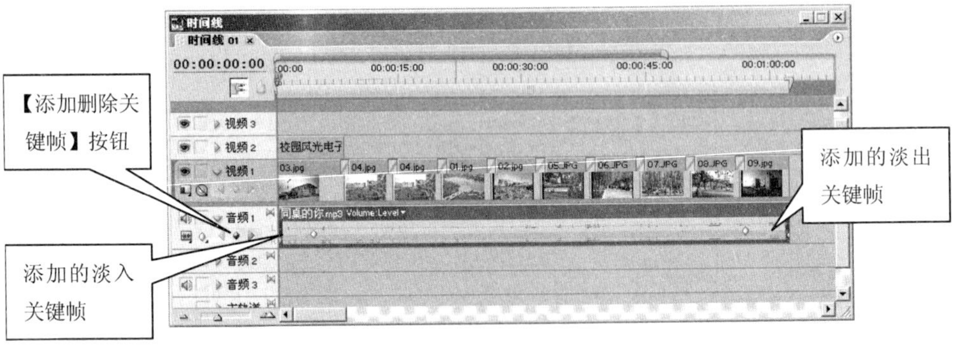

图 6.21　音频的淡入淡出设置

(8) 输出影片。首先按回车键对编辑好的视频进行渲染和预演。效果满意后，选择【文件】|【输出】命令输出某种格式的影片。

6.4.5　视频特效

视频编辑中的视频特效是指对视频素材进行一些特殊处理，使其形成更加艺术化的特殊效果，如对视频的色彩处理、浮雕效果，利用视频特效制作水中倒影、闪电效果、画中画等。视频特效就好像 Photoshop 的滤镜一样，是对视频图像的艺术效果处理，因此，有时人们也把视频特效叫做滤镜。需要注意的是，它不同于转场特效，转场特效是指从一个素材到另一个素材的中间过渡效果。

【操作案例 6.3】为视频素材“统一 100.mpg”添加闪电特效。

操作思路：通过查看视频属性了解视频素材的尺寸，并在 Premiere Pro 中建立与素材尺寸相同的工程项目，在视频的适当位置添加闪电视频特效。

操作步骤：

(1) 查看视频素材尺寸。使用暴风影音软件打开视频文件“统一 100.mpg”，选择【文件】|【属性】命令，在打开的对话框中选择【详细资料】选项卡，即可看到包括视频分辨率在内的相关属性，如图 6.22 所示。

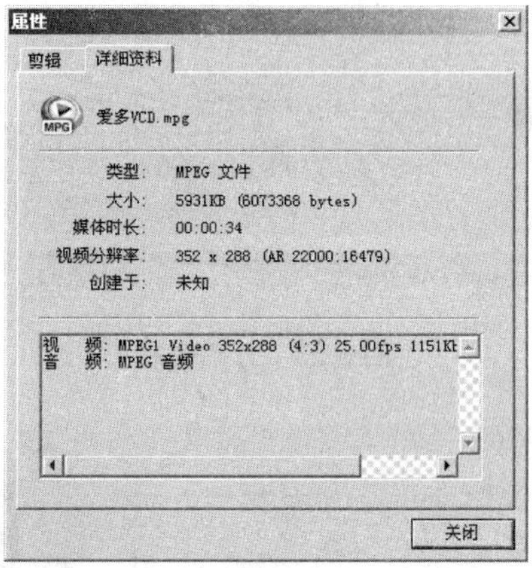

图 6.22　使用暴风影音查看视频素材属性

(2) 新建工程项目。启动 Premiere Pro 1.5，新建工程，选择【自定义设置】选项卡，设置【编辑模式】为 Video for Windows，【屏幕大小】为 352×288，其他使用默认设置。

(3) 导入素材。在【项目】面板中双击打开【输入】对话框，选择“统一 100.mpg”文件导入。

(4) 浏览素材，选择插入效果的位置。将素材拖放至时间线，拖动窗口左下方的放大缩小滑块可适当缩放素材的显示比例，拖动时间线指针，在【监视器】窗口中可浏览素材，选择插入点位置。

(5) 在素材的某一段视频上应用闪电视频特效。由于视频特效是应用于整段视频上的，而这里只需将视频特效应用于其中的某一小片段。因此，先使用剃刀工具切割视频素材，将准备使用闪电特效的素材分割成独立的一段，如图 6.23 所示。

(6) 给视频素材添加闪电特效，并设置效果。在【项目】面板中选择【特效】选项卡，在打开的【特效】目录中选择 Render|【闪电】选项，将闪电效果前的图标拖放至分割好的素材上。这时在【监视器】窗口中可以看到，闪电的效果是水平方向的，如图 6.23 所示。在【监视器】窗口中选择【特效控制】选项卡，在下面展开的目录中，可以通过输入数值或拖动鼠标设置闪电的起始点、结束点、闪电振幅、数量、闪电光芒效果、方向等。

调整闪电效果时，也可以在【特效控制】窗口中单击闪电名称，这时在【监视器】窗口中的闪电起点和终点会分别出现一个⊕，用鼠标拖动这两点，将闪电的效果调整为垂直方向，如图 6.24 所示。

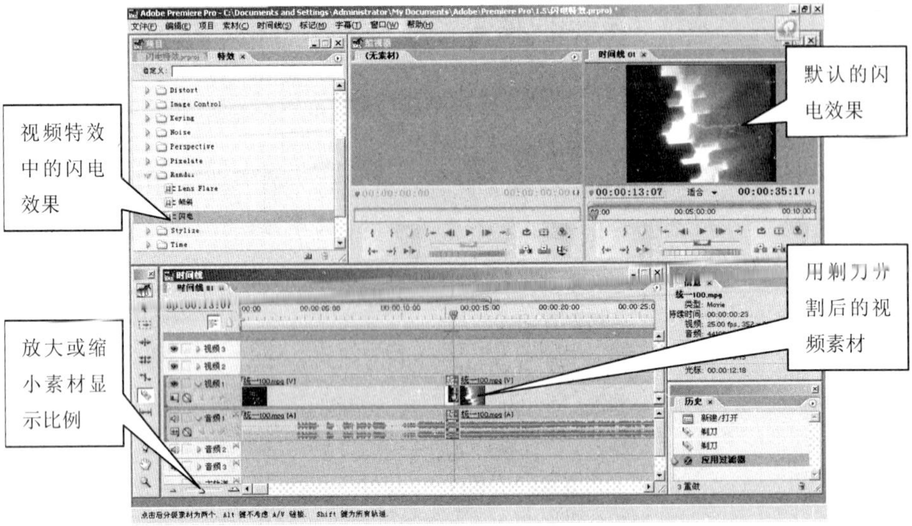

图 6.23　分割视频

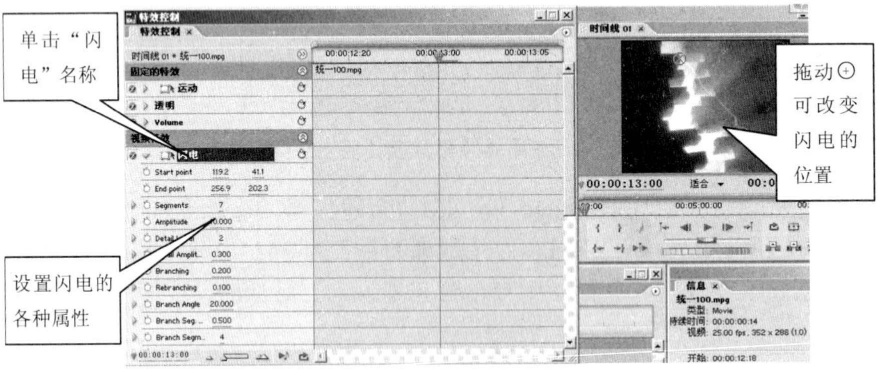

图 6.24　在特效控制窗口中设置闪电效果

(7) 输出影片。首先按回车键对编辑好的视频进行渲染和预演。效果满意后，选择【文件】|【输出】命令输出某种格式的影片。

6.5　视频格式的转换方法

要把一部 VCD(也就是 MPEG-1 编码的视频文件)制作成可以在线观看的影片，就需要将视频转化成符合互联网视频播放规范的流媒体格式，如 RM、WMV 或 ASF 格式，另外，我们也常常需要将 AVI 格式的视频文件转换为 RM 或 MPEG-1 格式。

实际上，在使用 Premiere Pro 进行视频编辑时就会发现，当用户在 Premiere Pro 中导入某种格式的素材，然后从中导出影片时，就可以选择另一种视频的格式甚至是动画，这已经实现了视频格式的转换。但是，如果有批量的视频文件需要转换格式，最好还是采用视频转换的专用工具，会更加方便、快捷。

常用的视频格式转换软件有 WinAVI Video Converter、超级转换秀、TMPGEnc PLUS

和豪杰视频通等。这里以豪杰视频通 2.7 为例介绍这类软件的使用方法。

【操作案例 6.4】将前期制作的 AVI 文件，转换为 RM 格式。

操作思路：使用豪杰视频通 2.7 软件将选定的多个 AVI 文件一次性转换为格式统一的 RM 格式。

操作步骤：

(1) 打开豪杰视频通 2.7 软件，其工作界面如图 6.25 所示。

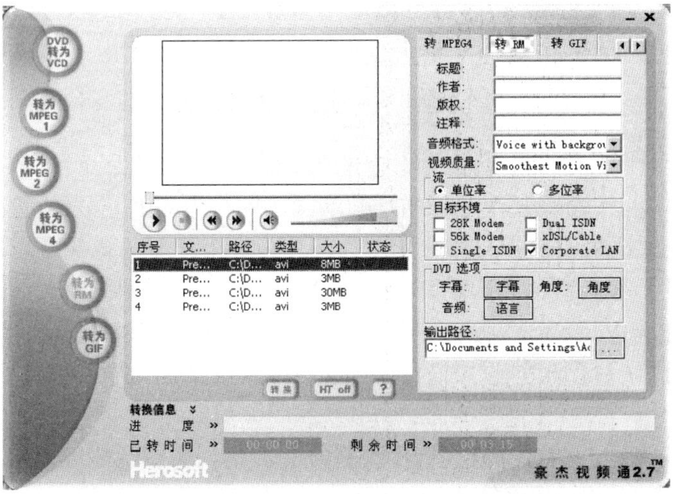

图 6.25　豪杰视频通 2.7 的工作界面

(2) 单击【转为 RM】按钮，打开【打开】对话框，选择欲转换的多个 AVI 文件，再单击【打开】按钮。

(3) 在工作界面右侧单击【转 RM】按钮，并设置【目标环境】和【输出路径】等选项。在上面的预览窗口中可以预览导入的文件。

(4) 单击下方的【转换】按钮即可开始转换。

6.6　综 合 案 例

【操作案例 6.5】制作一个包含视频、动画、图像等多种素材，以及具有图像遮罩效果、前景动画效果、多种转场特效的“同学录”电子相册。

操作思路：使用一个视频片段作为片头，使用图片制作图像的遮罩效果，在各个图像之间使用转场特效，在图像最上层添加动画蝴蝶加强视频的特殊效果，在片尾使用字幕模板添加字幕。

操作步骤：

(1) 准备各种素材。

① 片头视频使用“同学录.mpg”，查看视频属性可知其分辨率为 352×288 像素。

② 使用 Photoshop 制作遮罩用的图像文件，图像大小统一为略大于 352×288 像素，保存文件格式为 PSD。图像效果如图 6.26 所示。

(a)

(b)

图 6.26　用于遮罩的图像效果

③ 将人像素材图片的大小调整为不超过 352×288 像素，保存为 JPG 格式。

④ 在 Flash 中制作蝴蝶舞动翅膀的逐帧动画，保存为 GIF 格式(设置透明背景)。

⑤ 准备“友谊地久天长.mp3”音乐文件，作为电子相册的背景音乐。

(2) 启动软件，导入素材。启动 Premiere Pro 1.5，选择【自定义设置】|【常规】选项，设置【编辑模式】为 Video for Windows【屏幕大小】为 352×288，【屏幕纵横比】为 Square Pixels(1.0)，【场】为【无场(向前扫描)】，其他使用默认设置。导入准备好的视频、图像、动画等素材。

(3) 在时间线上导入素材。依次将片头视频和多张人像图片拖放至视频 1 的轨道上，并分别添加转场特效 Dissolve|【交叉溶解】。

(4) 将用于遮罩的图像依次拖放至视频 2 的轨道上，单击选定视频 1 轨道上的第一幅人像图像，并将时间线指针拖至第一幅人像的位置，然后打开【监视器】窗口中的【特效控制】选项卡，在【特效控制】窗口中选择【运动】选项，这时在【监视器】窗口中可以看到用以调整图像位置、大小的标志，拖动调整为如图 6.27 所示的效果。

图 6.27　人像图片的遮罩效果

(5) 用同样的方法将其他几幅人像图像的遮罩效果进行调整。所有图像调整完毕后，在各图像之间添加转场特效。

(6) 设置前景动画效果。在视频 3 的轨道上拖入“蝴蝶.gif”动画。使用选择工具选择该动画，并将时间线上的播放指针拖到该动画素材上，然后打开【监视器】窗口中的【特效控制】选项卡，选择【固定特效】|【运动】选项。此时可在右边的【监视器】窗口中看到蝴蝶的四周出现可以调整其大小和位置的句柄，将蝴蝶拖至花朵上并调整好大小，如图 6.28 所示。

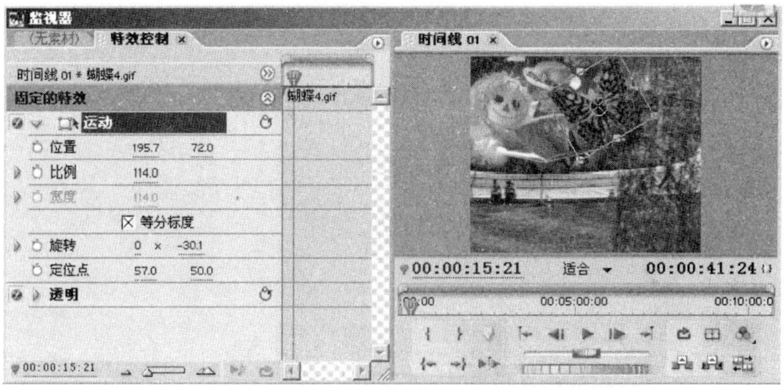

图 6.28　在【特效控制】窗口中调整蝴蝶的运动效果

这时蝴蝶动画的播放时间还不够长，使用轨道选择工具选定视频 3 轨道，再右击蝴蝶素材，在弹出的快捷菜单中选择【复制】命令，将该素材多次粘贴并调整位置，如图 6.29 所示。

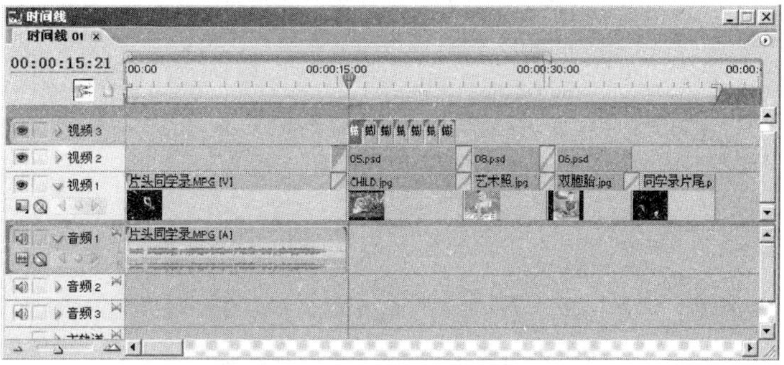

图 6.29　同学录时间线上的素材

(7) 制作片尾字幕。按 F9 键打开字幕编辑器，单击【字幕模板】按钮，打开【模板】对话框。再选择【字幕预置设计】|Celebrations_7|bb list_7 选项，然后单击【应用】按钮，如图 6.30 所示。在模板下输入文字内容，如图 6.31 所示。在窗口上方的【字幕类型】下拉列表框中选择【滚动】选项，然后单击【滚动/爬行选项】按钮，打开如图 6.32 所示的对话框，设置字幕向上滚动的效果。

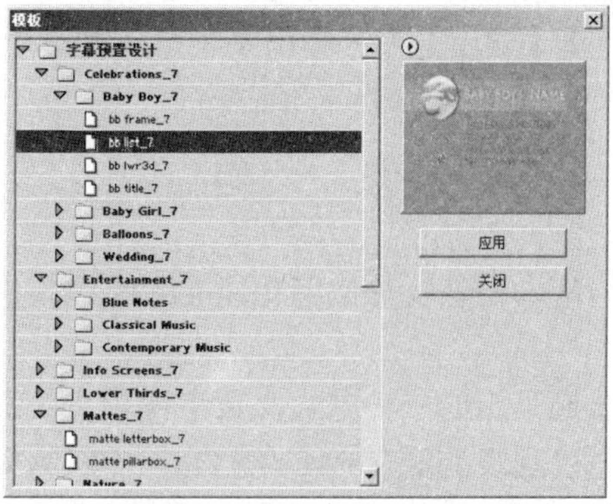

图 6.30　【模板】对话框

图 6.31　片尾字幕的文字设置

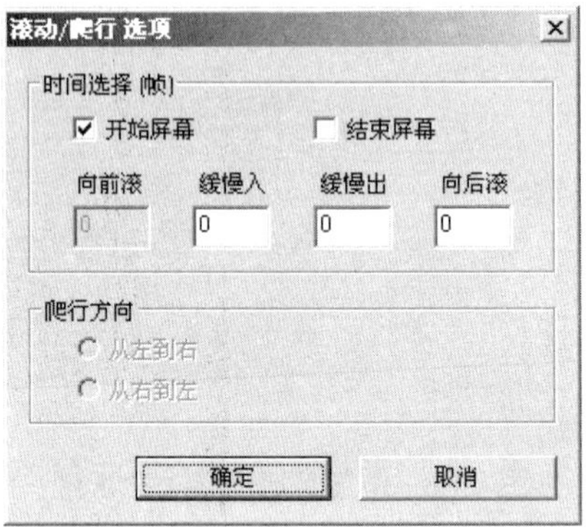

图 6.32　【滚动/爬行选项】对话框

(8) 将音频素材“友谊地久天长”拖放至音频 1 的轨道上“同学录”片头音频素材的后面，将长出片尾字幕部分的音乐剪切掉，并对音乐的末尾进行淡出效果处理。

(9) 保存项目，输出影片。这时按回车键对编辑好的视频进行渲染和预演，对效果做进一步的修改和调整，满意后先选择【文件】|【保存】命令将工程项目保存，以便于今后的编辑。最后，选择【文件】|【输出】命令输出某种格式的影片。

小　　结

本章主要介绍了视频的基本知识以及使用 Premiere Pro 1.5 进行视频的采集和编辑的基本方法。

模拟视频仍然是目前普遍采用的一种方式，数字视频、数字电视正在迅速发展并逐渐普及。目前世界上使用的电视制式主要有 PAL、NTSC、SECAM 和高清数字电视(HDTV)。通过摄像机等设备录制的模拟视频或数字视频需要通过视频采集卡采集、转换成计算机中常见的视频格式。在 Premiere Pro 1.5 中，用户可以很方便地采集来自外围设备的视频信号，并可以对导入的图像、动画、音频和视频素材进行非线性编辑，为影片制作字幕，添加转场特效和视频特效，最终发布成多种常见的视频格式及流媒体视频。

习　　题

1. 填空题

(1) 目前世界上常用的电视制式主要有4种，即______、______和______、______。

(2) 常见的视频文件格式主要有______、______、______、______、______等。

(3) 与线性编辑相比，非线性编辑的特点是____________。

(4) 目前网络上较为流行的流媒体视频格式有______、______、______。

(5) 在Premiere Pro中，工程项目文件的扩展名是______，字幕文件的扩展名是______。

(6) 通常，使用________接口可以将DV摄像机中的视频信号采集到计算机中。

2. 简答题

(1) Premiere Pro 1.5的工作界面主要由哪几个窗口组成？简述其功能。

(2) 视频编辑中转场特效指的是什么？其主要作用是什么？

(3) 什么是视频特效？它的作用是什么？

3. 操作题

(1) 在Premiere Pro 1.5中导入两幅图片及两个以上的视频片段，进行编辑合成。以两幅图片为背景制作片头和片尾字幕，并给各片段的过渡添加转场效果。

(2) 使用多幅图片素材制作有多种转场效果的电子相册，并为其添加背景音乐，设置淡入淡出效果，保存为RM或WMV格式。

(3) 在Premiere Pro 1.5中导入一段视频素材，对其中的一部分视频片段设置倒放效果。

(4) 在Premiere Pro 1.5中导入一段视频素材，对其中的一部分视频片段设置慢放效果。

(5) 在Premiere Pro 1.5中导入一段视频素材，对其中的一部分视频片段添加某种视频特效。

(6) 围绕一个主题，收集整理各种素材，制作一个体裁完整的小影片，保存为RM或WMV格式。

第 7 章

多媒体制作工具 Authorware

教学目标

- 了解多媒体应用系统的创作过程和多媒体制作工具的分类及功能特点
- 理解并掌握 Authorware 图标的功能及使用方法
- 熟练应用 Authorware 设计工具为多媒体程序添加动态效果
- 掌握 Authorware 各种交互控制的实现方法
- 了解编程基础知识，掌握程序流程控制方法
- 掌握多媒体应用程序的打包及发布方法
- 具备制作简单多媒体应用系统的能力

本章知识结构图

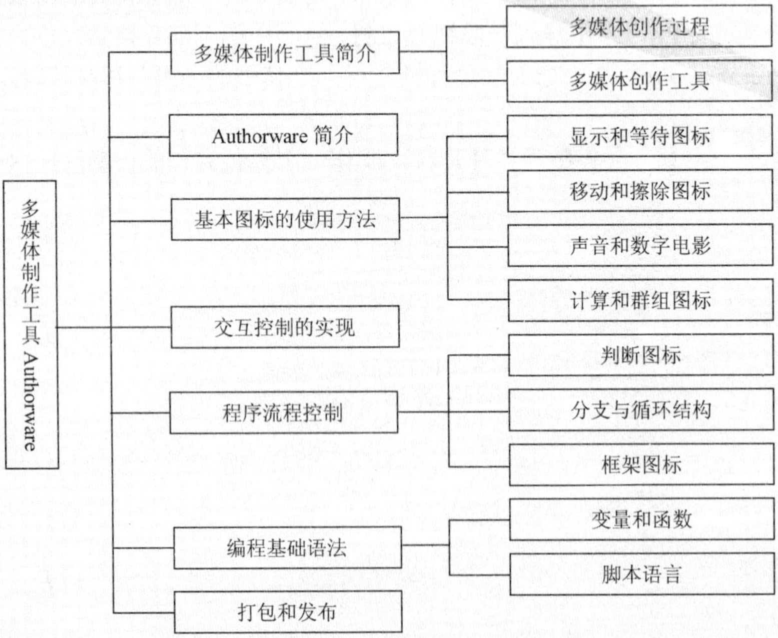

导入案例

随着多媒体技术的飞速发展，人们可以通过计算机处理多媒体信息，开发出应用于不同场合的多媒体应用系统，如：CAI、模拟仿真系统、电子出版物及多媒体演示系统等。制作多媒体应用系统主要有两类方法：其一为利用多媒体程序设计语言进行开发设计，如采用 Visual Basic、Delphi 等程序设计语言；其二为采用多媒体制作工具软件。一般而言，由于多媒体技术的复杂性及媒体信息处理与合成的高难度，程序设计语言适宜专业程序员开发系统性及较大型的应用系统，而多媒体制作工具适宜普通应用领域的开发人员高效快速地制作出适用于不同场合的多媒体应用系统。

下面通过具体实例认识如何用多媒体制作工具 Authorware 开发多媒体教学课件。多媒体教学课件有多种类型，如教学演示类、测试练习类等。该《计算机应用基础》课件为测试练习类。运行时，系统从题库中随机抽题生成选择测试题，用户若回答正确，系统给予鼓励，回答错误则系统给予提示，退出系统时统计显示正确及错误答题数。该实例程序主流程如图 7.1 左图所示，答题界面如图 7.2 所示。

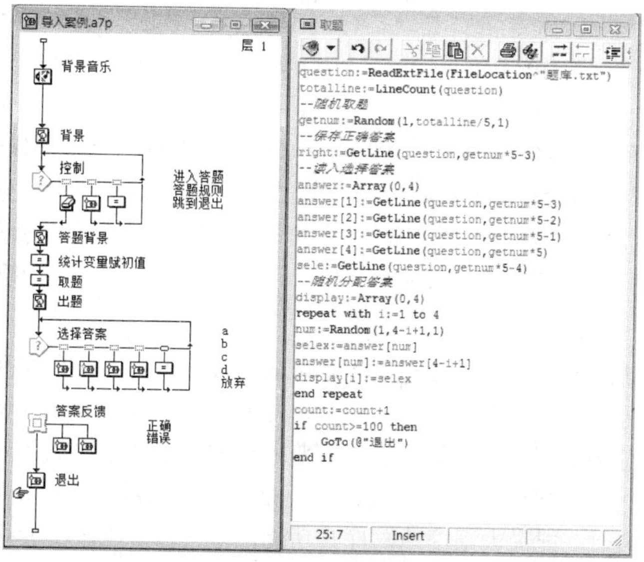

图 7.1　程序流程

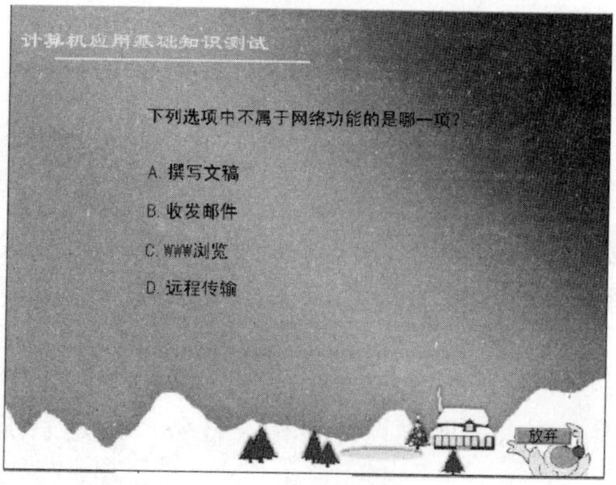

图 7.2　答题界面

由流程图可知，该实例由5部分组成。

1. 功能选择界面

该部分通过声音图标加入背景音乐、显示图标等显示系统功能选择界面、热区域交互控制用户选择内容，用户可选择进入答题界面、退出系统或查看答题规则。

2. 随机出题部分

开发该系统时事先制作好题库，并以文本文件存储形式，选择题的每个选择项均占一行，运行时可随机从题库中抽题生成选择测试题并显示在演示窗口中。系统通过“统计变量赋初值”计算图标为总题数、答对题数及答错题数变量赋初值；通过“取题”计算图标控制取题过程，具体内容如图7.1右图所示。

3. 答案选择部分

该部分通过交互结构控制答题过程中的系统跳转操作。用户若选择正确的答案，则流程跳转到“正确”群组图标以执行相应的操作；若选择错误，则执行“错误”群组图标进行提示。用户也可随时单击答题界面上的“放弃”按钮以退出系统。

4. 答案反馈部分

该部分通过框架结构反馈答题信息，用户若答题正确，则给予鼓励，同时答对题数变量加1，答题错误，则给予提示，同时答错题数变量加1，之后跳转到“取题”计算图标处开始下一轮答题。

5. 退出

当用户选择“放弃”答题或出题数大于100时，执行“退出”群组图标。退出时演示窗口首先显示用户答对题数、答错题数、答题正确率等统计信息，之后显示课件制作时间及制作人等信息并退出系统。

通过该实例可知，Authorware所开发的应用程序由图形化的流程线和图标组成，通过各种图标组合以完成应用系统的制作。

目前流行的多媒体制作工具主要有Authorware、Director、Tool Book及方正奥思等。其中，Authorware为基于流程图的可视化多媒体开发工具。使用Authorware开发多媒体应用系统由低到高可分为3个层次：第一适用于普通用户，主要采用Authorware提供的功能图标，无需编程即可开发出较简单的多媒体应用系统；第二适用于中、高级用户，利用系统函数与变量进行设计，能最大限度地发挥其功能；第三为专业程序员利用UCD、DLL扩展模块进行系统开发，为Authorware提供无限的功能延伸。

7.1 多媒体制作工具简介

7.1.1 多媒体创作过程

多媒体应用系统的创作和传统的软件开发不同，它是计算机软件开发同艺术创意相结合的过程。多媒体应用系统的创作主要分为以下步骤：

1. 选题分析

主要任务为：分析用户要求；明确设计目标及任务；确定系统主要功能及表现方法；进行总体设计。

选题分析要与用户沟通，以明确系统相关的问题，如：系统预期用户、应用目的、应用场合及环境；系统题材类型及主要功能；系统开发设计的难度等。在上述分析基础上，首先制定系统设计目标，撰写需求分析报告。其次确定系统类型，即确定系统是演示型、查询型、电子出版物、教育培训型还是其他应用类型。再次，进行可行性研究，撰写项目可行性报告。除考虑通常软件的可行性研究项目外，还要考虑多媒体素材的获得途径、费用及系统开发方式。最后，进行概要设计，确定系统结构。

2. 脚本设计

编写脚本是组织信息的第一步，脚本设计过程就是创意过程，创意好坏取决于对设计内容的理解程度及创作人员的水平，并最终决定作品的质量。

该阶段首先要确定信息结构，要根据创作工具特点及人接收信息的心理特性等因素综合考虑。其次，设计屏幕布局、图文比例、色调、音乐节奏、显示及交互方式等内容。应根据设计目标确定作品的具体表现方法及内容，甚至具体到每一屏幕(页)的内容安排，如媒体排放位置、媒体元素出现时刻、交互方式及画面链接等。

3. 素材采集及制作

多媒体作品素材包括文字、图形、图像、声音、动画、影像等，这些素材有相当一部分要事先准备好。素材可从 4 种渠道获得：从光盘素材库中选取；通过网络下载；对已有素材重新组合加工；采用素材制作软件创建。

4. 系统集成

系统集成是多媒体系统设计中的核心环节，主要任务为根据脚本设计要求及意图，将各种素材编辑集成，制作成符合设计要求、操作灵活、视听效果好的多媒体应用系统。

5. 系统调试

指以脚本为主线，进行系统功能和性能的检测和优化，改正错误、修补漏洞。系统测试要反复进行，要进行模块测试、组装测试、安装测试、执行效率测试、稳定性及准确性测试。

6. 投入使用

制作多媒体应用软件的最终目的是为了使用，因此在系统调试无误后要将作品打包，使其成为可脱离创作环境(在别的没有安装创作工具的计算机上也能正常运行)且便于使用的实用软件，并编写该应用软件的使用及技术说明。

7.1.2　多媒体创作工具

多媒体创作工具又称多媒体开发平台，指能够集成管理多媒体信息、使之能根据用户的需要生成多媒体应用系统的编辑工具。常用的多媒体创作工具如下。

1. 基于流程图的创作工具

(1) 基本特征：将流程图作为作品主线，把各种数据或事件元素(如图像、声音、控制按钮等)以图标形式逐个接入流程线以集成为完整系统。如打开某个图标，将显示对话框让用户输入相应的内容。图标所表示的数据元素可预先用素材编辑工具制作；也可从系统提供的图标库中选择。

(2) 优点：集成的作品具有清晰的框架，流程一目了然。整个工具采用“可视化创作”的方式，易学易用，无需编程，常用于制作教学软件。

(3) 缺点：当多媒体应用软件规模较大时，图标及分支增多，复杂性增大。

(4) 典型代表：Authorware、IconAuthor 等。

2. 以时间线为基础的创作工具

(1) 基本特征：所制作出来的节目，以可视的时间轴决定事件顺序及对象上演时间。可通过编程控制以转向序列中任何位置的节目，因此具有导航和交互控制功能。

(2) 优点：把抽象的时间转化为看得见的时间线，使用户能控制并掌握各种媒体数据的出现时刻，操作简便且形象直观。

(3) 缺点：要对每一素材的显示时间做出精确安排，调试工作量大，且对作品交互功能的支持不如前一类创作工具。

(4) 典型代表：Director、Flash 和 Action 等。

3. 基于页面或卡片的创作工具

(1) 基本特征：提供一种可将对象链接于页面或卡片的工作环境。一页或一张卡片便是数据结构中的一个结点，类似于教科书中的一页或数据袋内的一张卡片。以面向对象的方式来处理多媒体元素，这些元素用属性来定义，用剧本来规范，允许播放声音元素以及动画和数字化视频节目。在结构化的导航模型中，可根据命令跳至所需的任何一页，形成多媒体作品。

(2) 优点：组织和管理多媒体素材方便，具有很强的超级链接功能，设计的系统有较大的弹性，适于制作各种电子出版物。

(3) 缺点：要处理的内容较多时，由于卡片或页面数量过大，不利于维护与修改。

(4) 典型代表：Asymetrix 公司的 ToolBook 和 Macintosh 公司的 Hypercard 等。

4. 基于可视化编程语言的多媒体创作工具

(1) 基本特征：利用多媒体程序设计语言进行开发设计。

(2) 优点：具有很高的灵活性和创造性，适用于开发系统性及较大型的应用系统。而上述创作工具使用的命令通常是较高级的“宏”命令，其灵活性不一定能满足系统的全部功能要求。

(3) 缺点：由于多媒体技术的复杂性及媒体信息处理与合成的高难度，需对语言及开发环境有相当的了解和较丰富的编程经验，适用于专业程序设计人员。

(4) 典型代表：Visual Basic、Delphi 等。

7.2 Authorware 简介

Authorware 自 1987 年推出至今，版本不断更新，功能不断增强。由于 Authorware 7.0 为目前最高版本，因此本章以 Authorware 7.0 中文版为例介绍其使用方法。

利用 Authorware 创作应用系统的步骤通常为：①新建文件，设置文件属性及运行环境；②根据设计脚本要求，拖曳相应图标到流程线上；③组合图标，对程序模块化分层形成整个项目的流程；④打开各个图标，添加多媒体对象，设置相应的属性；⑤分段调试运行程序；⑥保存并打包生成可执行文件；⑦制作应用项目安装盘或生成 Web 发布文件；⑧录制光盘或将软件存储于 Web 服务器中。

运行 Authorware 时，在【新建】对话框中单击【取消】按钮，以放弃使用知识对象即进入工作界面。Authorware 7.0 的工作界面由标题栏、菜单栏、常用工具栏、设计窗口、图标工具栏、属性面板及浮动面板组成，如图 7.3 所示。

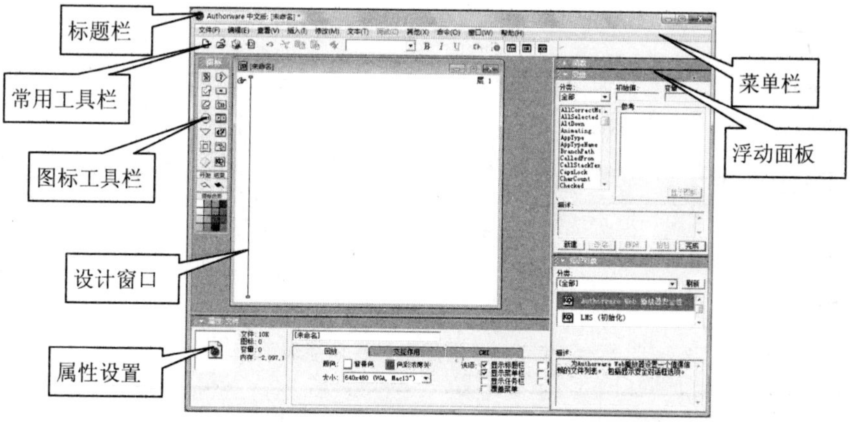

图 7.3　Authorware 的工作界面

标题栏可显示应用程序的名称；菜单栏由文件、编辑、查看、插入、修改及文本等 11 个菜单构成；属性面板用于设置当前文件或图标的属性；浮动面板包括知识对象、函数及变量。在浮动面板中，知识对象是一个封装好了的智能化程序模块，启动其中的一个知识对象就可创建一个相应的程序文件，可利用它简化开发工作。

1. 程序设计窗口

它是 Authorware 的设计中心，Authorware 具有的对流程可视化编程的功能主要体现在程序设计窗口上，程序设计窗口组成如图 7.4 所示。

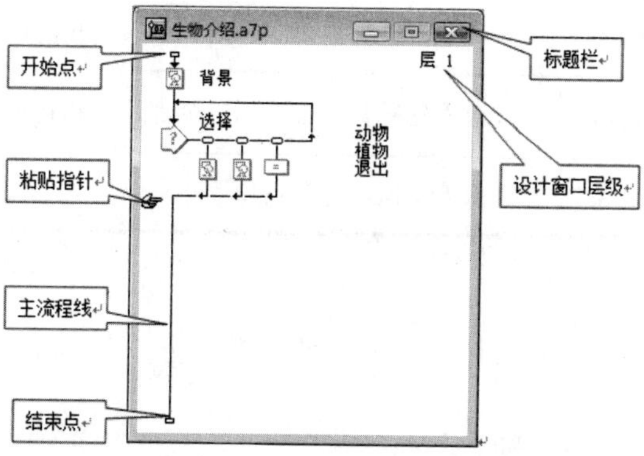

图 7.4　Authorware 程序设计窗口

(1) 标题栏：显示被编辑的程序文件名。

(2) 主流程线：用来放置设计图标，程序沿主流程线依次执行各个设计图标。

(3) 程序开始点和结束点：两个小矩形，分别表示程序的开始和结束。

(4) 粘贴指针：一只小手，指示下一步设计图标在流程线上的位置。单击程序设计窗口的任意空白处，粘贴指针就会跳至相应的位置。

(5) 设计窗口层级：设计窗口可由许多下一级窗口组成，层级指明设计窗口所在的层数。

Authorware 的这种流程图式的程序结构，能直观形象地反映程序执行过程，使得不懂程序设计的人也能很轻松地开发出漂亮的多媒体程序。

2. 常用工具栏

Authorware 提供了 17 个命令按钮和 1 个【正文样式】下拉列表框，用于编辑流程线及设置图标内容，如图 7.5 所示。

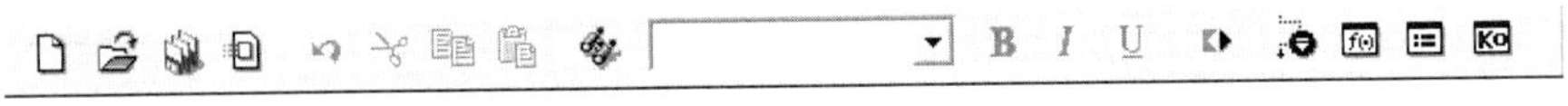

图 7.5　常用工具栏

工具栏部分按钮功能见表 7-1。

表 7-1　常用工具栏功能表

图　　标	名　　称	功　　能
	新建按钮	创建新程序
	打开按钮	打开已有程序
	保存按钮	保存文件
	文件导入	打开【导入文件】对话框加载文件内容
	运行按钮	运行当前打开程序(若程序有【开始】标志，则从其所在位置开始)
	控制面板	控制程序运行，也可调试程序代码
	函数窗口	显示【函数】窗口，列出全部系统和自定义函数及其描述
	变量窗口	显示【变量】窗口，列出全部系统和自定义变量及其描述
	知识对象	显示【知识对象】窗口

3. 图标工具栏

图标工具栏是 Authorware 最特殊也是最核心的部分，共包括 17 个图标。

1) 图标功能

其功能见表 7-2。

表 7-2　图标功能表

图　　标	功　　能
	显示图标：最基本的图标，用于制作静态画面、文字、显示变量及函数值的即时变化
	移动图标：移动屏幕中显示的对象以生成动态效果
	擦除图标：清除显示画面中不需要的对象
	等待图标：暂停程序运行，直至单击鼠标或设置等待段时间到后才继续运行
	交互图标：创建交互结构以实现人机交互
	计算图标：计算函数、变量、表达式的值或编写命令程序
	群组图标：逻辑功能图标，可将部分程序图标组合起来，以实现模块化程序设计
	数字电影图标：用于加载及播放外部不同格式的动画和影片
	导航图标：控制程序从一个图标跳转到另一个图标，常与框架图标配合使用
	框架图标：用于建立页面系统、超文本和超媒体
	判断图标：控制程序流程走向，完成程序的条件设置、判断处理和循环等功能
	声音图标：用于加载、播放音乐及录制的各种外部声音文件
	DVD 图标：导入视频信息数据，驱动计算机外部的硬件来播放视频
	知识对象图标：可根据需要导入相应的知识对象以快速生成程序
	开始旗：设置调试程序开始位置
	结束旗：设置调试程序结束位置
	图标调色板：给设计图标赋予不同颜色以利于识别

2) 图标操作

Authorware 所设计的应用程序都是通过图标组合实现的，因此要掌握图标的基本操作。图标的基本操作主要有以下几种。

(1) 放置到流程线：用鼠标左键选中某图标并拖曳至设计窗口流程线上的某一位置。

(2) 命名图标：当把图标拖曳到流程线上时，图标名字为“未命名”。为提高程序可读性，设计者可选中该图标，然后直接输入名称。

(3) 选中图标：单击流程线上某图标即可。若选择多个连续图标，可拖曳鼠标画矩形框，其内图标全部选中；若选择多个不连续图标，按住 Shift 键单击所选图标即可。

(4) 打开和编辑图标属性：用鼠标双击某个图标，将打开一个演示窗口，同时出现与这个图标对应的属性设置对话框。用户可根据需要设置文字、图形、声音、动画、影像等多媒体元素，或设置交互、分支、循环等程序结构的具体细节，形成完整的程序。

(5) 设置群组图标：对一组图标构组，可使其成为一个整体，转化为一个组图标。选中一个以上的顺序图标，选择【修改】菜单中的【群组】命令，即可将这些图标打包成一个组图标。双击这个组图标，就会显示其内所包含的图标。

(6) 移动图标：需重新安排图标顺序时，可拖曳流程线上相应的图标，将其移动到所需的位置即可，流程线会自动重新构造。如果需移动多个图标，可将这些图标打包成一个组图标后移动，之后，选择【修改】菜单中的【取消群组】命令解组恢复原状。也可通过对图标进行剪切、复制、粘贴操作完成移动操作。

(7) 演示图标内容：用鼠标右键单击流程线上的显示、移动和交互图标，在快捷菜单中选择【预览】命令可演示图标中的内容。用鼠标右键单击擦除图标，在快捷菜单中选择【预览】命令将显示其擦除清单中第一个图标的内容。

7.3 显示图标和等待图标

7.3.1 显示图标

显示图标是 Authorware 最基础、使用最频繁的图标。使用显示图标可以显示文本、图形、图像、系统及自定义变量等内容。

使用显示图标在屏幕上按设计要求显示出相应内容要经过 3 个步骤。第一，创建显示图标，并为图标命名。第二，为显示图标添加显示对象，显示对象可以自己创建，也可以是从外部导入的文字、图片、图像等文件，在创建显示对象时，通常还会用到绘图工具箱。第三，要想使显示内容符合要求，还要通过显示属性设置面板设置相应的属性。属性设置分文件属性设置和图标属性设置。其中文件属性设置作用于整个文件，图标属性设置只对对应图标起作用。通常在创建文件后即设置文件属性，以决定其运行环境。

1. 设置文件属性

选择【修改】|【文件】|【属性】命令，弹出如图 7.6 所示的【属性】面板，该面板中的参数和选项对整个文件起作用，可定制演示窗口的外观、风格及属性。

在【回放】选项卡中，可设置演示窗口的背景色、大小及外观。选项组中【屏幕居中】表明运行时演示窗口显示在屏幕正中央；【显示标题栏】指演示时将显示标题栏；【显示菜单栏】表示演示时将显示菜单栏信息。

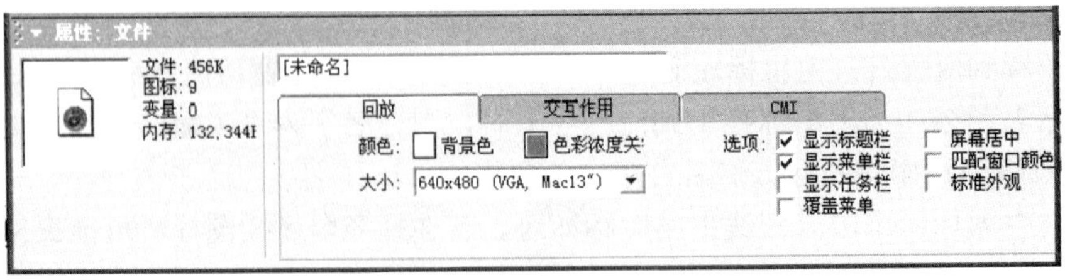

图 7.6 【属性】面板

2. 创建显示图标并添加显示对象

创建显示图标只需从图标工具栏中将显示图标拖动到设计窗口的程序流程线上，并为其命名即可。

双击流程线上的图标，打开演示窗口。演示窗口就是多媒体应用系统的内容展示窗口，用户可以在演示窗口内增加、修改显示对象，或设置显示对象和交互对象的各种属性。添加显示对象有以下几种方法。

(1) 通过绘图工具箱中的工具来绘制显示对象。用户在打开演示窗口的同时，会显示绘图工具箱。

(2) 通过选择【文件】|【导入和导出】命令或工具栏的【文件导入】按钮导入。

(3) 从操作系统的资源管理器内直接将文本、图形或图像文件拖动到显示图标上。

(4) 通过剪切、复制操作将剪贴板的内容插入到演示窗口。

(5) 从文件夹中选择一个图形或图像文件拖动到流程线上，此时将在流程线上自动创建一个与外部文件同名的显示图标，用来显示输入的图片。

3. 设置显示图标属性

每种显示对象都有其特有的属性，为了达到满意的显示效果，需对显示图标进行属性设置。双击流程线上相应的显示图标、选择【修改】|【图标】|【属性】命令或按 Ctrl+I 组合键，都可打开如图 7.7 所示的显示图标【属性】面板。

图 7.7　显示图标【属性】面板

【属性】面板分左右两部分，左上部是预览窗口，可看出显示图标的内容。除此之外，还给出了显示图标的多种信息，如表示 Authorware 系统分配给显示图标的 ID 号、所选图标的大小、最近一次修改时间等。在预览窗口的下方单击【打开】按钮，将打开演示窗口，显示当前图标的内容。

对于显示图标来说，无论显示内容是文本、图形还是图像，Authorware 都提供了一些公有的属性，如对象所在层的次序、对象显示过渡方式、对象显示位置及移动范围，从而使显示图标的内容具有一些特殊的显示效果。【特效】属性将在应用举例中进行详细的介绍。

【操作案例 7.1】使用显示图标设计显示画面，程序流程及运行结果如图 7.8 所示。

图 7.8　流程图及运行结果

操作思路：由于显示画面由背景图片、标题、图像框及图像框内的说明文字 4 部分组成，因此，创建 4 个显示图标分别显示如上内容，并且为使观看者能看清显示内容，在显示图标后插入等待图标，用户只有单击【继续】按钮，程序才可继续执行。

操作步骤·

(1) 建立一个新文件并保存为“播放多媒体.a7p”。

(2) 创建一个显示图标，导入背景图片，具体方法如下：

拖曳一个显示图标到流程线上，输入图标名“背景”。双击背景图标，打开演示窗口，单击工具栏上的【导入文件】按钮，弹出【导入哪个文件？】对话框，如图 7.9 左图所示。在列表框中单击要加载的图像文件名，单击【导入】按钮即可将图像导入显示图标。

在该对话框中，有【显示预览】和【链接到文件】两个复选框。如果选中【显示预览】复选框，则图像的外观将出现在对话框右上角的预览窗口内。如果选中【链接到文件】复选框，则所选图像将以链接方式与 Authorware 程序相关联，而不作为程序文件一部分保存。此时，链接图像改变时能及时反映在显示图标内。

打开演示窗口时，会显示绘图工具箱，单击绘图工具箱中的【选择/移动】按钮时，图像四周出现正方形控制柄，可移动图像位置并调整大小。

导入图片时，也可选择【插入】|【图像】命令，也将打开【导入文件】对话框。图像对象不仅拥有常规的显示图标属性，还包含图像属性，如文件路径、存储方式、显示模式、前景色和背景色、布局方式等。在演示窗口内双击所选图像，或在选中图像的基础上选择【修改】|【图像属性】命令，即可打开如图 7.9 右图所示的图像属性对话框，用户可根据需要进行设置。其中【模式】用于确定当前图像对象与屏幕上其他对象的显示关系。【颜色】选项用于修改当前对象的前景色与背景色。

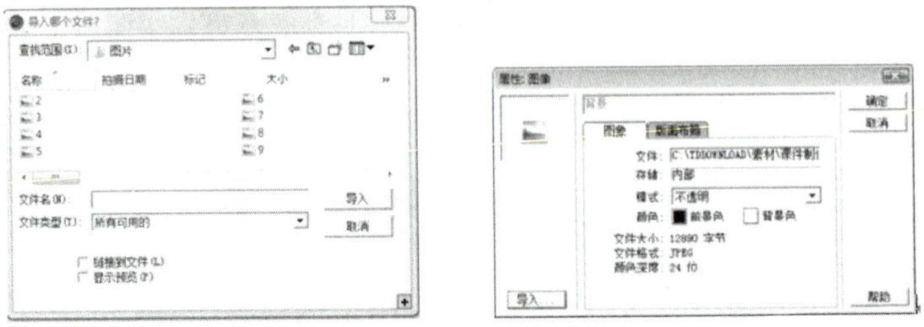

图 7.9　导入文件对话框

(3) 创建一个显示图标，显示自己制作的艺术字标题。

双击标题图标，调出该图标的演示窗口和绘图工具箱。选择绘图工具箱中文本工具，在演示窗口中单击，进入编辑状态，编辑状态的标志如图 7.10 所示，用户可通过这些标志调整、输入标题内容。对已存在的文本信息，也可将其复制到显示图标内，还可以通过【文本】菜单中的命令设置文字信息的字体、大小、风格及对齐方式。

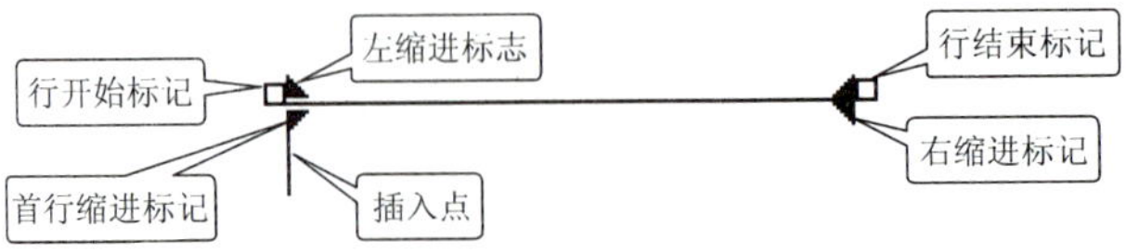

图 7.10　文本编辑标志

本例标题为带阴影的艺术字，阴影效果由两个一样的文本重叠产生。首先，在文字编辑状态下输入“播放多媒体”，设置文字叠放模式为【透明】。其次，选中文字框，将文字设为红色，复制文字，并将复制的文字颜色设为黑色。选中黑色文字，选择【修改】|【置于下层】命令，通过键盘移动黑色文字，使其与红色字产生一定的偏差，形成阴影效果。最后，按住 Shift 键或者用鼠标拖曳一个可以包含两个字体的虚线框，同时选中红色和黑色文字。然后选择【修改】|【群组】命令将所选中的对象组合成一个对象，并调整其位置。

当字体的字号过大时，字体的边缘会出现锯齿。要消除锯齿，可以选择【文本】|【消除锯齿】命令，以提高显示效果。

(4) 创建一个显示图标，绘制图像框。

双击图像框图标，打开演示窗口和绘图工具箱。选择较粗的线型，绘制一个方形，设其前景色为灰色；再绘制一个圆形，设其前景色为浅灰色。选中两个图像框，选择【修改】|【群组】命令，将所选中的对象组合成一个对象。通过工具箱中的【选择/移动】按钮调整其位置及大小。

(5) 创建一个显示图标，输入说明文字。

双击说明文字图标，打开演示窗口。复制文字信息到演示窗口，通过【选择/移动】按钮选中文字块并调整文字块的大小及位置。编辑修改文字信息时需单击绘图工具箱中的【文字编辑】按钮，然后在编辑状态下进行。当文字信息较多时，还可通过【文本】|【卷帘文本】命令为文字信息添加滚动条。

> 小贴士
>
> 要调整说明文字相对于图像框的位置，可先双击图像框图标，再按住 Shit 键双击说明文字图标，可在演示窗口同时显示两个图标的内容，调整其相对位置即可。

(6) 拖曳一个等待图标到流程线，采取默认设置，其意义将在等待图标中进行详细介绍。

(7) 设置过渡效果。显示图标里的显示对象添加完毕，为了提高演示效果，可通过【特效】属性为其设置简单的动画效果。特效是显示图标中一个较重要的属性，单击其右侧过渡效果选择按钮，将打开【特效方式】对话框，如图 7.11 所示。

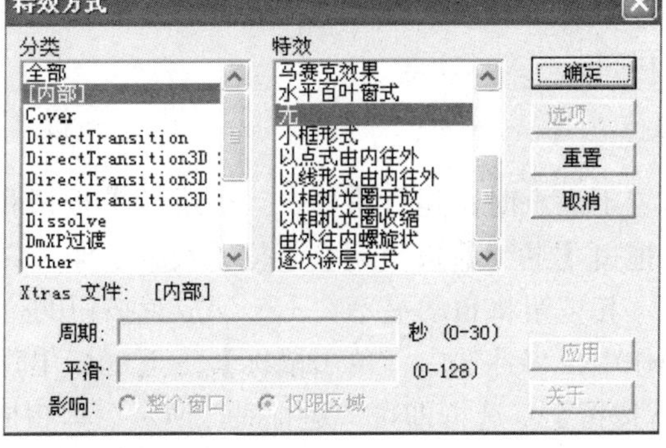

图 7.11　【特效方式】对话框

小贴士

如果选择 Xtras 文件支持的过渡效果，在制作项目发布时须将用到的 Xtras 文件一并打包，否则过渡效果将不能执行。

本例中将标题文字的特效方式设为【由右向左】；图像框特效方式设为【以点式由内向外】；说明文字特效方式设为【从上往下】。

(8) 保存并运行程序，查看演示效果。

7.3.2 等待图标

等待图标可控制演示进度，在程序运行过程中可暂停显示，以确保用户理解画面的内容。需要重新启动演示时，只需单击鼠标或按任意键，也可在等待一段时间后继续运行。使用等待图标也需先创建等待图标，然后再进行属性设置。

1. 创建等待图标

将等待图标拖动到流程线上时，它已经配置了相应的默认设置。当程序运行到第一个新的等待图标时，不会自动打开相应的【属性】面板，而执行默认设置。重新设置需双击等待图标，打开【属性】面板进行属性设置。

2. 等待图标的属性设置

等待图标的【属性】面板如图 7.12 所示。

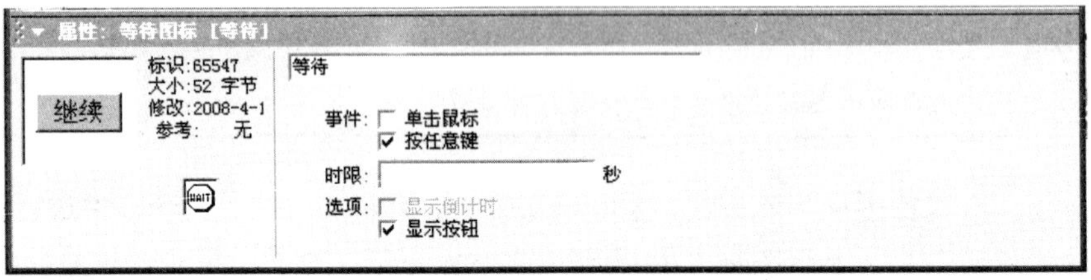

图 7.12 等待图标【属性】面板

左侧【预览】窗口用于显示等待按钮，如在等待图标中选中【显示倒计时】复选框，演示窗口中将显示倒计时时钟。如既没有启用【显示按钮】复选框，也没有启用【显示倒计时】复选框，则此窗口将是一片空白。

3. 运行时更改按钮位置

对【继续】按钮位置不满意时，运行程序，当【继续】按钮和小钟出现时，按 Ctrl+P 组合键暂停程序执行，拖曳【继续】按钮调整其位置及大小即可。此后，当用户在流程线上放置新的等待图标时，其按钮将自动显示在上一次放置按钮的位置。

在上例第 6 步骤操作中，事件选中【单击鼠标】复选框；【时限】设为 5s；同时选中【显示倒计时】及【显示按钮】复选框即可。运行时，演示窗口将同时出现【继续】按钮与倒计时钟。

7.4　移动图标和擦除图标

7.4.1　移动图标

移动图标的功能在于将显示对象从一个位置移动到另一位置，显示对象可来源于显示、交互等图标。移动图标作用于移动对象所在图标的所有对象，如只需移动某个对象，则须保证此对象单独位于一个图标中。

移动功能是实现多媒体动画的前提与基础。移动图标可实现以下 5 种移动方式，其中前 3 种将对象直接移动到目标位置，后两种沿路径移动对象。表 7-3 列出了移动方式的功能。

表 7-3　移动方式功能表

移 动 方 式	功　　能
指向固定点(Direct to Point)	将选定对象由原位置移动到目标点
指向直线上的某点(Direct to Line)	将选定对象由原位置沿直线移动到直线上某点，该点坐标可由数值、变量或表达式给出
指向区域内某点(Direct to Grid)	将选定对象从当前位置移动到通过计算得到的网格上。与指向直线上某点相比，需设置目标区域，而点到直线需设置目标直线
指向固定路径上的终点(Path to Point)	将选定对象沿着一条路径从当前位置移动到路径的终点。路径可以是直线，也可以是曲线
指向固定路径上的任意点(Path to Point)	将选定对象沿路径从当前位置移动到通过计算得到的路径上某点。路径可以是直线，也可以是曲线

1. 创建移动操作

首先应明确需要移动的对象；然后在移动对象后放置移动图标，建立移动对象与移动图标间的关联；最后指定移动的目标、路径、速度、对象层数以及并发性等。创建移动操作的步骤如下：

(1) 在流程线上放置被移动对象，可以是显示图标、交互图标等。

(2) 在移动对象后添加移动图标。需要注意的是，移动操作对被移动对象所在图标的所有对象均起作用。

(3) 打开移动图标，建立移动对象与移动图标间的联系。运行程序时，遇到一个没有设置移动对象的移动图标时停止，同时弹出移动属性对话框，用户可单击演示窗口选中需移动的对象进行设置。若流程线上有多个移动图标，则按顺序显示其属性对话框。

(4) 在打开的移动图标对话框内设置所需的移动属性。

(5) 运行程序，查看效果。

2. 移动图标的属性设置

双击流程线上的移动图标，打开【属性】面板，如图 7.13 所示，由于移动方式不同，

【属性】面板的内容也稍有区别。下面以【指向固定点】移动方法为例介绍属性设置，见表 7-4。

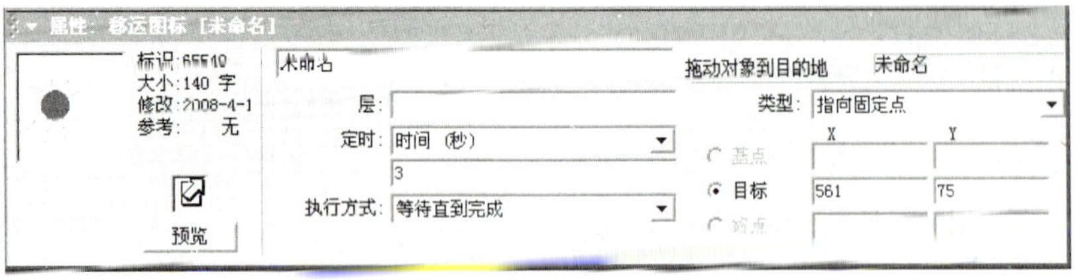

图 7.13　移动图标【属性】面板

表 7-4　移动图标常见属性

属　　性	功　　能
类型	设置移动图标类型，有上述 5 种选择
层	表示移动对象的动态图层，值可为零、正负整数
定时	有【时间(秒)】及【速率(sec/in)】两个选项，用于设置对象移动的时间或速度。速率设置值越大，移动的速率越慢，如设置 16，表示对象每 16 秒移动 1 英寸
执行方式 功能：指定执行移动图标与下一图标的间隔时间。	【等待直到完成】：表示该图标的对象移动结束后再执行流程线上下一个图标的操作
	【同时】：表示在开始移动对象的同时立即执行下一个图标的操作。它用于需要同时移动两个或更多对象的场合，如需要在移动对象的同时播放附属的声音文件，可选择该项

小贴士

图层分为静态图层和动态图层。前者表示静止时的图层，为各自对象属性的【层】文本框中的值；后者表示移动效果出现时的图层，为其对应移动图标属性的【层】文本框中的值。不管哪种图层，重叠时均为数值大的图层在前。

3. 创建移动路径

在 5 种移动方式中，【指向固定路径的终点】与【指向固定路径的任意点】都要创建移动路径，因此这里介绍移动路径的创建方法。

1) 创建直线路径

单击移动对象，可看到移动对象上出现一黑色三角符，此为路径起点。将鼠标指针移到移动对象的其他位置，拖曳对象移动，移至转折点时单击鼠标，直至路径产生完毕。在转折点单击鼠标时，路径上出现三角符号，即为【控点】，用户可拖曳控点改变路径形状，如图 7.14 左图所示。

2) 创建曲线路径

双击控制点，可使控点符号在三角形与圆形之间进行切换，此时路径也由直线变为曲线，如图 7.14 右图所示。

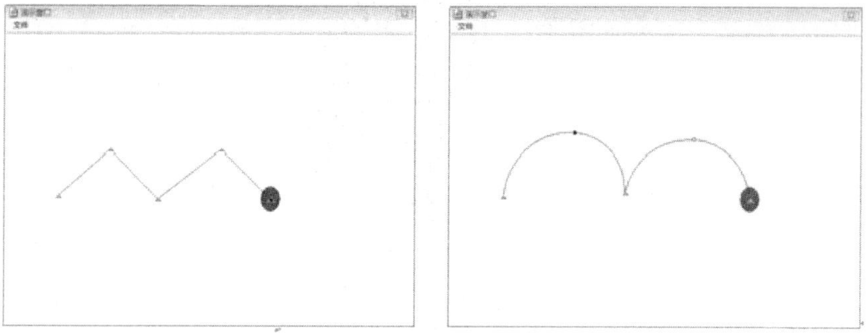

图 7.14　创建移动路径

3) 编辑路径及控点

拖曳控点可改变转折点位置及路径形状。需要增加控点时，只需单击路径上需要增加控制点的位置，该位置立即就会出现新添加的控点。需要删除控点时，可在选择控点的基础上单击移动图标【属性】面板中的【删除】按钮。

4. 移动方式比较

(1) 指向固定点：这是移动图标默认的运动类型，当用户设置了移动对象的目的位置之后，无论拖动对象的路径如何弯曲，总是将移动对象沿着直线从当前显示的位置移动到对象拖动到的目的位置。当需要经过最短的距离达到目标处时，这种运动方式是非常实用的。如果将【定时】属性设为 0s，那么打开演示窗口时，该对象将立即出现在目标位置，适用于需要快速响应的场合，如鼠标移动。

(2) 指向直线上的某点：可将对象移动到一条直线上的任意一点。在移动前，需确定移动的起点、终点以及移动的直线。对象移动的起点就是对象在演示窗口的初始位置，终点是指对象在给定直线上停止移动的位置。关于移动对象停留的位置，它只是直线上的一点，将自动按照线性插值的方法计算出目标坐标在直线上的相对位置。

(3) 指向区域内某点：是将对象从当前位置移动到网格上的某一点，它要求用户事先定义网格，然后将网格的左上角定义为移动的起点，将网格的右下角定义为移动的终点。【指向区域内某点】与【指向直线上的某点】相似，其区别在于两者的坐标设置方法不同，前者需设置 *X* 和 *Y* 坐标，后者仅需设置 *X* 坐标。

(4) 指向固定路径的终点：将使对象从当前位置沿着设定路径移动到路径的终点，路径由直线或曲线组成。与【指向固定点】不同，路径起点可以不是对象在演示窗口的起始位置，这样当开始移动时，对象可能会从初始位置突然跳到路径起点。对象移动结束之后，它总是停留在设定路径的终点。

(5) 【指向固定路径上的任意点】：移动对象将沿着指定的路径从当前位置移动到路径的某点上，这里的路径可以是直线，也可以是曲线，或者由它们混合而成。

【操作案例 7.2】制作一个能使小球从斜坡底端移动到顶点的动画，程序流程与运行结果如图 7.15 所示。

操作思路：本例是【指向固定点】示例。创建 3 个显示图标，分别显示演示窗口框、斜坡及小球。由于要使小球从斜坡底端移动到斜坡顶端，因此，创建移动对象为小球的移动图标，设置移动方式及移动的起点和终点。

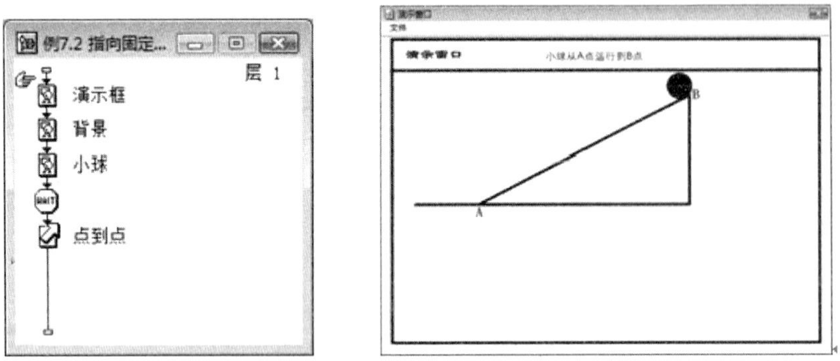

图 7.15 【指向固定点】程序流程及运行结果

操作步骤：

(1) 建立一个新文件并保存为“指向固定点动画.a7p”。

(2) 拖曳两个显示图标至流程线，分别显示演示窗口框、斜坡。

(3) 拖曳一个显示图标至流程线，在其中绘制小球，将其拖放在斜坡底。若想使演示窗口中的小球及斜坡均可见，则双击背景图标，在按住 Shift 键的同时双击小球图标。

(4) 拖曳一个等待图标至流程线，在【属性】面板中只选中【显示按钮】复选框。

(5) 拖曳一个移动图标至流程线，双击移动图标，打开移动图标的【属性】面板。

首先，选择移动类型为【指向固定点】。其次，选择移动对象，在打开的演示窗口中单击小球，则【属性】面板中移动对象预览窗口显示出小球的图案。将【定时】属性设为 5s，【执行方式】设为【等待直到完成】。最后，设置移动的终点，拖曳小球到达移动的终点。

设置移动对象也可拖曳【开始】旗到小球图标前，【结束】旗到移动图标，以设置程序运行的起点与终点，运行程序段。由于移动图标没有设置移动对象，程序运行到移动图标停止，演示窗口显示小球，鼠标单击选中即可。

(6) 保存并运行程序，查看演示结果。

【操作案例 7.3】设计一个飞箭射苹果的动画，输入数值后，箭会射向指定位置的苹果，程序流程及执行结果如图 7.16 所示。

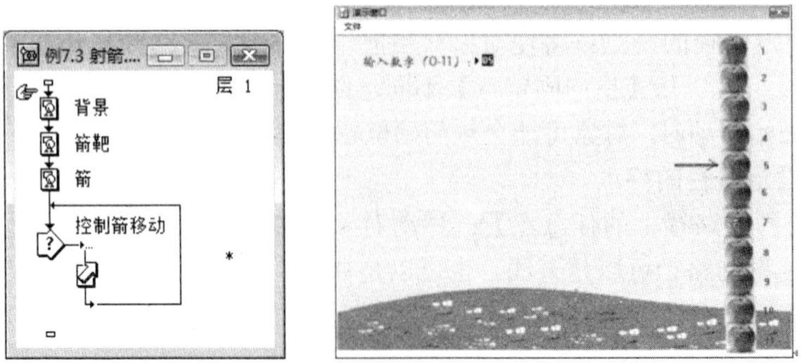

图 7.16 【指向直线上的某点】程序流程及运行结果

操作思路：本例是【指向直线上的某点】示例。创建 3 个显示图标，分别显示背景图片、苹果列和苹果相对位置标识、飞箭。由于要使飞箭射向指定的苹果，因此，添加控制飞箭射向位置的交互图标，用户输入数字，箭即射向指定位置。

操作步骤：

(1) 建立一个新文件并保存为“射箭.a7p”。

(2) 拖曳两个显示图标至流程线，分别显示背景图片、11 个排成一列的苹果及标识。

(3) 拖曳一个显示图标至流程线，在其中绘制飞箭，并将其拖放在演示窗口左侧。

(4) 拖曳一个交互图标至流程线，命名为“控制箭移动”，将一个移动图标放于交互图标右侧，在弹出的【交互类型】对话框中选择【文本输入】，单击【确定】按钮。

(5) 双击“控制箭移动”交互图标，在演示窗口内出现一带黑三角注释的文本输入虚线矩形框，表示可在此输入字符，拖动其到适当位置。双击虚线矩形框，在弹出的对话框中设置输入文字的大小及颜色，并将其显示模式设为【透明】。同时，在演示窗口中输入提示文字“输入数字(0-11)：”，调整其位置及颜色，并将其模式设为【透明】。

(6) 双击箭显示图标，再双击移动图标，在演示窗口中单击飞箭，使其成为移动对象，【属性】面板运动对象预览框中显示出飞箭的图案。在移动【属性】面板中选择【类型】为【指向固定直线上某点】，在【定时】文本框中输入“2”，其余取默认设置。

(7) 单击【基点】，在文本框中输入“1”，拖动飞箭到第 1 个苹果处。松开鼠标左键时，对象上会产生一个很小的黑点，表示直线的起点。单击【终点】，在文本框中输入“11”，拖动飞箭到第 11 个苹果处，松开鼠标左键，会看到从起点到终点产生一条直线，此即为所设的直线坐标。

(8) 在【目标】文本框输入“NumEntry”，此为接收键盘输入数值的系统函数，该数字即为对象要移到的直线坐标上某点的坐标值。

(9) 保存并运行程序，查看演示结果。

> **小贴士**
>
> ①此例中的文本交互详见第 6 节。②设置直线坐标时要按照【基点】→【终点】→【目标】的顺序，且这 3 点只是相对值，并非实际坐标值。

【操作案例 7.4】设计一个在方框内随机运动的小球动画，演示“指向指定区域”运动方式，程序流程及执行结果如图 7.17 所示。

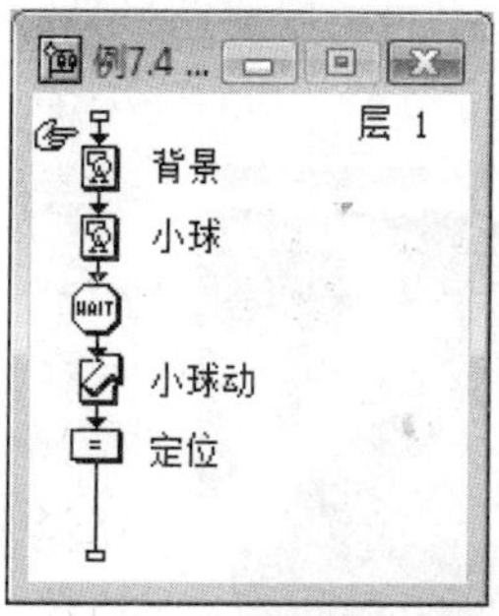

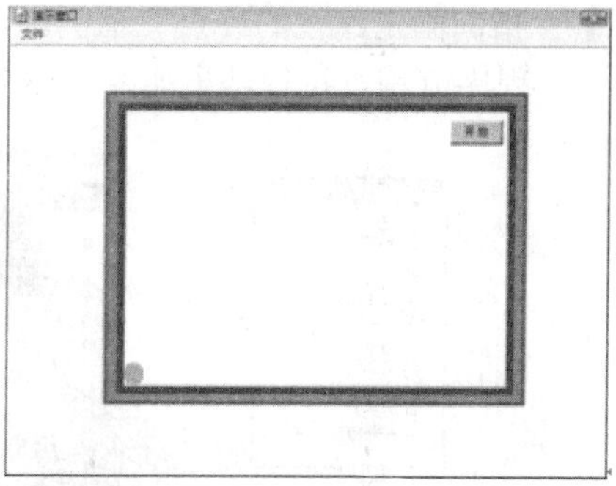

图 7.17　程序流程图及运行结果

操作思路：首先创建两个显示图标分别显示方框及小球；由于要使小球在方框内随机运动，因此，设定运动类型为“指向目标区域”并指定方框位置为移动区域；通过随机函数产生小球移动目标点，通过转向语句循环执行移动操作使小球不停运动。

操作步骤：

① 建立一个新文件并保存为“运动小球.a7p”。

② 拖曳一个显示图标至流程线，先画一个较大的矩形，将其边框颜色设为深灰，前景色设为浅灰；再画一个较小的矩形，将其边框设为黑色，前景设为白色，将较小的矩形放于较大的矩形框上。

③ 拖曳一个显示图标至流程线，画一小球。

④ 拖曳一个等待图标至流程线，选中【显示按钮】选项。

⑤ 拖曳一个移动图标至流程线，双击移动图标，打开移动图标的属性对话框。

首先，选择运动类型为【指向目标区域】。其次，在打开的演示窗口中单击小球，使其成为移动对象。【定时】属性设为【0.5 秒】，【执行方式】设为【等待直到完成 】，【远端范围】设为【循环】。

⑥ 单击【基点】，在演示窗口中把小球拖到演示窗口中边框的左下角作为移动平面的起始坐标；单击【终点】，拖动小球到边框右上角，此时，演示窗口中会出现一个矩形框，这就是小车可以移动的平面范围。

⑦ 拖曳一个计算图标至流程线，双击计算图标，输入语句：

```
X: =Random (1, 100, 1)
Y: =Random (1, 100, 1)
GoTo (IconID@“小球动”)
```

其功能为：随机产生一个坐标值（x，y），为小球移动的目标，使程序流程转向移动图标继续执行，使小球循环往复的运动。

⑧ 保存并运行程序，查看演示结果。

> **小贴士**
>
> ①赋值语句格式为变量名：=数值；②Random（min，max，units）为随机函数，返回一个值介于[min，max]的随机数，随机步长为 units；③GoTo（IconID@“IconTitle”）为跳转函数，执行到此函数，程序跳转到“IconTitle”指向的图标，并从此位置往下执行。

【操作案例 7.5】“指向固定路径的终点”示例。制作一个雪花飘落的过程，演示“指向固定路径的终点”，程序流程及执行结果如图 7.18 所示。

图 7.18　程序流程图及运行结果

操作思路：首先创建两个显示图标分别显示演示窗口边框及背景雪人图片；之后，演示雪花飘落过程。演示雪花飘落过程需先创建显示图标，在其内绘制雪花；然后创建移动图标、设置移动类型并创建雪花飘落路径即可。

操作步骤：

① 建立一个新文件并保存为“指向固定路径的终点.a7p”。

② 拖曳两个显示图标，分别插入演示窗口边框栏及背景图片。

③ 拖曳一个显示图标，绘制雪花形状，并将其放在演示窗口左上角。

④ 拖曳一个移动图标，双击打开移动图标的属性框。

首先，将移动类型设为【指向固定路径的终点】。

然后，单击演示窗口中的雪花 1，使其成为移动对象，为其设置移动路径，如图 7.19 所示。设置【定时】属性为 20 秒，执行方式为【同时】。

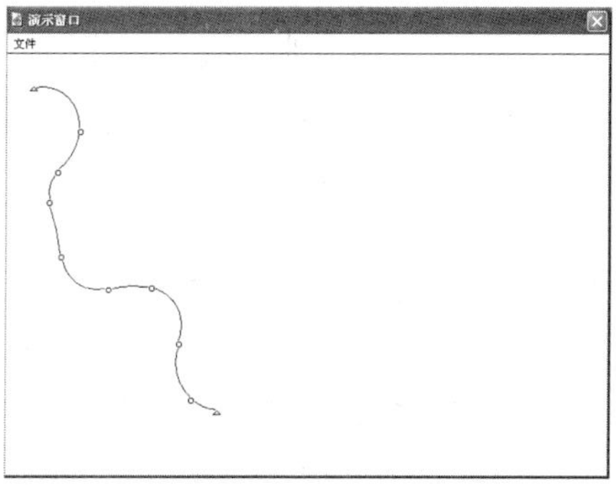

图 7.19　雪花 1 移动路径

⑤ 按照步骤 3 和步骤 4，继续完成“雪花 2”、“雪花 3”的设计。

⑥ 保存并运行程序，查看演示结果。

7.4.2　擦除图标

有时多个显示图标在演示窗口中展示信息，各种内容重叠显示会造成混乱。因此，对于一些不再需要显示的内容应及时清除，此时可使用擦除图标，它可擦除显示在演示窗口或屏幕上的任何对象，如：显示图标、交互图标、框架以及数字影像图标显示的内容等。

1. 使用擦除图标的注意事项

使用擦除图标只需将其拖动到流程线上即可，但需注意：

① 当擦除一个图标时，该图标的所有内容都将被一次性地擦除。也就是说擦除图标的操作是针对图标的，而不是针对图标内包含的对象。如果需要每次仅仅擦除一个对象，可以将多个对象分散在不同的图标内。

② 擦除图标应放在被擦除对象图标后，若与擦除对象不相邻，则首先双击要擦除的图标，使其内容在演示窗口内显示出来，之后再双击擦除图标，在演示窗口中单击要擦除内容即可。

2. 设置擦除图标属性

打开擦除图标属性对话框有多种方法。程序运行时遇到新的擦除图标时会自动打开属性设置框，用户也可双击擦除图标打开，并在演示窗口中选择需擦除的对象。擦除图标属性对话框如图 7.20 所示。

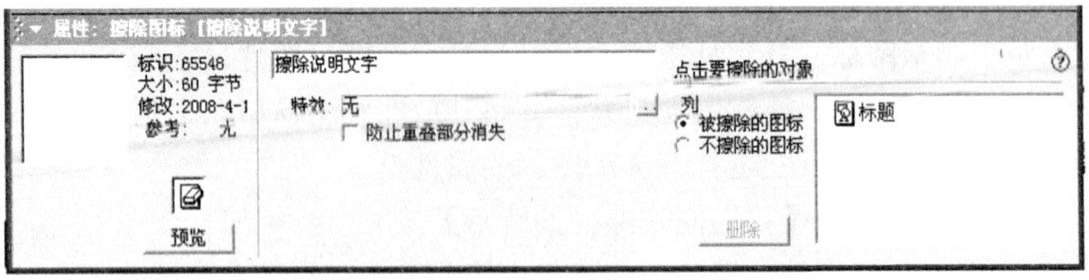

图 7.20　擦除图标【属性】面板

> 小贴士
>
> 如果在显示图标后直接使用擦除图标，那么对象在显示之后就会被擦除，用户可能无法看清显示图标的内容。常用的解决方法是在显示图标与擦除图标之间添加等待图标，将显示对象与擦除图标分隔开。

7.5　声音图标和数字电影

7.5.1　声音图标

声音是传递信息的重要方式，在屏幕上展示信息的同时，可以用声音图标添加解说词或背景音乐，使演示效果更生动。声音图标可添加在流程线的任何位置，可通过多种方法加载声音文件，调整属性设置以适应用户需求。Authorware 中的声音文件有内部和外部两种存储方式，前者指将声音文件导入多媒体程序中；后者指将声音文件与多媒体程序相链接。

1. 加载声音文件

将声音图标添加到流程线后，需加载声音文件。声音文件的加载方法主要有以下 3 种。

(1) 直接将声音文件拖曳到流程线。此时不需要在流程线上添加声音图标，将声音文件拖曳到流程线时将自动产生声音图标，且该图标已加载声音文件，并以此声音文件名命名声音图标。

(2) 将声音文件拖曳到声音图标。先在流程线上放置声音图标，然后从资源管理器中选择声音文件，将其拖曳到流程线上的相应声音图标。如果声音图标是新建的，所选的声音文件将成为此图标的内容；如果声音图标内已经存在声音文件，那么所选的声音文件将覆盖旧的声音文件。

(3) 使用【导入】命令。双击声音图标时，将打开声音图标的【属性】面板，利用其中的【导入】命令即可加载所选的声音文件。

2. 设置声音属性

双击流程线上的声音图标，即可打开如图 7.21 所示的【属性】面板。

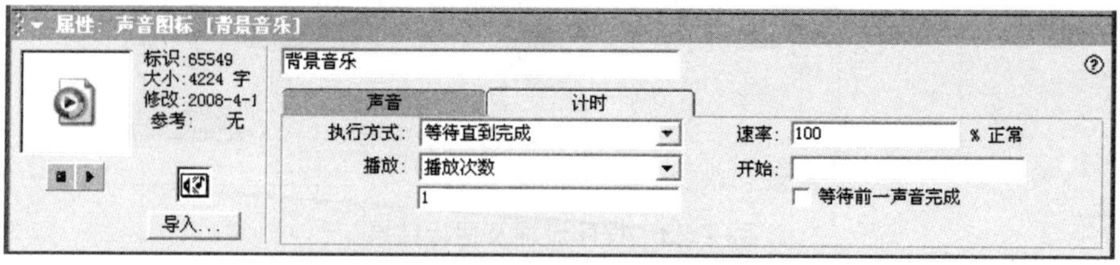

图 7.21　声音图标【属性】面板

7.5.2　数字电影图标

Authorware 中可实现的动画效果有二维及三维，其中二维动画可通过移动图标实现，对象只能在二维平面内运动。为了使演示效果更形象、逼真，需要采用三维动画，三维动画的导入可采用数字电影图标。数字电影图标可播放 AVI、MPEG、DIR、FLC 及 FLI 等动态影像格式，影像文件的加载方法同声音图标。

Authorware 还可通过选择【插入】|【媒体】命令导入 GIF、Flash 及 QuickTime 动画文件，以提高演示效果。

1. 设置影像属性

将数字影像图标拖曳到流程线上，双击此图标即可打开【属性】面板，如图 7.22 所示。

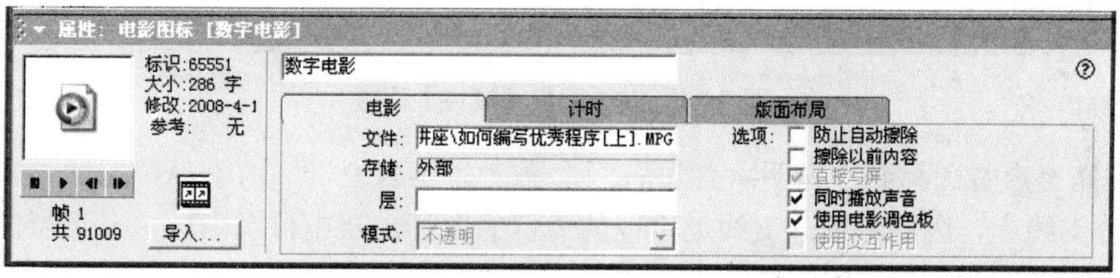

图 7.22　数字电影图标【属性】面板

2. 同步媒体播放

媒体同步指可在声音或数字电影图标右边添加其他图标，使得它们和声音、影片同步播放。添加图标后，会生成一个媒体同步播放分支结构，每个同步分支都有一个与之相连的时钟状同步标志。

【操作案例 7.6】给客厅设计演示视频并配上字幕及解说词，设计流程及运行效果如图 7.23 所示。

操作思路：首先准备好所用的素材，如客厅设计视频及解说词；之后导入视频信息，添加解说词及说明字幕等同步播放内容即可。

操作步骤：

(1) 新建文件，命名为“客厅设计展示.a7p”。

图 7.23　程序流程及运行结果

(2) 拖曳一个电影图标到流程线，命名为“客厅设计展示”。双击该图标，在数字电影【属性】面板中单击【导入】按钮，导入“客厅.avi”。

(3) 拖曳显示图标到数字电影图标右侧，命名为“说明字幕”。双击该图标，输入说明文字，并调整位置。

(4) 双击显示图标上部分支处的时钟图标，打开媒体同步【属性】面板，如图 7.24 所示。其中【同步于】有【位置】与【秒】两个选项，分别表示当数字电影播放到设置帧数或设置秒数时才开始同步。【擦除条件】用于设置分支线上的图标内容何时消失。本例，设置【同步于】为 1s，【擦除条件】为【不擦除】。

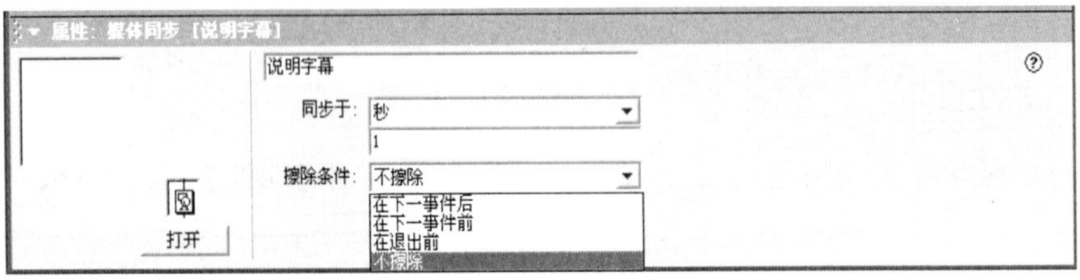

图 7.24　媒体同步【属性】面板

(5) 拖曳声音图标到“说明字幕”右侧，命名为“解说”。由于声音图标不能直接放在流程分支线上，因此流程分支线上出现的为群组图标。双击群组图标，在下层流程线上即可显示声音图标，导入解说词。

(6) 保存并运行程序，查看演示效果。

> 小贴士
>
> 由于同步时钟标识会自动继承上一时钟标识的属性设置，因此不需要设置。如果和上一时钟标识属性不同，则可重新设置。

7.6　交互控制的实现

交互指人机对话方式，用户可通过交互向多媒体软件传递控制信息，并据此做出实时的反应。通过交互功能，人们不再被动地接受信息，而可通过键盘、鼠标甚至时间间隔来控制多媒体软件的流程走向。

交互性是 Authorware 的核心和重点，本节将详细介绍 Authorware 所具有的交互类型及其控制实现。

7.6.1　交互结构与交互属性设置

1. 交互结构

交互结构由 3 部分组成：交互图标、交互响应标识和响应结果图标。创建交互结构的方法如下。

(1) 将交互图标拖动到流程线上。

(2) 拖动其他类型的图标(如显示图标、群组图标、影像图标或计算图标等)到交互图标的右边，所拖动的图标即为响应结果图标。

(3) 释放鼠标，弹出交互类型选择窗口，选择适当的交互类型后，单击【确定】按钮，就创建了交互结构，如图 7.25 所示。

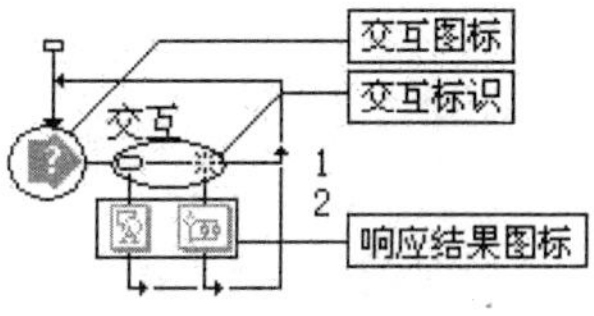

图 7.25　交互结构

(4) 重复上述(2)和(3)的操作，为交互图标添加更多的响应分支。

> **小贴士**
>
> 交互标识随选择的交互方式的不同而不同，且对于判断、框架、交互、数字化电影、声音等不能直接作为响应结果的图标或是响应结果需要多个图标才能完成的情况，必须使用群组图标作为响应结果图标。

2. 交互类型

在 Authorware 7.0 中有 11 种交互响应方式，几乎能够满足所有的交互需求，交互响应方式见表 7-5。

表 7-5　交互分类表

序　号	交 互 类 型	交互响应方式
1	按钮 (Button)	单击所设按钮将执行响应动作
2	文本输入 (Text Entry)	输入设定文本信息后执行响应动作
3	热对象 (Hot Object)	激活热对象将执行响应动作
4	热区域 (Hot Spot)	激活热区域将执行响应动作
5	条件 (Conditional)	通过条件判断执行后面的程序分支
6	下拉菜单 (Pull down Menu)	选择所设菜单中的命令将执行响应动作
7	按键 (KeyPress)	通过键盘上的按键触发响应动作

续表

序　　号	交 互 类 型	交互响应方式
8	目标区域 (Target Area)	设定移动对象目标区域执行响应动作
9	尝试限制 (Tries Limit)	限制用户的交互次数
10	时间限制 (Time Limit)	限制交互的时间
11	事件 (Event)	对一些特定事件做出相应的响应动作

3. 交互属性

交互属性包括交互图标的属性及响应分支上的交互类型属性。不同的交互类型具有不同的标识图标，双击该标识图标可打开对应的交互类型【属性】面板，其设置在具体交互方式中进行详细介绍，这里介绍交互图标的属性设置。

在 Authorware 中，交互图标同时具有显示图标和判断图标的作用。显示内容通常出现在交互过程的主界面中，只要程序执行到交互图标或者流程返回到交互图标，就会显示交互图标的内容，它构成了用户与软件进行交互的界面。

选中交互图标并单击鼠标右键，选择【属性】命令打开交互图标【属性】面板，如图 7.26 所示。其中，【显示】及【版面布局】选项卡的设置同显示图标。

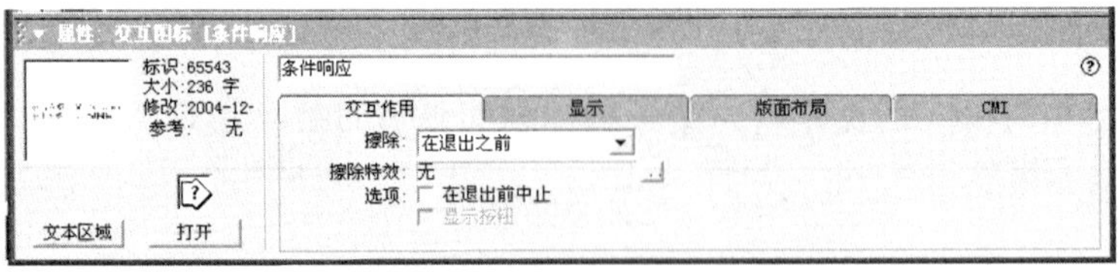

图 7.26　交互图标【属性】面板

7.6.2　按钮响应

按钮响应是使用最广泛的交互响应类型，也是交互功能默认时的类型。设置这种交互类型后，演示窗口中将显示一个按钮，程序运行过程中，鼠标单击按钮时，程序执行响应结果图标，动作执行完毕后程序的走向取决于按钮响应的设置。按钮可以是系统自带的样式，也可是用户自定义的个性化按钮。

1. 创建交互结构

创建方法同上，在【交互类型】对话框中选择按钮响应，如图 7.27 所示。

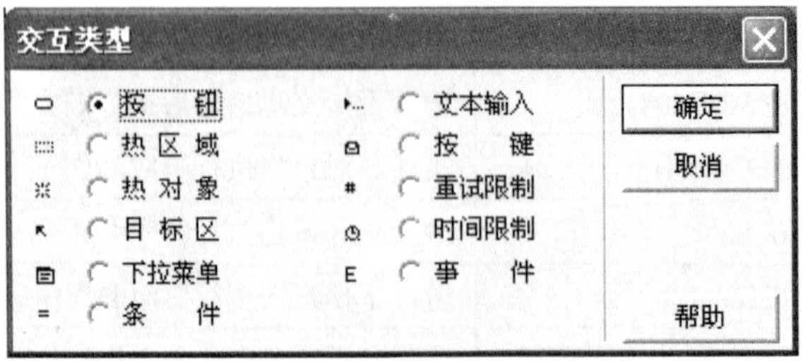

图 7.27　【交互类型】对话框

双击流程线上的交互图标，打开演示窗口，一个名为【未定义】的按钮将出现在屏幕上。选择该按钮后，调整其大小及位置。改变按钮大小时，按钮标签的字号也将随之改变。对于显示窗口的按钮，用户不能对其进行剪切与复制，因此选择按钮之后，工具栏中的【剪切】与【复制】按钮将处于禁用状态。

2. 设置按钮响应属性

双击按钮响应标识符，打开按钮响应的【属性】面板，如图 7.28 所示。其中顶端文本框用于显示及更改按钮图标名；【类型】下拉列表框可设置及更改响应类型。面板左边的响应预览窗口内显示了由按钮响应所产生的一个按钮。单击下方的【按钮】按钮，将打开按钮编辑对话框，允许用户编辑现有的按钮，删除或创建新的按钮，用户可在这里更改按钮的样式，创建出外观个性化的按钮。

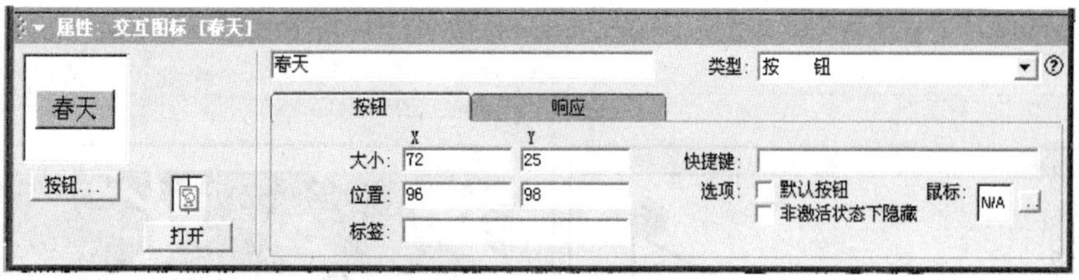

图 7.28　【按钮】选项卡

【响应】选项卡如图 7.29 所示，它用于控制何时擦除结果图标中所显示的文本或图形，以及离开结果图标时软件的流程走向。

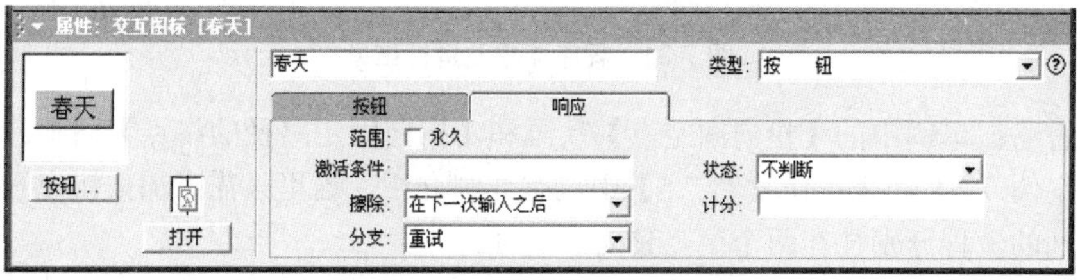

图 7.29　【响应】选项卡

在此选项卡中，分支返回类型用于控制程序交互的流程走向，在流程设计中应加以注意。选择返回类型的快捷方法是：按住 Ctrl 键，然后在分支图标下部分单击鼠标左键循环选择合适的类型即可。通过图 7.30 可以看出【分支】的不同返回类型程序的走向。

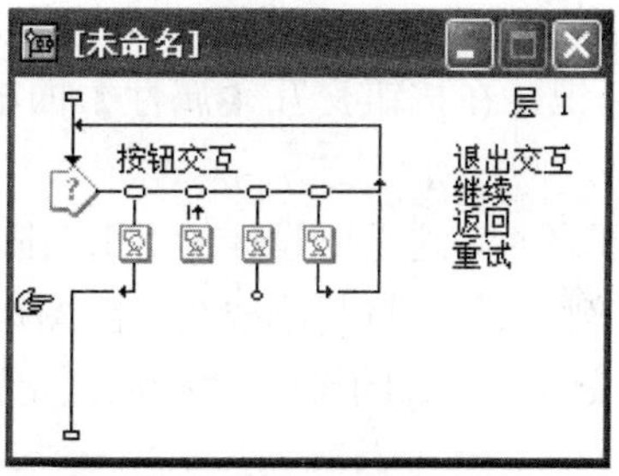

图 7.30　分支返回类型比较

3. 设计结果图标

完成按钮响应的属性设置后，即可设计响应结果图标。响应结果图标就是在交互图标内与一个流程分支所对应的图标，即单击该分支所对应按钮后执行的响应动作。如果设置响应属性时，将擦除选项定义为【不擦除】，则每执行一次交互，屏幕上将出现上一次响应结果图标的内容；如果结果图标的内容相互重叠，则将有部分内容被覆盖。

【操作案例 7.7】演示窗口有两个按钮，当单击【指向固定点】按钮时，演示“指向固定点”的动画；当单击【指向固定路径的终点】按钮时，演示窗口出现一幅雪景图及3朵正在飘动的雪花，以演示“指向固定路径终点”的动画，程序流程和运行结果如图 7.31 所示。

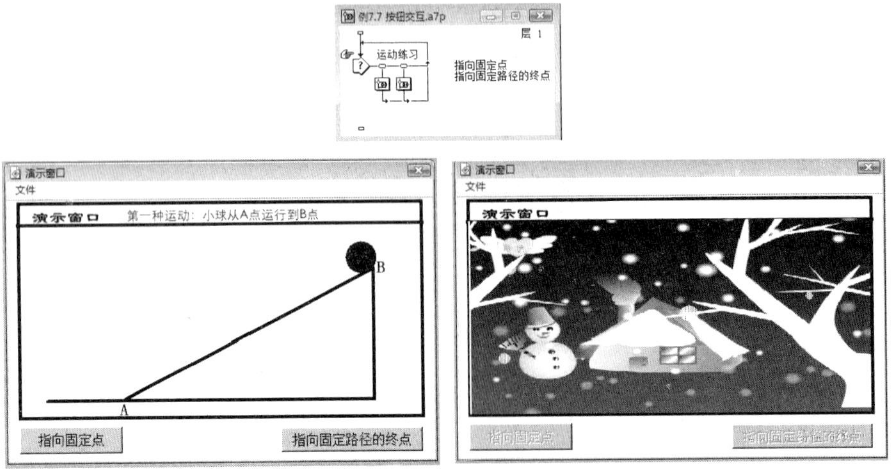

图 7.31　程序流程及运行结果

操作思路：本例中的【指向固定点】动画和【指向固定路径的终点】动画的操作步骤在【操作案例 7.2】和【操作案例 7.5】中已有详细介绍，这里只需添加按钮交互结构，将这两种动画的流程分别挂在两个交互分支下即可。

操作步骤：

(1) 建立一个新文件并保存为“按钮交互.a7p”。

(2) 建立交互图标，命名为“运动练习”。

(3) 拖曳一个群组图标至其右侧，松开鼠标左键，选择【按钮交互】类型，命名为“指向固定点”。

(4) 双击交互图标，打开的演示窗口中出现了一个标签为【指向固定点】的按钮，调整其大小及位置。双击交互标识，在按钮交互【属性】面板中进行设置，这里采取默认设置。

(5) 双击群组图标设计结果图标，这里所设计的“指向固定点”动画按【操作案例 7.2】设计，也可直接打开【操作案例 7.2】，将其流程线上的图标复制到这里。

(6) 依照步骤(3)～(5)完成交互分支 2 的设计，“指向固定路径的终点”按【操作案例 7.5】设计。

(7) 保存并运行程序，查看演示效果。

7.6.3 热对象及热区域响应

1. 热对象响应

“热”即指激活，如通过单击、双击或鼠标指针移到指定对象上，“激活”相应的对象，该对象就称为“热对象”。“热对象响应”指在激活某对象后，使程序执行相应的响应图标。需要注意的是，“热对象响应”必须设定热对象，且一个热对象只能放在一个【显示图标】或是插入的一种功能图标中。

【操作案例 7.8】该例中有 3 种动物，通过单击、双击或移动鼠标操作使其回到对应的笼舍中，程序流程和运行结果如图 7.32 所示。

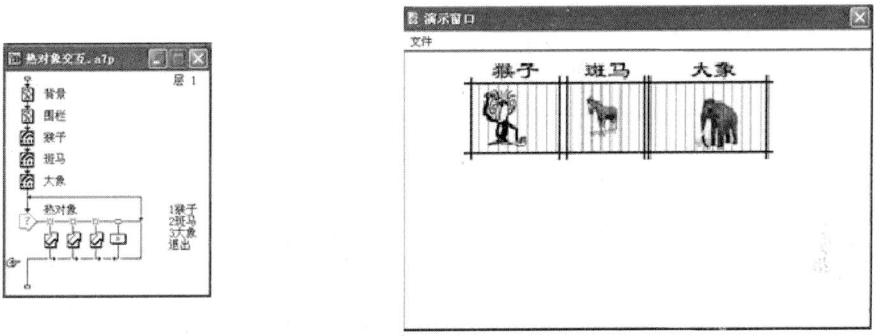

图 7.32 程序流程及运行结果

操作思路：创建两个显示图标，分别显示“背景”和“围栏”；使用 3 个功能图标表示 3 种动物；由于要在 3 种动物上分别单击、双击或移动鼠标以使其回到对应的笼舍中，因此要创建热对象交互结构，在交互分支下添加移动图标，使动物按设定路径回到笼舍中即可。

操作步骤：

(1) 建立一个新文件并保存为“热对象交互.a7p”。

(2) 创建两个显示图标，命名为“背景”及“围栏”，分别用于显示背景及动物笼舍。

(3) 加入 3 种动物的 GIF 动画。

为增加作品的动感，该例中使用的热对象为 GIF 动画。通过选择【插入】|【媒体】|Animated GIF 命令打开 Animated GIF Asset Properties 窗口。单击【Browse】按钮找到事先准备好的 GIF 动画文件，单击【OK】按钮。

由于该例中的热对象是 3 个，所以必须使用 3 个显示图标或 3 个功能图标，分别命名为“猴子”、“斑马”和“大象”。

(4) 设定笼舍与动物间的图层关系。

由于热对象响应操作后要产生运动，所以不能再使用默认图层关系。选中“围栏”显示图标并右击，在快捷菜单中选择【属性】命令，在【属性】面板中将【层】设为 0；然后通过同样的操作将 3 个热对象图标的【层】属性设为 1，并将 3 个图标的显示模式设置为【透明】。之后运行程序，在演示窗口中调整 3 个热对象的位置。

(5) 创建交互结构，设置交互属性。

拖曳一个交互图标至流程线上并命名为“热对象”，再拖曳一个移动图标到交互图标右侧，松开鼠标左键，在弹出的【交互类型】对话框中选择【热对象】，并将该移动图标命名为“1 猴子”。再拖曳两个移动图标和一个计算图标至右侧，分别命名为“2 斑马”、“3 大象”和“退出”。由于交互结果响应类型及属性的延续性，所以，该交互结构的 4 个分支的交互类型都是热对象类型。

单击第一分支的响应标识图标，打开响应【属性】面板，其中【响应】选项卡同按钮交互，【热对象】选项卡如图 7.33 所示。

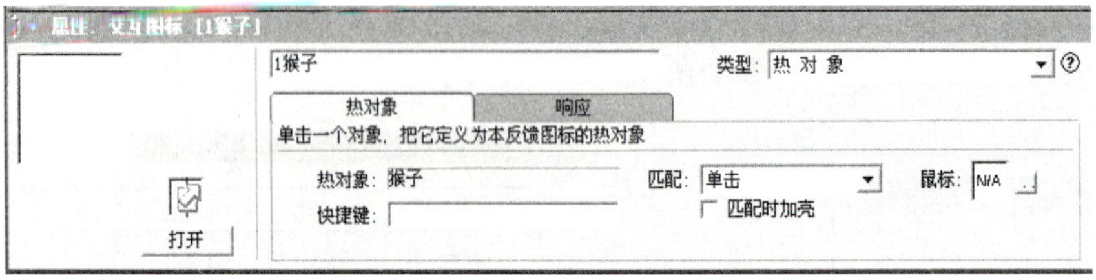

图 7.33 【热对象】选项卡

属性设置首先要确定热对象，可运行程序，然后在演示窗口中单击猴子进行设定。其次，在【属性】面板中设置相应的属性。【匹配】表示用鼠标激活对象的方法，有 3 个选项：单击、双击及指针在对象上。本例选择响应匹配类型为【单击】。在【快捷键】文本框中可输入快捷键的名称，按此键即激活对象。【鼠标指针按钮】可用来设置鼠标指针形状，本例设为小手状。【匹配时加亮】表示当激活对象时高亮度显示以提示用户。

由于热对象移入笼舍后图片不能消失，所以，将【响应】选项卡中的【擦除】属性设置为【不擦除】，其他属性保持默认状态即可。

单击演示窗口标题栏，切换到演示窗口进行另外两个“热对象”的设置。其中，第二分支的热对象为“斑马”，【匹配】方式为【双击】；第三分支的热对象为“大象”，【匹配】方式为【指针在对象上】。

(6) 双击第四分支的响应标识图标，设置一个可以结束程序的按钮交互。首先通过【类型】将响应类型设为【按钮】，然后选择一个单选按钮样式。将【响应】选项卡中的【分支】属性设为【退出交互】。双击交互图标，将按钮放在合适的位置。

(7) 双击第一分支移动图标，为猴子设置一条返回笼舍的路径，如图 7.34 所示，然后再设定斑马和大象的返舍路径。

(8) 保存并运行程序，查看演示效果。

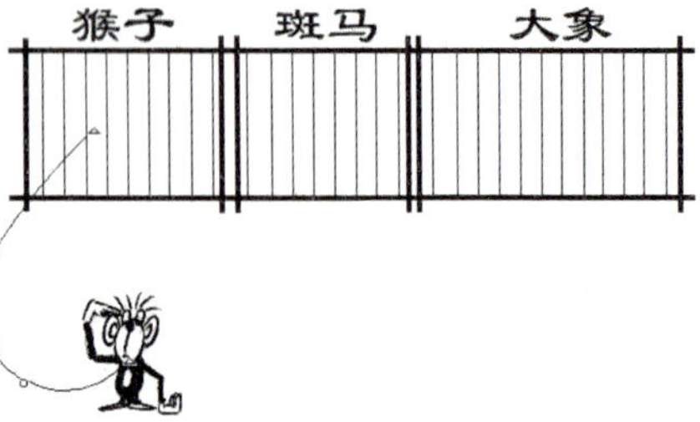

图 7.34 设置猴子的返舍路径

2. 热区域响应

“热区域响应”指在程序的演示窗口内划一块矩形区域，用户用鼠标单击(或双击，或鼠标滑过区域)这一区域时程序将执行响应图标。

“热区域响应”与“热对象响应”的区别主要有两点。其一，在为热区域交互方式中，所有的画面可以放置在一个显示图标中，用户只需指出该画面中的热区域即可；而在热对象响应中的每一个热对象必须保证单独放置在一个显示图标中。其二，所设定的热区域只能为矩形，而热对象可为不规则的形状。

【操作案例 7.9】 设计一个文字目录，单击目录可展示相应的内容，程序流程及运行结果如图 7.35 所示。

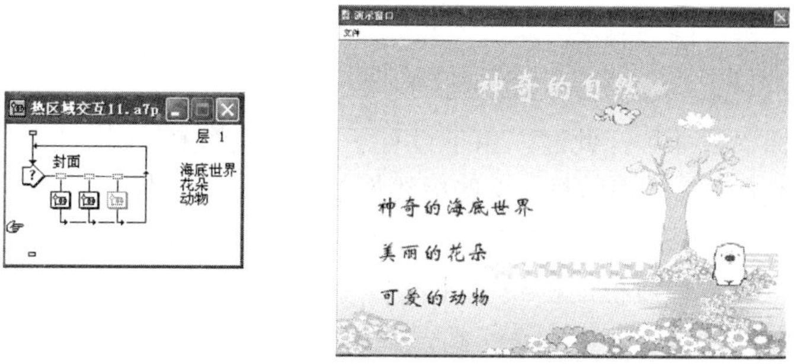

图 7.35　程序流程及运行结果

操作思路：首先创建热区域交互结构，由于交互图标同时具有显示图标的作用，因此，在交互图标内加入背景图片及显示目录；由于要求单击目录即可展示相应的内容，因此，将目录文字所在的位置分别设为 3 个热区域；最后，添加相应的响应图标即可。

操作步骤：

(1) 建立一个新文件并保存为“热区域交互.a7p”。

(2) 拖曳一个交互图标至流程线上，命名为“封面”，双击交互图标，打开演示窗口。在演示窗口中插入一幅图片，然后使用文字工具输入标题“神奇的自然”和 3 个目录(“神奇的海底世界”、“美丽的花朵”和“可爱的动物”)。

(3) 拖曳一个群组图标到交互图标右侧松开鼠标左键，在弹出的【交互类型】对话框中选择【热区域】类型，将该分支命名为“海底世界”。

(4) 双击交互图标，在演示窗口会出现一个虚线矩形框，该矩形框即为热区域的范围，用户可通过鼠标调整其位置及大小。

双击交互标识，打开交互类型的【属性】面板，如图 7.36 所示，标题栏显示相应响应图标的名称。

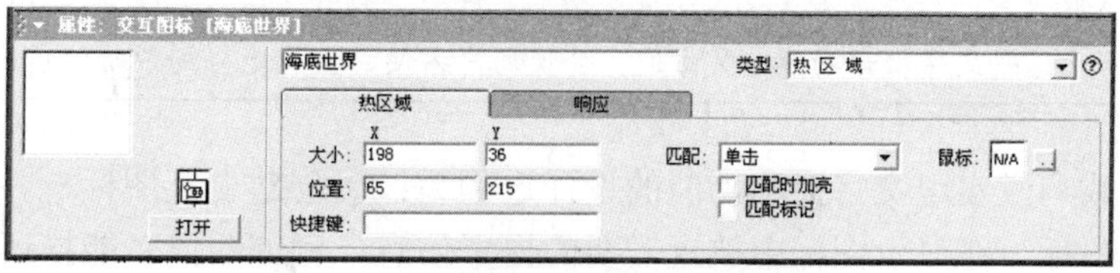

图 7.36　交互类型的【属性】面板

【匹配】：用来设置启动热区交互的方法，有【单击】、【双击】及【指针处于指定区域内】3 个选项。

【匹配时加亮】及【匹配标记】复选框：前者表示选中时热区匹配呈反白显示；后者表示选中时热区中将显示一个白小方框，激活时该标记变为黑色。

(5) 再拖曳两个群组图标到流程的右侧，分别建立第二个和第三个分支，并命名为“花朵”和“动物”。此时，后面两个分支的交互属性都延续了第一个分支的交互属性。

(6) 双击“海底世界”分支的群组图标，创建如图 7.37 左图所示的流程。

在“海葵”和“海豚”这两个显示图标中分别插入一张图片。选中“海葵”并右击，在弹出的快捷菜单中选择【属性】命令，在打开的【属性】面板中选中【擦除以前内容】复选框。

其他两个分支设置同步骤(6)。

(7) 设置交互区域。

双击交互图标“封面”，此时，由于设置了 3 个热区域交互分支，因此演示窗口中除了封面设计外，还多了 3 个虚线框，这些虚线框的左上角分别标有“海底世界”、“花朵”、“动物”字样，这就是所要设置的 3 个响应分支的热区域范围。

拖曳“海底世界”虚线框的框线至封面上“神奇的海底世界”字样上，调整其大小，使其与“神奇的海底世界”字样大小一致，效果如图 7.37 右图所示。依次设置其他两个热区域。

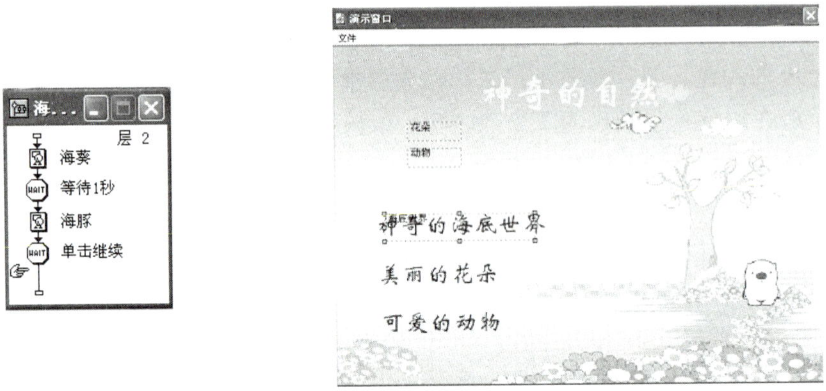

图 7.37　流程分支及热区域设置

(8) 保存并运行程序，查看演示效果。

> **小贴士**
>
> 热区域响应最典型的应用就是实现文字提示功能，即将鼠标移至工具栏按钮上方时，会出现该工具的功能提示。这种文字提示功能非常方便，会使用户方便、快捷地得到帮助信息。

采用热区域响应实现文字提示功能的设计过程为：①创建交互图标，并在交互图标右边拖入一显示图标，在显示图标中放置需要的提示信息，例如一段功能描述文本等。②双击交互图标，在演示窗口中调整热区域范围为指定的合适区域。③单击交互标识，打开交互类型【属性】面板。把热区响应的【匹配】属性设置为【指针处于指定区域内】，同时把响应属性的【擦除】设置为【在下一次输入前】即可。

7.6.4 文本输入响应

文本输入响应指接收用户从键盘输入的文字、数字及符号信息，若输入内容与响应标题名称吻合，则执行响应结果图标。在 Authorware 中，一组文本输入交互只能完成一次文本的输入以及对输入内容的判断。与条件交互相同，文本输入交互中分支的名称就是对输入内容进行匹配的文字。

1. 文本输入交互属性设置

双击文本输入响应标识符，打开文本交互【属性】面板，如图 7.38 所示。其中【响应】选项卡属性设置同“按钮交互”。

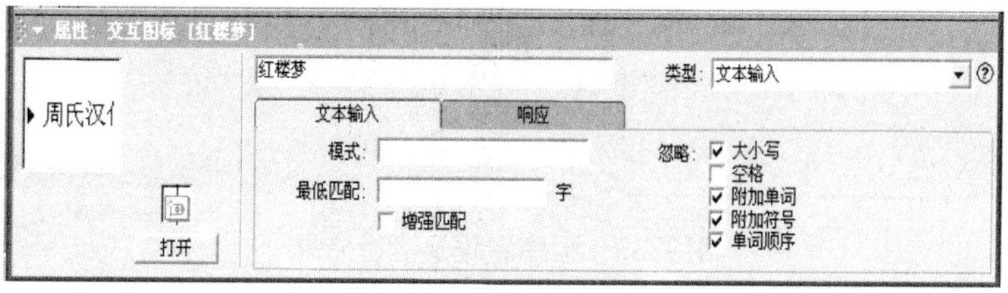

图 7.38 文本交互【属性】面板

2. 输入文本说明

在 Authorware 中，允许输入的文字有如下几点需要说明：

(1) 要求用户输入特定内容才能执行的分支必须以具体内容命名。如要求用户输入“中国”时才能执行下挂分支，则该分支名称必须是“中国”。

(2) 如果允许输入多种匹配，就要将满足要求的所有匹配都列出，且各项之间用“|”隔开。如输入“红楼梦”或“石头记”都能够正确匹配，则下挂分支名称为“红楼梦|石头记”。

(3) 分支名称允许使用通配符“？”及“*”。“？”表示任意一个字符；“*”表示任意多个字符。如用户输入信息只要第 1 个字符为“第”，第 3 个字符为“页”即可执行响应，则将此文本输入响应分支命名为“第？页”。而如果用户输入任何内容都可执行对应的下挂分支时，则将此分支命名为“*”。

(4) 如果希望在匹配文本中出现字符“*”或“？”，需要在其前面加一个反斜杠“\”。

(5) Authorware 中专门设置了几个系统变量，用于记录用户输入文本，用户可通过这些系统变量处理用户输入的文本数据。较常用的文本输入系统变量有如下。

① EntryText：为字符串接收变量，用户输入的内容以字符串的形式保存。EntryText@“IconTitle”可用来访问由 IconTitle 指定的图标中用户输入的字符串。

② NumEntry：数字接收变量，该变量保留用户最后一次输入内容中的第一个数字值。NumEntry@“IconTitle”用来访问由 IconTitle 指定的交互图标中用户输入的第一个数字值。

③ NumEntry2 与 NumEntry3：也为数字接收变量，这两个变量保留用户最后一次输入内容中的第二、第三个数字值。

如果用户在一次输入中既有数字又有字母和符号，则 Authorware 从左到右第一组相连的数字(包括正、负号)以数值形式保存在 NumEntry 中，第二组相连的数字以数值形式保存在 NumEntry2 中，第三组相连的数字以数值形式保存在 NumEntry3 中。如输入“-12.23abc+34af6.7dfd”，则 NumEntry=-12.23，NumEntry2=34，NumEntry3=6.7。

【操作案例 7.10】设计“历史知识填空”，给出 3 道题让用户填写，答对一道 100 分。根据回答情况统计用户正确回答题数及最后得分，程序流程和运行结果如图 7.39 所示。

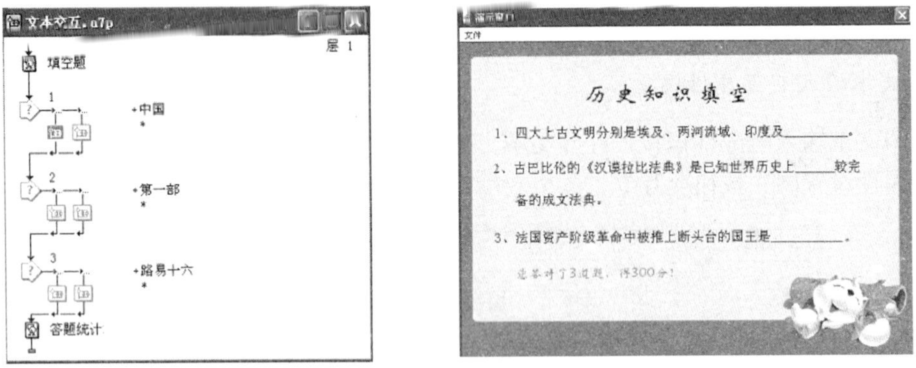

图 7.39 程序流程及运行结果

操作思路：创建显示图标，在其内制作填空题目，每一个填空创建一个文本交互结构，下挂两个分支分别表示输入正确及错误时的响应操作。

操作步骤：

(1) 建立一个新文件并保存为“文本交互.a7p”。

(2) 出题。

建立一个显示图标，名为“填空题”。双击该图标打开演示窗口，导入背景图片，制作填空题目。

(3) 建立文本输入交互结构，判断答题内容是否正确。

① 建立交互图标，命名为“1”。拖曳一个群组图标至其右侧，松开鼠标左键，选择【文本输入】交互类型，命名为“中国”。

② 双击交互标识，打开交互类型【属性】面板。其中【响应】选项卡中的【分支】属性设为【 退出交互】；【状态】属性设为【正确响应】；【计分】属性设为 100。用户可以使用 Authorware 提供的系统变量统计正确匹配次数、错误匹配次数和最后的总分。相关系统变量说明如下所示，其中前两个和【状态】属性相关，第三个和【计分】属性相关。

TotalCorrect：数值型系统变量，存放用户对交互的正确响应次数。

TotalWrong：数值型系统变量，存放用户对交互的错误响应次数。

TotalScore：数值型系统变量，存放响应的计分总和。

③ 双击交互图标，在打开的演示窗口中出现了一个带有三角形标识和 8 个控制块的小虚框，这就是文本输入区域，将其调整到合适的位置。双击该区域打开文本输入的属性对话框，如图 7.40 所示，在该对话框中可以设置输入区域的大小、输入文字的字体等属性。

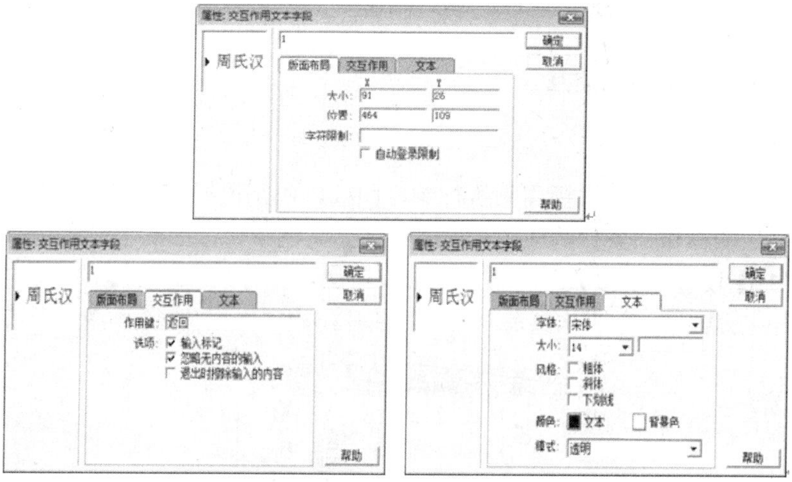

图 7.40　文本输入的属性对话框

【版面布局】选项卡：可设置文本输入区的位置、大小及输入字符限制数。如选中【自动登录限制】复选框，当用户输入字符数超过【字符限制】文本框内的限制数时，立即读取输入内容。

【交互作用】选项卡：可设置【作用键】及【选项】。其中前者可定义输入结束键(默认为回车键)，如用户按下该键，文本输入立即结束。若要用不止一个键来结束文本输入，可用“|”连接几个键名，例如，用回车键和空格键来结束输入，就可在此处输入“Entry|Space”。

选项组中有 3 个复选框。【输入标记】用来标记用户输入区位置，如选中该复选框，则文本输入区前有一个小实心三角形。选中【忽略无内容的输入】复选框，则忽略空输入，即当用户没有输入任何内容就按下设定结束键时不予理睬。【退出时擦除输入的内容】指退出时擦除输入的文本信息。

【文本】选项卡：可设置用户输入内容的字体、字号及显示风格等信息。【颜色】中的【文字】选项用于设置文字颜色，【背景色】用于设置文字背景颜色。【模式】用于设置用户输入文字的显示模示，本例将模式设为【透明】。

④ 设置错误输入时执行的分支。

拖曳一个群组图标至右侧，命名为“*”，表示输入别的内容即执行该分支。双击交互标识，打开交互类型【属性】面板。把【状态】属性设为【不判断】；【计分】属性设为 0。

⑤ 依照①～④的操作完成交互结构 2 和 3。

(4) 统计答题分数。

拖曳一个显示图标至流程线末尾，双击该图标，在演示窗口的合适位置输入文字“您答对了{TotalCorrect}道题，得{TotalScore}分。”，TotalCorrect 及 TotalScore 分别表示正确匹配次数及最后的总分。注意应选中显示图标【属性】面板中的【更新显示变量】复选框。

小贴士

在文本对象中使用变量需将变量名用“{}”括起来，这样在演示窗口中显示文本对象时将显示变量值，否则系统将把它作为一般文本看待。

(5) 保存并执行程序。输入响应文字后，屏幕将显示答对的题数和所得的分数。

7.6.5 条件交互及下拉菜单交互

1. 条件交互

条件交互指不是通过用户操作来执行响应图标，而是根据所设置的条件满足与否来决定是否执行相应的操作，条件响应图标的名字就是它的条件，因此不能随意命名。

【操作案例 7.11】设置一个按钮，当用户单击按钮次数为奇数时，屏幕显示单击次数及“小能维尼”图片；否则显示单击次数及“老虎”图片，程序流程及执行结果如图 7.41 所示。

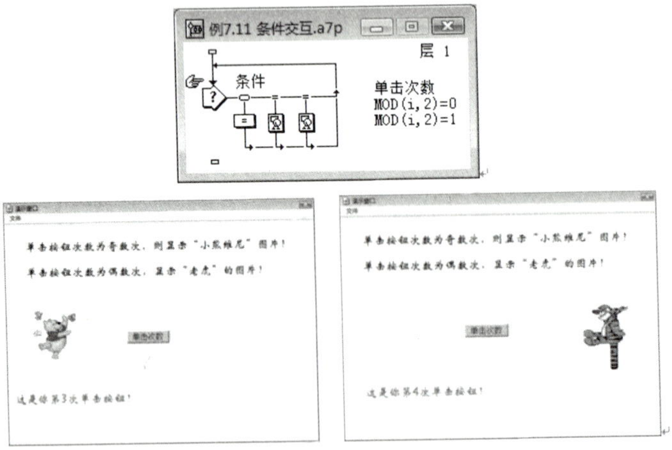

图 7.41 程序流程及运行结果

操作思路：创建交互结构，第一分支为按钮响应，加入计算图标模拟用户单击按钮次数；第二及第三分支均为条件响应，模拟单击次数为奇数及偶数时的响应操作。

操作步骤：

(1) 建立一个新文件并保存为“条件交互.a7p”。

(2) 建立一个交互图标，命名为“条件”，拖曳一个计算图标至交互图标右侧，松开鼠标左键，选择【按钮】交互类型，命名为“单击次数”。双击交互图标，在打开的演示窗口中输入提示性的文字，并将按钮摆放至合适的位置，按钮的交互类型属性保持默认设置。

双击计算图标，输入表达式“i:=i+1”，并设置变量 i 的初始值为 0。

(3) 拖曳一个显示图标至计算图标右侧，命名为“MOD(i，2)=0”，此时的交互类型延续了前面分支的按钮交互。双击交互标识，打开【属性】面板，将【类型】设置为【条件】，【属性】面板中的【条件】选项卡如图 7.42 所示，属性设置见表 7-6。

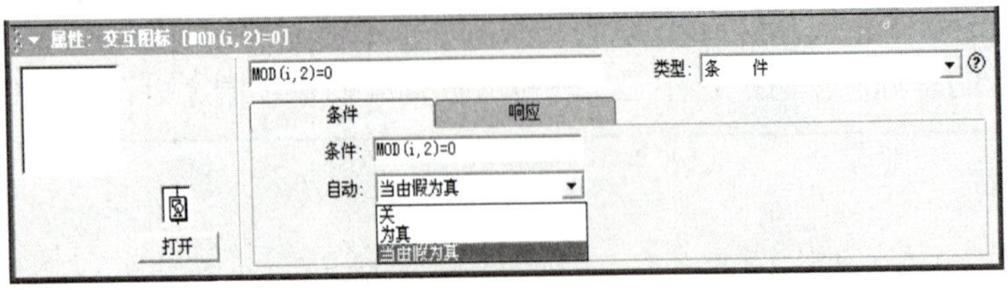

图 7.42 条件交互【属性】面板

表 7-6　条件交互属性

属　　性	功　　能
条件	输入逻辑变量、函数及表达式，其值为真时才执行响应的图标。它也是相应的响应图标的名字
自动	用来确定是否自动匹配。其中：关表示关闭自动匹配，即指只有当条件成立，且用户有交互操作(如单击对象)时才执行相应的响应图标；为真表示条件为真时，不等待用户有交互操作即执行响应，若输入的条件初始值即为真，则只能执行该分支的响应；当由假为真表示只有当条件由假变为真时才自动执行相应的响应

当设置条件响应为永久(Perpetual)交互时，【自动】选项将自动设置为【当由假为真】。

(4) 双击显示图标，在演示窗口中插入一幅可爱的小熊维尼图片，并输入文字“这是你第{i}次单击按钮”，注意应在显示图标【属性】面板中【更新显示变量】复选框。

(5) 依步骤(3)和(4)创建第三个分支，即条件响应“MOD(i，2)=1”，此时插入老虎图片。

(6) 保存并运行程序。

2. 下拉菜单交互

使用菜单交互可以方便地制作一组下拉式菜单。在菜单交互结构中，交互图标的名称即为下拉菜单的标题，交互图标下的各个响应分支的名称对应为该下拉菜单的菜单项，选择某一菜单项即可执行对应分支的流程。

【操作案例 7.12】设计两个下拉菜单“动画演示”和“帮助”，其中第一个下拉菜单有 5 个菜单项，前 4 个用于演示移动图标的 4 种运动方式，第五个为“退出”。程序流程和执行结果如图 7.43 所示。

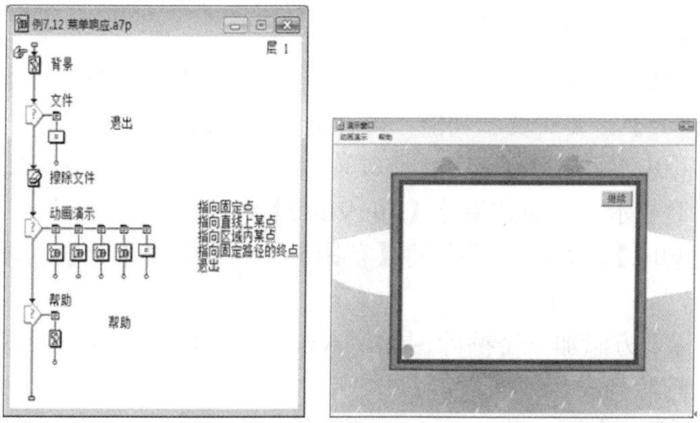

图 7.43　程序流程及运行结果

流程图分为 3 个部分：①文件交互图标和擦除图标；②“动画演示”交互图标；③“帮助”交互图标。其中，①用于去除 Authorware 自带的【文件】下拉菜单；②和③用于建立自己的下拉菜单。

在菜单交互中，一个交互图标只能设置一组菜单，通过图 7.43 还可以清楚地看出，下拉菜单的菜单名其实就是交互图标的名称，菜单有几个菜单项，交互图标就有几个分支图标，而且分支图标的名称就是菜单项的名称 。

操作思路：首先去除 Authorware 自带的【文件】下拉菜单，然后分别建立【动画演示】和【帮助】下拉菜单，在【动画演示】下拉菜单中添加【指向固定点】、【指向直线上某点】、【指向区域内某点】、【指向固定路径的终点】及【退出】菜单项。

操作步骤：

(1) 建立一个新文件并保存为“菜单响应.a7p”。

(2) 擦除系统菜单【文件】。

Authorware 会提供一个【文件】系统菜单，在前面例题运行时，大家都能够看到这个系统菜单。该菜单会影响自定义菜单的风格，所以应将其去除。除去系统菜单的方法是先建立一个与系统菜单一样的下拉菜单，然后用擦除图标将其擦除。

① 建立一个交互图标，命名为“文件”，拖曳一个群组图标至交互图标右侧松开鼠标左键，在弹出的【交互类型】对话框中选择【下拉菜单】，将该群组图标命名为“退出”。双击下拉菜单式的交互标识可打开交互类型的【属性】面板，如图 7.44 所示。

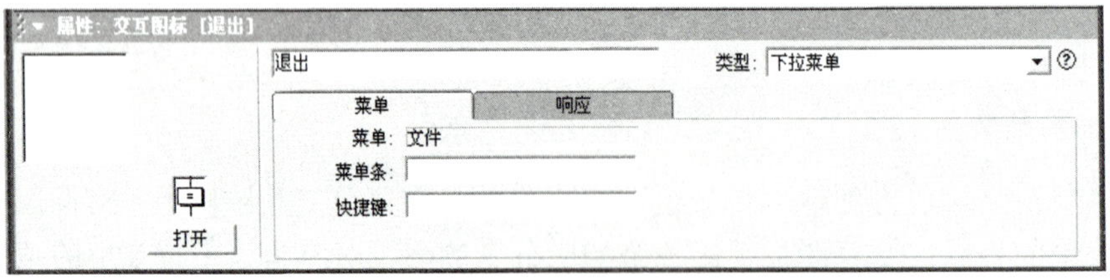

图 7.44　菜单交互的【属性】面板

由于菜单项名称的特殊性，这里做几点说明。

第一，由于菜单项的名称将显示在拉出的菜单条中，它的名称要简洁而意义明确。

第二，当菜单项的名称为“(-”时(注意：这里的“(”和“-”必须是半角)，该菜单项将显示为一条线，用于将一组菜单分为两部分。

第三，在英文菜单项中，有些菜单项的名称在某个字母的下面有一条下划线，以标示出热键字母，如【File】。要实现该功能，可在热键字母前面加“&”符号，如“&File”；若要在菜单项的名称中显示一个“&”，必须连用两个“&”，如“File&&Edit”作为菜单项名称，程序运行时显示出来的结果是【File&Edit】。

菜单交互的【响应】选项卡中必须将【范围】选项设为【永久】，【分支】选项设为【返回】。

(2) 在交互图标下方添加一个擦除图标。双击该图标，单击演示窗口中的【文件】系统菜单，将其加入擦除列表。

(3) 建立【动画演示】下拉菜单。

① 建立交互图标“动画演示”，拖曳群组图标至其右侧松开鼠标左键，选择【下拉菜单】交互类型，命名为“指向固定点”。双击交互标识，在交互类型【属性】面板中将【范围】选项设为【永久】，【分支】选项设为【返回】。

双击响应群组图标，显示流程窗口，将【操作案例 7.2】流程线的图标全部复制到该流程即可。

② 依次设置【指向直线上某点】、【指向区域内某点】及【指向固定路径的终点】菜单项。

③ 最后拖曳一个计算图标到交互图标右侧，命名为“退出”。双击计算图标，在计算窗口中输入系统函数“quit()”，表示退出运行程序，回到调用处。

该步骤建立了【动画演示】下拉菜单，使其具有 5 个菜单项。

(4) 建立【帮助】下拉菜单。

建立交互图标“帮助”，拖曳显示图标至其右侧松开鼠标左键，选择【下拉菜单】交互类型，命名为“帮助”，交互类型属性设置同上。双击显示图标，输入帮助信息。

(5) 保存并运行程序，查看演示结果。

7.6.6 其他类型交互

1. 目标区域交互

目标区域交互要求用户将指定对象移到目标区域，若移到目标区域，则执行相应的响应操作。目标区域交互包括正确响应和错误响应两种。一个目标区可对应多个可移动对象，一个可移动对象也可对应多个目标区。

在目标区域交互响应中经常会出现一种情况：错误响应区域与正确响应区域有重叠甚至是完全覆盖的局面，这样，当程序运行时，是否会出现错误响应与正确响应同时执行的情况呢？其实 Authorware 的响应优先级是根据分支距离交互图标的远近来确定的，也就是说当执行了正确的操作，Authorware 就会执行正确的分支，然后返回交互图标等待下一次交互操作，而不会同时又响应执行错误的分支。

【操作案例 7.13】显示长江从重庆到上海的示意图，将图底部的“南京”与“武汉”移动到示意图的适当位置，如果位置正确，则会停留在正确的地方，否则会返回到起始位置，并显示出错信息。该程序的流程和执行结果如图 7.45 所示。

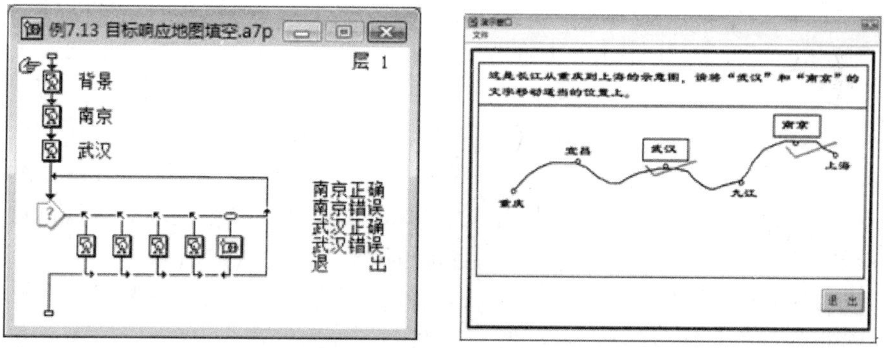

图 7.45　程序流程及执行结果

操作思路：首先创建 3 个显示图标，分别在其内导入背景地图、文字框“南京”及“武汉”；之后创建交互结构，下挂 5 个分支，其中前 4 个交互类型设为目标区域，分别表示当文字框“南京”与“武汉”移动正确及错误时的响应操作。

操作步骤：

(1) 建立一个新文件并保存为“目标响应地图填空.a7p”。

(2) 建立从重庆到上海的示意图及目标对象。

① 创建一个显示图标，命名为“背景”，导入背景地图及解释说明文字，在地图上将

需要填空的位置空出。

② 拖曳两个显示图标到流程线上，命名为“南京”和“武汉”，双击背景图标，使其显示内容出现在演示窗口中；按住 Shift 键双击“南京”图标，在演示窗口下侧输入文字“南京”，并用方框框住；按住 Shift 键双击“武汉”图标，输入文字“武汉”，调整相对位置。

(3) 建立正确的响应。

① 建立交互图标，并拖曳一个显示图标至交互图标的右侧，松开鼠标左键，在弹出的交互类型中选择【目标区】，命名为“南京正确”。接着，再拖曳 3 个显示图标至右侧，分别命名为“南京错误”、“武汉正确”和“武汉错误”，交互类型也是【目标区】。

② 双击“南京正确”的交互类型标识图标，打开交互类型【属性】面板，如图 7.46 所示。在【图标名称】文本框的下方有一个提示信息栏，用于显示提示信息。如果没有选择目标对象，则提示信息栏显示“选择目标对象”，提示用户选定目标对象。

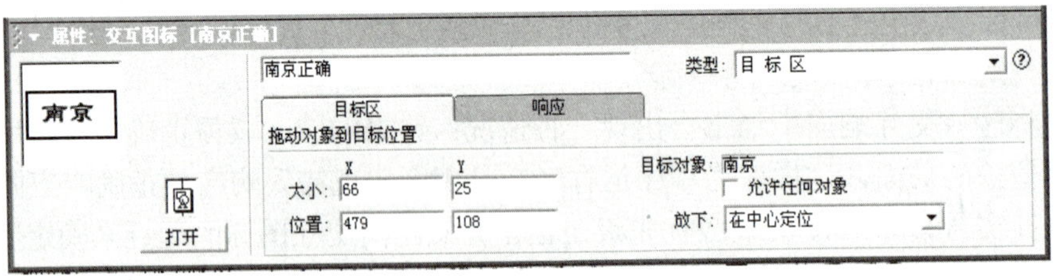

图 7.46　交互类型【属性】面板

③ 双击交互图标，打开演示窗口，显示“南京正确”虚线框，这就是目标区域。在演示窗口中单击“南京”，则目标区域“南京正确”落在该文字上方。同时，【属性】面板中的【目标】属性值为【南京】，即目标对象所在的图标名称；预览窗口显示该对象缩小图，说明已建立了对象和目标区的链接，即当拖曳该对象到所链接的目标区释放时，会产生相应的交互，程序会立即执行对应的响应图标。此时，信息提示栏显示变为【拖动对象到目标位置】。

【放下】属性用于设置当目标对象到达目标区域时以什么方式停留，有 3 个属性值：【在目标点放下】指将目标对象拖曳到什么位置，目标对象就停留在什么位置；【返回】指目标对象返回到起始位置，常用于设置错误的目标位置；【在中心定位】指目标对象停留在目标区域的中心位置，常用于设置正确的目标位置。

这里设置的是正确的目标位置，所以该属性设置为【在中心定位】。

④ 在演示窗口中拖曳文字“南京”至地图中正确的位置，注意，一定要拖曳着目标对象到达目标位置。松开鼠标后，文字“南京”和目标区域就都停留在了目标位置上。同时，【属性】面板的【响应】选项卡中的【擦除】属性设为【不擦除】，【分支】属性设为【重复】。

⑤ 双击该分支的显示图标，可在对应的目标位置处建立红色对号图形加以提示。

⑥ 依照步骤②～⑤完成“武汉正确”分支的设置。

(4) 建立错误的响应。

① 双击“南京错误”分支的交互标识图标，打开【属性】面板。

同第(3)步中步骤③选择目标对象为“南京”一样，由于其他所有区域均为错误的，因此将演示窗口中的目标区域“南京错误”调整至整个窗口大小；并将【放下】属性设为【返回】。同时，【属性】面板的【响应】选项卡中的【擦除】属性设为【在下一次输入之后】，

【分支】属性设为【重复】。

双击该分支的显示图标，可在相应的位置输入提示文字“请再考虑一下！”。

② 按上述步骤完成“武汉错误”分支的设置。

提示：可将“南京错误”与“武汉错误”分支合并为一个分支。由于这两个目标对象的错误目标区域都是除了正确位置之外的区域，所以该分支的目标对象就是所有的目标对象。在合并后的分支交互标识对话框中选中【允许任何对象】复选框即可，其余设置同上，演示结果和上述相同。

③ 在“退出”分支中拖入一个计算图标，输入“quit()”即可。

(5) 保存并运行程序，查看演示结果。

2. 按键交互

按键响应是通过用户操作控制键盘上的按键或者组合键而产生的响应类型，即程序运行时，当用户进行键盘操作，按下的某一个按键或组合键与程序事先设定的响应按键匹配，则程序产生响应而执行该分支内容。

按键响应的属性设置最简单，重要的仅有一项，那就是按键名称，也就是用户按什么键能使响应执行。同时，与文本输入、条件、菜单等响应一样，它的图标名称就是按键的名称。与某些响应中定义热键方法一样，如果想有两个或两个以上的按键同时触发该响应，这些键名之间可用“|”连接起来。如“N|u”，表示按 N 或 u 都可触发响应。

3. 重试限制响应

重试限制响应是一种限制用户交互次数的响应类型，通常与其他交互一起使用。当用户操作次数达到限制次数后，执行其对应的响应分支。

它的【尝试限制】选项卡中只有一项属性，即【最大限制】，用于设定最大重复执行次数。

4. 时间限制响应

时间限制响应是一种限制用户交互时间的响应类型。此响应的用法与重试限制响应类似，两者的区别在于前者限制的是交互时间，而后者限制的是交互次数。

5. 事件响应

事件响应指根据特定事件执行相应的响应，相对其他交互响应类型，事件响应涉及知识较多，也较复杂。与其他响应方式不同，事件响应可实现计算机同 Xtra 文件之间的交互，尤其是实现 Authorware 同 ActiveX 之间的交互控制。

7.7 计算图标和群组图标

7.7.1 计算图标

计算图标的主要功能在于调用函数、变量以及使用程序语句构造复杂的程序流程。计算图标的使用方法有两种：一为独立显示使用的计算图标，二为附加计算图标，即在其它图标上添加一个计算图标，此时计算图标不可见且不是一个独立的图标。

1. 编辑计算图标

双击计算图标，打开计算图标编辑窗口，如图 7.47 所示。输入相应的内容后，单击窗口右上角的关闭按钮时，打开提示对话框，询问是否保存当前计算窗口中的内容，用户可根据需要选择。如选择保存，则自动检查编辑窗口中内容是否存在语法错误，并将错误列于警告窗口。

> **小贴士**
>
> 行注释符为连续两个 - 号(即 "--")，该符号后的所有语句都将变成注释，且其有效范围只有一行。

图 7.47　计算图标编辑窗口

2. 附加计算图标

计算图标能够附加在除本身之外的任何图标上。图标附加计算图标后，先执行附加计算图标的内容，再执行图标本身的内容。

1) 添加及删除附加计算图标

在图标上附加计算图标的步骤可分为两步：首先选中要附加计算图标的图标；之后选择【修改】|【图标】|【计算】命令，或单击右键并在弹出的快捷菜单中选择【计算】命令，打开计算图标编辑窗口，输入内容并关闭后，计算图标即附在所选图标上。附加了计算图标的图标上有个"="标志，若需打开附加计算图标以修改其内容，可双击图标左上角的等号。

删除附加计算图标，可在计算图标编辑窗口内删除其中所有的内容，关闭并保存即可。也就是说，在创建附加计算图标时，如在编辑窗口内未输入任何内容，那么本次创建失败。

2) 附加计算图标的特点

将计算图标放置在某图标前面与使用附加计算图标的效果基本相同，但需注意的是，如果把计算图标附加于交互或判断图标上，且结果图标的返回路径为【重试】时，就会反复执行计算图标中的内容。如果将计算图标放置在交互图标或判断图标的前面，结果图标采用相同的设置，则仅执行一次计算图标中的内容。

将计算图标附加于群组图标上通常无任何意义，但将其放置于群组图标下层流程图最前端则是经常采用的形式。如果将计算图标附加于群组图标，选择【修改】|【取消群组】命令解除该群组图标时，将把附加的计算图标移到群组图标二级流程图窗口的最前端。

> **小贴士**
>
> 无论是单独出现的计算图标，还是附加计算图标，在执行计算窗口的程序语句时将不再接收鼠标和键盘的响应，也无法处理其他事件。

3. 计算图标的属性

选中计算图标，选择【修改】|【图标】|【属性】命令，或按 Ctrl+I 快捷键，将打开计算图标的【属性】面板，如图 7.48 下部所示。

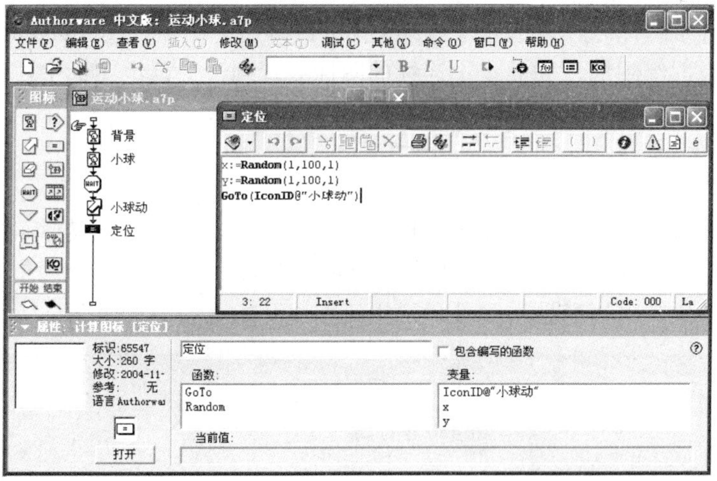

图 7.48　计算图标【属性】面板

【函数】文本框显示所选计算图标使用的所有函数；【变量】文本框显示所选计算图标使用的所有变量，包括系统变量和自定义变量。选择变量后，如该变量已赋值，将在【当前值】文本框中列出其值。

单击左下角的【打开】按钮，将打开计算图标的编辑窗口，同时计算图标的【属性】面板将被关闭。

7.7.2　群组图标

群组图标类似于高级程序设计语言中的子程序，能够将流程线上的图标变成可管理的模块，使得程序流程更加清晰。群组图标可保证在一层流程线上不出现大量图标，能够有效提高编程进度。

在具体使用中，常将逻辑关联的一组图标放在一个群组图标内。群组图标与流程窗口逐一对应，只要双击群组图标即可打开流程窗口，并在窗口的右上角显示出当前群组图标所在的层数。由图 7.49 可看出，名为“首部”的群组图标在第一层流程线上，双击该图标将打开该群组图标的二层流程窗口。

群组图标可添加在流程线的任何位置，也可附着在交互图标、判断图标或框架图标上。在实现交互操作时，群组图标大量出现在交互图标的右侧，群组图标还可通过嵌套创建多级流程结构。

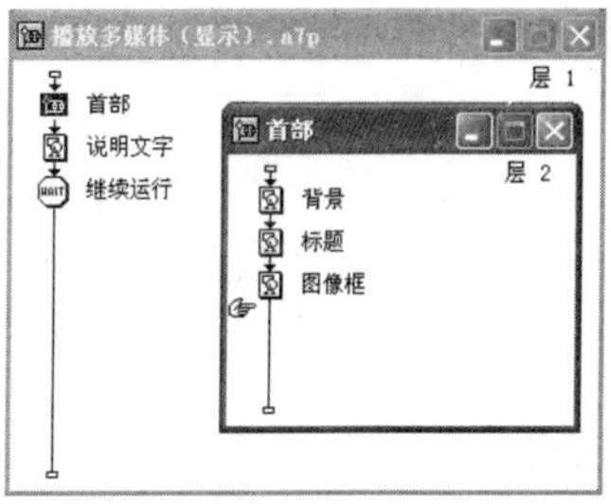

图 7.49　群组图标示意图

1. 编辑群组图标

为了动态调整群组中所包含的图标，可采用【修改】菜单中的【群组】和【取消群组】

命令。前者用于将多个图标组合到群组图标内，后者用于拆分群组图标，使其中的图标独立显示在流程线上。如程序流程线上依次排列着a1～a6，共6个显示图标，按住Shift键单击a2、a3、a4、a5，选择【修改】|【群组】命令，将得到对应的群组图标。默认情况下生成的群组图标名为“未命名”，可对该群组图标重命名。

需要解除群组图标时，可选择【修改】|【取消群组】命令。Authorware只允许将连续排列的图标生成群组图标，如需将不连续的图标放置到一个群组图标中，应改变图标在流程线上的排列位置使其成为连续排列。

2. 群组图标的属性

选中群组图标，选择【修改】|【图标】|【属性】命令，或单击鼠标右键，在快捷菜单中选择【属性】，将打开群组图标【属性】面板，如图7.50所示。列表框内给出了图标的名称及其层数，用户可清楚地看到从顶层主流程线开始至当前群组图标所经过的路径。

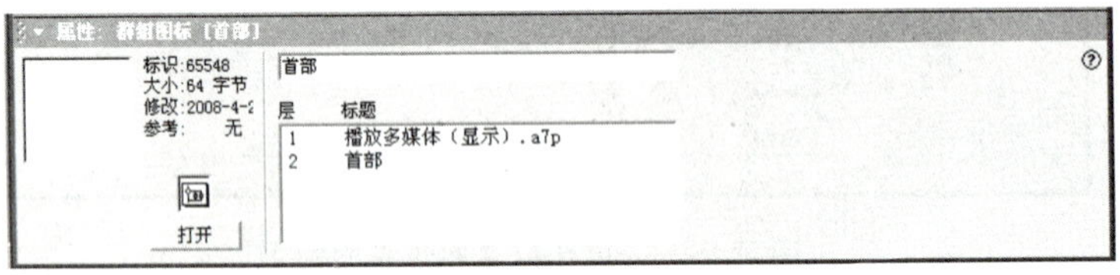

图 7.50 群组图标【属性】面板

7.8 程序流程控制

Authorware中共有3种程序流程控制结构：顺序、选择和循环，所有复杂的程序都可由这3类结构组合完成。

程序流程可通过具有下挂分支的判断图标(决策图标)、交互图标及框架图标控制。判断图标可建立分支和循环结构；交互图标可建立交互分支结构；框架图标可建立框架结构。在该结构中，其他图标以页面形式挂接在框架图标下方，可通过内部的导航图标自动跳转到所链接的目标页，实现程序跳转的定向链接。

判断图标与交互图标类似，每一个判断图标都附着数量不等的分支路径，但与交互图标不同的是：判断图标具有自动性，即程序根据判断图标的设置自动选择某一分支运行；而交互图标则根据用户的交互响应来决定执行某一程序分支。在判断图标中，组成选择结构需设定下挂分支的执行方式，组成循环结构则需设置下挂分支的重复次数。

7.8.1 判断图标

1. 设置判断图标属性

创建判断结构的方法类似于交互结构。先拖曳判断图标到流程线，再创建分支路径。创建分支路径时，将图标拖曳到判断图标右侧，释放鼠标后，新的分支路径将出现在流程窗口。重复上述步骤可为判断图标添加多条分支路径。双击判断图标可打开如图7.51所示的【属性】面板，其属性的功能见表7-7。

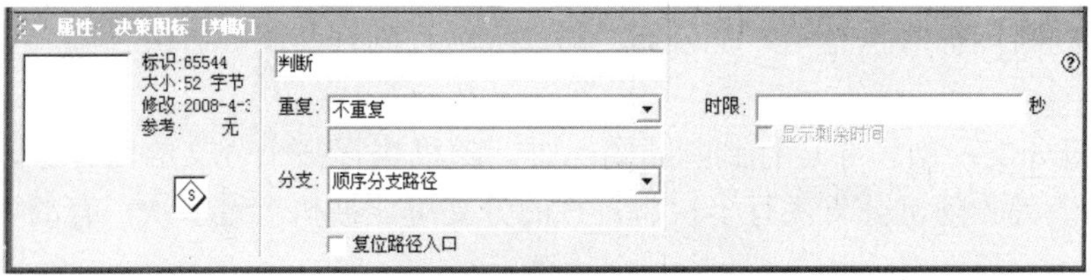

图 7.51　判断图标【属性】面板

表 7-7　判断图标属性

属　　性	功　　能
时限	限定执行判断结构的时间，单位为秒，到了限定时间，自动退出判断结构
显示剩余时间	只有设置【时限】选项后，此项才可用
重复	有【固定的循环次数】、【所有路径】、【直到单击鼠标或按任意键】、【直到判断为真】及【不重复】5 种选择
分支	用于选择分支执行方式，有【顺序分支路径】、【随机分支路径】、【在未执行过的路径中随机选择】、【计算分支路径】4 种选择
复位路径入口	进入时重置，适合于分支为【在未执行过的路径中随机选择】方式

2. 设置判断路径属性

在判断结构中，不仅判断图标具有属性，分支路径也具有属性。双击分支标识符，或选择某个分支图标，使用【修改】|【图标】|【路径】命令，都可打开判断路径【属性】面板，如图 7.52 所示，选项具体意义见表 7-8。

图 7.52　判断路径【属性】面板

表 7-8　判断路径属性

属　　性	功　　能
擦除内容	有 3 个选项：【在下个选择之前】表示程序在执行下一分支前擦除当前内容；【在退出之前】表示程序在退出判断图标时擦除当前内容；【不擦除】表示当前内容将停留在屏幕上，除非使用擦除图标将其擦除
执行分支结构前暂停	程序执行到判断图标时，进入分支前，屏幕显示【等待】按钮，单击该按钮后才可继续执行

7.8.2　分支与循环结构

1. 分支类型

判断图标提供了 4 种类型的分支执行方式。

(1) 顺序分支：指当程序运行到判断图标时，从左到右依次执行各分支的内容，即第一次运行到判断图标时执行第一个分支，第二次运行到判断图标时执行第二个分支，依次类推。

(2) 随机分支：当程序运行到判断图标时，随机执行某个分支的内容，无法预测程序在判断中的流程。随机分支进行多次后，有的分支可能被执行过多次，有的可能一次都没有被执行过。

(3) 随机未用分支：当程序运行到判断图标时，随机执行某个分支的内容。第二次运行到判断图标时，在没有执行过的分支中任选一个分支执行。随机未用分支在没有执行完所有分支前，不会执行已经执行过的分支，这是它与随机分支的区别。

(4) 计算执行：判断图标中的每个分支是从左到右依次排列的，即最左边的分支编号为 1，紧挨着的分支编号为 2，依次类推。选择计算分支结构后，就可以在文本框中输入变量或表达式，程序会根据变量或表达式的值来选择分支。当该值为 1 时，进入第 1 分支；该值为 2 时，进入第二分支。计算分支主要用于根据条件响应的事件。

> 小贴士
>
> ①选中【复位路径入口】将重新设置已经执行过的路径。如果在一个应用程序中多处要使用该判断结构，且每次还要重新设置分支路径的变量值，选择此项将非常有用。②路径方式表现在【判断】图标上，按上述 4 种分支顺序，判断图标的字母标志分别为 S、R、U、C。

2. 循环类型

【重复】列表框中提供了 5 种可设定的循环类型。

(1) 固定次数的循环：该选项允许输入一个数值、变量或表达式，用于确定循环次数。如果值小于 1，则退出判断结构，执行下面的图标。

(2) 所有路径：只有所有的分支路径都被执行至少一次后才退出该判断结构。

(3) 直到单击鼠标或按任意键：直到用户单击或在键盘上按下一个按键，程序才会退出该判断结构。

(4) 直到判断为真：允许输入逻辑常量、变量或表达式。每次执行分支前，先判断变量或表达式是否为真，若不为真，就继续执行分支路径，否则退出。

(5) 不重复：不循环执行，即执行一个分支后就退出该判断图标。

判断结构的【重复】属性和【分支】属性不是孤立的，而是相互影响的。分支路径执行次数由【重复】属性决定；具体执行哪一分支，由【分支】属性决定。判断结构还受【时限】属性的影响，当到了限定时间，程序将自动退出判断结构。

【操作案例 7.14】通过本例了解【重复】属性与【分支】属性各项设置的区别，程序流程及运行结果如图 7.53 所示。

操作思路：首先用变量 n 保存循环次数；之后创建下含两个分支的判断结构，调整判断图标的【分支】和【重复】属性，观察循环次数的变化。

操作步骤：

(1) 建立新文件并命名为“循环示例.a7p”。

(2) 拖曳一个计算图标到流程线，命名为“赋初值”，在计算窗口输入“n:=0”，该变量用于保存循环次数。

图 7.53　【操作案例 7.14】程序流程及运行结果

(3) 拖曳一个判断图标到流程线，命名为“循环”；再拖曳两个群组图标到判断图标右侧，分别命名为“海葵”和“金鱼”。

(4) 双击“海葵”群组图标，打开二层流程窗口，拖曳一个显示图标和一个等待图标到流程线上，在显示图标中插入海葵图片，并输入文字信息“这是第{n}次循环！”，选中显示图标【属性】面板中的【更新显示变量】复选框；等待图标【时限】设为 1s。同理，建立“金鱼”群组图标。

(5) 分别选中“海葵”和“金鱼”分支群组图标，单击鼠标右键，选择【计算】命令，在计算窗口内输入“n:=n+1”，关闭计算窗口，使得分支执行一次，循环变量 n 就加 1。

(6) 分别在两个分支标识的【属性】面板中将【擦除内容】设为【在下个选择之前】。

(7) 拖曳一个显示图标到主流程线上，输入文字信息“这是第{n}次循环！”，选中显示图标【属性】面板中的【更新显示变量】复选框。

(8) 设置判断图标属性，保存并运行程序，观察循环次数的变化。

首先将【重复】属性设为【固定次数的循环】，循环 10 次；将【分支】属性依次设为上述 4 种，观察变化，了解程序执行过程。

再将【重复】属性改为【所有路径】，当将【分支】属性设为【顺序分支】时，可看到执行了两次循环；当将【分支】属性设为【随机分支】时，第一次执行了两次循环，第二次执行了 3 次循环，每次执行的循环次数都有所不同；而当【分支】属性设为【随机未用分支】时，循环次数总是两次，读者可思考其原因所在。

【操作案例 7.15】本例中的红桃、方片、黑桃和梅花牌随机出现，重复直到所有花色的牌都出现一遍后结束。程序流程及运行结果如图 7.54 所示。

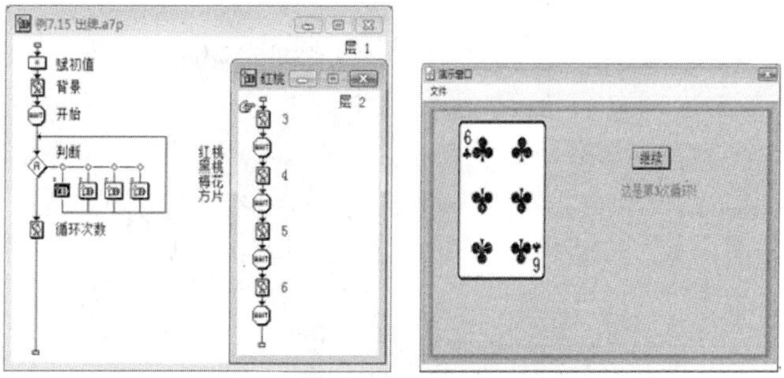

图 7.54　【操作案例 7.15】程序流程及运行结果

操作思路：用 4 个群组图标保存不同花色的牌，用判断图标控制随机出牌的流程。

操作步骤：

(1) 建立一个新文件并保存为“出牌.a7p”。

(2) 建立显示图标“背景”，插入准备好的图片。

(3) 建立等待图标，只选择【单击鼠标】选项。

(4) 建立一个判断图标，并命名为“出牌”；拖曳一个群组图标到判断图标右侧，命名为“黑桃”；再依次在右侧建立 3 个群组图标，分别命名为“红桃”、“梅花”和“方片”。

(5) 双击“黑桃”群组图标，打开二层流程窗口，在该窗口中建立显示图标“3”。双击该图标，插入一张黑桃 3，然后打开该图标的【属性】面板，选中【擦除以前内容】复选框；添加一个等待图标，只设置【时限】为 0.5s；建立显示图标“4”，按下 Shift 键双击打开该图标，插入黑桃 4 的图片，建立等待 0.5s 的等待图标；下面依次插入黑桃 5 和黑桃 6，方法一致。

(6) 依照创建“黑桃”群组图标的方法创建“红桃”、“梅花”和“方片”。

(7) 双击判断图标“出牌”，打开它的【属性】面板，将【重复】设为【所有路径】；将【分支】设为【随机分支】。

(8) 双击分支标识，打开分支【属性】面板，将【擦除内容】设为【在下个选择之前】，并选中【执行分支结构前暂停】复选框。

(9) 为了查看循环次数，也可在程序开始即拖曳一个计算图标到流程线，输入“n:=0”，该变量用于保存循环次数；选中分支群组图标，单击鼠标右键，选择【计算】命令，在计算窗口内输入“n:=n+1”，关闭计算窗口；双击显示牌的图标，在演示窗口内输入文字信息“这是第{n}次循环！”，选中显示图标【属性】面板中的【更新显示变量】复选框。

(10) 保存并运行程序。

7.8.3 框架图标

书由许多页构成，在读书时，通常向前或向后翻页以查找所需的内容。在 Authorware 中，一个图标就相当于书中的一页，用户可通过框架图标和导航图标实现页管理。框架图标完成页的组合即形成一本书；导航图标实现定向链接，即翻页以找到指定的内容。框架中的页按从左至右顺序排列。

【操作案例 7.16】利用框架及导航图标实现翻页效果，程序流程及运行结果如图 7.55 所示。

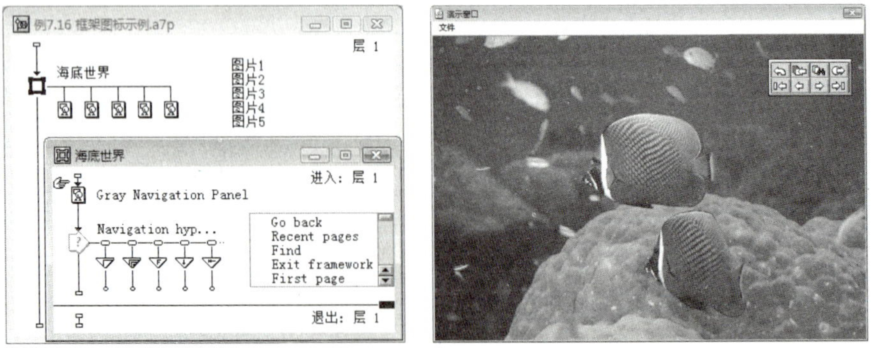

图 7.55 【操作案例 7.16】程序流程及运行结果

操作思路：在 5 个显示图标内导入不同的图片，用框架及其内的导航图标实现不同图片间的跳转。

操作步骤：

(1) 建立新文件并命名为“框架图标示例.a7p”。

(2) 拖曳一个框架图标到流程线，命名为“海底世界”。

(3) 拖曳 5 个显示图标到框架图标右侧，分别命名为“图片 1”～“图片 5”，在显示图标中插入相应的图片。

(4) 保存并运行程序，可看到在演示窗口右上部出现一个有 8 个导航图标的导航面板。上面 4 个导航图标表示的翻页控制按钮功能分别为：返回最近使用页、列出最近页面、查找页面、退出框架。下面 4 个翻页控制按钮的功能分别为：到首页、向前翻页、向后翻页、到末页。在演示窗口单击相应的按钮将转向指定的图片。

框架图标实际上为一固定模块，双击框架图标，打开其内部程序流程，如图 7.55 左图右下部所示。框架图标分两部分，上面为“进入”部分，进入框架即执行；下面为“退出”部门，为退出框架时要执行的内容。用户可在这两部分添加相应的图标，以完善默认框架的内容。

“进入”部分的【灰色导航面板】显示图标功能为在演示窗口中显示导航面板。交互图标有 8 个分支，每个分支下挂有一个导航图标，控制链接到指定页，即演示窗口出现的 8 个翻页控制按钮。用户可根据需要添加或删除相应的导航图标，也可修改导航图标及交互图标的属性以实现个性化设置。用户不仅可用框架图标及导航图标实现框架内部的页与页之间的跳转，还可利用导航图标实现超文本与超媒体的链接。

7.9　Authorware 编程基本语法

Authorware 中主要通过计算图标来完成编程过程。编程主要涉及表达式运算、系统变量和函数调用及编写程序语句等。

7.9.1　变量

变量是程序运行中其值可以改变的量。在 Authorware 中，变量为全局变量，即在程序中任何地方都可使用。变量可分为自定义变量和系统变量。

1. 自定义变量

Authorware 中没有定义变量类型的语句，变量类型取决于所赋常量的类型。自定义变量名由字母、数字、下划线与空格组成，不能与系统变量名相同。根据所存储数据类型的不同，自定义变量可分为数值型、字符串型、逻辑型和列表型，给自定义变量赋值所采用的赋值号为“:=”。

给字符型变量赋值时，字符串需用双引号(为英文方式输入)括起来。逻辑变量值只有两种：一是真，可用 TRUE、True、ON、On、Yes 或 1 表示；二是假，可用 FALSE、False、OFF、Off、No 或 0 表示。在程序设计中，可用逻辑型变量的值激活或取消某个选项。列表型变量用于存储数据或变量值，它分为线性列表和属性列表两种。前者每个元素都为单独一个值，如{1，6，“C”，“e”}；后者每个元素一般由属性说明和属性值组成，两者之间用冒号隔开，如{#姓名：“李平”，#性别：“男”}。

需要说明的是：从编程角度看，Authorware 是一种“弱编程”语言，对变量类型的要求不是十分严格，往往会根据运算符来自动转换变量的类型。当字符串与数值变量进行数学运算时，会自动将单纯由数字和小数点组成的字符串当做数值型变量，将其他类型的字符当做数值 0 来处理，如表达式“Authorware 7.0”+0.5 的结果是 7.5。当逻辑变量与数值变量或字符串变量进行运算时，TRUE 将作为 1 来处理，FALSE 将作为 0 来处理，如表达式 TRUE+9 的结果是 10，而表达式 FALSE^9 的结果是字符串“09”(^为字符串运算符，将它两边的字符串连接成一个字符串)。

2. 系统变量

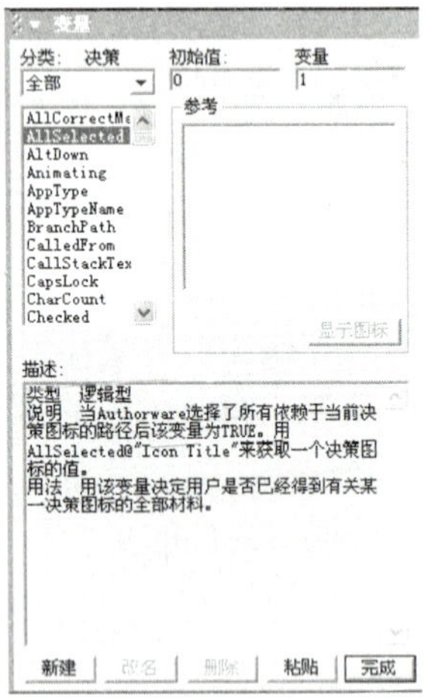

图 7.56　【变量】浮动面板

系统变量是 Authorware 已经定义好的变量，用于存储计算机系统的日期、时间、响应信息、用户输入数据及其他有用信息，用户可根据需要调用系统变量。系统变量可在要使用的地方通过键盘输入，也可通过变量窗口查找及使用。用户可通过单击工具栏内的【变量】按钮打开【变量】浮动面板，如图 7.56 所示。

【分类】下拉列表框列出可选择变量的类别，选定后，其下的列表框中将显示该类的系统变量名及当前程序的自定义变量名。【初始值】文本框显示该变量的初值，用户可修改自定义变量的初值。【变量】文本框显示变量的当前值。【参考】列表框列出了当前程序中使用该变量的图标名。在【参考】列表框中选中某一图标后，单击【显示图标】按钮可转至程序设计窗口。变量的说明信息显示在【描述】列表框，对于自定义变量，还可对说明信息进行修改。若想定义新的变量，可单击【新建】按钮，调出【新建变量】对话框。单击【粘贴】按钮可将选定的变量粘贴到指定位置。

通常，用户可在计算窗口、【属性】面板的条件选项和文本对象中使用变量。如果在文本对象中使用变量，则可显示系统变量或自定义变量的值，即在演示窗口中显示文本对象时，变量显示的是其值，而不是变量名。需要说明的是，在文本对象中使用变量需将变量名用“{}”括起来，否则系统将把它作为一般文本看待，如文本对象“这是第{n}次循环！”。另外，应选中所在图标【属性】面板中的【更新显示变量】复选框。

7.9.2　函数

函数主要用来执行某种特定的操作，可分为系统函数和自定义函数。

Authorware 提供了 300 多个系统函数，用户可根据需要进行调用。系统函数可通过键盘输入，也可在【函数】浮动面板双击系统函数名或单击【粘贴】按钮调入。要想显示【函数】浮动面板，可单击工具栏的【函数】按钮，【函数】浮动面板的使用类似【变量】面板。

对于系统函数无法完成的任务，用户可根据需要自己定义一个函数，也可以在计算图标中通过专门的系统调用函数调用外部函数。外部函数主要有 DLL(动态链接库)和 UCD(用户自定义代码)两种格式，其中 UCD 格式的文件是专门按照 Authorware 函数格式开发的自定义函数库，加载它后会增加一个包含有多个自定义函数的函数类。目前，许多开发商提供了各种用途的 UCD 文件供用户使用，极大地扩展了 Authorware 的功能。

7.9.3　表达式

表达式由变量、函数和运算符组成，主要在计算图标中使用，也可以在其他图标如显示图标和交互图标中使用。

Authorware 中主要有 5 种运算符，分别是算术运算符、关系运算符、逻辑运算符、赋值运算符和字符连接运算符，这些运算符可以在【函数】浮动面板的语法分类中找到。

算术运算符有+(加)、−(减)、*(乘)、/(除)及**(乘方)。由算术运算符构成的表达式为算术表达式，算术表达式的值为数值型数据。

字符连接运算符为^(连接符)，可将两边的字符串连接成一个字符串表达式。

关系运算符有=(等于)、<>(不等于)、<(小于)、>(大于)、<=(小于等于)、>=(大于等于)。由关系运算符构成的表达式为关系表达式，关系表达式的值为逻辑型数据。

逻辑运算符有&(与)、|(或)、~(非)。

赋值运算符为“：=”。

通过这些运算符将常量、变量及函数连接起来，就构成了 Authorware 的表达式。

说明：括号优先级别最高，为第 1 级；若要将表达式的值直接显示在演示窗口中，则必须在显示或交互图标中嵌入这个表达式，且表达式必须以花括号括住；表达式的末尾可以添加注释，注释内容必须以两个连字符“--”与表达式隔开，程序运行时注释内容被忽略。

7.9.4　脚本语言

脚本语言指将变量、函数和表达式组合起来，加上选择和循环语句等形成的程序语言。

1. 选择结构语句

选择结构指根据条件满足与否决定程序流向。选择结构语句分为双分支与多分支语句。

1) 双分支语句(If…Then 语句)

格式一：If 条件表达式 Then 语句 1 Else 语句 2

格式二：If 条件表达式 Then
```
        语句 1
      Else
        语句 2
     Endif
```

功能：执行到 If…Then 语句时，首先判断条件表达式是否成立，如成立，则执行语句 1，否则执行语句 2。

2) 多分支语句

格式：If 条件表达式 1 Then
```
        语句 1
Else If 条件表达式 2 Then
```

语句 2

Else If 条件表达式 3 Then

语句 3

End If

功能：当条件表达式 1 成立时，执行语句 1；条件表达式 2 成立时，执行语句 2；条件表达式 3 成立时，执行语句 3。

2. 循环结构语句

循环结构用于重复执行相同操作的场合。Authorware 中实现循环结构的语句主要有 3 种。

1) 确定次数的循环语句

格式：Repeat with 循环变量：=初值 to|down to 终值

循环体语句

End repeat

功能：首先给循环变量赋初值；执行循环体语句；执行完后，循环变量加 1 或减 1；判断是否超过终值；如没有超过，则执行循环体，否则退出循环。

2) 条件循环语句

格式：Repeat while 条件表达式

循环体语句

End repeat

功能：执行到 Repeat 语句时，只要条件成立，就一直执行循环体中的语句，只有当条件不成立时才退出循环。

3) 列表循环语句

格式：Repeat with X in List

循环体语句

End repeat

功能：X 为循环变量，List 为一个列表，循环次数取决于列表中数据的个数，每循环一次，就把列表中一个数据赋给循环变量，从左到右依次进行，然后执行循环体语句。

例如：求 1+2+…+10，采用列表循环语句，程序如下。

```
List：=[1，2，3，4，5，6，7，8，9，10]
Sum：=0
Repeat with N in List
      Sum：= Sum+N
End repeat
```

退出循环的语句为：End Repeat。程序执行到该语句，将退出循环。

继续执行下一次循环的语句为：Next Repeat。程序执行到该语句时，将返回循环首部执行下一次循环。

小贴士

在计算图标中编写脚本语言，格式语法书写要正确且所有运算符必须在英文状态下输入，汉字在中文状态下输入。

7.10　程序的打包和发布

7.10.1　程序的打包

打包多媒体作品就是把作品转换成可执行的程序，可以脱离 Authorware 环境独立运行。打包多媒体作品不仅需要主程序，还需要其他支持文件，如 Xtras 文件、 DLL 文件、外部媒体文件等。缺少所需的文件，作品将不能正常运行。

1. 打包步骤

下面介绍主程序的打包过程，其具体步骤如下：

(1) 打开一个需要打包的多媒体作品。

(2) 选择【文件】|【发布】|【打包】命令，打开【打包文件】对话框，如图 7.57 所示。

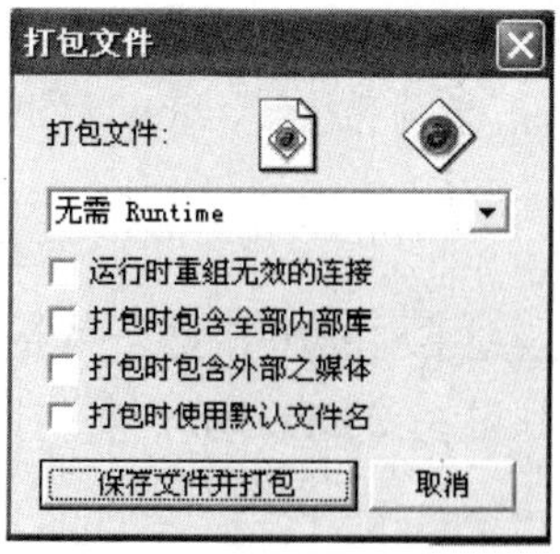

图 7.57　【打包文件】对话框

【打包文件】对话框中有 4 个复选框，分别如下。

① 运行时重组无效的连接：指在运行程序时恢复断开的链接。

② 打包时包含全部内部库：使当前程序链接的所有库文件成为打包文件的一部分。

③ 打包时包含外部之媒体：指打包文件包括程序中使用的外部媒体文件，但不包括数字电影和 Internet 上的媒体文件。

④ 打包时使用默认文件名：表示用被打包文件的文件名作为打包的文件名。

【打包文件】对话框中的下拉列表框表示可将作品打包成不同的类型。【无需 Runtime】表示打包后的扩展名为.a7r，需要用 Runa7w 程序来运行打包的文件；【应用平台 Windows XP，NT and 98】表示打包后的扩展名为.exe，可独立在 Windows 9x 或 Windows NT/XP 操作系统中运行。

(3) 设置完毕后单击【保存文件并打包】按钮，弹出文件保存对话框，单击【保存】按钮后，Authorware 开始打包。

2. 打包所需的文件

在制作多媒体作品时，往往会出现作品打包后不能正常运行的情况。其实一个完整的多媒体作品不仅要包含主程序，还必须将主程序所需的外部文件一起发布，如 Xtras 插件、库文件、动态链接库(DLL)等，这些外部文件在主程序打包时是不被打包的。不同的多媒体程序在打包时所需的文件都是不一样的，下面介绍需要的文件类型。

1) 在主程序中引入的外部媒体文件

在多媒体制作中，如果用的图形、外置声音文件、数字化电影、视频文件等是作为外部文件引入的，那么在发布作品时必须把这些文件和主程序一起发布，否则会出现文件找不到的错误。

2) Runa7w32.exe

如果打包多媒体作品时选择【无需 Runtime】选项，那么必须带上 Runa7w32.exe 这个文件。

3) 所需的字体

为了作品的美观，如果在多媒体中应用了非系统字体，发布作品时必须把这些字体一起发布，否则在其他机器上运行该软件时，字体会发生变化并影响演示效果。

4) 多媒体作品中用到的外置软件模块

如作品中使用了第三方开发的过渡效果插件，发布作品时把所用到的*.X32 文件复制到 Xtras 文件夹下即可。所用到的外部函数 U32、动态链接库(DLL)一般应复制到主程序所在的目录下。如引入了 GIF 动画，必须带上 Awiml32.dll 文件；如引入了动画精灵，则需要 Msagent.u32 文件等。

5) 多媒体使用的 Xtras 类型

所有打包文件都需要 Mix32.x32、MixView.x32、Viewsvc.x32 这 3 个文件。各种类型文件打包时所需要的 Xtras 文件都可在 Authorware 安装目录或安装目录的 Xtras 文件夹下找到。

7.10.2 一键发布

一键发布可将应用程序一次同时发布为 EXE(或 A7R)文件、AAM 文件(适用于网络播放)和 HTML 文件。这个 Authorware 6.0 以来的新增功能可以轻松地将应用程序发布到 Web、CD-ROM 或局域网，使得程序的发布更简单、方便。

【操作案例 7.17】将前面介绍的【操作案例 7.12】打包成 EXE 文件发布到光盘。

操作思路：打开需要打包的文件，执行“一键发布”命令并进行相应的设置即可。

操作步骤：

(1) 打开文件“菜单响应.a7p”。

(2) 进行发布设置。

选择【文件】|【发布】|【发布设置】命令，打开【一键发布】对话框，对话框共有 3 个选项卡。打包时会对打开的 A7P 文件内图标进行扫描，以找到所有外部支持文件，如 Xtras、DLL、UCD、AVI 等。

【格式】选项卡用于设置打包文件的格式。【打包为】设定打包后文件的存储位置；【集成为支持 Windows 98、ME、NT、2000 或 XP 的 Runtime】复选框表示打包后程序将生成 EXE 文件，可单独运行于 Windows 95、Windows 98 或 Windows NT 系统下；【复制支持文件】复选框表示会将程序中用到的所有支持文件自动打包，如建立 Xtras 文件夹并放入用到的 Xtras 文件；【Web 播放器】复选框表示发布应用程序后缀为.aam，可使用 Authorware 的网络播放器播放；【Web 页】复选框表示将发布为后缀为.htm 的网页文件。

> 小贴士
>
> AAM 文件可直接在浏览器中查看，也可以把它嵌入到网页中去，但前提是要安装 Authorware 网络播放器。

【打包】选项卡可以设置打包时的属性，可选择是否将所有库文件打包到可执行文件，是否把外部媒体文件打包到程序中；是否在程序运行时自动修复错误链接。【文件】选项卡列出了发布所需要的文件，包括 A7P、X32、DLL 和 UCD 等，用户也可单击【加入文件】按钮进行手动添加。

本例选中【集成为支持 Windows 98、ME、NT、2000 或 XP 的 Runtime】复选框，不选中【Web 播放器】及【Web 页】复选框，单击【发布】按钮，在随后弹出的对话框中单击【确定】按钮。

提示：第二次发布时可直接选择【发布】命令，将按上次的设置发布。要发布多个文件，可执行菜单命令【批量发布】，可同时打包多个 A7P 文件。

(3) 双击发布生成的 EXE 文件运行程序。

> 小贴士
>
> 如需将生成的 EXE 文件复制到其他目录，应同时复制一键发布时所生成的相关驱动文件、DLL 链接文件和 Xtras 子目录。

(4) 将发布到本地硬盘的相关文件刻录到光盘。

7.11　综合案例

【操作案例 7.18】用 Authorware 开发益智小游戏。

目前网络上有很多小游戏以供大家在休闲的时间放松身心，用 Authorware 同样可以开发出美观、有趣的益智小游戏。

1. 设计要求

开发“维尼接苹果”游戏，用于锻炼玩家的反应能力。游戏规则为：在演示窗口上部不同的位置会不断落下苹果，用户需用鼠标拖动小熊维尼接住苹果，当单击窗口右下角的【停止】按钮时，游戏结束，显示用户操作的正确数及错误数。

程序运行时先显示游戏背景及标题“益智小游戏”，鼠标单击任意位置可进入游戏界面。界面上部有【重新开始】及【退出】按钮，用户可随时返回到游戏开始界面或退出系统。界面左上角显示【背景音乐】按钮，用户可通过鼠标单击在玩游戏时开启或关闭背景音乐。

2. 素材准备

本程序所使用的素材包括文本、图片和声音。

1) 文字素材

规则说明等文字可直接在 Authorware 中编辑完成。对于艺术字等使用特殊效果的文字，可在 Word 或 Photoshop 中制作后复制过来。本例中标题文字“益智小游戏”就是使用 Word 艺术字制作的。

2) 图片素材

本例中的图片素材包括背景、标题文字、苹果、小熊维尼，均取自素材光盘，然后在 Photoshop 中加以简单处理。

3) 声音素材

本例中用到的声音素材为背景音乐。

素材收集和制作完成后，应该把这些素材分门别类地放置在为制作多媒体应用程序而建立的文件夹中。本例在 C 盘根目录下建立了“益智小游戏”文件夹，文件夹中建立“文字”、“图片”、“声音”子文件夹，分别用来放置文字、图片和声音素材。

3. 设计过程

该程序流程及运行结果如图 7.58 所示，具体设计可分 4 个步骤。

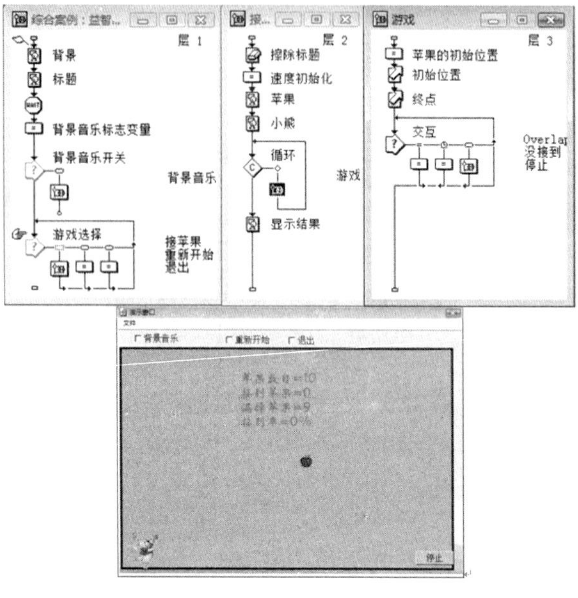

图 7.58　程序流程及运行结果

操作思路：通过按钮交互设置背景音乐的开关，通过判断图标构成循环结构，以模拟苹果不断下落的过程；通过条件交互结构判断小熊与苹果图片是否重叠，以判断是否接住苹果。

操作步骤：

(1) 新建文件并命名为“益智小游戏.a7p”。

(2) 设计主流程。

① 拖曳两个显示图标到流程线上，分别命名为“背景”与“标题”，导入准备好的背景图片及标题素材图片。拖曳一个等待图标到流程线上，只选中【单击鼠标】复选框，表

示当显示完背景及标题后单击鼠标时，程序才往下执行。

② 设置背景音乐开关，该段程序表示随着按钮单击选中或取消背景音乐的播放，具体步骤如下。

首先，拖曳一个计算图标到流程线，命名为“背景音乐标志变量”，双击该图标，在计算窗口中输入赋值语句“flag:=TRUE”，表示初始时播放音乐。

其次，拖曳一个交互图标到流程线，再拖曳一个群组图标到其右侧，设置为按钮交互，将群组图标命名为“背景音乐”。双击该群组图标，显示其流程窗口，放置一个计算图标和声音图标到流程线。在计算图标的计算窗口中输入赋值语句“flag:=~ flag”。双击声音图标，在其对话框中导入准备好的声音素材文件，其存储方式为内部。在【计时】选项卡中设置【执行方式】设为【永久】，在【开始】文本框中输入音乐开始条件为“flag：=TRUE”。

再次，双击按钮交互标识，在其【属性】面板中单击【按钮】按钮，在按钮编辑中选中【标准 Windows 3.1】复选框。在【响应】选项卡中设置其在程序中的作用范围为【永久】，【分支】属性设为【返回】，表示将程序控制返回到用户产生交互响应的地方。

③ 根据玩家选择决定是进入“维尼接苹果”游戏，还是返回或者退出游戏，具体步骤如下。

拖曳一个交互图标到流程线，再拖曳一个群组图标和两个计算图标到其右侧，建立 3 个交互分支，分别命名为“接苹果”、“重新开始”及“退出”。第一个交互类型设为【热区域】，后两个交互类型设为【按钮】。

双击交互图标，在演示窗口可看到一个虚线矩形框，该虚线矩形框就是热区域的范围，用户可通过鼠标调整其位置及大小，使其放在演示窗口“维尼接苹果”文字对象上。

双击“接苹果”的交互标识，在交互【属性】面板的【热区域】选项卡中，将鼠标设为小手状，其余取默认设置；将“重新开始”及“退出”交互属性的作用范围设为【永久】，表示程序运行期间一直有效。

在“重新开始”计算图标中输入语句“goto(@ICON“标题”)”；在“退出”计算图标中输入语句“quit()”。

(3) 设计“维尼接苹果”游戏。

① 双击“接苹果”群组图标，显示其流程窗口。拖曳一个擦除图标到流程线，命名为“擦除标题”，在演示窗口中单击标题将其加入擦除列表。

② 放置一个计算图标到流程线，命名为“速度初始化”，在其计算窗口中输入如下语句：

```
v: =3                        -- 设置苹果下落速度的值
t: =0                        -- 正确接到的苹果数
f: =0                        -- 漏接的苹果数
C: =FALSE                    -- 循环结构跳出标志，C 为 TRUE 时退出循环
```

③ 拖曳两个显示图标流程线，命名为“苹果”和“小熊”。分别导入苹果及小熊维尼的图片，将苹果放在演示窗口左上角，小熊放在演示窗口左下角，调整其位置。

④ 拖曳一个判断图标到流程线，再拖曳一个群组图标到其右侧流程线，构成循环结构，用于模拟苹果不断落下的过程。

⑤ 将判断图标命名为“循环”，群组图标命名为“游戏”。将判断图标的【重复】属

性设为【直到条件为真】，在其下侧输入循环退出条件："C=TRUE"；将【分支】属性设为【计算分支】，在其下侧输入分支序号"1"。

⑥ 双击"游戏"群组图标，显示其流程窗口，具体流程如图 7.58 右图所示。

首先，在流程线上放置一个计算图标，命名为"苹果的初始位置"，在其计算窗口中输入如下语句：

```
x：=Random(30, 610, 20)                    -- 产生一个随机数表示 x 坐标
v：=Test(v<=0.5, 0.5, v-0.1)               -- 调整下降速度
```

其次，拖曳两个移动图标到流程线，分别命名为"初始位置"及"终点"，表示苹果下落的起点和终点。两个移动图标的移动对象均为苹果；起点的 x 坐标为随机产生，y 坐标固定为 50；下落呈直线，只需在终点修改坐标 y 值即可；移动类型均为设为【指向固定点】，【初始位置】的【定时】为时间(0 秒)，执行方式为【等待直到完成】，【目标】设为(x，50)。【终点】的【定时】也为时间(这里设为 v)，执行方式为【同时】，【目标】设为(x，410)。

再次，设计一个交互结构，该结构有 3 个分支，第一个分支为条件响应，第二个分支为时间限制响应，第三个为按钮响应，用于表示接住、没接住苹果及停止游戏。

条件响应命名为"Overlapping(@'小熊'，'苹果')"，其响应结果为一个计算图标。双击计算图标，在计算窗口中输入如下语句：

```
t：=t+1                          -- 接到的苹果数加 1
GoTo(IconID@"苹果的初始位置")   -- 转向"苹果的初始位置"图标，开始下一次模拟
```

双击交互标识，在条件交互【属性】面板中将【条件】属性设为【Overlapping(@"小熊"，"苹果")】，表示当两个图片重叠时条件为真，执行响应图标。将【自动】属性设为【当由假为真】，表示只有当条件由假变为真时才自动执行相应的响应。

将时间限制响应命名为"没接住"，双击交互标识，在条件交互【属性】面板中将【时限】属性设为 v+0.2，表示当时间到而两个图片还没重叠时执行该响应。响应图标为一个计算图标，在计算图标的计算窗口中输入"f：=f+1"，表示没接住时计数器加 1。

按钮响应图标为一个群组图标，命名为"停止"，分别拖曳一个等待图标、一个擦除图标和一个计算图标到流程线上。擦除图标用于擦除苹果及小熊的图片；在计算图标的计算窗口中输入"C：=true"，表示满足循环跳出结构时跳出循环。

⑦ 拖曳一个显示图标流程线，命名为"显示结果"，用于统计接到苹果的数目。双击该显示图标，在演示窗口中输入如下语句：

```
苹果数目={t+f+1}                 -- 落下的苹果数
接到苹果={t}                     -- 接到的苹果数
漏掉苹果={f}                     -- 漏掉的苹果数
接到率={t/(t+f+1)*100}%          -- 接到率统计
```

(4) 运行调试，打包发布。

本例设计了一个较简单的游戏，读者还可不断完善该程序，如模拟多个苹果的下落过程、设置游戏难易程度等，以增强游戏的趣味性。

小　　结

本章首先介绍了多媒体应用系统的开发过程和多媒体工具的分类及特点，之后详细介绍了多媒体制作工具 Authorware，重点介绍了各个图标的功能及使用方法。

显示图标是最基础的图标，通过它可以显示文本、图形、图像的内容；移动图标可实现动画效果；擦除图标用于擦除屏幕上不需要的内容；声音和数字电影图标是添加、控制声像媒体的重要工具；群组图标是实现模块化程序设计的工具。

交互性是 Authorware 的核心和重点，交互结构由交互图标、交互响应标识和响应结果图标构成。Authorware 7.0 中有 11 种交互方式，可通过它们开发出界面友好、控制灵活的多媒体软件。

Authorware 程序设计流程可通过具有下挂分支的判断图标、交互图标及框架图标控制。判断图标可建立分支和循环结构；交互图标可建立交互分支结构；框架图标可建立具有跳转功能的框架结构。控制程序流程也可通过计算图标实现，可用其调用函数、变量、使用程序语句构造复杂的程序流程。编制完成的程序还可打包发布，以便脱离创作环境独立运行。

习　　题

1. 简答题

(1) Authorware 7.0 共有几个设计图标？各图标的主要功能是什么？

(2) 在显示图标中添加图像有几种方法？

(3) Authorware 7.0 中共有几种交互方式？每种交互的特点是什么？

(4) 交互结构由几部分组成？实现交互的具体过程是什么？

(5) 试比较判断图标与交互图标、框架图标的异同点。

(6) 怎样发布程序？在发布前需要注意哪些问题？

2. 操作题

(1) 设计制作阴影字，程序运行后，屏幕显示阴影效果文字“Authorware 学习”。

(2) 在演示窗口中导入一幅背景图片，调整图片大小，设置图片以马赛克效果出现，之后，添加文字对象“欢迎学习 Authorware！”，调整文字大小，并将其设计为空心字。

提示：制作空心字可以使用【模式】工具箱中的【反转】模式。

(3) 设计一个添加有背景音乐的图片展示程序。

(4) 制作一个升旗动画。

(5) 设计“文字滚动”程序，程序运行后，一段文字从屏幕下部缓慢向屏幕上部移动并消失。

(6) 制作一个“大雁北飞”程序，程序运行后，一排大雁由屏幕右边向左上角飞去。

(7) 制作一个“自然风景展示”程序，程序运行后，有 5 张自然风景图片从屏幕中间由小到大慢慢展示出来，每展示出一幅图片就将其缓慢移动到屏幕上某位置，使其互不遮挡。

(8) 编写一个单击不同按钮即显示不同图形的程序，该程序可显示圆形、方形及三角形。

(9) 编写一个“四则运算”程序，程序运行后，用户输入两个数，按回车键后，屏幕显示两数之和、差、积和商。

(10) 编写一个“地区介绍”程序，程序运行后，屏幕上出现一幅地图，鼠标移动到地图任意区域时将变成小手状，屏幕右侧显示该地区的介绍文字。

(11) 利用目标响应交互制作拼图游戏，游戏规则为：将拼图拖曳到设定的网格，如果拖曳位置正确，拼图停在方格中间；否则拼图会自动移回原来的位置，最终由拼图构成一幅完整的图片。

(12) 用框架图标制作一个家庭电子相册。

(13) 编写一个可以出5道选择题的随机出题程序。

第 8 章

多媒体应用程序设计

教学目标

- 了解在 Visual Basic 环境下编写多媒体程序的基本过程
- 能够利用基本控件设计出界面规范的 Visual Basic 程序
- 能够编制具有一定应用效果的多媒体程序
- 掌握利用 API 函数编写多媒体程序的基本方法

本章知识结构图

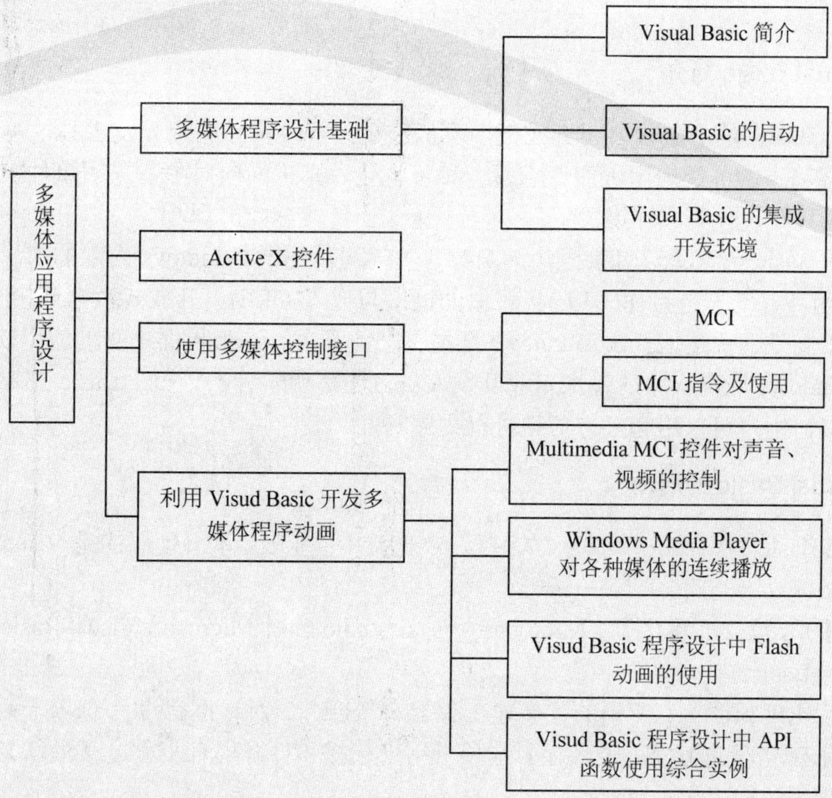

导入案例

近几年，多媒体之所以盛行，是因为它提供了无限的想象与创作空间，加上 Internet 的迅猛发展，让人们对绚烂多变的多媒体世界充满了向往。当用户在用老牌的 XingPlay 或华丽的超级解霸时，有没有想过拥有一个自己编写的播放器呢?其实只要掌握一点 Visual Basic 的技巧，要实现这个愿望就变得很简单了。

动画是多媒体的核心技术之一，在许多多媒体应用程序中扮演着直观演示、提示操作、讲述情节等功能。目前动画文件存在着不同类型的存储格式，如 GIF 格式、FLI\FLC 格式、SFW 格式及 AVI 格式等。网页上有很多漂亮的 Flash 动画，一般只能用 IE 浏览器观看，若下载下来，则必须安装 Flash 播放器才能观看。不同类型的动画文件采用的播放方式不同，在多媒体课件中，有时要同时用到多种动画素材，用对应的播放软件显然是一种浪费，其他软件虽然也提供了动画播放的函数或插件，但大都只能播放，不能控制。利用 Visual Basic 的控件可以很方便地利用各种动画素材，并对它们进行控制。对动画的控制是本章要讲述的主要内容之一。

声音是多媒体的一个重要组成部分，在应用程序中加入声音可以使界面更友好。在 Visual Basic 中，用户可以根据不同的应用要求，用不同的方法实现声音的播放。Visual Basic 中的多媒体动态链接库中提供了一组与音频设备有关的函数，利用这些函数可以方便地播放声音。下面一同进入到多媒体应用程序设计的环境中，尽情地享受知识带给大家的神奇。

8.1 多媒体程序设计基础

8.1.1 Visual Basic 简介

Visual Basic 是由微软公司开发的一套完整的 Windows 系统开发工具，可用于开发 Windows 环境下的各类应用程序，它是一种可视化、真正面向对象、采用事件驱动方式的结构化高级程序设计集成环境。

Visual Basic 包含了数百条语句、函数及关键词。使用 Windows 内部的广泛应用程序接口(API)函数、动态链接库(DLL)、对象的链接与嵌入(OLE)、开放式数据连接(ODBC)等技术，可以高效、快速地开发 Windows 环境下功能强大、图形界面丰富的应用软件系统。不论是 Windows 应用程序的资深专业开发人员，还是初学者，Visual Basic 都提供了相应的成套工具，用户可以用它来方便地进行程序开发。

8.1.2 Visual Basic 的启动

Visual Basic 6.0 有 3 种版本：学习版、专业版和企业版。本书使用的是 Visual Basic 6.0 中文企业版。

选择【开始】|【程序】| Microsoft Visual Studio 6.0 | Microsoft Visual Basic 6.0 命令，启动 Visual Basic。

启动后出现如图 8.1 所示的【新建工程】对话框。该对话框有 3 个选项卡：【新建】选项卡用于建立新的工程，【现存】选项卡用来选择和打开现有工程，【最新】选项卡列出了最近使用过的工程。

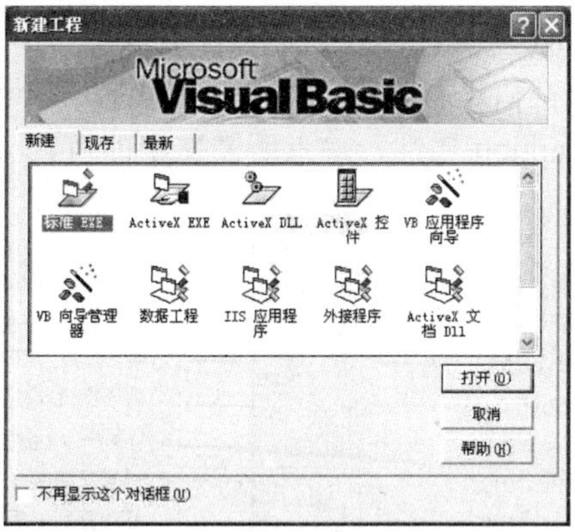

图 8.1　【新建工程】对话框

8.1.3　Visual Basic 的集成开发环境

1. Visual Basic 的集成开发环境主窗口

单击【新建】选项卡中的【标准 EXE】图标并单击【打开】按钮，可以打开如图 8.2 所示的 Visual Basic 6.0 应用程序集成开发环境主窗口。该窗口有标题栏、菜单栏、工具栏、控件工具箱、窗体设计窗口、工程资源管理器、属性设置窗口和窗体布局窗口。

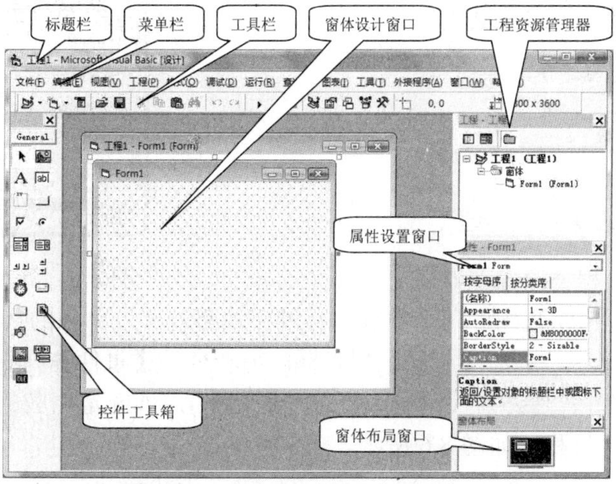

图 8.2　Visual Basic 6.0 应用程序集成开发环境主窗口

(1) 控件工具箱：又称工具箱，位于 Visual Basic 主窗口的左下方，它提供的是软件开发人员在设计应用程序界面时需要使用的常用工具(控件)。这些控件以图标的形式存放在工具箱中，软件开发人员在设计应用程序时，使用这些控件在窗体上“画”出应用程序的界面。工具箱中常用控件的图标和名称如图 8.3 所示。

(2) 工程资源管理器：工程是指用于创建一个应用程序的文件集合。工程文件保存了应用程序的所有属性及组成应用程序的所有文件，扩展名为 Visual BasicP。工程资源管理器列出了当前工程中的窗体和模块，如图 8.4 所示。

(3) 属性设置窗口：所有窗体或控件的属性，都包括对象列表框、设置框、属性列表框 3 个部分。在 Visual Basic6.0 设计模式中，属性窗口列出了当前选定窗体或控件的属性及其值，用户可以对这些属性值进行设置。例如，要设计 Command1 命令按钮上显示的文字，可以找到属性窗口的 Caption 属性，输入所需文字即可，如图 8.5 所示。

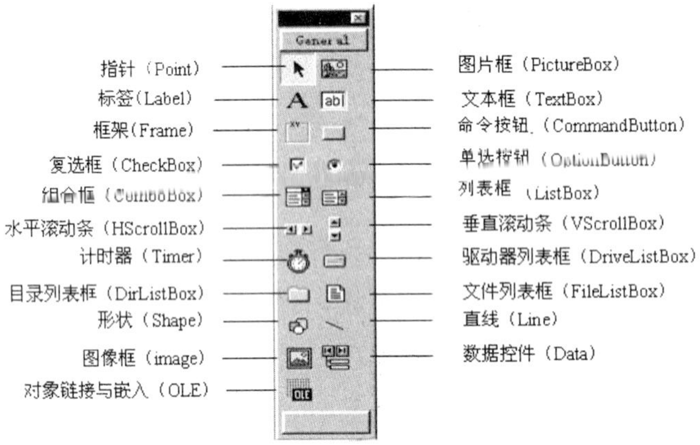

图 8.3　Visual Basic 6.0 控制工具箱

图 8.4　工程资源管理器

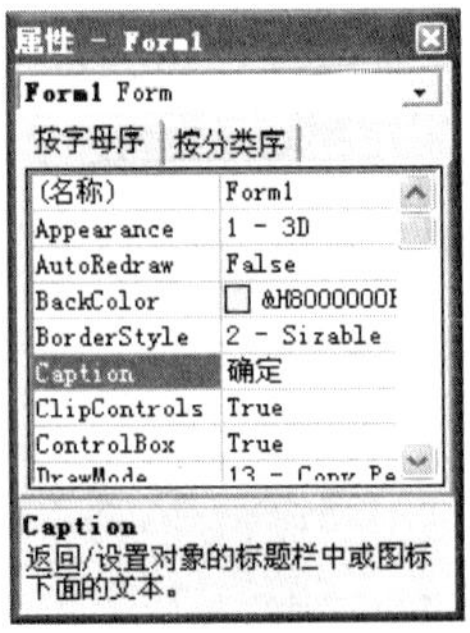

图 8.5　属性窗口

在代码窗口中，应用程序的每个窗体和标准模块都有一个单独的代码编辑器。代码编辑器中有两个列表框：一个是【对象】列表框，另一个是【事件】列表框。从列表框中选定要编写代码的对象(若是公共代码段，则选【通用】)，再选定相应的事件，即可非常方便地为对象编写事件过程，如图 8.6 所示。

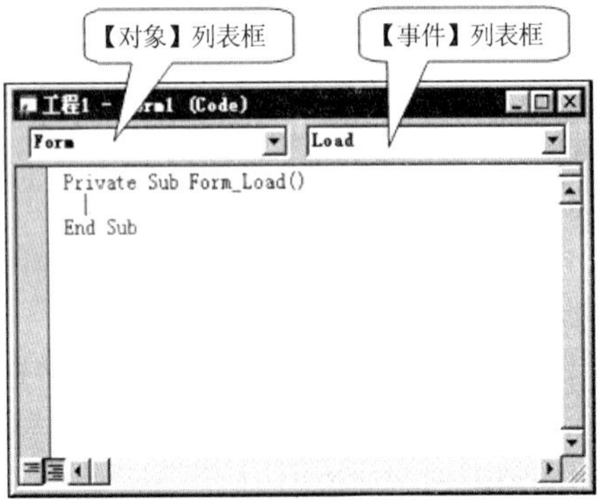

图 8.6　Visual Basic 6.0 代码窗口

2. Visual Basic 的工作模式

Visual Basic 有 3 种工作模式。

(1) 设计模式：可进行用户界面的设计和代码的编制。

(2) 运行模式：不可编辑代码和界面。

(3) 中断模式：可编辑代码，不可编辑界面。

8.2 ActiveX 控件

这里的 ActiveX 控件是指 Visual Basic 标准工具箱里没有的控件，使用时需从【工程】菜单里选择【部件】(或右击工具箱，从快捷菜单中选择【部件】命令)，从部件窗口中选中需要的控件。常用的 ActiveX 控件见表 8-1。

表 8-1 常用 ActiveX 控件

ActiveX 控件		ActiveX 部件	文 件 名
TabStrip	页框	Windows 通用控件 Microsoft Windows Common Controls 6.0	路径： Windows\system\ Mscomctl.ocx
Toolbar	工具栏		
StatusBar	状态栏		
ProgressBar	进程条		
TreeView	分层显示		
ListView	排列显示		
ImageList	图像列表		
Slider	滑块		
ImageCombo	图像组合框		
CommonDialog	通用对话框	Microsoft Common Dialog Control 6.0	Comdlg32.ocx
MMControll	多媒体	Microsoft Multimedia Control 6.0	Mci32.ocx
Windows Media Player	控件	Windows Media Player	Wmp.dll

下面就以 CommonDialog 控件为例做简单的介绍。CommonDialog 控件在 Visual Basic 和 Microsoft Windows 动态链接库 Commdlg.dll 例程之间提供了接口。为了用该控件创建对话框，必须要求 Commdlg.dll 在 Microsoft Windows\System 目录下。

CommonDialog 控件提供一组标准的操作对话框，用来进行诸如打开保存文件、设置打印选项以及选择颜色和字体等操作。

运行时，可以使用下面所列方法显示需要的对话框。

(1) showopen——显示【打开】对话框。

(2) showsave——显示【另存为】对话框。

(3) showcolor——显示【颜色】对话框。

(4) showfont——显示【字体】对话框。

(5) showprinter——显示【打印】对话框。

(6) showhelp——调用 Windows【帮助】对话框。

使用 showopen 和 showsave 方法可显示【打开】和【另存为】对话框。有了【打开】对话框，就可指定驱动器、目录、文件扩展名和文件名。【另存为】对话框在外观上与【打开】对话框相同，只是对话框的标题和文件名是暗淡的。运行时选定文件并关闭对话框后，可用 FileName 属性获取选定的文件名。

Filter 属性决定了用户可打开的文件类型，定义方法为：

description1 | filter1 | description2 | filter2…

Description 是列表框中显示的字符串，例如，"Text Files (*.txt)"。Filter 是实际的文件过滤器，例如，"*.txt"。每个 description | filter 设置间必须用管道符号(|)分隔。

showprinter 方法可以显示一个【打印】或【打印机设置】的标准对话框，究竟显示哪一个由 Flags 属性值来控制。【打印】对话框可用以指定打印输出方式，也可以指定被打印页的范围、打印质量、打印的份数等。这个对话框还包含当前安装的打印机信息，并允许配置或重新安装默认打印机。

【操作案例 8.1】CommonDialog 控件的【字体】对话框的使用。

操作思路：利用 CommonDialog 控件的【字体】对话框，根据用户在【字体】对话框中的选择来设置文本框的字体属性，如字体、字号等。

操作步骤：

(1) 选择【工程】菜单中的【部件】命令，在打开的对话框中选中 Microsoft Common Dialog Control 6.0 选项，如图 8.7 所示。

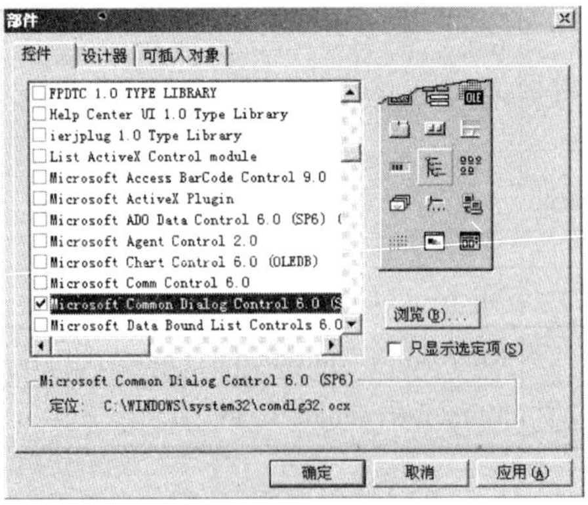

图 8.7 【部件】对话框

(2) 在工具箱中出现一个对应的图标，像使用标准控件一样拖动此图标到窗体上。这里拖动一个文本框、一个按钮图标到窗体上。

(3) 双击 Command1 按钮，在出现的代码窗口中输入如下代码。

```
Private Sub Command1_Click ()
    '将 Cancel 设置成 True
    CommonDialog1.CancelError = True
    On Error GoTo ErrHandler
    '设置 Flags 属性
    CommonDialog1.Flags = cdlCFBoth Or cdlCFEffects
    '显示【字体】对话框
```

```
    CommonDialog1.ShowFont
    '根据用户的选择来设置文本属性
    Text1.Font.Name = CommonDialog1.FontName
    Text1.Font.Size = CommonDialog1.FontSize
    Text1.Font.Bold = CommonDialog1.FontBold
    Text1.Font.Italic = CommonDialog1.FontItalic
    Text1.Font.Underline = CommonDialog1.FontUnderline
    Text1.FontStrikethru = CommonDialog1.FontStrikethru
    Text1.ForeColor = CommonDialog1.Color
    Exit Sub
ErrHandler:
    '用户单击了【取消】按钮
    Exit Sub
End Sub
```

程序设计界面如图 8.8 所示，运行界面如图 8.9、图 8.10 所示。

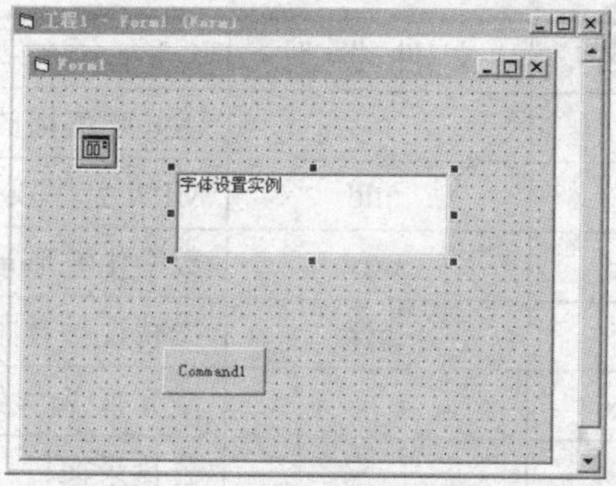

图 8.8　程序设计界面

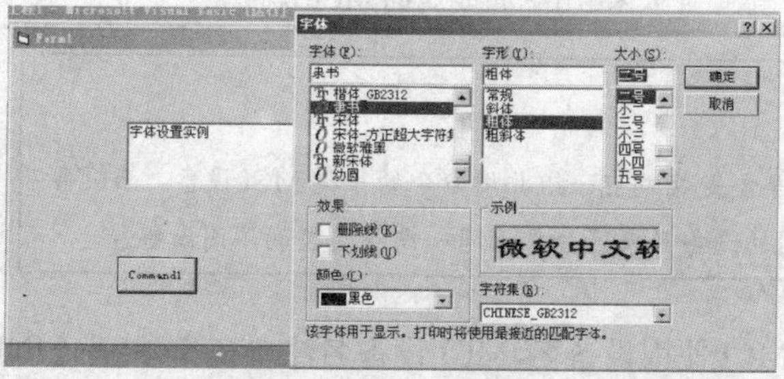

图 8.9　程序运行界面 1

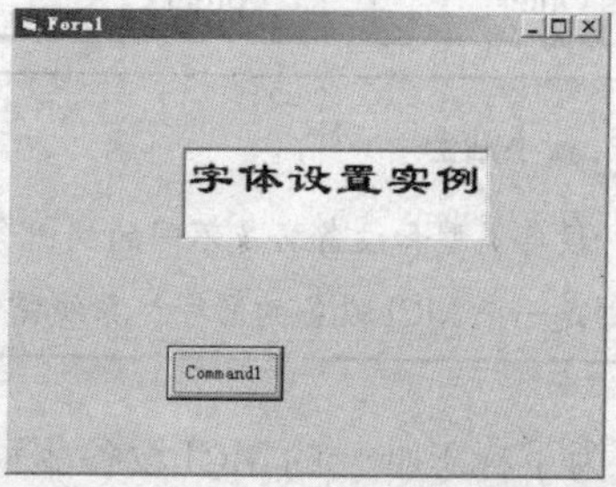

图 8.10　程序运行界面 2

8.3　使用多媒体控制接口

8.3.1　MCI

MCI(Media Control Interface，多媒体控制接口)是 Microsoft 公司为实现 Windows 系统下设备无关性而提供的媒体控制接口标准。MCI 包括了 CDAudio(激光唱机)、Scanner(图像扫描仪)、VCR(磁带录像机)、VideoDisc(激光视盘机)、DAT(数字化磁带音频播放机)、DigitalVideo(窗口中的数字视频)、Overlay(窗口中的模拟视频叠加设备)、MMMovie(多媒体影片演播器)、Sequencer(MIDI 音序设备)、WaveAudio(波形音频设备)、Other(未定义的 MCI 设备)等多媒体的主要产品，支持环境是 Windows 3.1、Windows 95 及以上版本。MCI 的最大优点是应用系统与设备无关性，程序员在多媒体应用系统的开发中无需了解每种产品细节，就能开发出通用的多媒体应用系统。

MCI 可以分为简单设备和复合设备两种。简单设备是一种使用时不必指定相关媒体文件的设备，例如，用 CD-ROM 播放音频光盘时系统打开的就是简单设备，而复合设备是一种播放特定媒体文件(称为设备元素)的设备，如 MIDI 音序器、MPEG 文件解压播放等。如果想使用这一类复合设备，则必须提供相应的 MIDI 或 MPEG 文件名。

MCI 识别一组基本的设备类型集。设备类型是享用一组公用命令集和用于控制类似的多媒体或文件的一类 MCI 设备。表 8-2 中列出了部分 MCI 设备，那些同时列出了对应文件类型的是复合设备。

表 8-2 常用 MCI 设备

设备类型	设备名	文件类型	描述(Description)
CD Audio	cdaudio		激光唱盘播放设备
Sequence	sequence	.mid	MIDI 音序发生器
WaveAudio	waveaudio	.wav	数字化波形音频设备
AVI	avivideo	.avi	微软视频音频交替格式电影播放设备
VideoDisc	videodisc		激光视盘(大影碟)播放机
VCR	vcr		磁盘录像机
Overlay	overlay		模拟视频图像叠加设备
Other	other		未给出标准定义的 MCI 设备

小贴士

设备类型和设备名是不同的的概念，设备类型是指响应一组共用命令的一类 MCI 设备，而设备名则是一个 MCI 设备的名字。系统需要用不同的设备名来区分属于同一设备类型的不同设备。

为了标志唯一的MCI设备驱动程序，MCI使用设备名。MCI设备名注册在SYSTEM.INI 文件中的 MCI 段。如果用户的计算机中已经安装了声卡、电影卡(或软件解压系统)和 CD-ROM 驱动器，系统初始化 SYSTEM.INI 文件中的 MCI 将会有下列内容。

```
[mci]
cdaudio=mcicda.drv
sequencer=mciseq.drv
waveaudio=mciwave.drv
avivideo=mciavi.drv
videodisc=mcipionr.drv
vcr=mcivisca.drv
MPEGVideo=CoolPlay.dll
MPEGVideo2=mciqtz.drv
ReelMagic=CoolPlay.dll
```

等号左边为 MCI 设备名，右边为 MCI 驱动程序文件名。

打开简单设备时只需指定设备名即可，打开复合设备有 3 种方法：只指定设备名；只指定设备元素；同时指定设备名和设备元素。若仅指定设备元素(即媒体文件名)，则 MCI 用设备元素文件的扩展名来确定应该使用的设备。

8.3.2　MCI 指令及使用

MCI 指令有两种风格：命令-字符串接口(Command-String Interface)和命令-消息接口(Command-Message Interface)。两者具有相同的功能。命令-字符串具有使用简单的特点，但它的执行效率不如命令-消息。应用程序通过向 MCI 发送命令来控制媒体设备。所有的 MCI 命令-字符串都是通过多媒体 API 函数 mciSendString 传递给 MCI 的。

API(Application Programming Interface，应用程序编程接口)是能用来操作组件、应用程序或者操作系统的一组函数。用户的每个动作都会引发一个或几个函数的运行，以告诉 Windows 发生了什么。

API 函数包含在 Windows 系统目录下的动态链接库文件中，(如 shell32.dll、winmm.dll 等)。DLL 是一个文件，其中包含了在 Windows 下运行的任何应用程序都可调用的函数。运行时，DLL 中的函数动态地链接到调用它的应用程序中。

1. API 声明

Visual Basic 程序要使用 DLL 中的函数，首先必须要有特殊的声明，用 Declare 声明语句在窗体级或模块级或全局模块的代码声明段进行声明，将动态链接库中的函数声明到 Visual Basic 中，供 Visual Basic 程序调用。

如果该过程返回一个值，则应将其声明为 Function。

Declare Function 函数名 Lib [Alias "别名"]([ByVal 参数 AS 类型])

如果该过程没有返回值，则应将其声明为 Sub。

Declare Sub 过程名 Lib [Alias "别名"]([ByVal 参数 AS 类型])

一般情况下，用户建立一个全程模块(.bas)来存放这些声明，以便在程序的任何地方都可以调用这些 API。如果在其他类型的模块中定义的 API 是模块私有的，则必须在它们前面声明 Private 关键字，以示区分。

2. 常用的 MCI 指令

MCI 指令的一般格式为：MCI 指令 设备名 [参数]

1) 打开和关闭多媒体设备

使用多媒体之前，首先要用 Open 指令将它启动。

Open 指令的语法如下：Open　<设备名>　<参数>

当用户不再使用多媒体设备时，用 Close 指令关闭打开的设备。

命令格式为：Close　<设备名>

2) 播放多媒体设备

Play 指令用来播放多媒体设备。

命令格式为：Play　<设备名>　<参数>

3) 获得多媒体设备信息

获得多媒体设备信息的指令有 Capacility、Info、Status 指令。

例如：Capacility　cdaudio can eject　　'查询 CD-ROM 是否有弹出设备的能力

Info waveaudio file　　'查询波形设备正使用的文件

Status digitalvideo speed　　'查询数字视频播放的速度

8.4 利用 Visual Basic 开发多媒体程序

8.4.1 Multimedia MCI 控件对声音、视频的控制

Multimedia MCI 控件管理媒体控制接口(MCI) 设备上的多媒体文件的记录与回放。

在允许用户从 Multimedia MCI 控件选取按钮之前，应用程序必须先将 MCI 设备打开，并在 Multimedia MCI 控件上启用适当的按钮。在 Visual Basic 中，应将 MCI Open 命令放到 Form_Load 事件中，它的外观如图 8.11 所示。

图 8.11　Multimedia MCI 控件外观

在 Multimedia MCI 控件中非常有用的一个属性是 Command，它在运行过程中向多媒体设备发出命令。格式是：MMControl.Command = cmdstrings。其中，cmdstrings 变量与每一个按钮的定义名称一致。此外，还有 Mode、Wait、Shareable、Notify、UpdateInterval、Position、Length 等属性和 Done、StatusUpdate 事件是经常用到的。

【操作案例 8.2】利用 MCI 控件来播放 WAV、MID、AVI 文件。

操作思路：利用 MCI 控件对声音、视频文件的强大控制功能实现由用户指定路径及文件名，由 MCI 控件播放并控制。

相关知识：

在一个应用程序中，对文件的处理是一个比较常用的操作，如打开文件、保存文件等。Visual Basic 提供了 3 个控件对磁盘文件夹与文件进行显示与操作，它们分别是：DriveListBox(磁盘列表框)控件、DirListBox(文件夹列表框)控件以及 FileListBox(文件列表框)控件，如图 8.12 所示，下面先来了解一下这 3 个控件的相关属性。

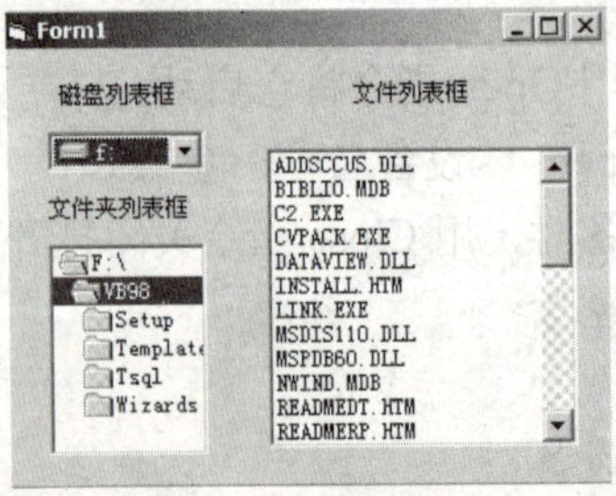

图 8.12　磁盘列表框、文件夹列表框和文件列表框控件

DriveListBox 控件可以自动显示计算机或网络上的所有磁盘驱动器。文件夹列表框控件可以显示与设置文件夹的路径，当用户在窗口中创建 DirListBox 控件时，双击其中的文件夹，无需进行编程就能自动显示下一级文件夹。本控件的主要属性是 Path 属性，用来返回或设置当前文件夹的路径，只能在程序运行中使用，其语法是：

文件夹列表框名称.Path =具体的路径

FileListBox 控件跟前面两个控件一样，该控件能够自动显示符合条件的文件清单。

文件列表框控件主要有两个属性，即 Path 属性与 FileName 属性，前者代表文件的路径，从显示路径的功能上来说，比后者更简便一些；后者则用来返回或设置所选文件的路径与文件名，其语法是：

文件列表框名称.FileName = 路径

操作步骤：

(1) 选择【工程】菜单中的【部件】命令，在打开的对话框中选中 Microsoft Multimedia Control 6.0 选项。

(2) 在工具箱中出现一个 MMContro1 图标。像使用标准控件一样拖动此图标到窗体上，在窗体上放置的控件见表 8-3，并进行属性设置。本例使用的 3 个按钮名称都是 Command1，只是 Index 属性不同，就好像一个数组。创立一组按钮的方法是：先在窗体上建立一个按钮(Command1)，然后在 Command1 上单击鼠标右键，选择【复制】命令(Copy)，然后在窗体上任意部位右击，选择【粘贴】命令(Paste)，系统会提示是否创建控件组，单击【是】按钮。重复上面的步骤，直至创建 3 个按钮为止。

表 8-3　控件及相关属性设置

控 件 名 称	属　　性	属　性　值
DriveListBox	Name	Drive1
DirListBox	Name	Dir1
FileListBox	Name	File1
MMControl	Name	Mci1
	UpdateInterval	200
PictureBox	Name	Picture1
CheckBox	Name	autoloop
Label1	caption	文件路径
Label2	caption	输入文件类型
Text1	text	“”
Text2	text	“”
Label3	caption	文件长度
Label4	caption	剩余时间
Command1(0)	caption	mid 音乐
Command(1)	caption	wav 音乐
Command(3)	caption	avi 文件

(3) 双击 Command1 按钮，在出现的代码窗口中输入如下代码。

```
Private Sub Command1_Click(Index As Integer)
  mci1.Command = "Close"       '发出 Open 命令之前，要设置多媒体设备的属性
  mci1.Notify = True
'当 MCI 命令执行完毕后，将执行 Done 事件来判断是否需要重复播放
  Select Case Index
'按不同的按钮，用 DeviceType 属性设置不同的设备类型
  Case 0
    mci1.DeviceType = "Sequencer"         '设置 MID 设备类型
  Case 1
    mci1.DeviceType = "Waveaudio"         '设置 WAV 设备类型
  Case 2
    mci1.DeviceType = "AVIVideo"          '设置 AVI 设备类型
    mci1.hWndDisplay = Picture1.hWnd
    '把 AVI 文件放在图形框中播放，如果没有这一行，将自动开启一个窗口播放
  End Select
  mci1.FileName = Text2.Text          '设备播放的文件名及其路径信息
  mci1.Command = "Open"              '打开相应的 MCI 设备
  mci1.Command = "Play"
  mci1.Wait = True
End Sub
Private Sub Dir1_Change()
    File1.Path = Dir1.Path              '获得设备播放的文件名及其路径信息
    File1.Pattern = Text1.Text
  End Sub
Private Sub Drive1_Change()
    Dir1.Path = Drive1.Drive
End Sub
Private Sub File1_DblClick()
    If Right(File1.Path, 1) <> "\" Then
      Text2.Text = File1.Path & "\" & File1.FileName
    Else
    Text2.Text = File1.Path & File1.FileName
  End If
    mci1.Command = "Open"
End Sub
Private Sub Form_Unload(Cancel As Integer)
    mci1.Command = "Close"
End Sub
Private Sub mci1_Done(NotifyCode As Integer)
    If mci1.Position = mci1.Length Then
    mci1.Command = "Prev"          '当播放结束时，重新返回当前曲目的起始位置
    If autoloop.Value = 1 Then
      mci1.Command = "Play"        '重新播放曲目
      mci1.Wait = True
    End If
  End If
End Sub
Private Sub mci1_StatusUpdate()
    mci1.TimeFormat = 0      '调用 Tstring 函数计算剩余时间和总时间
```

```
    Text3.Text = Tstring(mci1.Length / 1000)
Text4.Text = Tstring(mci1.Length / 1000 - mci1.Position / 1000)
End Sub
Private Sub Text1_Change()
   File1.Pattern = Text1.Text
End Sub
Public Function Tstring(sm As String) As String   '将秒换算成"MM:SS"格式
 Dim s As Double, m As Double
 s = (sm / 60) Mod 60
 m = (sm) Mod 60
 Tstring = Format(s, "00") & ":" & Format(m, "00")
End Function
```

运行界面如图 8.13、图 8.14 所示。

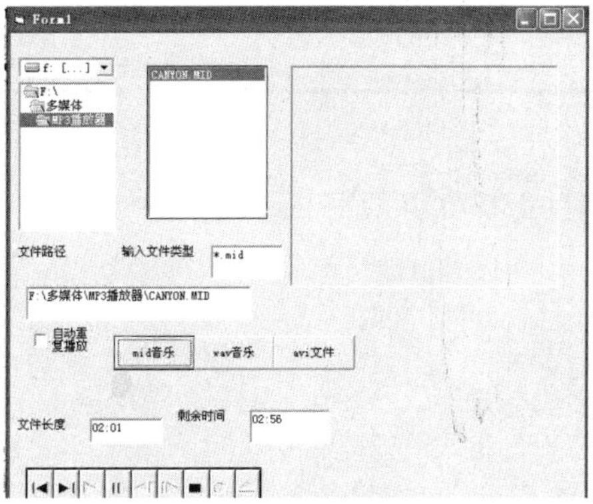

图 8.13　mid 音乐播放运行界面

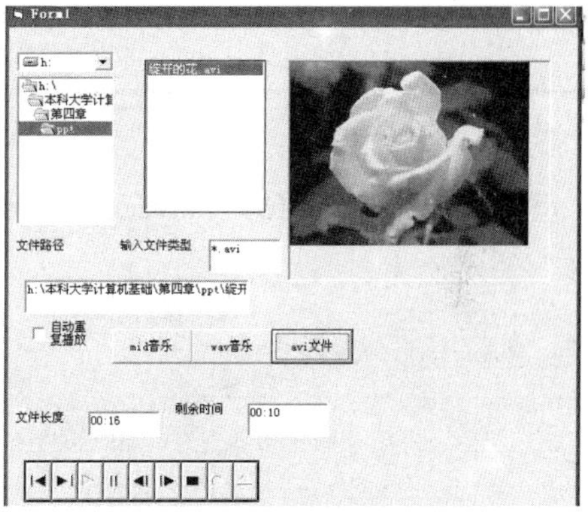

图 8.14　avi 文件播放运行界面

小贴士

输入好文件类型后，一定要双击所选择的文件名，使其出现在文件路径下的文本框中，然后再单击对应的按钮播放。

8.4.2　Windows Media Player 对各种多媒体的连续播放

在调用 Windows Media Player 控件之前，需要选择【工程】|【部件】命令，在出现的窗口中将 Windows Media Player 前的方框选中，在工具箱中便会出现 Windows Media Player 控件图标。在设计时，把 Windows Media Player 控件添加到窗体上，它的外观如图 8.15 所示。

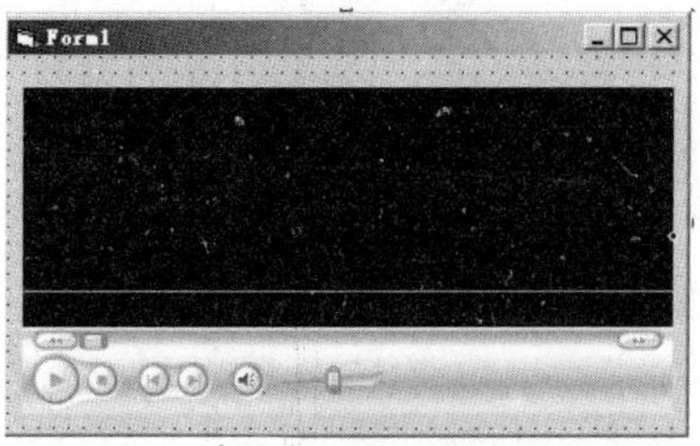

图 8.15　Windows Media Player 控件外观

它的相关属性见表 8-4。

表 8-4　Windows Media Player 控件的常用属性

属　性　名	作　　用	类　　型
URL	可以指定媒体位置	字符串
enableContextMenu	显示/不显示播放位置的右键菜单	布尔型
fullScreen	全屏显示	布尔型
stretchToFit	非全屏状态时是否伸展到最佳大小	布尔型
uMode:string	播放器的模式，full 有下面的控制条；none 只有播放部分没有控制条	字符串
playState	当前控件状态，下面是 3 种基本状态：3 为正在播放，2 为暂停，1 为已停止。状态变化时会触发 OnStatusChange 事件	整型

[controls]

可通过 WindowsMediaPlayer.controls 对播放器进行控制并取得一些相关的信息。

```
controls.play;        '播放
controls.stop;        '停止
controls.pause;       '暂停
controls.currentPosition: Double  '当前播放进度
controls.currentPositionString: string '时间格式的字符串 "0:32"
[currentMedia]
```

可以通过 WindowsMediaPlayer.currentMedia 取得当前媒体的信息。

```
currentMedia.duration Double '总长度
currentMedia.durationString '时间格式的字符串
```

【操作案例 8.3】使用 Windows Media Player 控件来播放用户选择的各种媒体文件，并按列表顺序自动依次播放。

操作思路：MediaPlayer 是一款很好也是很常用的播放软件，但它不直接支持多媒体文件的连续播放。因此，可以用 Visual Basic 编一个程序，利用 Windows Media Player 控件来播放用户选择的各种媒体文件，并按列表顺序自动依次播放。

操作步骤：

(1) 选择【工程】菜单中的【部件】命令，在弹出的对话框中选中 Microsoft Common Dialog Control 6.0 和 Windows Media Player 选项。

(2) 在工具箱中出现一个对应的图标。像使用标准控件一样拖动此图标到窗体上。在窗体 Form1 上添加两个命令按钮 Command1 和 Command2，它们的 Caption 属性分别设置为“打开”和“播放”；一个 CommonDialog 控件，一个列表框控件 List1，用来显示选择好的各种媒体文件；一个计时器控件，用来测定乐曲是否结束。拖动一个文本框、两个按钮图标到窗体上。

(3) 双击 Command1 按钮，在出现的代码窗口中输入如下代码。

```
Private Sub Command1_Click()
    If List1.ListCount <= 0 Then
        MsgBox "没有选择文件，请选择!",  ,  "-_-!!"
        Exit Sub
    End If
    If List1.ListIndex = -1 Then
        List1.ListIndex = 0
    End If
    WindowsMediaPlayer1.URL = List1.Text
    WindowsMediaPlayer1.Controls.play
    Timer1.Enabled = True
End Sub
Private Sub Command2_Click()
    CommonDialog1.FileName = ""
    CommonDialog1.Filter = "Mp3;Wma|*.mp3;*.wma|Avi|*.avi|所有文件|*.*"
    CommonDialog1.ShowOpen
    MusicName = CommonDialog1.FileName
    If CommonDialog1.Name = "" Then Exit Sub
    List1.AddItem MusicName
    Label1.Caption = "请选择播放内容!并单击【播放】按钮!"
End Sub
Private Sub Timer1_Timer()
    If WindowsMediaPlayer1.playState = wmppsStopped Then
        If List1.ListIndex < List1.ListCount - 1 Then
            List1.ListIndex = List1.ListIndex + 1
         WindowsMediaPlayer1.URL = List1.List(List1.ListIndex)
         WindowsMediaPlayer1.Controls.play
        If List1.ListIndex = List1.ListCount - 1 Then List1.ListIndex = -1
         End If
  End If
End Sub
```

设计界面和运行界面分别如图 8.16、图 8.17 所示。

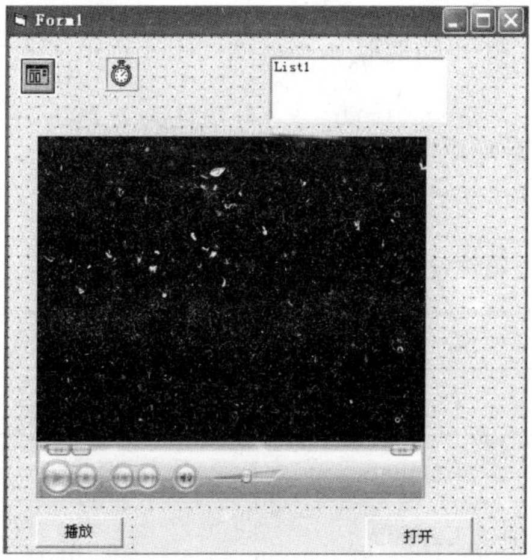

图 8.16　Media Player 连续播放设计界面

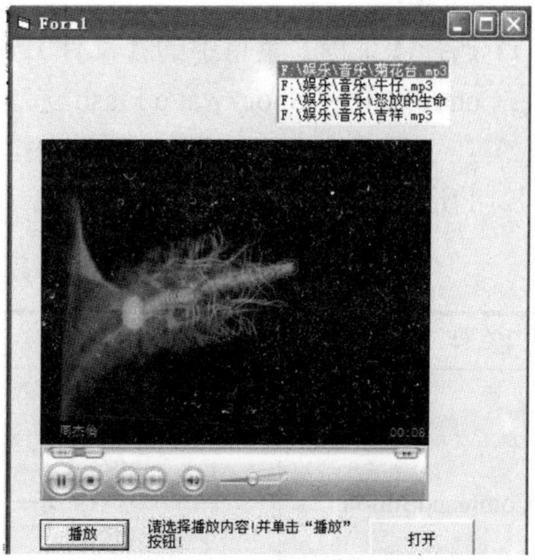

图 8.17　Media Player 连续播放运行界面

8.4.3 Visual Basic 程序设计中 Flash 动画

要制作 Flash 图像浏览器，首先要调用 Swflash.ocx 控件。仍然选择【工程】|【部件】命令，在打开的对话框中选中 Shockwave Flash 选项，在工具箱中便会出现 Shockwave Flash 控件图标。在使用之前，先来看看控件 Swflash.ocx 的基本属性，见表 8-5。

表 8-5 Shockwave Flash 控件的常用属性

属　性	作　用	类　型
Loop	true：允许循环播放 false：不允许循环播放	布尔型
Menu	true：允许显示右键快捷菜单 false：不允许显示右键快捷菜单	布尔型
Movie	所要播放的动画文件的路径和文件名	字符串
Playing	true：播放 false：停止	布尔型
Quality	0：低分辨率(即 Quality2：Low) 1：高分辨率(即 Quality2：High) 2：自动降低分辨率(即 Quality2：AutoLow) 3：自动升高分辨率(即 Quality2：AutoHigh)	字符串
ScaleMode	0：全部显示(即 Scale：Showall) 1：无边界(即 Scale：NoBorder) 2：自动适应控件大小(即 Scale：ExactFit)	字符串

【操作案例 8.4】使用 Shockwave Flash 控件播放 Flash 动画。

操作思路：利用对话框控件选择要播放的 Flash 动画名称，并通过相关按钮实现“上一帧”、“下一帧”、“停止”等控制。

操作步骤：

(1) 选择【工程】菜单中的【部件】命令，在打开的对话框中选中 Microsoft Common Dialog Control 6.0 和 Shockwave Flash 选项。

(2) 在工具箱中出现一个对应的图标。像使用标准控件一样拖动此图标到窗体上。按照图 8.18 所示的位置在 Form1 中添加若干控件，其属性见表 8-6。

表 8-6 控件名称及属性设置

控件类型	控件名称	属　性	值
CommandButton	cmdPlay	Caption	播放
	cmdStop	Caption	停止
	cmdBack	Caption	上一帧
	cmdForward	Caption	下一帧

续表

控件类型	控件名称	属　性	值
Shockware　Flash	ShockwaveFlash1	Loop	true
		Menu	true
		Playing	flase
		Quality	1
		ScaleMode	2

(3) 双击 Command1 按钮，在出现的代码窗口中输入如下代码。

```
Dim FILE_NAME As String
Private Sub cmdPlay_Click()
  ShockwaveFlash1.Playing = True
  ShockwaveFlash1.Movie = FILE_NAME
  cmdPlay.Enabled = False
  cmdstop.Enabled = True
End Sub
Private Sub cmdstop_Click()
    ShockwaveFlash1.Playing = False
    cmdstop.Enabled = False
    cmdPlay.Enabled = True
End Sub
Private Sub cmdback_Click()
    ShockwaveFlash1.Back
End Sub
Private Sub cmdForward_Click()
    ShockwaveFlash1.Forward
End Sub
Private Sub Command5_Click()
    With CommonDialog1
        CancelError = True
        CommonDialog1.ShowOpen
        CommonDialog1.Filter = "动画文件|*.swf"
        Flags = cdlOFNNoChangeDir And cdlOFNPathMustExist
        FILE_NAME = .FileName    '这个程序中文件名一定不能带空格
    End With
  cmdstop.Enabled = True
  cmdback.Enabled = True
  cmdForward.Enabled = True
  ShockwaveFlash1.Visible = True
  'ShockwaveFlash1.Playing = True
'ShockwaveFlash1.Movie = FILE_NAME
 Label1.Caption = "你选择的动画是" + FILE_NAME
End Sub
```

设计界面和运行界面分别如图 8.18、图 8.19 所示。

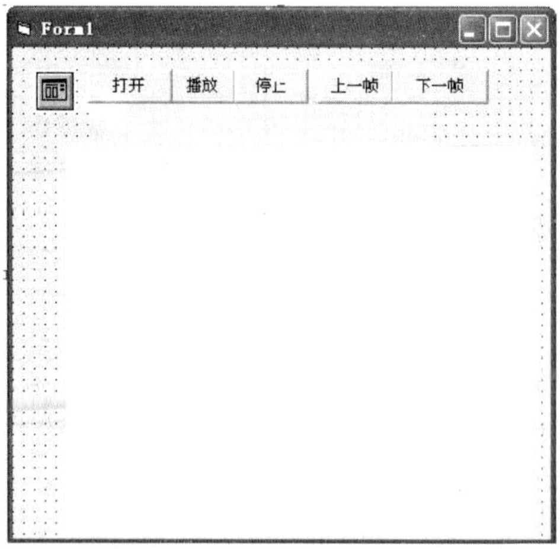

图 8.18　Flash 播放设计界面

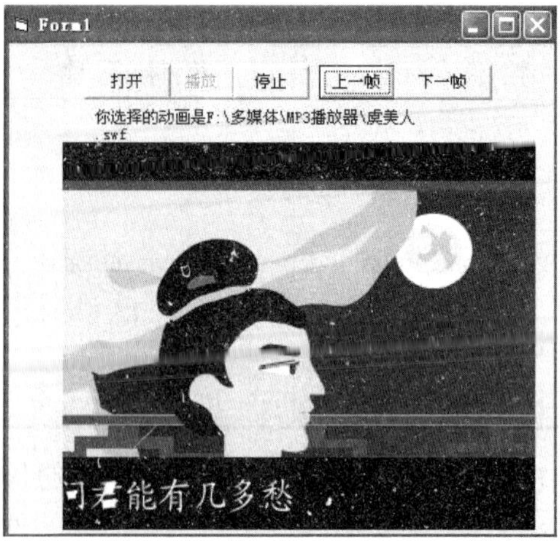

图 8.19　Flash 播放运行界面

8.4.4　Visual Basic 程序设计中 API 函数使用综合实例

上面都是用 Visual Basic 提供的控件完成多媒体文件的播放与控制的，下面用一个例子通过 API 函数实现对多媒体文件的播放与控制。

【操作案例 8.5】 API 函数使用综合实例。

操作思路：做一个 MP3 播放器，既可以将任意位置的 MP3 文件打开，又可以通过进度条看到音乐播放的进度，还可以在状态栏上看到当前文件操作的状态。

操作步骤：

(1) 选择【工程】菜单中的【部件】命令，在打开的对话框中选择添加 Windows 通用控件 Microsoft Windows Common Controls 6.0 和通用对话框控件 Microsoft Common Dialog Control 6.0。在窗体上放置 6 个按钮 Command1～Command6，将它们的 Caption 属性分别设置为 open、play、pause、back、stop、prew。再放置一个进程条、两个标签、一个状态栏和一个通用对话框。

(2) 双击窗体，在出现的代码窗口中输入如下代码。

```
    Private Declare Function mciSendString Lib "winmm.dll" Alias "mciSendStringA"
(ByVal lpstrCommand As String, ByVal lpstrRetumString As String, ByVal
uReturnLength As Long, ByVal hwndCallback As Long) As Long
    Dim mfn As String
    Private Sub Form_Load()
        mfn = ""
        PLAY.Enabled = False
        PAUSE.Enabled = False
        STOPPLAY.Enabled = False
        BACK.Enabled = False
        PREW.Enabled = False
        Timer1.Enabled = False
    End Sub
    Private Sub OPEN_Click()
        On Error GoTo err
        With CommonDialog1
```

```
        CancelError = True
        CommonDialog1.ShowOpen
        CommonDialog1.Filter = "音乐文件|*.mp3;*.wav;*.mid"
        Flags = cdlOFNNoChangeDir And cdlOFNPathMustExist
        Action = 1
        STOPPLAY_Click     '【停止】按钮同时可以将设备初始化
        mfn = .FileName   '这个程序中文件名一定不能带空格
        Form1.Caption = mfn
        PLAY.Enabled = True
        End With
        PLAY_Click
        err:
        Exit Sub
    End Sub
    Private Sub PLAY_Click()
        On Error Resume Next
        Dim t As Long, s As String
         s = mfn & " Alias my"
        t = mciSendString("open " & s, "", 0, 0)   'open后边的空格一定不能丢
        Dim ret As String * 128
        t = mciSendString("status my length", ret, 128, 0)  '显示歌曲总长
        ret = Left(ret, 8)
       If ret <> "" Then
        ProgressBar1.min = 0
        ProgressBar1.Max = Val(ret)
        Label3.Caption = Gettime(Val(ret))
        End If
        PLAY.Enabled = False
        PAUSE.Enabled = True
        STOPPLAY.Enabled = True
        BACK.Enabled = True
        PREW.Enabled = True
        t = mciSendString("status my mode", ret, 128, 0)
    '得到设备的当前状态，是播放还是暂停等
        ret = Left(ret, 8)
        StatusBar1.Panels(1).Text = ret          '在状态栏显示播放状态
        t = mciSendString("play my", "", 0, 0)  '开始播放
        Timer1.Enabled = True
     End Sub
    Private Sub BACK_Click()
      t% = mciSendString("play my"+"from"+Str(ProgressBar1.Value-(ProgressBar1.
Max \ 10)), 0&, 0, 0)     '向后跳一小段再播放
        ProgressBar1.Refresh
    End Sub
    Private Sub PAUSE_Click()
        t% = mciSendString("pause my", 0&, 0, 0)   '发出暂停的命令
        PLAY.Enabled = True
        PAUSE.Enabled = False
        STOPPLAY.Enabled = True
        BACK.Enabled = False
        PREW.Enabled = False
```

```
End Sub
Private Sub PREW_Click()
  t%=mciSendString("play my"+"from"+ Str(ProgressBar1.Value + (ProgressBar1.
Max \ 10)), 0&, 0, 0)        '向前跳一小段再播放
    ProgressBar1.Refresh
End Sub
Private Sub STOPPLAY_Click()
    t% = mciSendString("stop my", "", 0, 0)
    t% = mciSendString("close my", "", 0, 0)   '停止播放
    PLAY.Enabled = True
    PAUSE.Enabled = False
    STOPPLAY.Enabled = False
    BACK.Enabled = False
    PREW.Enabled = False
End Sub
Private Sub Timer1_Timer()
    Dim t As Long
    Dim ret As String * 128
    t = mciSendString("status my position", ret, 128, 0)  '得到当前播放位置
    ret = Left(ret, 8)
    ProgressBar1.Value = Val(ret)
    Label1.Caption = Gettime(Val(ret))     '显示歌曲当前时间
    If ProgressBar1.Value = ProgressBar1.Max Then
        STOPPLAY_Click
    End If
    t = mciSendString("status my mode", ret, 128, 0)
    ret = Left(ret, 8)
    StatusBar1.Panels(1).Text = ret
End Sub
Private Function Gettime(position As Long) As String
'这个函数的功能是把以长整型表示的时间转换为电子钟式的"**:**"时间
Dim min, sec
min = position / 1000
min = min / 60
sec = min - Int(min)
min = Int(min)
sec = 60 * sec / 100
sec = Int(sec * 100)
Gettime = Str(min) + ":" + Str(sec)
End Function
Private Sub Form_Unload(Cancel As Integer)
    t = mciSendString("stop my", "", 0, 0)
    t = mciSendString("close my", "", 0, 0)
End Sub
```

小贴士

程序设计的末尾一定不要忘了设置关闭设备的指令。上面的程序就是在窗体的 Unload 事件中关闭的。

程序运行界面如图 8.20 所示。

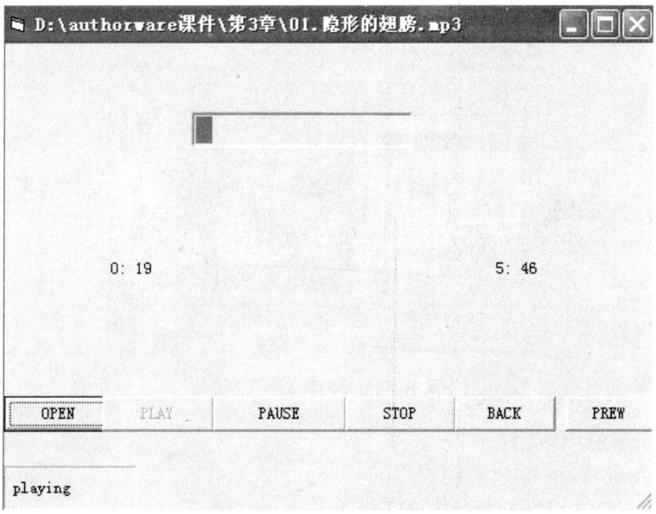

图 8.20 播放 MP3 文件运行界面

小　　结

本章首先介绍了 Visual Basic 多媒体编程的基本方法和相关的基本概念，重点介绍了利用 Visual Basic 中的 MCI 控件和 MCI 命令来播放和控制各种多媒体对象。MCI 控件包括 Multimedia MCI 控件、Windows Media Player 控件、Shockwave Flash 控件，由于是 Visual Basic 中自带的控件，因此使用起来相对简单。MCI 命令主要是 API 函数的声明和 MCI 指令的使用，指令主要包括打开设备、播放设备、获得设备信息。本章要求重点掌握这些内容，以达到用 Visual Basic 熟练控制多媒体操作的目的。

本章由易到难、由浅入深地讲述了 Visual Basic 多媒体编程的知识，学习时特别要注意一步一步学下来，最好是在上机过程中实现本章的所有源代码。注意加强对 Visual Basic 中对象、属性和方法的理解，以及对控件的属性设置和控件的事件过程中编程的理解，为今后多媒体作品的制作打下基础。

习　　题

1. 填空题

(1) 对于定时器(Timer)控件，设计其定时是否开启的属性是__________。

(2) 要显示【颜色】对话框，可调用通用对话框 Common Dialog 控件的________方法。

(3) MMControl 控件上的多媒体工具按钮有____个。关闭 MMControl 控件的多媒体设备的命令是____________。

(4) 在窗体上建立一个驱动器列表、目录列表框、文件列表框、图片框和文本框。要求程序运行后，驱动器列表框 Drive1 的默认驱动器设置为 D 盘，选择 File1 中所列的图片文件(*.bmp 和*.jpg)，则相应的图片将显示在图片框 Picture1 中。程序运行结果如图 8.21 所示。

图 8.21　程序运行结果

```
Private Sub Form_Load()
  Drive1.Drive = ___[1]___
  File1.Pattern = "*.bmp, *.gif, *.jpg"
End Sub
Private Sub Drive1_Change()
  __________[2]__________
  Text1.Text = Drive1.Drive
End Sub
Private Sub Dir1_Change()
  ________[3]________
  Text1.Text = ________[4]________
End Sub
Private Sub File1_Click()
  Picture1.Picture = LoadPicture(File1.Path + "\" + File1.FileName)
  FileName =__________[5]__________
  Text1.Text = FileName
End Sub
```

2. 简答题

(1) Visual Basic 的主要编程思想是什么？

(2) 如何在工程中添加一个 ActiveX 控件？

(3) 什么是 MCI？举例说明 MCI 指令的使用方法。

(4) 什么是 API 函数？在 Visual Basic 中如何使用？

3. 操作题

(1) 仿照【操作案例 8.1】，利用 Common Dialog 控件的【颜色】对话框，将文本框中的字体设置为【颜色】对话框所选的颜色。

(2) 编写实现播放本地磁盘文件夹下一首 mid 音乐的代码。

(3) 编写实现播放指定 AVI 文件从 1000 帧到 5000 帧的代码。

参 考 文 献

[1] 阮新新，喻晓和，刘杰成．多媒体技术与应用[M]，北京：清华大学出版社，2006．

[2] 方奋奇．Photoshop CS 实训指导[M]．北京：中国水利水电出版社，2006．

[3] 王爱民．多媒体技术及应用[M]．西安：西北大学出版社，2006．

[4] 刘小伟，刘飞，李才有．Photoshop CS 中文版平面设计师标准案例教程[M]．北京：机械工业出版社，2005．

[5] 马黎．6 步精通 Flash MX 2004[M]．成都：四川电子音像出版中心、四川出版集团，2005．

[6] 沈大林，等．Flash MX 高级教程[M]．北京：电子工业出版社，2003．

[7] 冼进．动漫设计与制作[M]，北京：中国水利水电出版社，2007．

[8] 陈新龙，王成良．多媒体技术与网页设计[M]．北京：清华大学出版社，2006．

[9] 冯建平．中文 Authorware 多媒体制作教程[M]．北京：人民邮电出版社，2007．

[10] 刘瑞新．Flash8 动画制作短训教程[M]．北京：机械工业出版社，2007．

[11] 李海燕．Premiere Pro 1.5 标准教程[M]．北京：中国青年出版社，2006．

[12] 覃华，姚怡．多媒体应用技术[M]． 北京：中国铁道出版社，2005．

[13] [美]Jerry C．Whitaker 编．张雪英，刘建霞译．数字音频技术宝典[M]．北京：科学出版社，2004．

[14] 韩纪庆，冯涛，郑贵滨，马翼平．音频信息处理技术[M]．北京：清华大学出版社，2007．

[15] 马兴国．Photoshop 应用教程[M]．南京：东南大学出版社，2007．

[16] 蔡庆君．Photoshop CS（中文版）基础与实例教程[M]．北京：机械工业出版社，2007．

[17] 张玲．Photoshop 图像处理技术[M]．北京：中国铁道出版社，2006．

[18] 黄海燕．Premiere Pro 高级实例教程[M]．北京：电子工业出版社，2006．

[19] 陈伟．Premiere 影视后期编辑的革命[M]．北京：清华大学出版社，2007．

[20] 沈大林．Authorware 多媒体制作案例教程[M]．北京：中国铁道出版社，2007．

[21] 郭静．Visual Basic 可视化程序设计——21 世纪高校计算机应用技术系列规划教材[M]．北京：中国铁道出版社，2006．

[22] 于红光．Visual Basic 程序设计教程——21 世纪高等学校教材[M]．上海：上海交通大学出版社，2006．

[23] 孔岩，钟玉琢．浅析蓝齿协议体系结构[C]．第十届全国多媒体技术学术会议论文集．

[24] 地理信息系统的发展与前景[R]．2000 年度中国软件产业研究报告．

[25] 王军，韩志强．多媒体技术发展现状及未来发展趋势浅淡[J]．情报理论与实践．2001，2．

北京大学出版社本科计算机系列实用规划教材

序号	标准书号	书 名	主 编	定价	序号	标准书号	书 名	主 编	定价
1	7-301-10511-5	离散数学	段禅伦	28	39	7-301-14505-0	Visual C++程序设计案例教程	张荣梅	30
2	7-301-10457-X	线性代数	陈付贵	20	40	7-301-14259-2	多媒体技术应用案例教程	李 建	30
3	7-301-10510-X	概率论与数理统计	陈荣江	26	41	7-301-14503-6	ASP .NET 动态网页设计案例教程(Visual Basic .NET 版)	江 红	35
4	7-301-10503-0	Visual Basic 程序设计	闵联营	22	42	7-301-14504-3	C++面向对象与 Visual C++程序设计案例教程	黄贤英	35
5	7-301-10456-9	多媒体技术及其应用	张正兰	30	43	7-301-14506-7	Photoshop CS3 案例教程	李建芳	34
6	7-301-10466-8	C++程序设计	刘天印	33	44	7-301-14510-4	C++程序设计基础案例教程	于永彦	33
7	7-301-10467-5	C++程序设计实验指导与习题解答	李 兰	20	45	7-301-14942-3	ASP .NET 网络应用案例教程(C# .NET 版)	张登辉	33
8	7-301-10505-4	Visual C++程序设计教程与上机指导	高志伟	25	46	7-301-12377-5	计算机硬件技术基础	石 磊	26
9	7-301-10462-0	XML 实用教程	丁跃潮	26	47	7-301-15208-9	计算机组成原理	娄国焕	24
10	7-301-10463-7	计算机网络系统集成	斯桃枝	22	48	7-301-15463-2	网页设计与制作案例教程	房爱莲	36
11	7-301-10465-1	单片机原理及应用教程	范立南	30	49	7-301-04852-8	线性代数	姚喜妍	22
12	7-5038-4421-3	ASP .NET 网络编程实用教程(C#版)	崔良海	31	50	7-301-15461-8	计算机网络技术	陈代武	33
13	7-5038-4427-2	C 语言程序设计	赵建锋	25	51	7-301-15697-1	计算机辅助设计二次开发案例教程	谢安俊	26
14	7-5038-4420-5	Delphi 程序设计基础教程	张世明	37	52	7-301-15740-4	Visual C# 程序开发案例教程	韩朝阳	30
15	7-5038-4417-5	SQL Server 数据库设计与管理	姜 力	31	53	7-301-16597-3	Visual C++程序设计实用案例教程	于永彦	32
16	7-5038-4424-9	大学计算机基础	贾丽娟	34	54	7-301-16850-9	Java 程序设计案例教程	胡巧多	32
17	7-5038-4430-0	计算机科学与技术导论	王昆仑	30	55	7-301-16842-4	数据库原理与应用(SQL Server 版)	毛一梅	36
18	7-5038-4418-3	计算机网络应用实例教程	魏 峥	25	56	7-301-16910-0	计算机网络技术基础与应用	马秀峰	33
19	7-5038-4415-9	面向对象程序设计	冷英男	28	57	7-301-15063-4	计算机网络基础与应用	刘远生	32
20	7-5038-4429-4	软件工程	赵春刚	22	58	7-301-15250-8	汇编语言程序设计	张光长	28
21	7-5038-4431-0	数据结构(C++版)	秦 锋	28	59	7-301-15064-1	网络安全技术	骆耀祖	30
22	7-5038-4423-2	微机应用基础	吕晓燕	33	60	7-301-15584-4	数据结构与算法	佟伟光	32
23	7-5038-4426-4	微型计算机原理与接口技术	刘彦文	26	61	7-301-17087-8	操作系统实用教程	范立南	36
24	7-5038-4425-6	办公自动化教程	钱 俊	30	62	7-301-16631-4	Visual Basic 2008 程序设计教程	隋晓红	34
25	7-5038-4419-1	Java 语言程序设计实用教程	董迎红	33	63	7-301-17537-8	C 语言基础案例教程	汪新民	31
26	7-5038-4428-0	计算机图形技术	龚声蓉	28	64	7-301-17397-8	C++程序设计基础教程	郗亚辉	30
27	7-301-11501-5	计算机软件技术基础	高 巍	25	65	7-301-17578-1	图论算法理论、实现及应用	王桂平	54
28	7-301-11500-8	计算机组装与维护实用教程	崔明远	33	66	7-301-17964-2	PHP 动态网页设计与制作案例教程	房爱莲	42
29	7-301-12174-0	Visual FoxPro 实用教程	马秀峰	29	67	7-301-18514-8	多媒体开发与编程	于永彦	35
30	7-301-11500-8	管理信息系统实用教程	杨月江	27	68	7-301-18538-4	实用计算方法	徐亚平	24
31	7-301-11445-2	Photoshop CS 实用教程	张 瑾	28	69	7-301-18539-1	Visual FoxPro 数据库设计案例教程	谭红杨	35
32	7-301-12378-2	ASP .NET 课程设计指导	潘志红	35	70	7-301-19313-6	Java 程序设计案例教程与实训	董迎红	45
33	7-301-12394-2	C# .NET 课程设计指导	龚自霞	32	71	7-301-19389-1	Visual FoxPro 实用教程与上机指导（第 2 版）	马秀峰	40
34	7-301-13259-3	VisualBasic .NET 课程设计指导	潘志红	30	72	7-301-19435-5	计算方法	尹景本	28
35	7-301-12371-3	网络工程实用教程	汪新民	34	73	7-301-19388-4	Java 程序设计教程	张剑飞	35
36	7-301-14132-8	J2EE 课程设计指导	王立丰	32	74	7-301-19386-0	计算机图形技术(第 2 版)	许承东	44
37	7-301-13585-3	计算机专业英语	张 勇	30	75	7-301-15689-6	Photoshop CS5 案例教程(第 2 版)	李建芳	39
38	7-301-13684-3	单片机原理及应用	王新颖	25	76	7-301-18395-3	概率论与数理统计	姚喜妍	29

北京大学出版社电气信息类教材书目(已出版)

欢迎选订

序号	标准书号	书 名	主 编	定价	序号	标准书号	书 名	主 编	定价
1	7-301-10759-1	DSP 技术及应用	吴冬梅	26	38	7-5038-4400-3	工厂供配电	王玉华	34
2	7-301-10760-7	单片机原理与应用技术	魏立峰	25	39	7-5038-4410-2	控制系统仿真	郑恩让	26
3	7-301-10765-2	电工学	蒋 中	29	40	7-5038-4398-3	数字电子技术	李 元	27
4	7-301-19183-5	电工与电子技术(上册)(第2版)	吴舒辞	30	41	7-5038-4412-6	现代控制理论	刘永信	22
5	7-301-19229-0	电工与电子技术(下册)(第2版)	徐卓农	32	42	7-5038-4401-0	自动化仪表	齐志才	27
6	7-301-10699-0	电子工艺实习	周春阳	19	43	7-5038-4408-9	自动化专业英语	李国厚	32
7	7-301-10744-7	电子工艺学教程	张立毅	32	44	7-5038-4406-5	集散控制系统	刘翠玲	25
8	7-301-10915-6	电子线路 CAD	吕建平	34	45	7-301-19174-3	传感器基础(第 2 版)	赵玉刚	30
9	7-301-10764-1	数据通信技术教程	吴延海	29	46	7-5038-4396-9	自动控制原理	潘 丰	32
10	7-301-18784-5	数字信号处理(第 2 版)	阎 毅	32	47	7-301-10512-2	现代控制理论基础(国家级十一五规划教材)	侯媛彬	20
11	7-301-18889-7	现代交换技术(第 2 版)	姚 军	36	48	7-301-11151-2	电路基础学习指导与典型题解	公茂法	32
12	7-301-10761-4	信号与系统	华 容	33	49	7-301-12326-3	过程控制与自动化仪表	张井岗	36
13	7-301-10762-5	信息与通信工程专业英语	韩定定	24	50	7-301-12327-0	计算机控制系统	徐文尚	28
14	7-301-10757-7	自动控制原理	袁德成	29	51	7-5038-4414-0	微机原理及接口技术	赵志诚	38
15	7-301-16520-1	高频电子线路(第 2 版)	宋树祥	35	52	7-301-10465-1	单片机原理及应用教程	范立南	30
16	7-301-11507-7	微机原理与接口技术	陈光军	34	53	7-5038-4426-4	微型计算机原理与接口技术	刘彦文	26
17	7-301-11442-1	MATLAB 基础及其应用教程	周开利	24	54	7-301-12562-5	嵌入式基础实践教程	杨 刚	30
18	7-301-11508-4	计算机网络	郭银景	31	55	7-301-12530-4	嵌入式 ARM 系统原理与实例开发	杨宗德	25
19	7-301-12178-8	通信原理	隋晓红	32	56	7-301-13676-8	单片机原理与应用及 C51 程序设计	唐 颖	30
20	7-301-12175-7	电子系统综合设计	郭 勇	25	57	7-301-13577-8	电力电子技术及应用	张润和	38
21	7-301-11503-9	EDA 技术基础	赵明富	22	58	7-301-12393-5	电磁场与电磁波	王善进	25
22	7-301-12176-4	数字图像处理	曹茂永	23	59	7-301-12179-5	电路分析	王艳红	38
23	7-301-12177-1	现代通信系统	李白萍	27	60	7-301-12380-5	电子测量与传感技术	杨 雷	35
24	7-301-12340-9	模拟电子技术	陆秀令	28	61	7-301-14461-9	高电压技术	马永翔	28
25	7-301-13121-3	模拟电子技术实验教程	谭海曙	24	62	7-301-14472-5	生物医学数据分析及其 MATLAB 实现	尚志刚	25
26	7-301-11502-2	移动通信	郭俊强	22	63	7-301-14460-2	电力系统分析	曹 娜	35
27	7-301-11504-6	数字电子技术	梅开乡	30	64	7-301-14459-6	DSP 技术与应用基础	俞一彪	34
28	7-301-18860-6	运筹学(第 2 版)	吴亚丽	28	65	7-301-14994-2	综合布线系统基础教程	吴达金	24
29	7-5038-4407-2	传感器与检测技术	祝诗平	30	66	7-301-15168-6	信号处理 MATLAB 实验教程	李 杰	20
30	7-5038-4413-3	单片机原理及应用	刘 刚	24	67	7-301-15440-3	电工电子实验教程	魏 伟	26
31	7-5038-4409-6	电机与拖动	杨天明	27	68	7-301-15445-8	检测与控制实验教程	魏 伟	24
32	7-5038-4411-9	电力电子技术	樊立萍	25	69	7-301-04595-4	电路与模拟电子技术	张绪光	35
33	7-5038-4399-0	电力市场原理与实践	邹 斌	24	70	7-301-15458-8	信号、系统与控制理论(上、下册)	邱德润	70
34	7-5038-4405-8	电力系统继电保护	马永翔	27	71	7-301-15786-2	通信网的信令系统	张云麟	24
35	7-5038-4397-6	电力系统自动化	孟祥忠	25	72	7-301-16493-8	发电厂变电所电气部分	马永翔	35
36	7-5038-4404-1	电气控制技术	韩顺杰	22	73	7-301-16076-3	数字信号处理	王震宇	32
37	7-5038-4403-4	电器与 PLC 控制技术	陈志新	38	74	7-301-16931-5	微机原理及接口技术	肖洪兵	32

序号	标准书号	书　　名	主　编	定价	序号	标准书号	书　　名	主　编	定价
75	7-301-16932-2	数字电子技术	刘金华	30	89	7-301-16739-7	MATLAB 基础及应用	李国朝	39
76	7-301-16933-9	自动控制原理	丁　红	32	90	7-301-18352-6	信息论与编码	隋晓红	24
77	7-301-17540-8	单片机原理及应用教程	周广兴	40	91	7-301-18260-4	控制电机与特种电机及其控制系统	孙冠群	42
78	7-301-17614-6	微机原理及接口技术实验指导书	李干林	22	92	7-301-18493-6	电工技术	张　莉	26
79	7-301-12379-9	光纤通信	卢志茂	28	93	7-301-18496-7	现代电子系统设计教程	宋晓梅	36
80	7-301-17382-4	离散信息论基础	范九伦	25	94	7-301-18672-5	太阳能电池原理与应用	靳瑞敏	25
81	7-301-17677-1	新能源与分布式发电技术	朱永强	32	95	7-301-18314-4	通信电子线路及仿真设计	王鲜芳	29
82	7-301-17683-2	光纤通信	李丽君	26	96	7-301-19175-0	单片机原理与接口技术	李　升	46
83	7-301-17700-6	模拟电子技术	张绪光	36	97	7-301-19320-4	移动通信	刘维超	39
84	7-301-17318-3	ARM 嵌入式系统基础与开发教程	丁文龙	36	98	7-301-19447-8	电气信息类专业英语	缪志农	40
85	7-301-17797-6	PLC 原理及应用	缪志农	26	99	7-301-19451-5	嵌入式系统设计及应用	邢吉生	44
86	7-301-17986-4	数字信号处理	王玉德	32	100	7-301-19452-2	电子信息类专业 MATLAB 实验教程	李明明	42
87	7-301-18131-7	集散控制系统	周荣富	36	101	7-301-16598-0	综合布线系统管理教程	吴达金	39
88	7-301-18285-7	电子线路 CAD	周荣富	41					